“十二五”国家重点图书出版规划项目

大规模灾害应对准备的容错规划方法

李向阳 等◎著

本书得到国家自然科学基金重大研究计划“非常规突发事件应急管理”的重点课题“非常规突发事件应对决策任务规划的支持模型集成原理与方法”（编号：91024028）、集成项目“突发事件应急准备与应急预案体系研究”（编号：91024031）和小型项目“城市重要基础设施脆弱性评估系统”（编号：91324018）的支持

科学出版社
北京

内 容 简 介

本书系统阐述大规模灾害应对准备容错规划方法的最新研究成果。基于容错理论与业务持续管理理论，概括应对准备容错规划的基本内涵，构建“案例驱动-数据分析-模型推演”的集成方法论，给出相应的容错规划渠道与问题发现途径，是一部兼具理论前沿性、学术探索性与方法先进性的应急管理领域著作。全书共10章，主要内容包括：大规模灾害应对准备容错规划的研究基础、框架、目标与方法论，关键基础设施、装备、物资、应对响应机制四类容错规划渠道，以及面向关键基础设施应对准备规划与基于应对准备失效分析的容错问题发现，基本涵盖大规模灾害应对准备容错规划方法研究的主要方面。

本书可以满足高等院校管理科学、安全科学等相关专业教师与研究生教学与学习的需要，对从事应急管理研究的学者与相关组织机构的应急管理人员也具有较大的借鉴意义与参考价值。

图书在版编目（CIP）数据

大规模灾害应对准备的容错规划方法/李向阳等著. —北京：科学出版社，2017.3

（公共安全应急管理丛书）

“十二五”国家重点图书出版规划项目　国家出版基金项目

ISBN 978-7-03-052352-5

Ⅰ. ①大…　Ⅱ. ①李…　Ⅲ.①灾害防治-研究　Ⅳ. ①X4

中国版本图书馆 CIP 数据核字（2017）第 054173 号

责任编辑：马　跃　李　莉　陶　璇/责任校对：郭瑞芝

责任印制：霍　兵/封面设计：无极书装

科学出版社出版

北京东黄城根北街16号

邮政编码：100717

http：//www.sciencep.com

中国科学院印刷厂印刷

科学出版社发行　各地新华书店经销

*

2017年3月第　一　版　　开本：720×1000　1/16

2017年3月第一次印刷　　印张：18　1/2

字数：373 000

定价：128.00 元

（如有印装质量问题，我社负责调换）

丛书编委会

总　序

自美国“9·11 事件”以来，国际社会对公共安全与应急管理的重视度迅速提升，各国政府、公众和专家学者都在重新思考如何应对突发事件的问题。当今世界，各种各样的突发事件越来越呈现出频繁发生、程度加剧、复杂复合等特点，给人类的安全和社会的稳定带来更大挑战。美国政府已将单纯的反恐战略提升到针对更广泛的突发事件应急管理的公共安全战略层面，美国国土安全部 2002 年发布的《国土安全国家战略》中将突发事件应对作为六个关键任务之一。欧盟委员会 2006 年通过了主题为“更好的世界，安全的欧洲”的欧盟安全战略并制订和实施了“欧洲安全研究计划”。我国的公共安全与应急管理自 2003 年抗击“非典”后受到从未有过的关注和重视。2005 年和 2007 年，我国相继颁布实施了《国家突发公共事件总体应急预案》和《中华人民共和国突发事件应对法》，并在各个领域颁布了一系列有关公共安全与应急管理的政策性文件。2014 年，我国正式成立“中央国家安全委员会”，习近平总书记担任委员会主席。2015 年 5 月 29 日中共中央政治局就健全公共安全体系进行第二十三次集体学习。中共中央总书记习近平在主持学习时强调，公共安全连着千家万户，确保公共安全事关人民群众生命财产安全，事关改革发展稳定大局。这一系列举措，标志着我国对安全问题的重视程度提升到一个新的战略高度。

在科学研究领域，公共安全与应急管理研究的广度和深度迅速拓展，并在世界范围内得到高度重视。美国国家科学基金会（National Science Foundation，NSF）资助的跨学科计划中，有五个与公共安全和应急管理有关，包括：①社会行为动力学；②人与自然耦合系统动力学；③爆炸探测预测前沿方法；④核探测技术；⑤支持国家安全的信息技术。欧盟框架计划第 5~7 期中均设有公共安全与应急管理的项目研究计划，如第 5 期（FP5）——人为与自然灾害的安全与应急管理，第 6 期（FP6）——开放型应急管理系统、面向风险管理的开放型空间数据系统、欧洲应急管理信息体系，第 7 期（FP7）——把安全作为一个独立领域。我国在《国家中长期科学和技术发展规划纲要（2006—2020 年）》中首次把公共安全列为科技发展的 11 个重点领域之一；《国家自然科学基金“十一五”发展规划》把“社会系统与重大工程系统的危机/灾害控制”纳入优先发展领域；国务院办公厅先后出台了《“十一五”期间国家突发公共事件应急体系建设规划》、《国家突发事件应急体系建设“十二五”规划》、《国家综合防灾减灾规划（2011—2015年）》和《关于加快应急产业发展的意见》等。在863、973等相关科技计划中也设立了一批公共安全领域的重大项目和优先资助方向。

针对国家公共安全与应急管理的重大需求和前沿基础科学研究的需求，国家自然科学基金委员会于2009年启动了“非常规突发事件应急管理研究”重大研究计划，遵循“有限目标、稳定支持、集成升华、跨越发展”的总体思路，围绕应急管理中的重大战略领域和方向开展创新性研究，通过顶层设计，着力凝练科学目标，积极促进学科交叉，培养创新人才。针对应急管理科学问题的多学科交叉特点，如应急决策研究中的信息融合、传播、分析处理等，以及应急决策和执行中的知识发现、非理性问题、行为偏差等涉及管理科学、信息科学、心理科学等多个学科的研究领域，重大研究计划在项目组织上加强若干关键问题的深入研究和集成，致力于实现应急管理若干重点领域和重要方向的跨域发展，提升我国应急管理基础研究原始创新能力，为我国应急管理实践提供科学支撑。重大研究计划自启动以来，已立项支持各类项目八十余项，稳定支持了一批来自不同学科、具有创新意识、思维活跃并立足于我国公共安全核应急管理领域的优秀科研队伍。百余所高校和科研院所参与了项目研究，培养了一批高水平研究力量，十余位科研人员获得国家自然科学基金“国家杰出青年科学基金”的资助及教育部“长江学者”特聘教授称号。在重大研究计划支持下，百余篇优秀学术论文发表在SCI/SSCI收录的管理、信息、心理领域的顶尖期刊上，在国内外知名出版社出版学术专著数十部，申请专利、软件著作权、制定标准规范等共计几十项。研究成果获得多项国家级和省部级科技奖。依托项目研究成果提出的十余项政策建议得到包括国务院总理等国家领导人的批示和多个政府部门的重视。研究成果直接应用于国家、部门、省市近十个“十二五”应急体系规划的制定。公共安全和应急管理基础研究的成果也直接推动了相关技术的研发，科技部在“十三五”重点专项中设立了公共安全方向，基础研究的相关成果为其提供了坚实的基础。

重大研究计划的启动和持续资助推动了我国公共安全与应急管理的学科建设，推动了“安全科学与工程”一级学科的设立，该一级学科下设有“安全与应急管理”二级学科。2012年公共安全领域的一级学会“（中国）公共安全科学技术学会”正式成立，为公共安全领域的科研和教育提供了更广阔的平台。在重大研究计划执行期间，还组织了多次大型国际学术会议，积极参与国际事务。在世界卫生组织的应急系统规划设计的招标中，我国学者组成的团队在与英、美等国家的技术团队的竞争中胜出，与世卫组织在应急系统的标准、设计等方面开展了密切合作。我国学者在应急平台方面的研究成果还应用于多个国家，取得了良好的国际声誉。各类国际学术活动的开展，极大地提高了我国公共安全与应急管理在国际学术界的声望。

为了更广泛地和广大科研人员、应急管理工作者以及关心、关注公共安全与应急管理问题的公众分享重大研究计划的研究成果，在国家自然科学基金委员会管理科学部的支持下，由科学出版社将优秀研究成果以丛书的方式汇集出版，希望能为公共安全与应急管理领域的研究和探索提供更有力的支持，并能广泛应用到实际工作中。

为了更好地汇集公共安全与应急管理的最新研究成果，本套丛书将以滚动的方式出版，紧跟研究前沿，力争把不同学科领域的学者在公共安全与应急管理研究上的集体智慧以最高效的方式呈现给读者。

重大研究计划指导专家组

前言

大规模灾害（catastrophes 或 large-scale disasters）一旦发生，就会造成巨大伤害，势必影响社会稳定和经济发展。在当今社会中，自然系统、技术系统、社会系统之间的关联度、耦合性、依赖程度不断加强，一个普通的灾害事件可能通过与其他系统之间的关联耦合关系，逐步演变成具有严重影响的大规模灾害事件。大规模灾害是极端典型的非常规突发事件，爆发突然（即基本没有前兆或根本没有前兆），应对决策时间短，影响范围广，救援难度大，伴随较多的次生灾害。在大规模灾害应对响应过程中，应对决策者可能会遇到以往少经历或没有经历的情景，触发一些始料未及的突发状况，导致预案支持不足，没有直接的经验可供借鉴，给应对决策者带来较为复杂的决策情景。如何在大规模灾害事前应对准备中构建有效的防灾减灾手段，规划针对性非常强的应对准备，已经成为国内外专家学者、应对机构，乃至国家各级政府迫切需要解决的重大科学问题。

2008 年国家自然科学基金委员会启动实施重大研究计划“非常规突发事件应急管理”研究，其目的正是要实现这一领域的基础理论突破。本书也正是这一重大研究计划的重点项目研究成果，主要反映项目的最新研究成果。

本书提出应对准备的容错规划问题。“错”是指对大规模灾害预估不足，从而引发的应对响应失误，“容错”（fault-tolerant）是指在应对准备阶段采取一系列措施对这些“错”进行包容性处置，使应对决策者能够完成预设的容错目标。本书的基本研究构思：基于容错或冗余（redundancy）设计应对能力构建方法，为大规模灾害应对提供具有指导意义的容错规划。本书的主要研究内容包括：大规模灾害应对准备的容错规划框架、容错规划的目标、容错规划的方法论、面向关键基础设施的容错规划、面向应对装备的容错规划、面向应对物资的容错规划、面向应对响应机制的容错规划、关键基础设施应对准备规划的容错问题发现、基于应对准备失效分析的应急容错问题发现等。

本书作者有李向阳、刘昭阁、孙钦莹、于峰、李军、张自立、王诗莹。全书共 10 章，第 1 章由于峰和孙钦莹执笔，第 2 章由孙钦莹和刘昭阁执笔，第 3 章由孙钦莹执笔，第 4 章由刘昭阁执笔，第 5 章由李军和于峰执笔，第 6、8 章由刘昭阁和孙钦莹执笔，第 7 章由刘昭阁、孙钦莹和张自立执笔，第 9 章由李军和王诗莹执笔，第 10 章由于峰执笔。全书由李向阳统稿。

在此，向国家自然科学基金委员会以及重大研究计划“非常规突发事件应急管理”专家组表示深深的谢意。特别要感谢范维澄院士、闪淳昌研究员、于景元研究员、汪寿阳研究员、刘铁民研究员等各位专家对本项目组研究工作的立意构思所给予的指点，没有专家们的领引，本书是无法完成的。

由于笔者水平有限，书中难免存在疏漏之处，恳请关注读者和学界同行多多批评指正。

李向阳

2016 年 12 月

目　录

第1章

大规模灾害应对准备容错规划的研究基础

1.1 大规模灾害基本概念研究

1.1.1 大规模灾害的界定与分类

大规模灾害一般发生概率小、波及范围广、造成财产损失大，通常给人们的生产生活造成巨大影响，甚至带来毁灭性的后果。这种巨大影响的定义是相对模糊的，有关文献中多运用“large-scale disaster”或“catastrophe”来表达。随着近年来大规模灾害的频发，大规模灾害的防范、救助与评估等方面已成为学者们研究的热点，但对大规模灾害的定义与划分标准没有明确的规定，现有研究主要将其分为以下3类（张卫星等，2013）：

（1）基于致灾因子因素，如地震震级≥7级，台风风级≥12级，风速≥32.6米/秒等突发事件被视为大规模灾害。

（2）基于灾情因素，从生命财产、经济损失、社会动荡与生态污染等多方面因素考虑，具体指标有死亡人数、直接经济损失、受灾区域面积与人口密集程度等。如式（1-1）所示，基于直接经济损失、物价指数等计算直接灾损率 G，当 $G>0.5$ 时，认为是大规模灾害；如式（1-2）所示，基于死亡人数、直接经济损失、物价指数与受灾人数等计算灾度 D，当 $D\geqslant5$ 时，认为是大规模灾害。

$$G = \frac{\text{DEL}}{\text{GDP}' \times \text{PI}} \tag{1-1}$$

其中，DEL（direct economic loss）直接经济损失；PI（price index）为物价指数；GDP′为受灾区域前一年的社会生产总值。

$$D^2 = \frac{3\times[\lg(R+1)]^2 + 2\times(\lg CJ)^2 + (\lg K)^2}{6} \tag{1-2}$$

其中，D 表示灾度；R 表示死亡人数（人）；J 表示直接经济损失（亿元）；C 表示物价指数；K 表示受灾人数（百人）。

（3）基于救援需求因素，历史上少发生甚至未发生的突发事件，救灾难度大、影响范围广、资源短缺、信息非完备、时间压力大等约束，使应急决策者没有直接的应对经验可供借鉴，救援通常需要其他区域、国家，甚至国际层面的救助（Guikema，2009；赵思健等，2012）。

大规模灾害属于非常规突发事件，国务院 2005 年发布的《国家突发公共事件总体应急预案》将突发事件分为自然灾害、事故灾难、公共卫生事件与社会安全事件四大类。总体来说，本章所提及的大规模灾害主要指前兆不充分、破坏性严重、具有明显的复杂性特征与潜在次生衍生危害的灾害（韩智勇等，2009），可分为大规模自然灾害与大规模人为灾害，其中大规模自然灾害主要包括地震灾害、地质灾害与气象灾害等，大规模人为灾害主要包括人为火灾、核灾害与交通灾害等。有些大规模灾害具有一定的地域性，可以根据当地的区域环境进行一定的预测，但由于其具有不确定性，应对主体对其的认知与预防等工作难以开展，从而难以形成有效的预警机制。

1.1.2 大规模灾害的特征

大规模灾害具有复杂性、不确定性、随机性与模糊性等特征（李英雄等，2012），一旦发生将导致大量人员伤亡与关键基础设施受损，造成严重的经济损失。近年来，众所瞩目的大规模灾害事件说明了这一点。例如，2005 年“卡特里娜”飓风穿越美国佛罗里达州并在路易斯安那州登陆，随后袭击了新奥尔良市，造成该市电网设施与通信设施等关键基础设施的破坏，从而影响了应急电力与应急通信，使组织机构之间的沟通暴露出问题，当地甚至一度出现无政府状态，混乱无秩序的场面阻碍了灾害应对，延误了应急救援（Stall，2010）。2011 年日本东部地区发生 9 级地震并引发海啸，受海啸影响，福岛与宫城等县市的电网设施受损严重并导致该区域大面积停电，进而造成福岛第一核电站无法正常工作，地震、海啸与大面积停电共同作用引发核泄漏，如此复杂的灾害链是事前没有预料到的（薛禹胜和肖世杰，2011）。

针对大规模灾害的应对管理体系是一个开放的复杂巨系统，具有多主体、多因素、多尺度、多阶段与多变性等特征（范维澄，2007），其相应的应对机制涵盖事前、事发、事中与事后的灾害应对全过程，包括各种系统化、制度化、程序化、规范化与理论化的方法与措施（闪淳昌等，2011）。应对决策者所拥有的最重要资源就是相关的历史经验，这就是所谓“事件超越经验，决策依赖经验”。以最为典型的大规模自然灾害为例，在其进程中，灾情不确定与信息非完备等特点非常突出，决策时间极端压缩，应对决策者难以把握灾情态势，决策选择极为困难。

1.2　大规模灾害应对准备规划研究

1.2.1　大规模灾害应对预案研究

1. 应对预案的基础研究

应对预案一般是指事先为应对突发事件而编制的应对响应活动方案，为救援活动迅速有效地开展和最大限度地降低各方面损失而对救援队伍、关键基础设施、应对资源储备等方面做出的实际计划。相关应对预案的研究主要集中于以下 4 个方面。

（1）应对预案的分类、内容、原则以及操作流程研究。应对规划与应对准备紧密相关，应对预案不仅是突发事件应对管理的重要组成部分，而且是各级部门管理与协调各项任务与资源的参考依据和纲领指南。中国学者大多倡导注重应对预案的实际效用，关注如何能较好地预防突发事件的发生与控制事态的发展（刘铁民，2011；于瑛英和池宏，2007；钟开斌和张佳，2006；邢娟娟，2004；彭冬芝和胡建勇，2004）。国外学者大多注重对专项应急预案的研究，如重大火灾应对预案、SARS 应对预案与交通疏散应对预案等，并与其他应对预案进行比较分析（Haas and Saiman，2004；Randic et al.，2002；Urbina and Wolshon，2003）。

（2）应对预案的编制研究。主要针对某类专项应对预案的研究和应对预案共性问题的研究，从而制定面向不同灾害情景的应对预案（国务院应急管理办公室，2006）。

（3）应对预案的功能研究。例如，对受灾区域进行重新划分，通过自适应控制框架建立的、用来指导实时交通管理的紧急疏散模型，或对交通网络进行仿真系统设计等（Liu et al.，2007）。

（4）应对预案中对关键基础设施的研究。例如，对电网、交通网络、通信网络、水网等脆弱性的研究，关键基础设施的仿真建模、级联效应、投资建设等研究（HSPD，2015；DHS，2016a；Singh et al.，2014；Kalam et al.，2009；Moss et al.，2001；Cutter et al.，2000；Metzger et al.，2005；Michael et al.，2013；Harvey and Woodroffe，2008；祝云舫和王忠郴，2006；邹君等，2007）。

2. 美国应对预案规划实践

美国拥有相对完善的应对预案体系，其具有多层次、多领域、动态化管理的特点，注重纵向援助与横向合作、常态与非常态相结合。美国有联邦、州、部落、地方、社区5个层次的纵向应对部门，并通过各级部门签订的应对援助协议来支持跨区域的横向应对合作。由美国国土安全部发布的国家突发事件管理系统（National Incident Management System，NIMS）（DHS，2016b）、国家应急准备指南（National Preparedness Guidelines，NPG）（DHS，2015）、国家应对响应框架（National Response Framework，NRF）（DHS，2013）三类应急核心文件互为支撑，国家突发事件管理系统建立了一个系统的方法来管理全国范围内的突发事件，国家应对准备指南为联邦政府与地方政府、部落政府、州政府和私营部门的合作提供关键任务与行动的参考资料，为应对预案的编制与管理提供一个规范化环境，国家应对响应框架描述国家应急响应原则、责任和结构。美国国土安全部也提出了突发事件的应急管理工具：威胁分析/国家规划脚本、任务区域分析/国土安全分类、执行任务分析/通用任务列表、能力开发/目标能力列表。此外，美国政府对应急预案的编制和运作采用动态化的管理模式，在已有突发事件案例库的基础上，定期颁布《国家安全战略报告》，分析美国公共安全的潜在威胁与不利因素，评估美国的应急响应能力，并通过应急演练，不断更新应急预案体系，以保证最大限度地降低突发事件所造成的损失与破坏（孙钦莹等，2012）。

3. 中国应对预案规划实践

目前，我国已建立了国家综合、国家专项、国家部门、地方专项、地方部门等多种应对预案，初步形成了国家、省、市、县四级应对预案体系，还涵盖了企事业单位与会展或大型活动等方面的应对预案，如表1-1所示。由国务院发布的《国家突发公共事件总体应急预案》，是面对突发事件时采取的应对规范性、纲领性文件，其他21个专项预案以及57个部门预案也是由国务院和相关部门针对特定类型的突发事件而编制的。而地方应对预案是由省政府、市政府、县政府等根据各地具体情况，按照分级管理原则进行编制的（李湖生，2011；李湖生和刘铁民，2009）。

表 1-1　我国应对预案体系

应对预案体系构成		应对预案职能
国家级总体应对预案（1 项）		全国应对预案体系的总纲，是跨区域、由国务院直接负责处理的突发事件应对文件
专项预案（国家级 21 项）		针对具体的事件类型而制订的应对响应方案
部门预案（国家级 57 项）		主管部门牵头与相关部门共同实施
地方应对预案	省级应对预案（31 项）	省、市、县（区）人民政府以及基层组织编制的应对预案。各地政府是应对响应的责任主体
	地市级应对预案	
	县（区）级应对预案	
企事业单位应对预案	企业应对预案	由企事业单位内部制定的应对预案，用以处理企业面临的突发事件
	事业单位应对预案	
会展或大型活动应对预案	会展应对预案	举办会展或大型活动而制定的应对预案
	大型活动应对预案	

1.2.2　基于情景的大规模灾害应对任务规划

1. 灾害链和灾害情景规划

我国灾害学界提出灾害科学体系的新观念，基于我国自然灾害时空分布不平衡的特点描绘了灾害区划（高庆华等，2003）。大规模灾害在其发生与发展的过程中常常诱发一系列次生灾害与衍生灾害，从而形成灾害链，如“台风-暴雨-洪涝-滑坡”。灾害链抽象反映系列灾害的共性反应特征，可以揭示多灾种的形成、渗透、干涉、转化、分解、合成、耦合等相关的物化流信息过程，以及灾害所造成损失和破坏等各种连锁关系（肖盛燮，2006）。学者史培军（2009）进一步提出了由致灾因子、承灾载体与孕灾环境共同组成的灾害系统的概念，指出灾害系统的要素包含上述几个方面的详细内容，描述了推动灾害发生与发展的系统性因素。对自然灾害灾情评估的一个典型方法是地震地质灾害的灾情快速评估方法，该方法采用现场调查为依据的抽样统计方法，基于遥感影像与航片判读的技术支持（徐国栋等，2008）。

情景规划（scenario planning，SP）曾帮助 Royal Dutch/Shell（即壳牌石油公司）避免了石油危机所带来的重大损失。情景规划可以拓宽研究者思路，支持考虑多种可能性的结构化过程，有其特有的分析程序，将专家的知识经验融入其中，构建以前未曾想到的情景。在这一体系中，需要构建相应的情景表现、情景识别、情景构建、情景分析、决策优化等方法。其中，建立案例库是情景分析方法的重要组成部分。基于模板的规划（planning with templates）是情景演算的一种方法

（Dyer et al.，2005）。所谓模板，是指可以用于解决某类典型问题的标准化操作步骤的规范，并可以作为解决新问题的出发点（Strang and Linnhoff-Popien，2004）。主要的情景模型有键值模型、标记主题模型、基于逻辑的模型、面向对象模型、图形模型与基于本体的模型等，其选择依据主要考虑情景特殊性与数据结构的不一致关系（Kocaballi and Koçyiğit，2007）。对于大规模灾害的情景规划，其难题在于：相关信息不同于常规决策的信息，具有极强的敏感性与不确定性，简单应用一般分析工具难以表达应对决策者的目标。

2. 大规模灾害应对任务规划

突发事件应对任务规划是一整套规范化、程序化的系统分析框架与规划过程，是应对任务总体组织顶层的规划，或是大群体的组织顶层规划。常用的规划方法有：基于情景的规划方法（scenario-based planning，SBP）、基于威胁的规划方法（threat-based planning，TBP）与基于能力的规划方法（capability-based planning，CBP）（于明璐等，2010；国务院应急管理办公室，2006；DHS，2016b，2015，2013，2009）。SBP 最初用于军事行动的环境描述，并根据未来的不确定性环境进行情景规划；TBP 通过预测态势，描述可能出现的情景，并根据情景中最严峻的态势规划战术战略，以提升防御能力，并增加各类资源；CBP 的规划核心是分析敌方与我方的能力差距，预测潜在威胁，由此明确所需达到的能力要求。

应对任务的规划方法主要有以下 5 类：

（1）层次任务网（hierarchical task network，HTN）的规划方法。这是目前应用最广泛的基于规划空间的规划方法，主要规划逻辑是：将复杂任务分解成更小的任务集合，直到出现可以直接通过执行规划动作就能完成的原子任务，即完成方案规划（Castillo et al.，2006）。这实际上是一种机制方法，包括规范特定问题领域、分解任务与规范标准化的工作步骤等。这一规划思路与应对决策者通过问题分解形成应对方案的过程具有相似性，有助于支持应对决策者规划应对方案。用层次任务网分解任务，并将特定问题领域的标准化操作步骤（模板）用于规划器，在突发事件疏散规划、恐怖威胁评估等领域均有例证（Nau et al.，1999；唐攀等，2010；李晶晶等，2013）。

（2）基于分层交互案例的规划方法。对于复杂大系统，分层的规划方法无疑是非常适宜的（Hayashi，2007）。基于分层交互案例规划结构，美国海军研究室开发了一个实用规划器——层次交互案例架构规划（hierarchical interactive case-based architecture for planing，HICAP），是一个包括任务分解编辑器、层次任务编辑器与混合主动规划器的集成系统（Muñoz-Avila et al.，1999）。

（3）面向任务共享的规划方法。面向任务共享的规划是将任务执行过程分解成若干阶段过程，即任务分解、任务分配、任务完成与结果综合，其主要规划技术包括多实体组织、机会规划、任务授权、行动监控、行动协调与行动调整等（Pechoucek et al.，2007）。

（4）面向成果共享的规划方法。本质上讲，这类方法所适应的规划问题是一类分布式约束满足问题（distributed constraints satisfactory problem，DCSP），需要针对应对组织成员的最初反应行动并行协调（Kopena et al.，2008）。

（5）情景-预案-知识的集成方法。组织决策的一个重要特点是涉及多专业知识。应对决策需要的知识包括领域知识与程序知识，可以采用本体建模的方法形式化知识。在应对决策任务规划时，可以根据应对情景识别应对处置目标，依据目标搜索实现目标的行动，依次再搜索应执行的任务集，或者依据应对情景问题与领域知识的完备情况，将基于知识的规划与基于案例的规划相结合，生成行动方案（Mendonca and Wallace，2007；Muñoz-Avila et al.，2001）。

1.3　大规模灾害应对准备的容错规划研究

1.3.1　容错理论与容错技术

“容错”最早应用于计算机与自动化系统中，并伴随着计算机的发展而被大众熟知。它是指：无论出于何种原因，系统中的数据、文件损坏或丢失时，系统都能够自动将这些损坏或丢失的文件和数据恢复到发生事故以前的状态，使系统能够连续正常运行的一种技术。由于计算机特有的物理缺陷或内部软件运行时错误难以避免,因此专家学者希望通过容错技术来保障计算机系统的正常运转。1961年美国设计了具有容错性能的计算机系统，提出无人宇宙飞船系统要具有容错功能，为容错理论的进一步发展奠定了基础（Willsky，1976）。1967 年 Avizenis 首次提出容错概念，指出系统在存在某些故障或错误的情况下，系统程序仍然能够提供正常服务，并将系统这种自我检测与自我纠正的服务特性统称为系统的容错（Zhang and Jiang，2008）。我国对容错理论的研究稍晚于发达国家，但早在 1973 年哈尔滨工业大学就对容错计算机进行研发,陈光熙的团队于 1978 年成功研发我国第一台容错计算机，并于 1981 年出版《数字系统的故障诊断与容错》。此外，容错理论广泛地应用于计算机系统、电子信息系统、自动化系统、航空航天、机械、控制等各个领域（胡寿松等，1994；Mahmoud and Xia，2014）。

1.3.2　容灾、灾难备份与灾难恢复

容灾是一个范畴比较广泛的概念。从广义上来说，容灾是一个系统工程，包

括企业业务流程的各个方面。从狭义上来说，容灾是指除了生产站点以外，企业或政府需另外建立的冗余站点，当灾难发生时生产站点受到破坏，则冗余站点可以保障企业业务的正常运行，达到业务不间断的目的。容灾还表现为一种未雨绸缪的主动性，而不是灾难发生后的“亡羊补牢”。

灾难备份最早出现于 1979 年美国费城建立的桑盖德恢复服务（Sun Gard Recovery Services）。随着计算机技术在证券、银行、通信、保险、军事和政府部门的广泛应用，大量数据已成为企业与政府开展其业务的基础，因此对灾难备份的需求逐渐增加，以应付数据的丢失或损坏所带来的无法估量的灾难（朱君等，2011）。

灾难备份策略与容灾方案能够有效减少突发事件造成的损失。实施灾难备份与灾难恢复的主要目的不仅仅是数据备份，而是在灾难发生时系统的关键数据和文件能够在短时间内恢复，保障系统关键业务的持续进行。灾害备份与灾难恢复一般是保障系统数据的双重手段，两者密不可分，没有明显的界限，两者的目标都是减少灾害对计算机系统造成的重创，如系统中断服务、数据丢失、关键业务停止等（袁建东等，2007；邵荃等，2012；王琨等，2007；杨新红，2012）。

1.3.3 冗余资源

20 世纪 80 年代初，Bourgeois 将冗余定义为一种过量的、能随意使用的资源，以缓冲组织内外部环境的变化（Nohria and Gulati，1997；李晓翔和刘春林，2010；Omar et al.，2010；Biringer et al.，2013）。早期存在两种对立的冗余观点：一种观点把冗余看成一种不必要的成本；另一种观点认为冗余不仅能够改善组织内部利益联盟之间的目标冲击，保持组织的和谐，减缓环境的冲突，而且还是一种促进创新与组织变化的催化剂（Sahebjamnia et al.，2015；Smith，2014；Lindbom et al.，2015）。

在复杂大系统工程中，容错设计通常提供可容忍一定程度错误的系统设计方法，即在硬件失效或软件错误的情况下，仍能够继续正确完成预定任务的系统。容错的核心是冗余，即在系统结构上通过增加冗余结构来消除故障造成的影响，以冗余资源换取系统可靠性的提升。这样，在主模块故障情况下，系统切换到冗余模块工作，并对出错的区域进行动态重新配置，修正出错问题。在电网运行容错控制中，有冷备份、热备份与温备份等备份方案，每种方式都有不同的应用场景（朱君等，2011）。针对数字化变电站中采样值数据出错可能导致保护误动的问题，有专家提出基于证据理论融合判断多源信息以识别错误数据，依靠冗余信息间的互补性来消除不良数据或错误数据的影响（朱林等，2011）。

此外，作为企业一种重要的资源存在形式，冗余资源在企业中所起的作用不容忽视，只是不同学者对冗余资源的作用有不同的理解，其中既有积极的观点也有消极的观点，这种差异主要是受研究情境与冗余资源自身类型的影响。而在突发事件应对管理方面，人们对冗余资源倾向于做如下理解：其是一种过量的、能随意使用的资源，用以缓冲组织内外部环境的突发状况，给应急组织提供较大的应急管理弹性，以支持应急组织快速决策与响应；冗余资源带来的灵活性与资源支持为应对响应提供了更大的行为空间，而且不同类型的冗余资源在灾难应对过程中的作用是不同的（李晓翔和刘春林，2010）。因此，要对冗余资源的特定作用进行理论与实证分析，即研究冗余资源与应对资源之间的关系。冗余资源较少时，应对组织偶遇大规模灾害，危机感增加，对资源使用的约束增多；冗余资源较多时，应对组织使用资源的约束较少，也可容忍较大风险。那么，在大规模灾害管理过程中，为做好更充分的应对准备，储备多少冗余资源是最优的？投资多少冗余资源是最有效的？在进行冗余资源投资决策时，以上权衡问题都是值得应对决策者认真考虑的。

1.4　大规模灾害应对准备的持续改进研究

达尔文在进化论中说能生存下来的生物，并不是最强壮的或者最聪明的生物，而是那些能适应环境改变的生物。可持续性的思想实际上是让系统在特殊情境下仍能坚持工作，继续提供关键服务，即使在系统遭到入侵后，有时甚至系统的重要或部分组件遭到损坏或摧毁时，系统只要能在结构上合理配置资源，在攻击下仍能实现资源重组，依然能够保证按时完成其提供的各种关键服务，并能及时修复被损坏的关键服务（柳勤，2006；李晶晶等，2013；王喆等，2013；唐攀等，2013；曲明成等，2010；吕烁和罗宇，2007）。江颖俊和刘茂（2007）指出业务持续管理（business continuity management，BCM）主要可分为 4 个阶段：①意外事故或危机发生前的危机预防、风险控制、损失预防阶段；②意外事故发生第一时间的应对反应处理阶段；③意外事故层级达到危机触发点后的危机管理阶段；④业务复原计划阶段。目前，多数学者主要对业务持续性的风险分析、企业备灾方法与流程、异地备灾等方面进行研究。业务持续管理的定义主要源自危机管理方法，相对于传统方法，其范围更宽泛。基于不同的出发点，灾难恢复强调的是灾难发生后的恢复工作，而业务持续管理则侧重于预防工作，即在灾害发生前考虑其可能发生的潜在危险，在预防准备阶段制定相应策略来预防意外事件的发生。灾害恢复与业务持续管理对比如表 1-2 所示。

表 1-2 灾害恢复与业务持续管理对比

指标	灾害恢复（传统形式）	业务持续管理（新形式）
方法	灾难恢复	业务持续管理业务持续性
焦点	信息技术焦点	价值链焦点
方式	信息技术员工	多学科协作
结构模式	现有结构	新结构
保护目标	保护核心业务操作	保护全部组织
方向	维持当前地位	创造可持续优势
观点	狭隘的观点	开放的、系统的观点
重点	恢复是重点	预防是重点

按照英国标准协会《业务持续管理指导方针》的定义，业务持续管理是指通过识别威胁组织的潜在冲击，建构具有灾难恢复与应对能力的框架，保护企业的利益、信誉、品牌以及价值创造活动（方琳等，2005；King et al.，1991；Goda，2013；Liu et al.，2010；姜传菊，2006；刘冰等，2013；王祥武，2010；周常兰和陈宝峰，2012；王玮等，2007）。在业务持续管理中，企业管理决策层批准实施的计划与措施主要用来消灭或降低突发事件或灾难给企业关键业务功能带来的各种风险；同时，作为一个灾难预防及反应机制，使得企业在突发事件面前能够迅速做出反应，在指定时间内重新启动关键业务运转流程，确保关键业务功能可以持续，而不造成业务中断或业务流程本质的改变，进而可以保护利益相关者的利益，有助于维护品牌形象。业务持续管理最初主要用于挽救企业的运营流程，应对主体主要是企业（王晓雯，2010）。在灾害应对准备的持续管理中，首先要求作为应对主体的政府依据相关法律，在突发事件发生时更多注重群众的生命与财产，以挽救人民生命和财产为目标，而且政府及其他公共机构在突发事件的事前预防、事发应对、事中处置与善后管理过程中，通过建立必要的应对机制，采取一系列必要措施，保障公众生命财产安全，促进社会和谐发展。无论是在灾中还是灾后，政府的主要工作都是解决诸如人员疏散、搜救、伤亡人员处理、建立避难场所、灾后重建等问题。上述主体行为准则就是灾害应对的业务持续所必须追求的。

参 考 文 献

陈廷槐，陈光熙. 1981. 数字系统的诊断与容错[M]. 北京：国防工业出版社.
范维澄. 2007. 国家突发公共事件应急管理中科学问题的思考和建议[J]. 中国科学基金，21（2）：

71-76.
方琳，张玉清，马玉祥. 2005. 信息系统的业务持续性安全管理模型及实施流程[J]. 计算机工程，31（24）：180-182，206.
高庆华，刘惠敏，马宗晋. 2003. 自然灾害综合研究的回顾与展望[J]. 防灾减灾工程学报，23（1）：97-101.
国务院. 2005-08-07. 国家突发公共事件总体应急预案[EB/OL]. http://www.gov.cn/yjgl/2005-08/07/content_21048.htm.
国务院应急管理办公室. 2006-01-11. 国家专项应急预案[EB/OL]. http://www.gov.cn/yjgl/2006-01/11/content_21049.htm.
韩智勇，翁文国，张维，等. 2009. 重大研究计划“非常规突发事件应急管理研究”的科学背景、目标与组织管理[J]. 中国科学基金，23（4）：215-220.
胡寿松，范存海，王执铨，等. 1994. 大系统分散鲁棒容错控制的进展及主要成果[J]. 数据采集与处理，9（4）：285-293.
江颖俊，刘茂. 2007. 基于 PDCA 持续改善架构的企业业务持续管理研究[J]. 中国安全科学学报，17（5）：75-82，177.
姜传菊. 2006. 灾难备份和容灾技术探析[J]. 科技情报开发与经济，16（16）：224-225.
李湖生. 2011. 国内外应急准备规划体系比较研究[J]. 中国安全生产科学技术，7（10）：5-10.
李湖生，刘铁民. 2009. 突发事件应急准备体系研究进展及关键科学问题[J]. 中国安全生产科学技术，5（6）：5-10.
李晶晶，王红卫，祁超，等. 2013. HTN 规划中的资源缺项识别方法[J]. 系统工程理论与实践，33（7）：1729-1734.
李晓翔，刘春林. 2010. 冗余资源对灾难应急一定有利吗？——基于地震和雪灾事件的实证研究[J]. 经济管理，32（12）：79-86.
李英雄，李向阳，王颜新. 2012. 非常规突发事件应对任务的机会约束规划[J]. 系统工程理论与实践，32（5）：985-992.
刘冰，翁文国，彭龙. 2013. 基于业务持续管理理论的城市系统安全运行规划研究[J]. 城市发展研究，20（9）：88-92.
刘铁民. 2011. 突发事件应急预案体系概念设计研究[J]. 中国安全生产科学技术，7（8）：5-13.
柳勤. 2006. 业务持续管理（BCM）理论与实践专栏之二十一企业 BCM 实施七步骤[J]. 中国计算机用户，37：35.
吕烁，罗宇. 2007. 基于设备的容灾备份方案的研究[J]. 计算机工程与科学，29（4）：142-145.
彭冬芝，胡建勇. 2004. 城市重大事故应急救援预案研究[J]. 工业安全与环保，30（2）：38-40.
曲明成，吴翔虎，廖明宏，等. 2010. 一种数据网格容灾存储模型及其数据失效模型[J]. 电子学报，38（2）：315-320.
闪淳昌，周玲，钟开斌. 2011. 对我国应急管理机制建设的总体思考[J]. 国家行政学院学报，1：8-12，21.
邵荃，吴抗抗，韩松臣. 2012. 基于复杂网络流模型的空管设备布局算法研究[J]. 中国民航大学学报，30（6）：29-33.
史培军. 2009. 五论灾害系统研究的理论与实践[J]. 自然灾害学报，18（5）：1-9.
孙钦莹，李向阳，张浩. 2012. 突发事件应对任务规划体系研究[J]. 中国应急管理，9：11-15.
唐攀，王国峰，王喆. 2013. 基于 HTN 规划的复杂条件下应急方案制定方法[J]. 武汉理工大学学报（信息与管理工程版），35（6）：879-884.

唐攀，王红卫，王哲. 2010. 基于预案模板的 HTN 规划知识建模方法及其应用[J]. 计算机科学，37（10）：202-206.

王琨，尹忠海，周利华，等. 2007. 基于最优化理论的灾难恢复计划的量化数学模型[J]. 吉林大学学报（工学版），37（1）：146-150.

王玮，刘晓洁，李涛，等. 2007. 一种异地灾难恢复系统的设计与实现[J]. 计算机应用研究，24（9）：106-108.

王祥武. 2010. 业务持续性计划（BCP）设计方法[J]. 信息系统工程，4：45.

王晓雯. 2010. 站点范围灾难恢复及业务持续性解决方案[J]. 电力学报，25（1）：81-83，87.

王喆，王红卫，唐攀，等. 2013. 考虑资源分配的 HTN 规划方法及其应用[J]. 管理科学学报，16（3）：53-60.

肖盛燮. 2006. 灾变链式理论及应用[M]. 北京：科学出版社.

邢娟娟. 2004. 重大事故的应急救援预案编制技术[J]. 中国安全科学学报，14（1）：57-59.

徐国栋，方伟华，史培军，等. 2008. 汶川地震损失快速评估[J]. 地震工程与工程振动，28（6）：74-83.

薛禹胜，肖世杰. 2011. 综合防御高风险的小概率事件：对日本相继天灾引发大停电及核泄漏事件的思考[J]. 电力系统自动化，35（8）：1-11.

杨新红. 2012. 美国减灾的应急及社会联动机制研究——以卡特里娜飓风为例[J]. 中国安全生产科学技术，8（1）：118-122.

于明璐，李向阳，徐磊. 2010. 美国应急通用任务评述与借鉴[J]. 中国安全科学学报，20（12）：149-154.

于瑛英，池宏. 2007. 基于网络计划的应急预案的可操作性研究[J]. 公共管理学报，4（2）：100-107.

袁建东，赵强，邓高明. 2007. 基于网络的灾难恢复系统研究[J]. 科学技术与工程，7（4）：475-477，487.

张卫星，史培军，周洪建. 2013. 巨灾定义与划分标准研究——基于近年来全球典型灾害案例的分析[J]. 灾害学，28（1）：15-22.

赵思健，黄崇福，郭树军. 2012. 情景驱动的区域自然灾害风险分析[J]. 自然灾害学报，21（1）：9-17.

钟开斌，张佳. 2006. 论应急预案的编制与管理[J]. 甘肃社会科学，3：240-243.

周常兰，陈宝峰. 2012. 集团公司管理信息化的风险因素认知分析[J]. 技术经济与管理研究，1：52-55.

朱君，史浩山，陈丁剑. 2011. 嵌入式电力监控系统中温备份技术的研究与实现[J]. 测控技术，30（2）：35-37，41.

朱林，段献忠，苏盛，等. 2011. 基于证据理论的数字化变电站继电保护容错方法[J]. 电工技术学报，26（1）：154-161.

祝云舫，王忠郴. 2006. 城市环境风险程度排序的模糊分析方法[J]. 自然灾害学报，15（1）：155-158.

邹君，杨玉蓉，田亚平，等. 2007. 南方丘陵区农业水资源脆弱性概念与评价[J]. 自然资源学报，22（2）：302-310.

Biringer B E，Vugrin E D，Warren D E. 2013. Critical Infrastructure System Security and

Resiliency[M]. New York：CRC Press.

Castillo L A，Fdez-Olivares J，García-Pérez Ó，et al. 2006. Efficiently handling temporal knowledge in an HTN planner[C]// Proceedings of the Sixteenth International Conference on Automated Planning and Scheduling，Lake District，U.K.

Cutter S L，Mitchell J T，Scott M S. 2000. Revealing the vulnerability of people and places：a case study of Georgetown County，South Carolina[J]. Annals of the Association of American Geographers，90（4）：713-737.

Dyer D，Cross S，Knoblock C A，et al. 2005. Guest editor's introduction：planning with templates[J]. Intelligent Systems IEEE，20（2）：13-15.

Goda K. 2013. Basis risk of earthquake catastrophe bond trigger using scenario-based versus station intensity-based approaches：a case study for Southwestern British Columbia[J]. Earthquake Spectra，29（3）：757-775.

Guikema S D. 2009. Natural disaster risk analysis for critical infrastructure systems：an approach based on statistical learning theory[J]. Reliability Engineering and System Safety，94（4）：855-860.

Haas J，Saiman L. 2004. Hospital preparation for severe acute respiratory syndrome using a multidisciplinary task force[J]. American Journal of Infection Control，32（3）：E60.

Harvey N，Woodroffe C D. 2008. Australian approaches to coastal vulnerability assessment[J]. Sustainability Science，3（1）：67-87.

Hayashi H. 2007. Stratified multi-agent HTN planning in dynamic environments[J]. Lecture Notes in Computer Science，4496：189-198.

HSPD. 2015-09-22. Homeland Security Presidential Directive 7：Critical infrastructure identification，prioritization，and protection[EB/OL]. https://www.dhs.gov/homeland-security-presidential-direc tive-7.

Kalam A A E，Deswarte Y，Baïna A，et al. 2009. PolyOrBAC：a security framework for critical infrastructures[J]. International Journal of Critical Infrastructure Protection，2（4）：154-169.

King R P，Halim N，Garcia-Molina H，et al. 1991. Management of a remote backup copy for disaster recovery[J]. ACM Transactions on Database Systems，16（2）：338-368.

Kocaballi A B，Koçyiğit A. 2007. Granular best match algorithm for context-aware computing systems[J]. Journal of Systems and Software，80（12）：2015-2024.

Kopena J B，Sultanik E A，Lass R N，et al. 2008. Distributed coordination of first responders[J]. IEEE Internet Computing，12（1）：45-47.

Lindbom H，Tehler H，Eriksson K，et al. 2015. The capability concept-on how to define and describe capability in relation to risk，vulnerability and resilience[J]. Reliability Engineering & System Safety，135（4）：45-54.

Liu H X，Ban J X，Ma W，et al. 2007. Model reference adaptive control framework for real time traffic management under emergency evacuation[J]. Journal of Urban Planning & Development，133（1）：43-50.

Liu L，Cao X Y，Pang J J. 2010. Study of uncoventional emergency management based on scenario elements：the rescue case in East Turbine Corporation in 5.12 earthquake[C]//Proceedings of the IEEE Interna- tional Conference on Emergency Management and Management Sciences，USA.

Mahmoud M S，Xia Y Q. 2014. Analysis and Synthesis of Fault-Tolerant Control Systems[M]. Chichester：Wiley Press.

Mendonca D J，Wallace W A. 2007. A cognitive model of improvisation in emergency management[J]. IEEE Transactions on Systems，Man and Cybernetics，Part A：Systems and Humans，37（4）：

547-561.

Metzger M J，Leemans R，Schröter D. 2005. A multidisciplinary multi-scale framework for assessing vulnerabilities to global change[J]. International Journal of Applied Earth Observation and Geoinformation，7（4）：253-267.

Michael H A，Russoniello C J，Byron L A. 2013. Global assessment of vulnerability to sea-level rise in topography-limited and recharge-limited coastal ground water systems[J]. Water Resources Research，49（4）：2228-2240.

Moss R H，Brenkert A L，Malone E L. 2001. Vulnerability to climate change：a quantitative approach [R]. Pacific Nortwest National Laboratory.

Muñoz-Avila H，Aha D W，Breslow L，et al. 1999. HICAP：an interactive case-based planning architecture and its application to noncombatant evacuation operations[A]//American Association for Artificial Intelligence. Proceedings of the Sixteenth National Conference on Artificial Intelligence and Eleventh Conference on Innovative Applications of Artificial Intelligence[C]. Cambridge：MIT Press：870-875.

Muñoz-Avila H，Aha D W，Nau D S，et al. 2001. SiN：integrating case-based reasoning with task decomposition[A]//Rice G. Proceedings of the Seventeenth International Joint Conference on Artificial Intelligence[C]. San Francisco：Morgan Kaufmann Publishes Inc.：999-1004.

Nau D S，Cao Y，Lotem A，et al. 1999. SHOP：simple hierarchical ordered planner[A]//Dean T. Proceedings of the Sixteenth International Joint Conference on Artificial Intelligence[C].San Francisco：Morgan Kaufmann Publishes Inc.，2：968-973.

Nohria N，Gulati R. 1997. What is the optimum amount of organizational slack? A study of the relationship between slack and innovation in multinational firm[J]. European Management Journal，15（6）：603-611.

Omar A，Udeh I，Mantha D M. 2010. Contingency planning：disaster recovery strategies for successful educational continuity[J]. Journal of Information Systems Applied Research，3（11）：1-14.

Pechoucek M，Rehak M，Marik V. 2007. Incrementally refined acquaintance model for distributed planning and resource allocation in semi-trusted environments[C]//Proceedings of the IEEE/WIC/ACM International Conference on Web Intelligence and Intelligent Agent Technology-Workshops.

Randic L，Carley S，Mackway-Jones K，et al. 2002. Planning for major burns incidents in the UK using an accelerated Delphi technique[J]. Burns，28（5）：405-412.

Sahebjamnia N，Torabi S A，Mansouri S A. 2015. Integrated business continuity and disaster recovery planning：towards organizational resilience[J]. European Journal of Operational Research，242（1）：261-273.

Singh A N，Gupta M P，Ojha A. 2014. Identifying critical infrastructure sectors and their dependencies：an Indian scenario[J]. International Journal of Critical Infrastructure Protection，7（2）：71-85.

Smith K. 2014. Designing flexible curricula to enhance critical infrastructure security and resilience[J]. International Journal of Critical Infrastructure Protection，7（1）：48-50.

Stall R S. 2010. Hurricane Katrina：more lessons learned[J]. Journal of the American Medical Directors Association，11（9）：677-679.

Strang T，Linnhoff-Popien C. 2004. A context modeling survey[C]//Proceedings of the Sixth International Conference on Ubiquitous Computing，Workshop on Advanced Context Modelling，Reasoning and Management，Nottingham，U.K.

U.S. Department of Homeland Security（DHS）. 2009-01-13. The federal preparedness report[EB/OL]. http://fas.org/irp/agency/dhs/fema/prep.pdf.

U.S. Department of Homeland Security（DHS）. 2013-05-01. National response framework[EB/OL]. http://bush.tamu.edu/certificate/chls/national_response_framework_20130501.pdf.

U.S. Department of Homeland Security（DHS）. 2015-08-18. National preparedness guidelines[EB/OL]. https://www.dhs.gov/national-preparedness-guidelines.

U.S. Department of Homeland Security（DHS）. 2016a-10-04. National strategy for physical protection of critical infrastructures and key assets[EB/OL]. https://www.dhs.gov/national-strategy-physical- protection-critical-infrastructure-and-key-assets.

U.S. Department of Homeland Security（DHS）. 2016b-06-28. National incident management system[EB/OL]. https://www.fema.gov/national-incident-management-system.

Urbina E，Wolshon B. 2003. National review of hurricane evacuation plans and policies：a comparison and contrast of state practices[J]. Transportation Research Part A：Policy and Practice，37（3）：257-275.

Willsky A S. 1976. A survey of design methods for failure detection in dynamic systems[J]. Automatica，12（6）：601-611.

Zhang Y M，Jiang J. 2008. Bibliographical review on reconfigurable fault-tolerant control systems[J]. Annual Reviews in Control，32（2）：229-252.

第2章

大规模灾害应对准备的容错规划框架

2.1 大规模灾害风险系统分析

从风险确定性程度出发，大规模灾害风险可分为两类，即确定型风险和不确定型风险。大规模灾害的确定型风险主要是指应对主体认知的、掌握的、可承受和可控制的风险，大规模灾害的不确定型风险主要是指超出应对主体的认知、掌握、可承受和可控制的风险。相对于常规灾害风险，大规模灾害的不确定型风险较多，且这种风险是不可能被完全规避、控制和消除的，因此需要在大规模灾害爆发前未雨绸缪，超前部署，制定应对准备规划，提升应对主体的抗灾能力。目前，灾害风险表达公式主要有以下几种，如表 2-1 所示。

表 2-1　灾害风险表达公式

倡导者	年份	表达式
Maskrey	1989	风险（Risk）=致灾因子（Hazard）+脆弱性（Vulnerability）
UNDRO	1991	风险（Risk）=致灾因子（Hazard）×脆弱性（Vulnerability）×暴露性（Elements at risk）
Deyle 等	1998	风险（Risk）=致灾因子（Hazard）×灾害导致的后果（Consequence）
Blaikie 等	2004	风险（Risk）=致灾因子（Hazard）×脆弱性（Vulnerability）×暴露（Exposure）×相互关联度（Interconnectivity）
UNEP	2002	风险（Risk）=致灾因子（Hazard）×脆弱性（Vulnerability）×暴露（Exposure）/恢复力（Resilience）
陈报章和仲崇庆	2010	风险（Risk）=灾害发生的可能性（Possibility）×灾害导致的后果（Consequence）

灾害风险是在既定区域、既定时间内由于致灾因子、孕灾环境、承灾体等因素的相互作用，造成人们生命财产安全预期损失的一种可能性状态（赵思健，2013）。大多数学者主要通过既定时间范围内灾害可能导致的状况是什么、灾害发生的概率是多少、灾害造成的后果和影响有多大三方面来分析灾害风险。根据灾害风险理论，风险是各个因素相互作用的结果，这些因素可能包括孕灾环境、致灾因子、承灾体、抗灾能力等（史培军，1996，2003；高兴和，2002；陈国华等，2008；张斌等，2010）。

本书以华南沿海城市防灾减灾为规划目标，以大规模自然灾害为设计对象，模拟一个样本城市为用例计算背景。本章主要用四个指标来评估灾害风险，包括致灾因子的危险性、孕灾环境的暴露性、承灾体的脆弱性以及城市所具备的抗灾能力。以某市超强台风灾害为例，孕灾环境的特点主要是，该城市处于沿海地区，产业比较密集，且全球温室效应导致海平面上升；致灾因子主要包括极端风力和强降雨；主要分析的承灾体对象是电网，包括变电站、电网线路、塔杆、用电单位等，城市主要的抗灾能力主要从应急装备、应急物资以及应急任务流程三方面进行准备。其引发的灾害风险系统如图 2-1 所示。

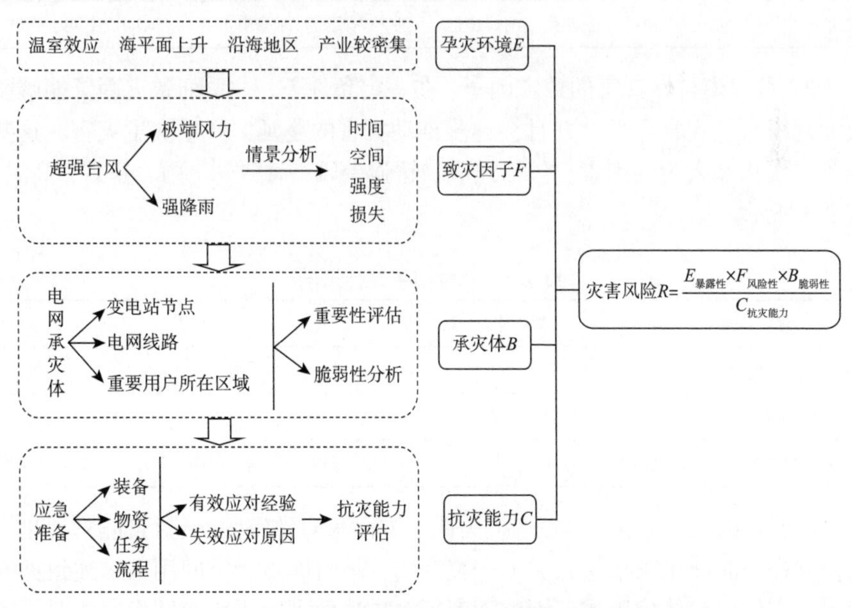

图 2-1　针对电网承灾体的台风灾害风险系统

将大规模自然灾害整体看成一个系统，可以把大规模自然灾害的风险划分为系统风险和非系统风险两类。大规模自然灾害系统风险是系统本身的不确定性以及系统外部环境突变所导致的风险，因此可将其看成致灾因子和孕灾环境的不可抗力作用；大规模自然灾害非系统风险是各类承灾体面对灾害所体现出的脆弱性以及在抗灾减灾中各种应对响应行动或任务的失效和能力的不足，表现为应对准备不够充分、横向跨部门之间协调能力较弱、自我恢复能力不足等。在很多情况下，大规模自然灾害的发生是应对主体无法预料和控制的，因此只能尽可能地降低非系统风险，从非系统风险上做到灾害的预防和控制，采取有效措施加强应对准备，提升抵御风险的能力。

（1）大规模自然灾害的孕灾环境主要包含地理环境、地质环境、地形环境、人口密度分布、产业密集程度等。孕灾环境可以划分为两个方面：一是自然孕灾环境，如地形地貌、地质情况、温度湿度、风向风速、水流状况等；二是人为孕灾环境，如人口分布、产业分布、关键基础设施状况等。由此可见，不同的地域孕灾环境也大不相同。通过历史数据与案例分析，评估出与致灾因子联系最为密切的孕灾环境要素，如表 2-2 所示。

表 2-2　孕灾环境属性示例

典型案例	孕灾环境	属性
中国甘肃舟曲特大泥石流	山地、土质疏松、山洪暴发、人口密集	时间、空间、强度
中国南方雪灾	亚热带、南岭山地、产业较密集、有冰冻雨雪	时间、空间、强度

（2）大规模自然灾害的致灾因子。在一定条件下，一系列致灾因子能够直接导致大规模自然灾害爆发，并且会逐步推动灾害的蔓延，产生次生灾害，这些致灾因子主要指非人为的因素，包括地震、超强台风、海啸、暴雨、暴雪、高温等，如表 2-3 所示。

表 2-3　致灾因子属性示例

典型案例	致灾因子	属性
2008 年汶川大地震	地震	震级、烈度、半径等
2009 年南方雪灾	低温、雨雪	温度、降雨量、气压等
2012 年深圳“韦森特”台风	台风	强度、温度、风速、风向、气压、液态水含量等

一般通过时间、空间、强度、损失四个方面来对致灾因子进行描述，如图 2-1 所示。其中，时间用来描述致灾因子突变的具体时间点，空间用来描述致灾因子作用于承灾体的具体位置或范围，强度用来描述致灾因子突变的程度或对承灾体造成损害的强度，损失用来描述致灾因子对象灾体造成的后果。

致灾因子直接作用于各类承灾体，是灾害发生的导火索，能够导致人员伤亡、经济财产损失、社会动荡以及生态环境破坏，是灾害爆发的直接原因。致灾因子突变的程度越大，对各类承灾体造成的破坏程度越高，致灾因子的危险性可具体表达为

$$F = f(M, p) \tag{2-1}$$

其中，M（magnitude）为致灾因子的变异强度；p（possibility）为致灾因子产生突变的概率。

（3）大规模自然灾害的承灾体。致灾因子作用于承灾体，承灾体可以是各种类型的事物，如关键基础设施（道路、电线、塔杆等）、周边的环境（树木等），也可以是受灾群众。各国学者对于承灾体的分类都有不同的见解。美国学者 Carrara 等（1995）将承灾体分为自然资源、人类财产、人类本身三类。本书认为承灾体是包含灾害中受灾的群众、遭受破坏的基础设施以及周边环境的一种综合系统（陈报章和仲崇庆，2010；高廷等，2008）。表 2-4 主要从第一产业（农业、林业、渔业、畜牧业）、第二产业（电力行业、制造业、建筑业）、第三产业（交通运输业、邮电通信业、水利行业、金融旅游业）对不同类型的承灾体进行划分。承灾体属性如表 2-5 所示。

表 2-4　承灾体分类

一级类别	二级类别	三级类别	四级类别
第一产业	农业	农作物及水果	青菜、水稻、小麦、各类水果等
		农用工具	拖拉机、收割机、排水机等
		农业基础设施	大棚、蓄水池、沼气池等
	林业	林木	桉树等树木
		野生动物	哺乳动物等
		林业基础设施	防火设施、监控设施等
	渔业	鱼类	热带鱼等
		渔业工具	船、抽水机等
		渔业基础设施	鱼池、鱼塘等
	畜牧业	禽类	鸡、鸭、鹅等
		牲畜	牛、羊、猪、马等
		畜牧业基础设施	禽畜棚舍
第二产业	电力行业	电力设施	变电站、输电线、输电线杆、铁塔、发电机、火电机组
		其他	电力用煤、电厂
	制造业	制造产业	厂房、设备、产品
	建筑业	居民房	乡村用房、城市用房
		建筑工地	施工的建筑物、施工设备、施工器材

续表

一级类别	二级类别	三级类别	四级类别
第三产业	交通运输业	公路	高速公路、国道、省道、县道、乡镇公路
		铁路	电气化铁路
		民航	各大中小型机场
		车站	火车站、汽车站
		市内交通	公交车、出租车
		其他	隧道、桥梁
	邮电通信业	邮电通信	通信基站、通信杆
	水利行业	输水管道	供水管网
		水利设施	水电站、防汛设施、水库、渠道、农田灌溉排涝、水文测站、堤防、涵闸、测验设施、库坝、护坡等
	金融旅游业	保险	房屋保险、人身保险等
		旅游	旅游景点、文物古迹

表 2-5 承灾体属性示例

典型案例	承灾体	属性
2008 年南方冰冻	电网	变电站、输电线杆等覆冰情况
	道路	公路、街道等覆冰情况
2012 年“韦森特”台风	电网	变电站、输电线损坏情况
	重要用电用户（工厂、医院）	建筑物损坏程度

面对相同等级的灾害事件，灾害造成的后果可能因应对准备、经济水平、抗灾能力以及人们的容错意愿而大不相同。各级政府的防灾减灾措施从早期的灾害救援逐步侧重到应急准备，即除了结构性防灾减灾措施外，非结构性措施（如灾害应对准备、调整应对预案、提高防灾意识、普及防灾知识等）在降低灾害风险损失所起的作用越来越显著（尚志海和刘希林，2010；李华强等，2009；刘希林和尚志海，2013；王旭坪等，2013）。

综上所述，得风险量化公式如下：

$$R=\frac{E_{\text{暴露性}}\times F_{\text{风险性}}\times B_{\text{脆弱性}}}{C_{\text{抗灾能力}}} \tag{2-2}$$

式（2-2）表达了四种减灾途径：降低孕灾环境的暴露性、降低致灾因子的风险性、降低承灾体的脆弱性以及提升人们的抗灾能力。前两项属于系统性防灾减灾措施，后两项属于非系统性措施。本书主要从非系统性角度提出大规模灾害的应急准备容错规划措施。

2.2　大规模灾害的应对准备和应对任务

2.2.1　大规模灾害应对准备内涵

2003 年，美国总统布什发布《国土安全 8 号令》(Homeland Security Policy Directive，HSPD-8)，强调应对能力开发的四阶段过程及其支持工具——威胁分析/国家规划脚本、任务区域分析/国土安全分类、执行任务分析/通用任务列表、能力开发/目标能力列表。美国总统奥巴马在 2011 年签发的 PPD-8 (总统政策 8 号令) 对上述内容进行了修正，重新定义应对准备概念。应对准备是指采取应急规划、组织、培训及演练的一系列行动，建立和维持必要的抗灾能力，针对巨大风险的威胁，开展预防、保护、减除、响应和恢复应急活动。应对准备是为了在灾害爆发后更好地执行各类应急任务所做出的灾前准备工作，注重的是应急管理的全过程，而不是某一个阶段。美国《国家应急准备指南》中把巨灾应对任务归为预防、保护、应对、恢复等大类，还将应急预防准备系统规范为一个包含四个组成阶段的动态过程，即政策与规则、计划与资源调配、培训演练和经验教训、评估和报告 (DHS，2015)。

我国各级政府始终加强灾害应对准备的相关任务与战略部署，高度重视大规模自然灾害的防御工作，从整体上、系统上对其进行顶层设计，完善灾前的防灾减灾工作。本书将应对准备视为贯穿于整个应急管理过程中，重点对大规模灾害的应对任务进行详细划分，以提升应对准备能力为核心目标，且关键在于如何保证准备规划与应对实践之间的适应性。

2.2.2　大规模灾害引发的应对任务

以大规模自然灾害为例，根据大灾对经济、社会以及生态环境造成的损失程度，制定相应等级的应急响应任务；根据承灾体的特点，考虑应对任务的设置；根据应对任务失效或效果不好的情况，反思大规模自然灾害应对准备的容错规划问题。根据前文所述，主要通过提升应对能力的方式来降低大规模灾害的风险，且为了保障应对管理的可持续性，由应对失效来倒推大规模自然灾害的容错规划，具体在后续章节阐述。大规模自然灾害的影响和应对任务具体如图 2-2 所示。

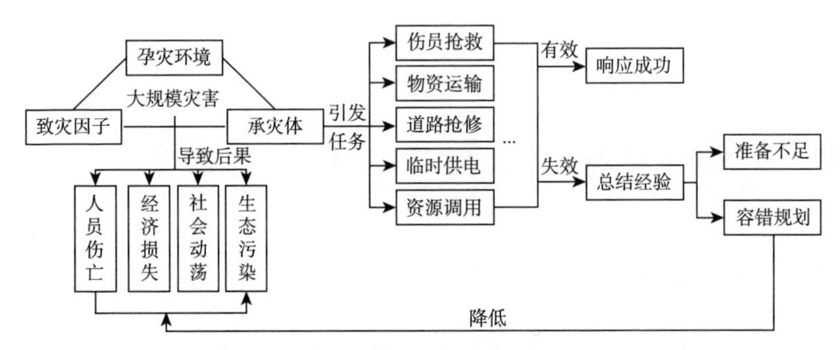

图 2-2　大规模自然灾害的影响和应对任务

大规模自然灾害造成的严重后果主要分为四大方面：①人员伤亡，它是利益相关者最关注的，也是应急救援中处于第一位的，人员伤亡数量的多少直接表示大规模自然灾害对人类生命造成多大的影响；②经济损失，描述大规模自然灾害造成的社会经济财产损失，包括直接经济损失和间接经济损失；③社会动荡，表示大规模自然灾害可能引发的次生灾害，如灾民心理恐慌、灾区秩序混乱、瘟疫横行、肢体冲突、食品安全等；④生态污染，表示大规模自然灾害对人们生存环境造成的冲击和影响（时堪等，2003）。

美国国家应急准备考虑了应急管理的全过程，其主要包括预防、保护、减除、响应及恢复五大任务，对每个任务都要设计灾前规划和防御措施。其中，预防任务主要是针对美国国内恐怖袭击而制定的相关防御措施，包括取证与归因任务、情报和信息共享任务、拦截与干扰任务、筛选与检测任务。保护任务主要包括运输和边界安全保障任务、关键基础设施保护任务、国家领导层和重大事件安全保护任务，具体有保护居民安全任务、保护关键基础设施任务、保护网络环境安全任务、保障食品安全任务、保证边界安全任务、保障运输安全任务、保障移民安全任务、保护国家领导层和重大事件任务。减除任务主要是识别美国国内所面临的潜在威胁和危险源，降低其脆弱性，减少一定的风险，该任务贯穿于整个应急管理过程。减除任务主要包括识别潜在威胁、致灾因子和危险源任务，评估风险和恢复力任务，降低承灾体脆弱性任务；有效地完成减除任务，需要注重应对可持续性与恢复力、包容性以及风险意识。响应任务是指应急响应过程中的现场任务，包括灾情态势评估任务、现场灾区安全与保护任务、大规模搜救任务、装备运输任务、物资调用任务、关键基础设施保护任务、群众抚慰任务等。恢复任务主要是指灾害恢复阶段的重建任务，包括基础设施修复任务、灾民住房安置任务、社会福利保证任务、自然文化资源重建任务、经济复苏任务。

美国的预防任务主要是针对恐怖袭击事件提出的。我国应急管理需要借鉴美国应急管理的经验与理论，并根据我国国情，针对大规模自然灾害（不包含恐怖袭击、网络安全事件、公共安全事件等）设置相关的大规模自然灾害应急准备任务。本书将大规模灾害的应急准备任务主要分为基础任务、预防任务、保护任务、响应任务与恢复任务。基础任务主要包括应急预案任务、资金管理任务、装备物资管理任务、培训演练任务、宣传教育任务；预防任务主要从风险监测、识别、预警、控制等方面进行设置；保护任务与美国应急任务相似，包括评估关键基础设施、保护关键基础设施、保护民众安全；响应任务主要包括灾害态势评估、任务派遣与决策、跨部门协调、通信与信息保障任务；恢复任务主要包括抚慰民众、清理现场、恢复重建等任务。具体的任务结构与内容如表 2-6 所示。

表 2-6　大规模灾害应急准备任务细化

一级类别	二级类别	三级类别
1.基础任务	1.1 应急预案任务	1.1.1 应急预案编制
		1.1.2 应急预案修订
		1.1.3 应急预案实施
	1.2 资金管理任务	1.2.1 应急基金
		1.2.2 预备费
		1.2.3 其他应急支出
	1.3 装备物资管理任务	1.3.1 应急装备投资
		1.3.2 应急物资储备
	1.4 培训演练任务	1.4.1 应急培训
		1.4.2 应急演练
	1.5 宣传教育任务	1.5.1 社区应急宣传
		1.5.2 家庭应急宣传
2.预防任务	2.1 风险监测任务	2.1.1 环境监测
		2.1.2 数据采集管理
		2.1.3 数据分析
		2.1.4 数据发布与联络
	2.2 风险识别任务	2.2.1 危险源确定
		2.2.2 危险源控制
	2.3 风险预警任务	2.3.1 预警信息筛查
		2.3.2 预警信息确认
		2.3.3 预警信息发布
		2.3.4 预警效果评估
	2.4 风险控制任务	2.4.1 危险源消除
		2.4.2 早期预防性响应启动

续表

一级类别	二级类别	三级类别
3.保护任务	3.1 评估关键基础设施	3.1.1 关键基础设施分类识别
		3.1.2 重要资源识别
		3.1.3 关键基础设施脆弱性评估
		3.1.4 关键基础设施运行状态评估
	3.2 保护关键基础设施	3.2.1 保护原则与措施
		3.2.2 备份或代替性资源
	3.3 保护民众安全	3.3.1 民众应对准备通知
		3.3.2 民众安置转移
4.响应任务	4.1 灾害态势评估	4.1.1 灾害风险等级评估
		4.1.2 灾害后果评估
	4.2 任务派遣与决策	4.2.1 灾民疏散与救援
		4.2.2 工程抢险
		4.2.3 物资运输
	4.3 跨部门协调	4.3.1 纵向各级政府部门协调
		4.3.2 横向各个应对单位协调
	4.4 通信与信息保障	4.4.1 内部信息共享
		4.4.2 灾情信息发布
5.恢复任务	5.1 抚慰民众	5.1.1 抚恤金发放
		5.1.2 心理保健服务
	5.2 清理现场	5.2.1 尸体掩埋
		5.2.2 相关物品处置
		5.2.3 现场秩序恢复
		5.2.4 现场环境清理
	5.3 恢复重建	5.3.1 倒塌毁坏房屋重建
		5.3.2 关键基础设施修护
		5.3.3 生命线工程恢复
		5.3.4 公共服务部门恢复
	5.4 灾害调查	5.4.1 灾害发生原因
		5.4.2 灾害波及范围
	5.5 经验总结	5.5.1 应急效果评估
		5.5.2 应急优势与不足

2.3 大规模灾害应对准备的容错框架

本书将大规模灾害应对准备容错（emergency preparedness fault-tolerance）定义为：对大规模灾害预估不足或防御措施不当，从而引发的应急响应失误，通过应对准备阶段的关键基础设施保护、应对装备投资、应对物资储备、应对流程备份等手段对这些“错”进行包容性处置，使应急决策者能够实现预设的应急管理目标或提升应急管理的可持续性。即使应急决策者在应急管理过程中面对意外情景，灾前应对准备的预案和超前部署仍有价值，其规划成果进行适应性修正后对应对实践仍有指导意义，对应对响应失误起到消除或缓解的作用，以此来降低大规模灾害造成的不良后果。容错是为了保障应对响应任务失效时，应对救援仍可持续进行，而预先制定和准备执行的一系列操作策略集，是体系结构与关键措施的顶层设计和全局性预防规划。规模灾害应对准备的容错规划并不强调在灾害发生后的实时应对，而是注重在应对准备阶段设计防御措施，从而保障应对响应的持续进行，是应对突发事件的事前管理。容错规划将风险管理融入组织运行的常态管理之中，具有动态性、前瞻性和循环性，是提升城市恢复力与防灾减灾能力的重要方面。据此，提出大规模灾害的应对准备容错规划框架，具体如图 2-3 所示。根据大规模灾害可能造成的后果，分析大规模灾害风险等级，划分风险区域（分为可接受区域、不可接受风险区、合理可行的最低限度风险区），为提升当前的抗灾能力，设定未来大规模灾害情景，权衡预期灾害损失与容错成本之间关系，判断所能达到的容错等级，从而在应对准备阶段提出一系列容错措施。

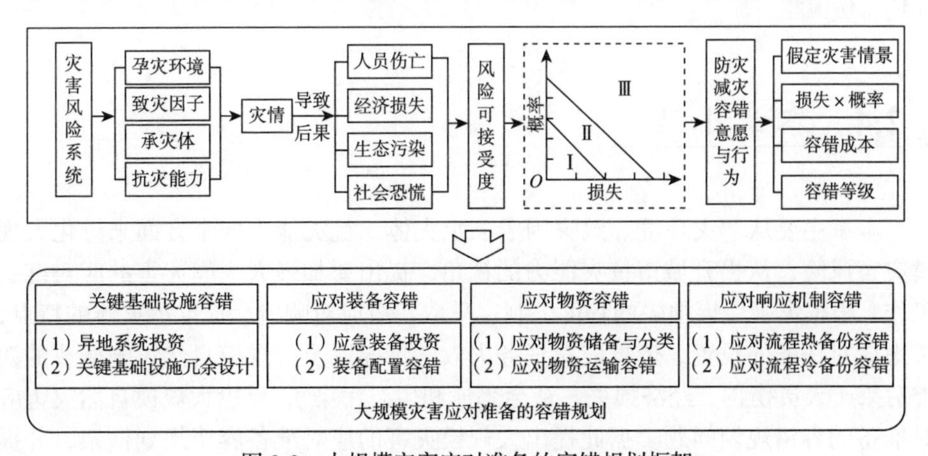

图 2-3 大规模灾害应对准备的容错规划框架

本书主要提出四类大规模灾害应对准备的容错规划方法：

（1）关键基础设施容错。一个区域（或一个城市）的关键基础设施是这个区域的核心应对能力。对大规模灾害破坏关键基础设施预估不足或防御措施布局不当，都会大范围引发应对响应失误。如何通过关键基础设施冗余设计等容错规划手段进行包容性处置，以使应对响应能够完成预设的应对管理目标或实现应对管理的可持续性，是关键基础设施防灾容错规划的重要领域。

（2）应对装备容错。面对大规模灾害，应对队伍配备多种应对装备进行抢险救援。要提高应对能力，首先必须为应对人员配备专业化的应对装备。大规模灾害爆发后，需要在短时间内进行应对响应，应对所需要的装备短时间内无法完成生产。在大规模灾害爆发前要配备一定的应对装备以保证应急抢救的正常运行。应对装备投资容错规划就是在应对准备阶段，加大应对装备的投资，以满足大规模灾害爆发后对应对装备的需求。

（3）应对物资容错。只有及时满足灾区的应对物资需求，才能够有效地、第一时间减少灾害造成的损失，抑制灾害的蔓延和防御次生灾害的发生。在有限的应对物资条件下，各个灾区的物资需求是相互冲突的，如何有效给各个灾区配送有限的应对物资是物资容错规划需要解决的问题。本书主要运用价值函数、博弈论等方法解决应对物资调度分配问题。

（4）应对响应机制容错。大规模灾害的非常规特性，往往导致应对任务流程从可用状态转变到不可用状态，导致流程出现错误或流程瘫痪，或者某一个关键环节出现问题导致流程不能够继续执行。应对响应机制容错指应急流程在受到外部干扰或内部错误等影响时，仍然能够按照一定应对需求提供关键服务，进行有效能力的输出。可基于 Petri 网对应对任务流程进行优化，并设计应对冷备份流程和热备份流程。

2.4 本章小结

本章主要从孕灾环境、致灾因子、承灾体、抗灾能力四个方面来量化大规模灾害风险，从提升城市抗灾能力的视角，提出要加强大规模灾害的应对准备工作。根据灾害后果损失的程度，制定采取几级应对响应。根据承灾体的特点，考虑应对任务的设置，依据应对任务失效的情况以及大规模自然灾害造成的四类后果（人员伤亡、经济损失、社会恐慌和生态污染），反思大规模自然灾害应对准备的容错规划问题。据此提出大规模灾害的应对准备容错规划框架，并提出具体的四类容错渠道，包括关键基础设施容错、应对装备容错、应对物资容错以及应对响应机制容错。

参考文献

陈报章，仲崇庆. 2010. 自然灾害风险损失等级评估的初步研究[J]. 灾害学，25（3）：1-5.

陈国华，梁韬，张华文. 2008. 城域承灾能力评估研究及其应用[J]. 安全与环境学报，8（2）：651-261.

高廷，徐笑歌，王静爱. 2008. 2008 年中国南方低温雨雪冰冻灾害承灾体分类与脆弱性评价：以湖南省郴州市交通承灾体为例[J]. 贵州师范大学学报（自然科学版），26（4）：14-21.

高兴和. 2002. 地质灾害承灾体易损性探究[J]. 中国地质矿产经济，（4）：28-23.

李华强，范春梅，贾建民，等. 2009. 突发性灾害中的公众风险感知与应急管理——以 5·12 汶川地震为例[J]. 管理世界，25（6）：52-60.

刘希林，尚志海. 2013. 中国自然灾害风险综合分类体系构建[J]. 自然灾害学报，22（6）：1-7.

尚志海，刘希林. 2010. 自然灾害生态环境风险及其评价——以汶川地震极重灾区次生泥石流灾害为例[J]. 中国安全科学学报，20（9）：3-8.

时堪，范红霞，贾建明，等. 2003. 我国民众对 SARS 信息的风险认识及心理行为[J]. 心理学报，35（4）：514-519.

史培军. 1996. 再论灾害研究的理论与实践[J]. 自然灾害学报，5（4）：621-627.

史培军. 2003. 三论灾害研究的理论与实践[J]. 自然灾害学报，11（3）：1-8.

王旭坪，马超，阮俊虎. 2013. 考虑公众心理风险感知的应急物资优化调度[J]. 系统工程理论与实践，33（7）：1735-1742.

张斌，赵前胜，姜瑜君. 2010. 区域承灾体脆弱性指标体系与精细量化模型研究[J]. 灾害学，25（2）：14-19.

赵思健. 2013. 基于情景的自然灾害风险时空差异多维表达框架[J]. 自然灾害学报，22（1）：75-83.

Blaikie P，Cannon T，Wisner B，et al. 2004. Risk：Natural Hazard，People's Vulnerability and Disasters[M]. London：Routledge.

Carrara A，Guzzett F，Geographica I. 1995. Information Systems in Assessing Natural Hazards [M]. Boston：Kluwer Academic Publishers.

Deyle R E，French S P，Olshansky R B，et al. 1998. Hazard Assessment：the factual basis for planning and mitigation[C]//Burby R J. Cooperating with Nature：Confronting Natural Hazards with Land-Use Planning for Sustainable Communities. Washington D. C.：Joseph Henry Press：119-166.

Hurst N W. 1998. Risk Assessment：The Human Dimension[M]. Cambridge：The Royal Society of Chemistry.

Maskrey A. 1989. Disaster Mitigation：A Community Based Approach[M]. Oxford：Oxfam.

U.S. Department of Homeland Security（DHS）. 2015-08-18. National preparedness guidelines[EB/OL]. https：//www.dhs.gov/national-preparedness-guidelines.

UNEP. 2002. Global Environment Outlook 3 Past, Present, Future Perspectives[M]. London：Earthscan Publications Ltd.
United Nations Disaster Relief Organization（UNDRO）. 1991. Mitigating natural disasters：phenomena effects and options：a manual for policy makers and planners[R]. New York：United Nations.

第3章

大规模灾害应对准备的容错规划目标

3.1 大规模灾害风险的可接受度

3.1.1 基于 ALARP 准则的大规模自然灾害风险可接受度分析

人们只能够预防灾害的发生，没有任何方法能够完全避免遭受灾害的侵袭，那么在灾害发生前做出多大的准备和防护才能够更好地应对灾害呢？1968 年，美国社会学家 Starr 提出了 "How safe is safe enough"（多安全才足够安全）这一问题，并采用偏好法度量灾害风险的可接受程度（王锋，2013）。英国在 1974 年提出了灾害风险决策的 ALARP 准则（as low as reasonably practicable，即最低合理可行性）。ALARP 准则将灾害风险划分为可接受风险区域、不可接受风险区域及 ALARP 最低限度风险区域（高建明等，2007），具体如图 3-1 所示。

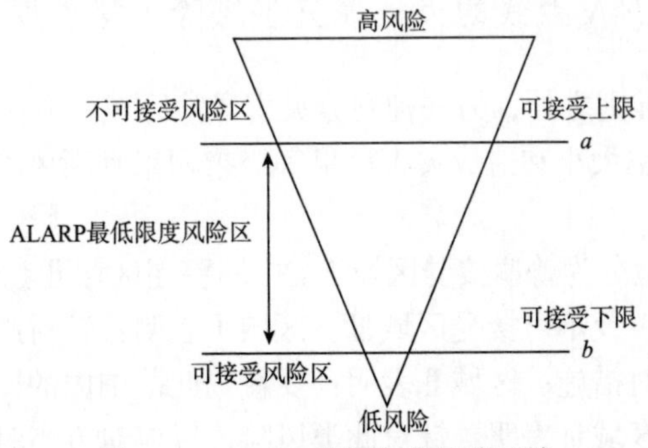

图 3-1　ALARP 准则划分风险区域

对于可接受风险区域，可将灾害造成的影响忽略不计，也可以认为灾害应对主体具有足够的抗灾能力来抵御此类灾害，且针对此类风险在灾害应对准备阶段无须加强额外人力物力进行防灾减灾。对于不可接受风险区域，过多的防灾减灾措施也不能完全防御或避免所面临灾害的发生，只能在一定范围内加强防灾减灾能力，适当地降低灾害风险。因此，在应对准备阶段要做好充足的大规模灾害应对规划，针对大规模灾害可能产生的意外情况，构建我国政府抵御风险的抗灾能力，保障应对管理的可持续性，由此本章提出容错规划。再完备的应对规划，也不能完全应对大规模灾害的各种意外状况，人们不可能考虑到大规模灾害的方方面面，只能在一定范围内尽可能地缩小不可接受风险区域，即使直线 a 上移。对于 ALARP 最低限度风险区域，在需要可控的状况下，利用效益成本分析方法对比各种应急处置措施，以此来判定是否需要采取相关措施。

剑桥大学 Fischhoff 教授在 1981 年首次出版了 *Acceptable Risk* 一书，提出可接受风险并不是指灾害风险本身是可以被公众接受的，而是从应对风险的收益程度来判断该灾害风险是否可以接受，仅是在应对风险所获得的收益超过其所带来的风险状况下，才认为是可以接受的（吴国斌和佘廉，2006；黄典剑和李传贵，2007）。人们绝不可能毫无条件地接受灾害风险。大规模灾害往往伴有突发性、不确定性，海啸、台风、地震等大规模灾害的发生是不以人的意愿为转移的，人们无法完全避免或阻止此类灾害的发生，只能通过提升应对主体的抗灾能力和灾前充足的应对准备来减少大规模灾害给社会造成的巨大影响。大规模灾害应对准备的容错规划预先制定和准备执行的一系列操作策略集，是有预见性的应急响应，体现在投资保障、物资储备和流程优化等方面。“容错”问题与“How safe is safe enough”问题类似，其范围和界限的确定没有明确的标准，取决于应对主体的容错需求与意愿，尽可能保证公众处于一个相对安全的区域内，为应对主体在防灾减灾方面提供一个参考。

3.1.2　基于 *F-N* 曲线的大规模灾害风险可接受度分析

除了 ALARP 准则之外，另一种划分灾害风险区域的方法是 *F-N* 曲线方法，根据灾害发生的概率大小和造成灾害后果等级乘积来判断风险区域,具体如图 3-2 所示。

图 3-2 中将风险分为普遍接受区域Ⅰ、中间警惕区域Ⅱ（ALARP 最低限度风险区域的通俗俗谓）及不可接受区域Ⅲ。区域Ⅰ表明：针对此类风险，应对主体无须增加额外的应对措施；区域Ⅱ表明：要警惕此范围内的风险，采取有效的应对措施降低风险；区域Ⅲ表明：针对此类风险，以应对方当时的资源状况，没有能力构建和提供强有力的防御措施以抵御灾害造成的巨大影响，只能适当地提高

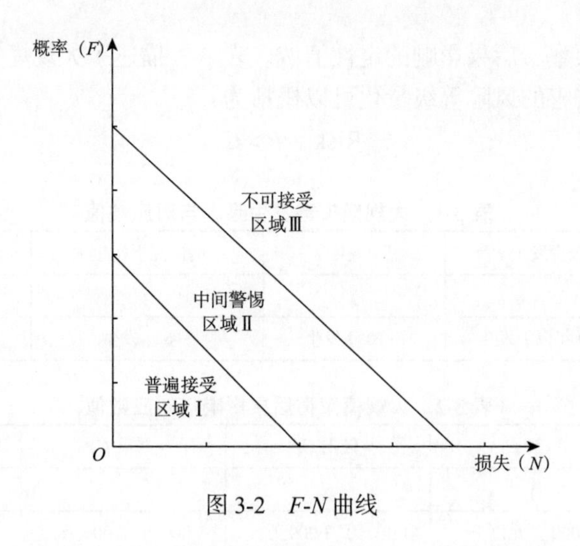

图 3-2　F-N 曲线

防灾减灾措施，此类风险后果是难以避免的。式（3-1）描述了 ALARP 的上述识别关系。

$$P_f\left(x\right)=1-F_N\left(x\right)=\int_0^{\infty}xf_N\left(x\right)\mathrm{d}x \tag{3-1}$$

限制线为

$$P_f\left(x\right)=1-F_N\left(x\right)\leqslant\frac{C}{x^n} \tag{3-2}$$

其中，$F_N\left(x\right)$ 表示年灾害导致人员死亡数量的概率分布函数；n 表示风险的斜率，n=1 时表示中立型风险，n=2 表示厌恶型风险；C 表示风险水平截距。

3.2　大规模灾害风险等级与容错等级

3.2.1　大规模灾害风险等级

本书所指灾害主要包括地震灾害、气象灾害、海洋灾害、地质灾害、洪水灾害、生态灾害等自然灾害。其中，气象灾害包括高温、干旱、暴雨、暴雪等灾害，海洋灾害包括超强台风、龙卷风、海啸等灾害，地质灾害包括泥石流、滑坡等灾害。根据灾害造成损失的严重程度，一般区分标准划分为一般、较重、严重和特别严重四级灾害，依次用蓝色、黄色、橘色和红色表示（本书示意图分别采用白色、浅灰色、深灰色、黑色表示）。

本书认为大规模灾害从两个方面进行衡量：一是灾害发生的概率，用 P_i 表示；二是灾害造成后果的严重程度或等级，用 C_j 表示。表 3-1、表 3-2 分别给出了大

规模灾害发生频率、后果影响的定性值域。表 3-3 描述了大规模灾害的风险等级判定。大规模灾害的风险等级量化可以概括为

$$\text{Risk}_{ij}=P_i\times C_j \tag{3-3}$$

表 3-1　大规模灾害发生频率与对应数值

可能性	极少发生 P_1	很少发生 P_2	某些情况下发生 P_3	较多情况下发生 P_4
数值	1	2	3	4
频率	10 年以上发生	6~10 年发生	3~6 年发生	3 年内发生

表 3-2　大规模灾害后果影响与对应数值

后果等级	一般 C_1	较重 C_2	严重 C_3	特别严重 C_4
数值	1	2	3	4
经济损失	1 000 万元以下	1 000 万~3 000 万元	3 000 万~5 000 万元	5 000 万元以上
人员伤亡	10 人以下死亡（含失踪）	10~50 人死亡（含失踪）	50~300 人死亡（含失踪）	300 人以上死亡（含失踪）
生态污染	几乎无影响	有少许影响	有较大风险	大幅度影响
社会恐慌	几乎无影响	有少许影响	有较大风险	大幅度影响

表 3-3　大规模灾害风险等级

风险 R_{ij}		大规模灾害发生频率 P_i			
		极少发生 P_1	很少发生 P_2	某些情况下发生 P_3	较多情况下发生 P_4
灾害后果损失 C_j	一般 C_1	$R_{11}=P_1\times C_1$	$R_{21}=P_2\times C_1$	$R_{31}=P_3\times C_1$	$R_{41}=P_4\times C_1$
	较重 C_2	$R_{12}=P_1\times C_2$	$R_{22}=P_2\times C_2$	$R_{32}=P_3\times C_2$	$R_{42}=P_4\times C_2$
	严重 C_3	$R_{13}=P_1\times C_3$	$R_{23}=P_2\times C_3$	$R_{33}=P_3\times C_3$	$R_{43}=P_4\times C_3$
	特别严重 C_4	$R_{14}=P_1\times C_4$	$R_{24}=P_2\times C_4$	$R_{34}=P_3\times C_4$	$R_{44}=P_4\times C_4$

如图 3-3 所示，黑色区域 VHR（very high risk）和深灰色区域 HR（high risk）都表示不可接受风险，执行意外任务（critical tasks）；浅灰色区域 MR（moderate risk）代表可忍受风险，执行通用任务（universal tasks）；白色区域 LR（low risk）是指对于应对管理者来说是可接受的风险，执行预案任务（planning tasks）。

VHR 表示非常高的风险，在应对准备时需要大量而详尽的调查研究和规划，倾力制定严格的防御措施。但是，从货币价格角度来看，为了降低此类风险所花费的投入成本可能远远高于其所减少的灾害损失。因此，应在一定范围内考虑大规模灾害意外情景与扩大应对准备规模。另外，即使在大规模灾害最差的情形出现概率较小的预判前提下，应对准备规划主体（通常是国家或中央政府）也应当考虑大规模风险的预期价值，在评估预算价值时，需要考虑大规模灾害

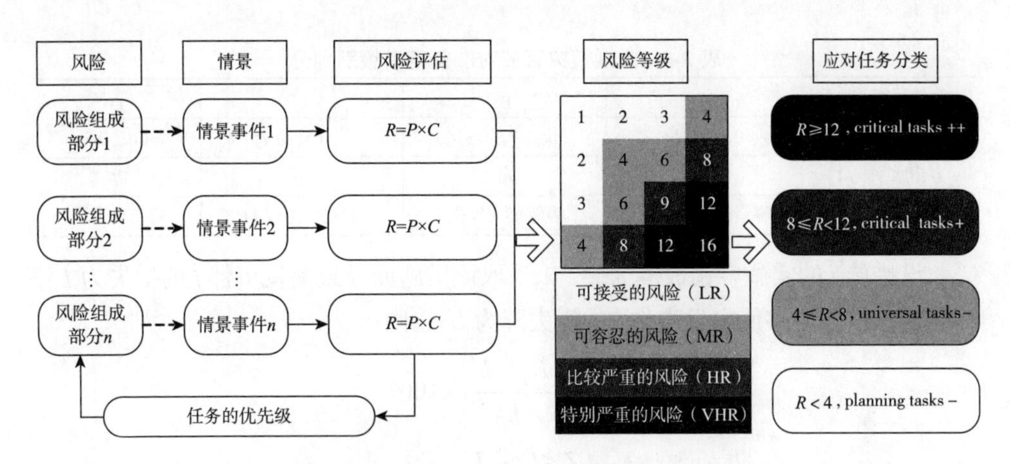

图 3-3　风险等级、风险区域以及对应任务

风险的特征。

HR 表示较高风险，应对准备时需要大量而详尽的调查研究和规划，需要大量的应急成本投入，此类风险正是容错规划需要解决的问题，可以通过应对准备阶段加大应对成本投入，提升应对能力等容错措施，降低此类灾害风险。

MR 表示中等风险，此类风险需要应对主体制定防御措施将其降低成可接受风险。

LR 表示可接受风险，进行常规性的维护可以降低一定的灾害风险，即在应对准备阶段，应对灾害通常保持常规的人力物力投入。

3.2.2　大规模灾害容错等级

若是追求完全没有灾害损失，则灾害不发生最好，但这与实际情况不符合；若是过分追求没有应对响应失误，反而会产生新的损失（如容错成本过高），即容错存在一个极值，超过这个极值，效果反而更低。容错规划需要权衡容错成本和灾害损失之间的差异。在大规模灾害应对准备阶段，加大应对投资能够降低一定的灾害后果，但投入过多也会造成资源浪费。因此需要一个大规模灾害应对准备程度的平衡点，以科学客观的“标尺”为应对决策提供支持。这个平衡点就可看成“容错率”，即在现有的灾害风险中间警惕区域内，适当加大灾前应对容错成本投入，保障充足的应对能力储备，即使大规模灾害意外情况发生，仍然可以通过应对准备阶段一系列的容错措施，保障应对响应的持续进行，从而降低灾害损失。表 3-4 描述了大规模灾害应对容错级别划分。

表 3-4　大规模灾害应对准备容错级别划分

容错等级	A	B	C	D
容错率范围	(0.8，1]	(0.7，0.8]	(0.5，0.7]	(0，0.5]
容错水平	优	良	中	差
容错特征	容错能力强	容错能力较强	容错能力较弱	容错能力弱

设措施 i 的实施容错成本为 Z_i，未采取该措施而导致突发事件 j 的损失为 L_{ji}，而采取该措施能够使突发事件 j 的损失降为 L'_{ji}，则

$$r=\frac{L_{ji}-L'_{ji}}{L_{ji}}\times 100\%$$

容错率 r：

$$\text{s.t.}\begin{cases} Z_i<L_{ji}-L'_{ji} \\ Z_i>0, L_{ji}>L'_{ji}>0 \end{cases} \tag{3-4}$$

例如，某台风灾害，造成经济损失为 5 亿元，在应对准备阶段采取一系列容错措施，未来发生灾害，造成经济损失为 4 亿元，则容错率为 20%，即经过容错规划，应对能力建设相比之前提升了 20%，且投入的容错成本应小于 1 亿元，这样容错规划才有意义。

3.2.3　不同应对主体的容错意愿

个人或家庭、企业或其他社会团体、各级政府部门等不同层面的应对主体，由于各自拥有不同的社会资源、考虑不同的社会因素、掌握不同的灾情信息，因此这些应对主体认知风险和抵御风险的能力都大不相同，这些差异必然导致其对同一大规模灾害的容错意愿也不尽相同（Correa-Henao et al.，2013；尹衍雨等，2009），具体如表 3-5 所示。

表 3-5　不同层面主体的容错意愿

主体分类	关注因素	拥有资源	灾害抵御能力	容错度提升方式
个人	个人安全因素	个人财产	低	提升对灾害风险认知、学习逃生自救方法等
企业等社会团体	经济、利益因素	企业资源	中等	购买灾害保险、参与基础设施投资建设、采取应对防护措施等
政府	多种社会因素	多种资源	相对较高	加强应对成本投入、增加应对资源储备、合理优化应对流程、采取全面应对防护措施等

个人作为最主要的灾害承受体，也是应对管理的直接利益相关者，其更多的是考虑个人的生命财产安全、个人经济损失问题，较少考虑灾害对社会和环境的影响，因此，其主要关注的是个人安全因素而非社会因素。

企业等社会团体占据一定的社会资源，对灾害风险大小的评估主要是从市场规则的角度出发。由此企业更加注重经济因素，而较少关注安全因素，也就是说，企业更加在意在应对大规模灾害风险的过程中收益与成本的比值大小。

政府作为社会资源的分配者和协调者，所考虑的因素更加综合，除了考虑公众个体和社会团体的基本利益外，更多的是考虑社会长远的、整体利益。因此，对大规模灾害应急管理的成本投入不仅要满足公众的基本需求，而且还要满足社会整体的发展需求。

如图 3-4 所示，以某市超强台风灾害为例，可接受超强台风灾害概率–灾害损失等级曲线用 R 表示。在相同台风风险水平下，灾害发生概率升高，可接受的台风风险损失等级随之下降。R_2 曲线以下的Ⅰ区域中的台风风险属于可忽略风险，R_3 曲线以上的Ⅲ区域中的风险属于不可接受风险，超出了应对主体的可承受能力，R_2 和 R_3 曲线之间的Ⅱ区域中的风险属于 *F-N* 准则的 ALARP 最低限度风险，即可通过应对准备措施将灾害风险水平降低到可接受范围内，也即容错规划所要应对的灾害风险。

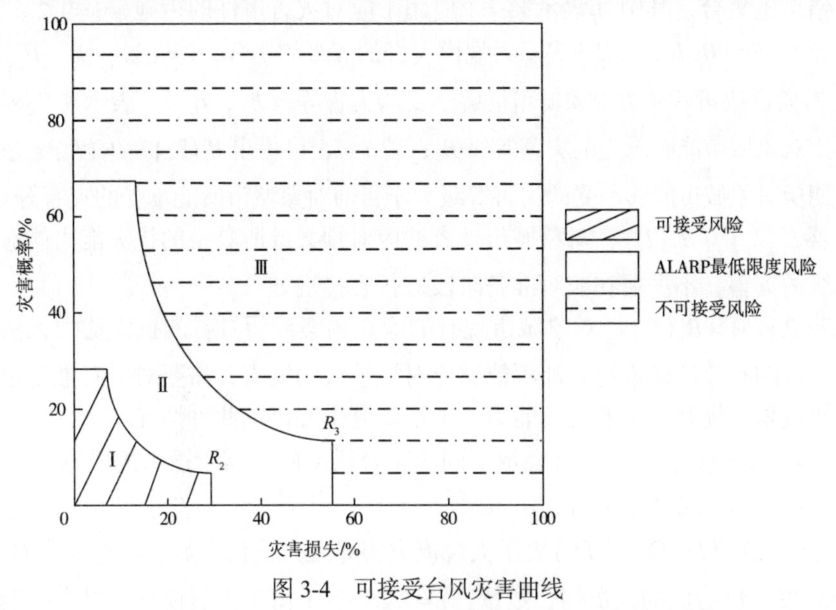

图 3-4　可接受台风灾害曲线

3.3　大规模灾害应对准备的容错综合价值

3.3.1　容错相关问题描述

由于大规模灾害的不确定性，不存在完备的应对规划，不能完全应对大规模灾害造成的全部意外状况，只能在一定范围内尽可能地缩小不可接受风险区域。由此，在应对准备阶段，决策者首先需要评估目前所关注城市的可接受风险和不可接受风险，评估其所能承受的灾害等级以及所具备相应等级的抗灾能力；其次，面对所拟议的意外情景或较为罕见的突发状况，原有的抗灾能力不能有效地控制需要处置意外情景，决策者根据自身的经验对大规模灾害可能出现的意外情景进行预测，期望对象城市所能承受的灾害等级以及所要提升的抗灾能力，通过灾前合理加大应急容错资本的投入，缩小不可接受风险区域，降低大规模灾害造成的损失和影响。

本章关于情景应对容错规划的相关符号含义说明：

（1）$S=\{S_1,S_2,\cdots,S_n\}$ 表示大规模灾害爆发后可能出现情景的集合，其中 S_j 表示第 j 个大规模灾害发生后所能导致的情景，$j=1,2,\cdots,n$。

（2）$A=\{A_1,A_2,\cdots,A_m\}$ 表示在应对准备阶段所构建的应对大规模灾害的应对容错措施集合，其中 A_i 表示第 i 个应用于应对灾害事件的措施，$i=1,2,\cdots,m$。

（3）$B=\{B_1,B_2,\cdots,B_k\}$ 表示大规模灾害的等级的集合，$j=1,2,\cdots,k$，$B_i(T_1)$ 表示在 T_1 阶段决策者认为对象城市能够承受的灾害等级 B_j，$B_i(T_2)$ 表示在 T_2 阶段决策期望对象城市能够承受的灾害等级 B_i；若 $i>j$，可得出 $B_i(T_2)>B_j(T_1)$，表示决策者期望对象城市能够承受的灾害等级大于目前对象城市所能承受的灾害等级。

若 $B_i(T_2)\leqslant B_j(T_1)$，对象城市现有的应对预案或所具备的抗灾能力能够应对该等级的灾害，不需要在应对准备阶段进行容错规划。

若 $B_i(T_2)>B_j(T_1)$，对象城市现有的应对预案或所具备的抗灾能力无法保障应对响应的有效持续进行，即不能够应对该等级的灾害，需要对应对准备进度进行容错规划，提升一定的抗灾能力。本章研究主要讨论此种情况。

（4）$C=(C_1,C_2,\cdots,C_m)$ 表示不同应急容错措施所需要投入的成本，C_i 表示启动 A_i 措施的总成本，$i=1,2,\cdots,m$。

（5）$D=(D_1,D_2,\cdots,D_n)$ 表示大规模灾害导致人员伤亡数量的总和，D_j 表示情景 S_j 发生所造成的人员伤亡数量，$j=1,2,\cdots,n$；由于大规模灾害具有一定的不确定性，造成的人员伤亡情况也无法确定，因此设 D_j 为区间数，可表示为

$D_j=\left[D_j^{\mathrm{L}},D_j^{\mathrm{U}}\right],D_j^{\mathrm{U}}\geqslant D_j^{\mathrm{L}}\geqslant 0$，$j=1,2,\cdots,n$。

其中，U 和 L 分别为区间 D 的上限标记和下限标记。

（6）$E=(E_1,E_2,\cdots,E_n)$ 表示大规模灾害发生后经济损失数量的总和，E_j 表示情景 S_i 发生后经济损失数量，$j=1,2,\cdots,n$；由于大规模灾害具有一定的不确定性，造成的经济损失情况也无法确定，因此设 E_j 为区间数，可表示为 $E_j=\left[E_j^{\mathrm{L}},E_j^{\mathrm{U}}\right]$，

$E_j^{\mathrm{U}} \geqslant E_j^{\mathrm{L}} \geqslant 0, j=1,2,\cdots,n$。

（7）$G=(G_1,G_2,\cdots,G_n)$ 表示大规模灾害发生后对社会造成的影响程度，G_j 表示情景 S_j 发生后社会环境遭到损坏的程度，通过专家采用 0~100 打分得出，由于专家主观意见会有一些差异，因此设 G_j 也为区间数，可表示为 $G_j=\left[G_j^{\mathrm{L}},G_j^{\mathrm{U}}\right]$，$G_j^{\mathrm{U}} \geqslant G_j^{\mathrm{L}} \geqslant 0$，$j=1,2,\cdots,n$。

（8）$H=(H_1,H_2,\cdots,H_n)$ 表示大规模灾害发生后对生态环境造成的影响程度，H_j 表示情景 S_j 发生后生态环境遭到破坏的程度，通过专家采用 0~100 打分得出，由于专家主观意见存在差异，设 H_j 为区间数，可表示为 $H_j=\left[H_j^{\mathrm{L}},H_j^{\mathrm{U}}\right]$，$H_j^{\mathrm{U}} \geqslant H_j^{\mathrm{L}} \geqslant 0$，$j=1,2,\cdots,n$。

（9）$\boldsymbol{P}=\left(p_{i1},p_{i2},\cdots,p_{ij},\cdots,p_{in}\right)$ 表示采取容错措施 A_i 时各个情景发生的概率矩阵，其中，p_{ij} 表示采取 A_i 时情景 S_j 发生的概率，且 $\sum_{j=1}^{n} p_{ij}=1$，$0 \leqslant p_{ij} \leqslant 1$，$j=1,2,\cdots,n$，$j=(1,2,\cdots,n)$，即 $\boldsymbol{P}=\left[p_{ij}\right]_{m\times n}$。

（10）$\boldsymbol{\omega}=(\omega_1,\omega_2,\omega_3,\omega_4)$ 表示人员伤亡、经济损失、社会影响、生态环境影响的权重向量，ω_1 表示人员伤亡的重要程度，ω_2 表示经济损失的重要程度，ω_3 表示社会影响的重要程度，ω_4 表示生态环境影响的重要程度，且 $\omega_1+\omega_2+\omega_3+\omega_4=1$，$0 \leqslant \omega_1,\omega_2,\omega_3,\omega_4 \leqslant 1$。

（11）$C^{\mathrm{R}},D^{\mathrm{R}},E^{\mathrm{R}},G^{\mathrm{R}},H^{\mathrm{R}}$ 是决策者针对容错成本、灾害所造成的人员伤亡数量、经济损失、社会影响、生态环境影响的心理预期，即通过在应对准备阶段投入一定的预期成本后，决策者所期望降低一定的灾害后果，如容错成本、人员伤亡数量、经济损失、社会影响、生态环境影响大于决策者的预期，则决策者感知为“损失”，反之感知为“收益”。

（12）应对决策者会权衡容错成本与灾害经济损失之间的关系，即 $E_j(T_2) < E_i(T_1)$，$C < E_i(T_1)-E_j(T_2)$，实施措施 A_i 的容错成本为 C_i，未采取该措施前 T_1 阶段而导致灾害经济损失为 $E_i(T_1)$，而采取该容错措施后 T_2 阶段能够使灾害造成的经济损失降为 $E_j(T_2)$。

3.3.2　基于前景理论的容错期望与容错价值

1. 情景综合价值

由于应对决策者所预估的意外情景会超出目前对象城市所能承受的灾害等

级，即对象城市现有的应对预案或所具备的抗灾能力不能有效地控制和处置意外情景，因此需要决策者考虑增加一定的容错成本，为有效处置意外情景奠定坚实的基础。

依据前景理论（Kahneman and Tversky，1979；Tversky and Kahneman，1992；Langer and Weber，2001；Bleichrodt et al.，2009；Liu et al.，2014），根据决策者心理预期参考点，分别计算启动容错措施 A_i 的容错成本 C_i 、不同情景 S_j 造成的人员伤亡数量 D_j 、经济损失 E_j 、社会影响 G_j 、生态环境影响 H_j 的损益值。

（1）情景 S_j 造成的人员伤亡数量估算区间如下：

$$d_j = D_j - D^{\mathrm{R}} = \left[D_j^{\mathrm{L}} - D^{\mathrm{R}}, D_j^{\mathrm{U}} - D^{\mathrm{R}}\right] = \left[d_j^{\mathrm{L}}, d_j^{\mathrm{U}}\right], \quad j = 1,2,\cdots,n \tag{3-5}$$

根据式（3-5）得出 d_j 仍然为一个区间数，若 $d_j^{\mathrm{L}} > 0$ ，说明情景 S_j 造成的人员伤亡数量超过决策者的预期 D^{R} ，决策者感知为损失；若 $d_j^{\mathrm{U}} < 0$ ，说明情景 S_j 造成的人员伤亡数量低于决策者的心理预期 D^{R} ，决策者实际感知为收益；若 $d_j^{\mathrm{L}} < 0 < d_j^{\mathrm{U}}$ ，说明情景 S_j 造成的人员伤亡数量或大于或小于决策者的预期 D^{R} 。

（2）情景 S_j 造成的经济损失估算区间如下：

$$e_j = E_j - E^{\mathrm{R}} = \left[E_j^{\mathrm{L}} - E^{\mathrm{R}}, E_j^{\mathrm{U}} - E^{\mathrm{R}}\right] = \left[e_j^{\mathrm{L}}, e_j^{\mathrm{U}}\right], \quad j = 1,2,\cdots,n \tag{3-6}$$

根据式（3-6）得出 e_j 仍然为一个区间数，若 $e_j^{\mathrm{L}} > 0$ ，说明情景 S_j 造成的经济损失超过决策者的预期 E^{R} ，决策者感知为损失；若 $e_j^{\mathrm{U}} < 0$ ，说明情景 S_j 造成的经济损失小于决策者的心理预期 E^{R} ，决策者实际感知为收益；若 $e_j^{\mathrm{L}} < 0 < e_j^{\mathrm{U}}$ ，说明情景 S_j 造成的经济损失或大于或小于决策者的预期 E^{R} 。

（3）情景 S_j 造成的社会影响估算区间如下：

$$g_j = G_j - G^{\mathrm{R}} = \left[G_j^{\mathrm{L}} - G^{\mathrm{R}}, G_j^{\mathrm{U}} - G^{\mathrm{R}}\right] = \left[g_j^{\mathrm{L}}, g_j^{\mathrm{U}}\right], \quad j = 1,2,\cdots,n \tag{3-7}$$

根据式（3-7）得出 g_j 仍然为一个区间数，若 $g_j^{\mathrm{L}} > 0$ ，说明情景 S_j 造成的社会影响超过决策者的预期 E^{R} ，决策者感知为损失；若 $g_j^{\mathrm{U}} < 0$ ，说明情景 S_j 造成的社会影响低于决策者的预期 G^{R} ，决策者感知为收益；若 $g_j^{\mathrm{L}} < 0 < g_j^{\mathrm{U}}$ ，说明情景 S_j 造成的社会影响或大于或小于决策者的预期 G^{R} 。

（4）情景 S_j 造成的生态环境影响估算区间如下：

$$h_j = H_j - H^{\mathrm{R}} = \left[H_j^{\mathrm{L}} - H^{\mathrm{R}}, H_j^{\mathrm{U}} - H^{\mathrm{R}}\right] = \left[h_j^{\mathrm{L}}, h_j^{\mathrm{U}}\right], \quad j = 1,2,\cdots,n \tag{3-8}$$

根据式（3-8）得出 h_j 仍然为一个区间数，若 $h_j^{\mathrm{L}} > 0$ ，说明情景 S_j 造成的

生态环境影响超过决策者的预期 H^{R}，决策者感知为损失；若 $h_j^{\mathrm{U}}<0$，说明情景 S_j 造成的生态环境影响小于决策者的心理预期 H^{R}，决策者实际感知为收益；若 $h_j^{\mathrm{L}}<0<h_j^{\mathrm{U}}$，说明情景 S_j 造成的生态环境影响或大于或小于决策者的预期 H^{R}。

（5）启动容错措施 A_i 后容错成本估算区间如下：

$$c_i = C_i - C^{\mathrm{R}}, \quad i=1,2,\cdots,m \tag{3-9}$$

若 $c_i>0$，说明启动容错措施 A_i 的容错成本 C_i 超过决策者的预期 C^{R}，决策者感知为损失；若 $c_j \leqslant 0$，说明启动容错措施 A_i 的容错成本 C_i 低于决策者的预期 C^{R}，决策者感知为收益。

设 d_j 属于 $\left[d_j^{\mathrm{L}},d_j^{\mathrm{U}}\right]$ 内的随机变量，$f_{1j}\left(d_j\right)$ 是 d_j 的概率密度函数，且服从正态分布。据此计算不同情景 S_j 所造成的人员伤亡价值 v_{1j}，具体如下：

$$v_{1j}=\begin{cases}\int_{d_j^{\mathrm{L}}}^{d_j^{\mathrm{U}}} v_1^-\left(d_j\right) f_{1j}\left(d_j\right)\mathrm{d}\left(d_j\right), & d_j^{\mathrm{L}}>0\\ \int_{d_j^{\mathrm{L}}}^{0} v_1^+\left(d_j\right) f_{1j}\left(d_j\right)\mathrm{d}\left(d_j\right)+\int_{0}^{d_j^{\mathrm{U}}} v_1^-\left(d_j\right) f_{1j}\left(d_j\right)\mathrm{d}\left(d_j\right), & d_j^{\mathrm{L}}<0<d_j^{\mathrm{U}}\\ \int_{d_j^{\mathrm{L}}}^{d_j^{\mathrm{U}}} v_1^+\left(d_j\right) f_{1j}\left(d_j\right)\mathrm{d}\left(d_j\right), & d_j^{\mathrm{U}}<0\\ j=1,2,\cdots,n\end{cases} \tag{3-10}$$

$$f_{1j}\left(d_j\right)=\frac{1}{d_j^{\mathrm{U}}-d_j^{\mathrm{L}}} \tag{3-11}$$

其中，$v_1^-\left(d_j\right)$ 表示 $d_j \leqslant 0$ 时决策者实际感知人员伤亡“损失”的负价值；$v_1^+\left(d_j\right)$ 表示 $d_j>0$ 时决策者实际感知人员伤亡“收益”的正价值。根据前景理论，价值函数为

$$v_1^+\left(d_j\right)=\left(-d_j\right)^{\alpha}, \quad d_j\leqslant 0,\ j=1,2,\cdots,n,0\leqslant\alpha\leqslant 1 \tag{3-12}$$

$$v_1^-\left(d_j\right)=-\lambda\left(d_j\right)^{\beta}, \quad d_j>0,\ j=1,2,\cdots,n,0\leqslant\beta\leqslant 1 \tag{3-13}$$

参数 α、β 分别表示决策者实际感知人员伤亡的“收益”和“损失”价值函数的凸凹程度。α、β 值越大，表示“收益”和“损失”价值函数的凸凹程度越大；针对大规模灾害，若 $\lambda>1$，表明应对决策者实际感知人员伤亡“损失”比“收益”更敏感，说明应对决策者都属于损失规避的。λ 越大说明决策者的损失规避程度越大；在本书实例阐述中，取 α=0.89, β=0.92, λ=2.25。

设 e_j 属于 $\left[e_j^{\mathrm{L}},e_j^{\mathrm{U}}\right]$ 内的随机变量，$f_{2j}\left(e_j\right)$ 是 e_j 的概率密度函数，且服从正态分布（Kahneman and Tversky，1979；Tversky and Kahneman，1992；Langer and

Weber，2001；Bleichrodt et al.，2009；Liu et al.，2014）。据此计算不同情景 S_j 所造成的经济损失价值 v_{2j}，具体如下：

$$v_{2j}=\begin{cases}\int_{e_j^{\mathrm{L}}}^{e_j^{\mathrm{U}}} v_2^-\left(e_j\right)f_{2j}\left(e_j\right)\mathrm{d}\left(e_j\right),\ e_j^{\mathrm{L}}>0\\ \int_{e_j^{\mathrm{L}}}^{0} v_2^+\left(e_j\right)f_{2j}\left(e_j\right)\mathrm{d}\left(e_j\right)+\int_{0}^{e_j^{\mathrm{U}}} v_2^-\left(e_j\right)f_{2j}\left(e_j\right)\mathrm{d}\left(e_j\right),\quad e_j^{\mathrm{L}}<0<e_j^{\mathrm{U}}\\ \int_{e_j^{\mathrm{L}}}^{e_j^{\mathrm{U}}} v_2^+\left(e_j\right)f_{2j}\left(e_j\right)\mathrm{d}\left(e_j\right),\ e_j^{\mathrm{U}}<0\\ j=1,2,\cdots,n\end{cases} \tag{3-14}$$

$$f_{2j}\left(e_j\right)=\frac{1}{e_j^{\mathrm{U}}-e_j^{\mathrm{L}}} \tag{3-15}$$

$$v_2^+\left(e_j\right)=\left(-e_j\right)^{\alpha},\quad e_j\leqslant 0,\ j=1,2,\cdots,n,\ 0\leqslant\alpha\leqslant 1 \tag{3-16}$$

$$v_2^-\left(e_j\right)=-\lambda\left(e_j\right)^{\beta},\quad e_j>0,\ j=1,2,\cdots,n,\ 0\leqslant\beta\leqslant 1 \tag{3-17}$$

设 g_j 属于 $\left[g_j^{\mathrm{L}},g_j^{\mathrm{U}}\right]$ 内的随机变量，$f_{3j}\left(g_j\right)$ 是 g_j 的概率密度函数，且服从正态分布。据此计算不同情景 S_j 所造成社会影响价值 v_{3j}，具体如下：

$$v_{3j}=\begin{cases}\int_{g_j^{\mathrm{L}}}^{g_j^{\mathrm{U}}} v_3^-\left(g_j\right)f_{3j}\left(g_j\right)\mathrm{d}\left(g_j\right),\quad g_j^{\mathrm{L}}>0\\ \int_{g_j^{\mathrm{L}}}^{0} v_3^+\left(g_j\right)f_{3j}\left(g_j\right)\mathrm{d}\left(g_j\right)+\int_{0}^{g_j^{\mathrm{U}}} v_3^-\left(g_j\right)f_{3j}\left(g_j\right)\mathrm{d}\left(g_j\right),\quad g_j^{\mathrm{L}}<0<g_j^{\mathrm{U}}\\ \int_{g_j^{\mathrm{L}}}^{g_j^{\mathrm{U}}} v_3^+\left(g_j\right)f_{3j}\left(g_j\right)\mathrm{d}\left(g_j\right),\quad g_j^{\mathrm{U}}<0\\ j=1,2,\cdots,n\end{cases} \tag{3-18}$$

$$f_{3j}\left(g_j\right)=\frac{1}{g_j^{\mathrm{U}}-g_j^{\mathrm{L}}} \tag{3-19}$$

$$v_3^+\left(g_j\right)=\left(-g_j\right)^{\alpha},\quad g_j\leqslant 0,\ j=1,2,\cdots,n,\ 0\leqslant\alpha\leqslant 1 \tag{3-20}$$

$$v_3^-\left(g_j\right)=-\lambda\left(g_j\right)^{\beta},\quad g_j>0,\ j=1,2,\cdots,n,\ 0\leqslant\beta\leqslant 1 \tag{3-21}$$

设 h_j 属于 $\left[h_j^{\mathrm{L}},h_j^{\mathrm{U}}\right]$ 内的随机变量，$f_{4j}\left(h_j\right)$ 是 h_j 的概率密度函数，且服从正态分布（Kahneman and Tversky，1979；Tversky and Kahneman，1992；Langer and Weber，2001；Bleichrodt et al.，2009；Liu et al.，2014）。据此计算不同情景 S_j 所造成生态环境影响价值 v_{4j}，具体如下：

$$v_{4j}=\begin{cases}\int_{h_j^{\mathrm{L}}}^{h_j^{\mathrm{U}}} v_4^-\left(h_j\right)f_{4j}\left(h_j\right)\mathrm{d}\left(h_j\right), & h_j^{\mathrm{L}}>0\\ \int_{h_j^{\mathrm{L}}}^{0} v_4^+\left(h_j\right)f_{4j}\left(h_j\right)\mathrm{d}\left(h_j\right)+\int_{0}^{h_j^{\mathrm{U}}} v_4^-\left(h_j\right)f_{4j}\left(h_j\right)\mathrm{d}\left(h_j\right), & h_j^{\mathrm{L}}<0<h_j^{\mathrm{U}}\\ \int_{h_j^{\mathrm{L}}}^{h_j^{\mathrm{U}}} v_4^+\left(h_j\right)f_{4j}\left(h_j\right)\mathrm{d}\left(h_j\right), & h_j^{\mathrm{U}}<0\\ j=1,2,\cdots,n\end{cases} \tag{3-22}$$

$$f_{4j}\left(h_j\right)=\frac{1}{h_j^{\mathrm{U}}-h_j^{\mathrm{L}}} \tag{3-23}$$

$$v_4^+\left(h_j\right)=\left(-h_j\right)^{\alpha},\quad h_j\leqslant 0,\ j=1,2,\cdots,n,\ 0\leqslant\alpha\leqslant 1 \tag{3-24}$$

$$v_4^-\left(h_j\right)=-\lambda\left(h_j\right)^{\beta},\quad h_j>0,\ j=1,2,\cdots,n,\ 0\leqslant\beta\leqslant 1 \tag{3-25}$$

类似的，容错成本的价值函数为

$$v_{iC}=\begin{cases}\left(-c_i\right)^{\alpha}, & c_i\leqslant 0,\ i=1,2,\cdots,m\\ -\lambda\left(c_i\right)^{\beta}, & c_i>0,\ i=1,2,\cdots,m\end{cases} \tag{3-26}$$

规范化各类属性值，统一量纲。将 v_{1j} 、 v_{2j} 、 v_{3j} 、 v_{4j} 进行统一量纲处理，用 $\tilde{v}_{1j}$ 、 $\tilde{v}_{2j}$ 、 $\tilde{v}_{3j}$ 、 $\tilde{v}_{4j}$ 表示，规范化公式如下：

$$\tilde{v}_{kj}=\frac{v_{kj}}{\left|v_k\right|_{\max}},\quad j=1,2,\cdots,n,\ k=1,2,3,4 \tag{3-27}$$

其中，

$$\left|v_k\right|_{\max}=\max\left\{\left|v_{kj}\right|\right\}=\max\left\{\left|v_{k1}\right|,\left|v_{k2}\right|,\cdots,\left|v_{kn}\right|\right\},\quad j=1,2,\cdots,n,k=1,2,3,4 \tag{3-28}$$

$$0\leqslant\left|\tilde{v}_{kj}\right|\leqslant 1,\quad j=1,2,\cdots,n,\ k=1,2,3,4$$

将 v_{iC} 规范化属性值，进行统一量纲处理，用 $\tilde{v}_{iC}$ 表示，规范化公式如下：

$$\tilde{v}_{iC}=\frac{v_{iC}}{\left|v_C\right|_{\max}},\quad i=1,2,\cdots,m \tag{3-29}$$

其中，

$$\left|v_C\right|_{\max}=\max\left\{\left|v_{iC}\right|\right\}=\max\left\{\left|v_{1C}\right|,\left|v_{2C}\right|,\cdots,\left|v_{mC}\right|\right\},\quad i=1,2,\cdots,m \tag{3-30}$$

$$0\leqslant\left|\tilde{v}_{iC}\right|\leqslant 1,\quad i=1,2,\cdots,m$$

根据上述所有公式，计算情景 S_j 的综合价值，如式（3-31）所示：

$$v_j=\sum_{k}^{4}\omega_k\times\tilde{v}_{kj},\quad j=1,2,\cdots,n \tag{3-31}$$

2. 情景权重

对v_j排序，$v_1 \geqslant v_2 \geqslant \cdots \geqslant v_k \geqslant 0 \geqslant v_{k+1} \geqslant v_{k+2} \geqslant \cdots \geqslant v_n$，$v_q$代表$v_1, v_1, \cdots, v_n$中排在第$q$位的情景值。若$q \leqslant k$，则$v_q \geqslant 0$；若$q \geqslant k+1$，则$v_q \leqslant 0$，$q \in 1,2,\cdots,n$。$v_q$所对应的大规模灾害情景$S_q$，设$p_{iq}$为采取容错措施$A_i$导致情景$S_q$出现的概率。

若$S_q = S_j$，则$p_{iq}=p_{ij}, i=1,2,\cdots,m, q=1,2,\cdots,n$。根据前景理论，决策者认为采取容错措施$A_i$后，导致情景$S_q$出现的权重为

$$\pi_{iq} = \begin{cases} \omega^+\left(\sum_{j=1}^{q} p_{ij}\right) - \omega^+\left(\sum_{j=1}^{q-1} p_{ij}\right), q=1,2,\cdots,k \\ \omega^-\left(\sum_{j=q}^{n} p_{ij}\right) - \omega^-\left(\sum_{j=q+1}^{n} p_{ij}\right), q=k+1,k+2,\cdots,n \end{cases} \quad i=1,2,\cdots,m \tag{3-32}$$

$$\pi_{ik} = \omega^+\left(p_{ik}\right),\quad i=1,2,\cdots,m \tag{3-33}$$

$$\pi_{in} = \omega^-\left(p_{in}\right),\quad i=1,2,\cdots,m \tag{3-34}$$

权重通过式（3-35）和式（3-36）计算得到。其中，ω^+为决策者实际感知为“收益”的权重；ω^-为决策者实际感知为“损失”的权重。其中，γ=0.61，δ=0.69。

$$\omega^+(p)=\frac{p^\gamma}{p^\gamma+(1-p)^{\frac{1}{\gamma}}} \tag{3-35}$$

$$\omega^-(p)=\frac{p^\delta}{p^\delta+(1-p)^{\frac{1}{\delta}}} \tag{3-36}$$

3. 容错价值

根据情景综合值$v_1, v_1, \cdots, v_n$以及相应情景权重$\pi_1, \pi_1, \cdots, \pi_n$，则实施容错措施$A_i$的期望前景值$\mathrm{EF}_i$为

$$\mathrm{EF}_i=\sum_{q=1}^{n} v_q \times \pi_{iq},\quad i=1,2,\cdots,m \tag{3-37}$$

规范化：

$$\tilde{\mathrm{EF}}_i=\frac{\mathrm{EF}_i}{|\mathrm{EF}|_{\max}},\quad i=1,2,\cdots,m \tag{3-38}$$

其中，

$$|\mathrm{EF}|_{\max}=\max\{|\mathrm{EF}_i|\},\quad i=1,2,\cdots,m \tag{3-39}$$

则选择容错措施A_i的综合前景值为

$$\mathrm{OF}_i=\phi_1\widetilde{\mathrm{EF}}_i+\phi_2\tilde{v}_{iC},\quad i=1,2,\cdots,m \tag{3-40}$$

其中，ϕ_1、ϕ_2 分别表示不确定性"损失"或"收益"和确定性容错成本的权重。

3.4 大规模灾害应对准备的容错需求

大规模灾害的容错需求体现在：一方面要增加一定投资，另一方面要提高应对抗灾能力，应对抗灾能力主要依赖于城市所具有的降低不同大规模灾害作用下破坏程度的能力。提升控制大规模灾害高风险的能力就意味着要在应对准备阶段加大应对的投入成本，如降低关键基础设施的脆弱性、改善应对队伍的救援能力、储备必要的应对装备与应对物资、设置异地备份系统、优化应对任务流程等，这些未雨绸缪的应对准备都会缓冲或降低大规模灾害爆发所带来的冲击与影响（Labib and Read，2015；Davies et al.，2015；Perrier et al.，2013；Correa-Henao et al.，2013；Aldunce et al.，2015）。

大规模灾害应对准备的容错规划目标本质上就是尽力、合理降低灾害损失，这就需要以政府为主体，提升城市整体的应对抗灾能力。例如，在应对准备阶段采取多样化的应对资源储备方式，严格控制应对资源采购、征收、捐赠的过程，避免造成应对资源闲置与浪费，优化应对资源配送流程，保障应对响应的持续进行。在这一目标愿景下，一方面，政府要加大应对管理投入资金；另一方面，应对抗灾能力也迫切需要提高，来防御各类大规模灾害。但是，大规模灾害属于小概率事件，不能为了一味追求高的抗灾能力而不顾人力、物力等资源的消耗，即使有了完备的、充足的抗灾能力与大量的应对成本投入，也不能完全保证大规模灾害发生时没有任何人员伤亡、没有任何经济损失、对社会和生态环境不造成任何影响，因此应对投入与抗灾能力提升的程度（即容错期望）是相对于社会可接受风险水平而言的。

3.5 本章小结

由于大规模灾害的不确定性与复杂性，其产生的意外情景往往会令人措手不及。本章首先根据灾害发生的概率和造成后果的严重程度，计算灾害风险等级，并将风险划分为可接受风险区域、不可接受风险区域及 ALARP 最低限度风险区域，再完备的应急准备规划，也不能完全应对大规模灾害造成的各种意外状况，只能在一定范围内尽可能地缩小不可接受风险区域。在大规模灾害情景下，应对决策者需要考虑未来可能出现无前例的意外情景或较为罕见的突发状况，但现有的应对决策研究少有考虑决策者对这种极端意外情景的心理感知。本章针对上述问题，基于前景理论提出容错目标价值的计算公式。预设未来可能发生的意外情景，通过大规模灾害造成的人员伤亡、经济损失、社会恐慌和生态破坏四类后果计算其损益值，用区间数的形式处理灾害模糊信息；根据情景价值、权重及容错成本计算各容错目标的综合价值，并评估所期望达到的容错等级。

参考文献

高建明，刘骥，曾明荣，等. 2007. 我国生产安全领域个人风险和社会风险标准界定方法研究[J]. 中国安全科学学报，17（10）：91-95.

黄典剑，李传贵. 2007. 城市重大事故可持续应急的过程性特征研究[J]. 安全与环境工程，7(5)：128-130.

王锋. 2013. 当代风险感知理论研究：流派、趋势与论争[J]. 北京航空航天大学学报（社会科学版），26（3）：18-24

吴国斌，佘廉. 2006. 突发事件演化模型与应急决策：相关领域研究评述 [J]. 中国管理科学，14（1）：827-830.

尹衍雨，苏筠，叶琳. 2009. 公众灾害风险可接受性与避灾意愿的初探：以川渝地区旱灾风险为例[J]. 灾害学，24（4）：118-124.

Aldunce P，Beilin R，Howden M，et al. 2015. Resilience for disaster risk management in a changing climate：practitioners' frames and practices[J]. Global Environmental Change，30（1）：1-11.

Bleichrodt H, Schmidt U, Zank H. 2009. Additive utility in prospect theory[J]. Management Science，55（5）：863-873.

Correa-Henao J G, Yusta M J, Lacal-Arantegui R. 2013. Using interconnected risk maps to assess the threats faced by electricity infrastructures[J]. International Journal of Critical Infrastructure Protection，6：197-216.

Davies T, Beaven S, Conradson D, et al. 2015. Towards disaster resilience：a scenario-based approach to co-producing and integrating hazard and risk knowledge[J]. International Journal of Disaster Risk Reduction，13（9）：242-247.

Kahneman D, Tversky A. 1979. Prospect theory：an analysis of decision under risk[J]. Econometrica，47（2）：263-291.

Labib A，Read M. 2015. A hybrid model for learning from failures：the Hurricane Katrina disaster[J]. Expert Systems with Applications，42（21）：7869-7881.

Langer T，Weber M. 2001. Prospect theory，mental accounting，and differences in aggregated and segregated evaluation of lottery portfolios[J]. Management Science，47（5）：716-733.

Liu Y，Fan Z P，Zhang Y. 2014. Risk decision analysis in emergency response：a method based on cumulative prospect theory[J]. Computers & Operations Research，42：75-82.

Perrier N，Agard B，Baptiste P，et al. 2013. A survey of models and algorithms for emergency response logistics in electric distribution systems. Part Ⅰ：reliability planning with fault considerations[J]. Computers & Operations Research，40（7）：1895-1906.
Tversky A，Kahneman D. 1992. Advances in prospect theory：cumulative representation of uncertainty [J]. Journal of Risk and Uncertainty，5（4）：297-323.

第4章

大规模灾害应对准备的容错规划方法论

管理决策有三种主要驱动方法，即案例驱动方法、数据驱动方法、模型驱动方法。本章提出基于案例–数据–模型集成驱动（case-data-model integrated driving，CDMID）的容错规划方法框架，阐述容错规划涉及的案例–数据集成驱动（case-data integrated driven，CDID）的容错规划方法原理及其适用性。

4.1 管理决策驱动方法概述

大规模灾害应对准备的容错规划涉及容错规划情景（包括灾害情景与应对情景）等对象的识别与结构化认知问题，若采取专家或管理人员设定方法，结果往往存在主观性；若采取计算机随机设定或其他智能化方法，结果与实际往往存在较大偏差。案例驱动方法能够在历史经验的基础上创造可能的容错规划情景，有助于引导顿悟与决策洞见。在案例驱动方法中，案例推理（case-based reasoning，CBR）技术是最为典型且应用最为广泛的方法。案例推理由耶鲁大学的 Schank（1982）教授提出，起初作为人工智能的新技术，并在提高推理精度（Golding and Rosenbloom，1996）、可靠性（Xu et al.，2010）、学习能力（Peula et al.，2009）、自适应性（Salamó and López-Sánchez，2011）等方面取得丰硕成果，现已成为方案评估与选择的主流方法之一（Peng et al.，2011），并广泛应用于计算机科学、医学、故障诊断、交通运输、信息管理、法律、突发事件应急处理等领域。案例推理基于人的认知过程，其核心思想在于对新问题求解时，可以使用以前求解类似问题的经验来进行推理和学习，从而指导问题的求解，甚至可以直接重用结果而不必从头做起。一般来说，案例推理主要研究案例检索（retrieve）、案例重用（reuse）、案例修正（revise）和案例保存（retrain），即 4R 认知模型（Aamodt and Plaza，1994）。近年来，随着案例推理技术的不断发展，已有研究利用案例推理解决灾害应急准备问题，主要集中在：①在应急案例情景化表示方面，有学者通过引入共性知识元模型，以知识元的形式抽取领域内突发事件应急管理共性知识，形成共性可扩展的应急知识元体系，同时对应急管理案例进行情景的划分，在此基础上对应急管理案例情景序列的知识结构进行分析，结合应急知识元体系提出应急管理案例的情景化表示及存储模式（王宁等，2015；于峰等，2016）；②在案例的应急决策支持方面，有学者从危机信息处理角度，结合决策支持系统技术及案例推理技术，构建基于案例推理的应急决策支持系统（汪季玉等，2003）。

数据驱动是指通过数据分析方法获得支持决策的数据、知识及解决方案，以此为相关需求提供决策服务（宋筱轩，2014）。国外关于数据驱动决策相关研究起步较早，在医学、教育、商业领域均有大量研究成果。其中，在医学领域中，2008 年 11 月互联网巨头谷歌公司上线了“谷歌流感预测”（Google flu trends，GFT），GFT 团队在《自然》发文报告，只需分析数十亿搜索中 45 个与流感相关的关键词，就能比 CDC（Centers for Disease Control and Prevention，即美国疾病控制与预防中心）提前两周预报 2007~2008 年流感的发病率（Jeremy et al.，2009）；在教育领域中，学者模仿工业和制造业的成功经验，对不同类型的数据进行分析整理，以此来实现组织优化（Marsh et al.，2006）；在商业领域中，有学者通过数据分析算法对公司的财政和运营绩效进行研究，帮助领导者从数据中汲取所需知识，获取洞见（insight）和行动智慧，构造一种支持知识驱动组织发展的新型商业模式（McAfee and Brynjolfsson，2012）。相比国外数据驱动研究，目前国内在这一领域的研究处于起步阶段，关于数据驱动的应用主要集中于数据驱动控制方面。有学者应用数据分析方法研究故障诊断和检测来实现故障控制（王宇雷，2013；陈建民，2014；朱远明，2014）。除此之外，国内学者在医学、教育、商业智能方面也进行了大量研究。其中，在医学领域，有学者提出了一种能够考虑基因之间共调控关系的共调控基因聚类算法（co-regulated genes，CORE），通过这种方式进行数据挖掘，探索数据驱动在医学领域的适应性（白天，2012）。在教育领域，有学者对数据驱动的教育决策支持系统（data-driven education decision support system，DDEDSS）进行研究，设计开发了 DDEDSS 软件原型，作为教育决策的辅助工具（黄景碧，2012）。在商业智能领域，有学者通过职能转变、指标体系描述刻画以及独立业务流程构造“有灵魂的新一代数据中心”，以此逐步建立数据驱动的商业智能模式（谭磊，2014；吴勇毅，2014）。另外，在大数据时代背景下，有学者提出大数据服务（big data-as-a-service，BDaaS）概念。大数据服务是一种数据使用模式，是在大数据统一建模基础上，将各类数据操作进行封装，对外提供无处不在的、标准化的、随需的检索、分析或可视化服务交付（Wu and Kshemkalyani，2006）。

模型驱动方法的研究主要集中于决策支持及其软件复用方面。其中，在决策支持方面，包含决策模型开发与集成模型方法研究两部分。决策模型是为管理决策而建立的模型，即为辅助决策而研制的数学模型。随着运筹学的发展，出现了诸如线性规则、动态规则、对策论、排队论、存贷模型、调度模型等有效的决策分析方法。借助信息技术支持，这类方法已成为实用的决策手段，即决策方法数学化和模型化。故对较重复性的，如例行的管理决策，可利用数学模型来编写程序，用计算机实现自动化，以提高效率。但对大量存在的非结构化问题的求解和管理决策，就不是数学模型所能解决的，而必须考虑人在决策中的重要作用。集成模型方法是研究复杂问题的基本方法之一。集成模型方法中的模型定义为：有关一个系统、理论或现象的概要性的描述，用以阐明已知或可推出的性征（唐锡晋，2001）。自从集成建模环境（integrated modeling environment，IME）于 1988 年在夏威夷国际系统科学会议知识与决策系统主题中被提出后，有关模型集成的问题逐渐得到关注。模型集成是对已有模型库进行结构集成或过程集成（Dolk and Kottemann，1993），结构集成是合并多个模型实现构建上的嵌套以共同发挥功能作用，过程集成是指求解过程的连接。随着模型集成优势日益明显，其现已逐步被运用到各个领域，如突发事件舆情分析（李彤和宋之杰，2015）、事件演化分析（陈雪龙等，2013）、GIS（geographic information system，即地理信息系统）应用（杨富平等，2011）。在软件工程学中，基于模型驱动框架方法支持构件复用，具有较大的优势（Saritas and Kardas，2014）。目前基于模型驱动架构的研究分布在计算无关层建模（Moral-García et al.，2014）、平台无关层建模（López-Sánz and Marcos，2012）、平台相关层建模（Kim，2012），以及不同层之间的转换（王刚等，2011）等领域，而且大多数研究只论及了基于模型驱动框架的开发模式等基础性问题。仅有部分研究试图解决基于模型驱动方法引导决策制定的技术问题，较为典型的例子有：过程建模中的资源建模方法（吕民等，2010）、业务对象平台无关模型建模方法（冯锦丹等，2011）、计算无关层全局建模技术（车颖等，2009）、模型实例中控制流的结构和校验方法（一种能够扩展过程元模型的工具）（唐文炜等，2009）、过程中的不确定时间建模问题等，解决了时间建模中的不确定性问题（杜彦华和范玉顺，2010）。从上述研究中可以看出，基于模型驱动框架的决策问题建模方法处于起步阶段，初步解决了开发模式、开发工具、建模基本方法的问题，但是没有更深入地解决模型的触发及调用问题。

综上所述，案例、数据、模型等驱动方式研究应用领域广泛，且各有优势与侧重点。例如，在决策领域，案例驱动侧重于情景设计、数据驱动侧重于提供知识及解决方案、模型驱动侧重于功能实现与结构化。在案例、数据、模型集成方面，有学者将上述方法予以集成，形成集成驱动下的决策过程。例如，有学者在模型集成方法研究中，辅以数据分析及案例分析等过程，提出面向应急决策的综合模型集成方法（刘奕等，2016）。在数据与模型集成方面，当前研究植根于科学决策模型，作为大数据商业建模的重要组成部分，正在众多领域带给企业更有效、更准确的决策依据。大数据通过抓取、挖掘、分析海量数据并用经典模型测算与验证，帮助企业快速提升生产、营销、物流、风险管理等领域的业务能力。通过数据支持，实现企业基于量化模型的精细优化决策（叶荫宇，2015）。在案例与数据集成方面，有学者提出在数据缺乏的时候，组织内核心管理人员的直觉和经验在决策过程中发挥重要作用。信息化系统在大数据分析中可能会强调协作分析和过程公开，这就需要企业创造适宜的数据驱动文化，根据业务内容把握好直觉和经验驱动决策与数据驱动决策的关系（姜浩端，2013）。在案例与模型集成方面，相关研究大多遵循利用历史案例经验引导模型建构，再利用模型解决实际问题的研究范式。例如，有学者以 75 个实际企业商业模式成功案例为样本，应用扎根理论的 Strauss 三阶段编码方法进行跨案例分析，构建商业模式结构模型。研究表明，构建的模型有效改进了现有商业模式结构研究在构件细化、构件全面性和模型开放性等方面存在的不足（郑称德等，2011）。

4.2　基于案例–数据–模型集成驱动的容错规划方法

集成驱动是一种以管理决策现实问题为依据，同时运用两种或多种驱动方法，通过设计各驱动方法在现实问题解决中的运作及交互方式，促使各驱动方法相互支持、克服单一驱动方法局限性的复合型驱动方法。在大规模灾害应对准备的容错规划中，集成驱动是同时运用案例驱动、数据驱动、模型驱动方法，综合利用历史案例经验、数据、模型等资源和知识，进行容错规划的现实情景分析、决策数据分析、规划模型分析，提高容错规划过程的科学性及完备性，最终完成容错规划方案设计的规划方法。在集成驱动方法设计过程中，需要把握以下基本原则：①驱动方法运作方式的问题依赖原则。案例驱动、数据驱动及模型驱动方法具有一定普适性，但由于具体决策问题在管理目标、现实条件等方面的约束，要求各驱动方法的具体运作方式紧密贴合现实问题需求，针对现实问题求解过程设计驱动方法。②驱动方法交互方式的优势互补原则。集成驱动方法的核心在于各基本驱动方法的协同运作，要求各驱动方法的交互过程不会对原驱动方法造成约束，从而影响其优越性。③驱动方法运作的资源有效原则。当集成的基本驱动方法过多时，往往会涉及多种决策资源，如案例驱动的案例库、数据驱动的数据库、模型驱动的模型库等，这要求决策单位提供足够的相关资源以支持集成驱动方法运作。

本章依据大规模灾害应对准备的容错规划框架及目标，提出基于案例–数据–模型集成驱动的容错规划方法框架，如图 4-1 所示。

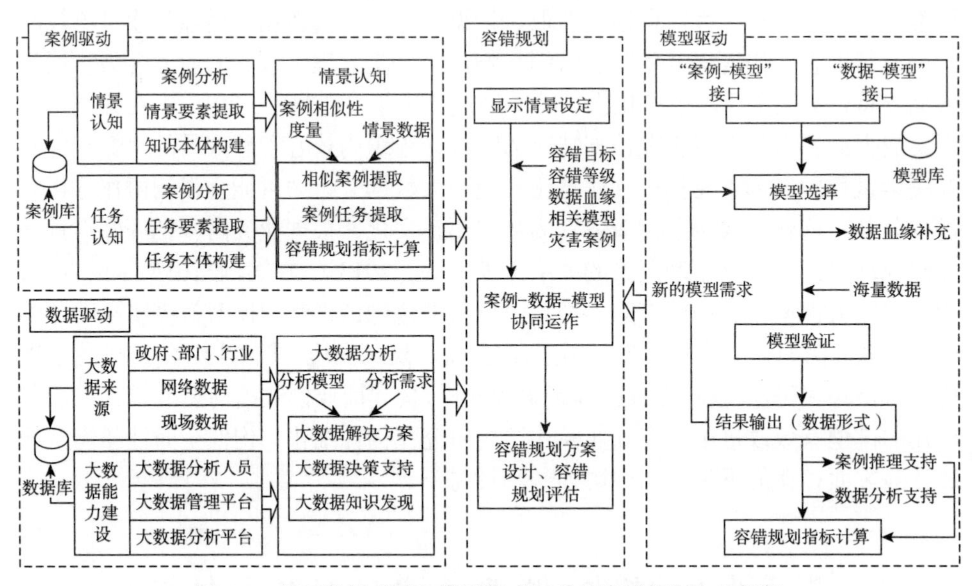

图 4-1　基于案例–数据–模型集成驱动的容错规划方法框架

基于案例–数据–模型集成驱动的容错规划方法框架由案例推理、数据分析、模型推演三部分构成。其中，案例推理过程是案例驱动思想的具体化，即从历史经验出发，设计容错规划情景，通过现实情景与历史情景的相似程度筛选历史案例，最终提炼已有案例知识的过程；数据分析过程是数据驱动思想的具体化，是以大数据分析为主要方法，在海量数据的基础上直接提供容错规划所需知识、解决方案等的过程；模型推演过程是模型驱动思想的具体化，即在案例或数据需求引导下，调用相关模型，最终生成加工数据、知识、解决方案等的过程。在上述案例推理、数据分析、模型推演过程的共同作用下，可形成多种具体的容错规划方法。例如，案例推理与数据分析协同运作，形成案例–数据集成驱动的容错规划方法；案例推理与模型推演协同运作，形成案例–模型集成驱动（case-model integrated driven，CMID）的容错规划方法；数据分析与模型推演协同运作，形成数据–模型集成驱动（data-model integrated driven，DMID）的容错规划方法；案例推理、数据分析、模型推演协同运作，形成案例–数据–模型集成驱动的容错规划方法。实际的容错规划过程可以是上述多种方法共同作用的结果。

4.2.1　案例-数据集成驱动的容错规划方法

案例-数据集成驱动的容错规划基本流程如图 4-2 所示。

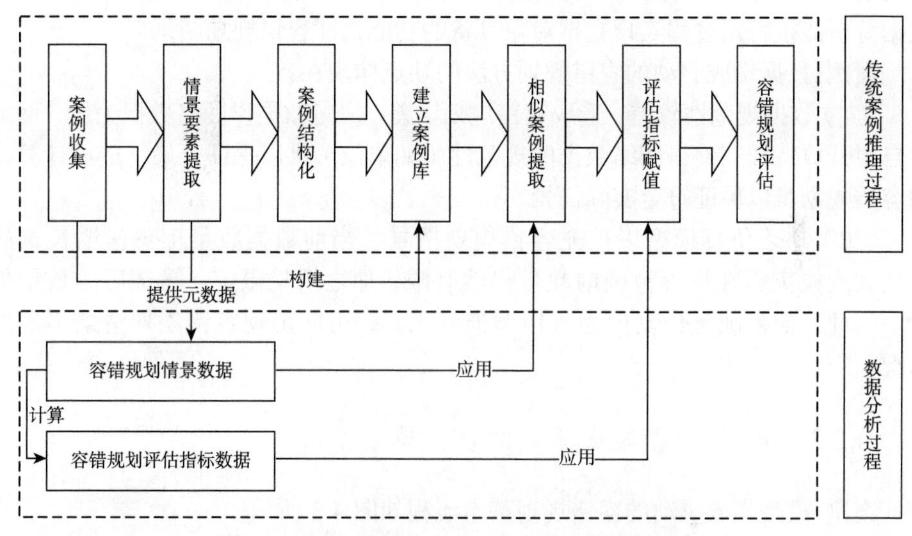

图 4-2　案例-数据集成驱动的容错规划基本流程

案例推理过程以人工添加案例信息为主，将案例以结构化形式存储于分级案例库中，通过案例检索、重用、修正、保存等过程予以应用。相对案例-数据集成驱动的容错规划方法，上述过程存在以下缺陷：

（1）案例来源局限性。人工添加的案例来源有限，案例库中的案例并不能完全代表历史经验，在指导容错规划时可能错失更好的容错规划方案。

（2）案例库维护成本高。需要案例库管理人员进行案例添加、维护、修正、剔除等工作，自动化程度低，既增加了案例库维护成本，又降低了工作效率。

案例-数据集成驱动的容错规划方法是在传统案例推理与大数据分析的基础上，通过互联网直接收集容错规划针对的情景数据及容错规划评估的指标数据，建立动态的数据化案例库。其中，动态体现为数据化案例库处于动态变化之中（如根据案例事件时间推断是否剔除、不断收集与添加案例等）；数据化案例库即案例库中的案例不再通过人工添加，而是经过一系列数据处理过程直接创建。

案例-数据集成驱动的容错规划方法的优势体现在：

（1）基于海量数据直接创建案例，提高案例推理效率。案例-数据集成驱动在情景设计与容错规划评估指标设定的基础上，可通过大数据平台收集相似案例的情景要素数据集容错规划评估指标数据，取代了传统的以人工收集与输入为主要方式的案例创建方式，提高了案例推理过程的效率。

（2）案例推理引导数据分析，是大数据分析的具体应用。案例–数据集成驱动的案例推理过程提供了情景设计与案例推理算法，构成大数据分析中的数据对象概念（即具有特定功能的关联数据集合及相互关系），在数据对象的指导下，大数据分析能按特定过程实现数据对象具备的功能，即容错规划结果。

案例–数据集成驱动的容错规划方法的缺点体现在：

（1）数据规范性较差，造成容错规划误差。海量数据以网络数据为主，网络的自由开放特征，使得网络数据的规范性（如单位）难以保证，最终造成计算出的容错规划难以保证符合实际情景。

（2）缺乏仿真模型以扩充容错规划情景。当前数据数量正飞速增长，然而，大规模灾害在世界范围内数量仍然有限，加之情景限定，筛选后的数量更少。因此，如果缺乏仿真模型等模型推演工具，可能出现容错规划情景不足的情况。

4.2.2　案例–模型集成驱动的容错规划方法

案例–模型集成驱动的容错规划基本流程如图 4-3 所示。

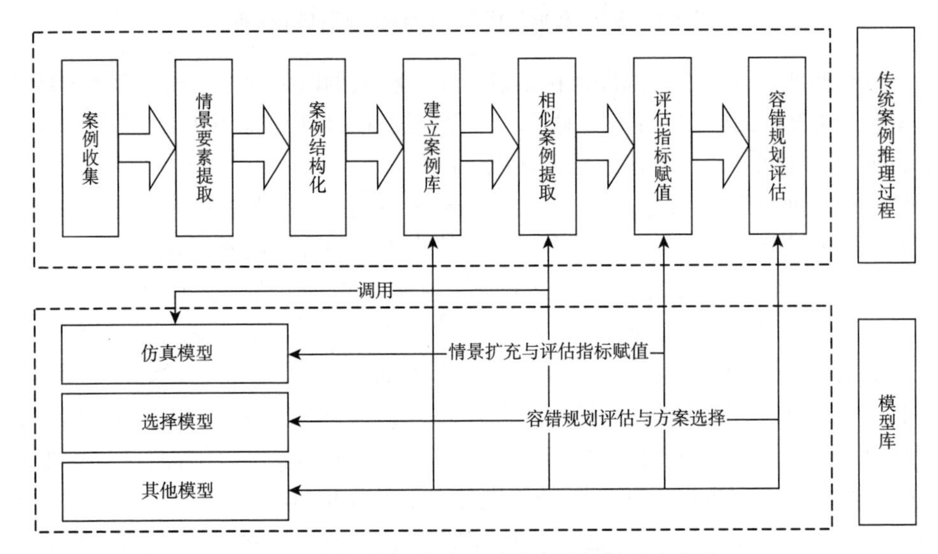

图 4-3　案例–模型集成驱动的容错规划基本流程

案例推理是利用历史经验来引导现实情景的，由于历史案例较少涉及容错规划，单一的案例推理过程难以实现容错规划及评估。传统案例推理过程因此有其局限性。在模型推演方面，由于缺少案例推理提供的情景设计，造成调用模型困难，这阻碍了模型推演与容错规划结果输出。案例–模型集成驱动的容错规划方法克服了上述问题。

案例–模型集成驱动的容错规划方法是在传统案例推理模型推演的基础上，通过案例与模型的相互支持来提高规划效果的方法。例如，通过仿真模型扩充案例情景，通过选择模型对扩充后的案例情景进行选择，最终获得优化的容错规划方案。其中，仿真模型的关键在于情景约束化控制、选择模型的关键在于评估指标体系构建。值得注意的是，此处的仿真模型与选择模型是模型驱动过程的模型示例，具体应用的模型种类需结合容错规划对象及评估复杂程度综合确定。

案例–模型集成驱动的容错规划方法的优势体现在：

（1）案例推理提供模型推演的调用基础，促进容错规划模型运作。例如，案例推理过程提供了容错规划的情景设计，为仿真模型扩充案例情景提供了参照基础，仿真模型可基于与现实情景相似的案例情景数据进行情景扩充，并将扩充结果输入选择模型，通过比较各情景下的容错规划评估指标来选择容错规划方案。

（2）模型推演提供案例情景的扩充基础，促进容错规划方案选择。由前文可知，案例推理过程创建的案例仅针对某一特定情景，相似性度量仅能够筛选与容错规划情景相近的有限数量案例，往往造成优势情景缺失。模型推演能通过仿真模型、选择模型等模型优化过程，将现实情景进行扩充（主要针对可调节指标，如基础设施投资），最终得到更优的容错规划方案。

案例–模型集成驱动的容错规划方法的缺点体现在：

（1）扩充的案例情景数量有限，容错规划方案难以详尽。以仿真模型为例，在实际的容错规划过程中，仿真模型通过扩充案例情景获得足够多的容错规划方案。然而，为保证求解的可行性，需保证扩充的情景数量有限，这就使得可能错过更优的容错规划方案。

（2）扩充的案例情景有效性难以保证。以仿真模型为例，初步考虑仿真模型是在投资可接受范围内，通过改变容错规划方案情景要素取值，形成多种案例情景并计算相应容错规划指标。然而，由于此过程需借助计算机完成，故难以保证扩充后的情景符合实际情况。因此，扩充案例情景的有效性问题是制约案例–模型集成驱动方法的一个瓶颈问题。

4.2.3　数据–模型集成驱动的容错规划方法

数据–模型集成驱动的容错规划基本流程如图 4-4 所示。

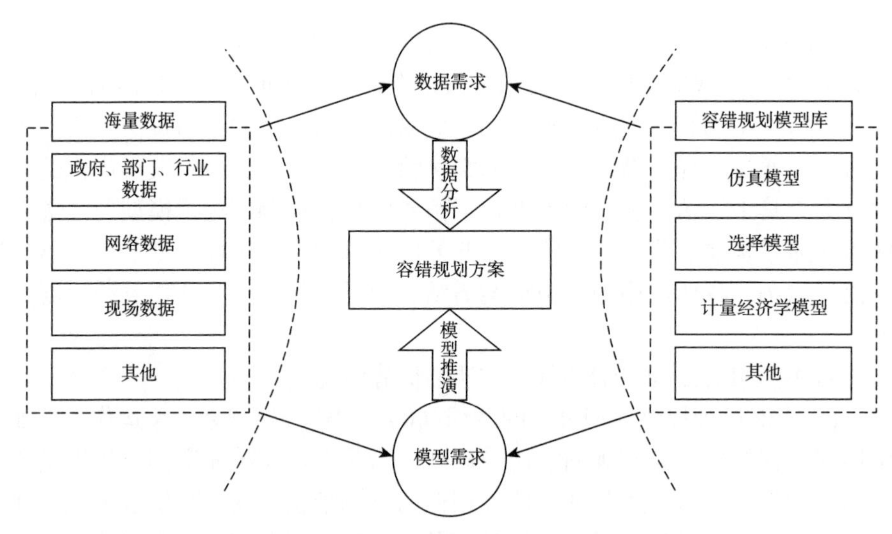

图 4-4　数据-模型集成驱动的容错规划基本流程

模型需要案例或数据产生模型功能需求来驱动，即单一的模型推演过程很难产生符合实际需求的容错规划方案。大数据时代的背景下，使得利用海量数据配合模型推演成为可能。在数据分析方面，大规模数据若缺少大数据分析，则很难转化为有价值的知识或解决方案，而模型推演则提供了大数据分析应用的一个重要方面。基于上述背景，数据-模型集成驱动的容错规划方法具有重要意义。

数据-模型集成驱动的容错规划方法是在大数据分析与模型推演的基础上，通过二者交互触发引导容错规划方案生成。其中，大数据分析需要辅以相关模型来转化为有价值的数据、知识、解决方案等；模型推演需要辅以海量数据以提供模型触发的条件。综上所述，数据-模型集成驱动的容错规划方法实际是一个交互推演过程，容错规划模型以海量数据为触发条件，产生的数据需要辅以相关模型转换为更具价值的数据、知识或解决方案，模型的调用过程又涉及其他数据的收集与使用。经过数据与模型的交互推演，最终综合产生容错规划方案。

数据-模型集成驱动的容错规划方法的优势体现在：

（1）数据分析为模型推演提供了触发条件与运行基础，促使模型运作与方案生成。由前文可知，模型推演需要案例或数据提供出发条件，数据分析可通过现实灾害情景数据计算提供容错规划方案的模型输入数据，通过仿真模型、选择模型等获得容错方案。

（2）容错规划模型为数据分析提供知识转化及价值提取的实现途径。数据分析是基于数据辅助决策，然而，面对海量数据，若缺乏适当的大数据分析技术及模型，难以将无价值体现的数据资源转化有价值体现的数据资产（如高层次数据、知识、解决方案等）。因此，容错规划模型提供了数据转化为知识等的具体途径。

数据–模型集成驱动的容错规划方法的缺点体现在：

（1）数据及模型交互推演缺乏有效的情景设计，规划的情景规范性较差。由前文可知，数据–模型集成驱动的基本思路为通过数据及模型的交互推演逐步产生容错规划方案。然而，由于推演过程缺乏规范化的情景设计，最终产生的情景不一定完全有效。

（2）大数据分析平台及模型库的构建成本较大。大数据分析平台建设涉及人员招聘及培训、大数据管理平台建设、大数据分析组织等内容，若组织未形成完善的数据管理平台，则需花费大量资金。另外，模型库中的模型亦需购买与维护。

4.2.4　案例–数据–模型集成驱动的容错规划方法

案例–数据–模型集成驱动的容错规划方法为上述子集成驱动方法的综合，其基本流程如图 4-5 所示。

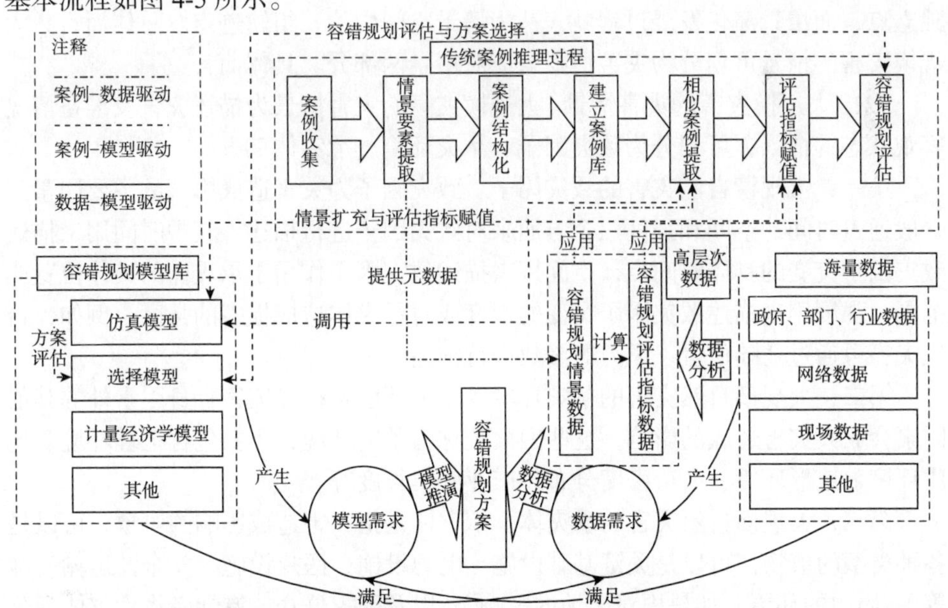

图 4-5　案例–数据–模型集成驱动的容错规划基本流程

在实际容错规划过程中，案例驱动方法为数据驱动及模型驱动提供情景要素支持及历史案例经验；数据驱动方法通过大数据分析等技术，直接提供案例驱动及模型驱动相关知识及解决方案；模型驱动方法提供案例驱动及数据驱动的功能模型，以实现案例驱动及模型驱动的特定目标；案例驱动与数据驱动共同提供模型驱动的触发条件及运行基础，支持模型推演工作向规范化路径行进。

4.3 案例驱动原理

4.3.1 容错规划的案例情景要素提取

容错规划决策制定基于所设计的灾害情景及其推演，继而从中识别需要进行结构化或量化计算的决策问题。不同于常规决策问题，突发事件应急决策问题是隐式的，且动态不确定。情景作为抽象化的问题描述手段，能够细致地描述复杂决策环境与决策问题，更适合突发事件决策问题表达（刘奕等，2016）。

为更好地结构化和量化表达灾害情景，采用多维情景空间（钱静等，2015）方法来表达情景及情景演化。多维情景空间方法以一种多维度的方式来表达情景，每一个维度都对应一个最小的基本要素，则情景可以被描述为多维情景空间中的独立点，而情景演化发展过程就表达为情景空间中的一组轨迹点。总体而言，大规模灾害的情景可划分为灾害情景与应对情景两部分。具体而言：

（1）大规模灾害的灾害情景。大规模灾害的灾害情景为描述灾害及准备情况客观状态的情景，可划分为致灾因子、孕灾环境、承灾体三方面。

第一，大规模自然灾害的致灾因子。致灾因子为灾害造成影响的主要因素，一般通过时间、空间和强度三个方面来对致灾因子进行描述，其中时间用来描述致灾因子突变的具体时间点，空间用来描述致灾因子作用于承灾体的具体位置或范围，强度用来描述致灾因子突变的程度或对承灾体造成损害的强度。例如，台风灾害可通过登陆位置、风力等参数进行描述。

第二，大规模自然灾害的孕灾环境。孕灾环境是指除灾害自身因素外的其他因素会放大灾害造成的影响，这些因素统称为孕灾环境，主要包含地理环境、地质环境、地形环境、人口密度分布、产业密集长度等。

第三，大规模自然灾害的承灾体。承灾体是指灾害造成影响的对象，可以是各种类型的事物，可以是关键基础设施（电力设施、医疗设施、安全及运输设施等）、周边的环境（如暴雨对土地的影响），以及受灾群众。有学者将承灾体划分为自然资产、人类财产、人类本身三类（Carrara et al.，1995）；还有学者认为承灾体是包含灾害中受灾的群众、遭受破坏的基础设施以及周边环境的一种综合系统（陈报章和仲崇庆，2010；高廷等，2008）。

（2）大规模灾害的应对情景。大规模灾害的应对情景是指描述灾害应对基本任务的情景，是在事前设计的灾害响应应对方案，这一方案是灾害事件中的拟议运作，可划分为应对物资储备及调度、应对装备储备及调度、应对疏散及救援流程、大规模灾害响应流程等方面。

第一，应对物资储备及调度。首先，应对准备规划应考虑应对物资需求问题，并在事前规划物资储备，这能够有效降低灾害造成的损失，抑制灾害的蔓延和防止次生灾害的发生。其次，在应对响应阶段，应对物资受现实条件影响，存在时间、位置、资源、信息、关键基础设施等约束，这就涉及应对物资的调度问题。

第二，应对装备储备及调度。应对大规模灾害要配备一定数量且达到一定水平的应对装备，来保证应对抢救的正常运行；此外，如果灾害导致关键基础设施应对装备储备不足或某些应对装备存储中心被破坏，则需要从其他存储中心进行调度。

第三，应对疏散及救援流程。应对疏散及救援流程描述决策者针对灾害特征所制订的群众疏散及救援方案，以及应对疏散及救援目标等。

第四，大规模灾害响应流程。大规模灾害爆发后，需在短时间内进行应对响应，这要求在大规模灾害爆发前认知应对响应任务、设计响应机制流程、明确相关组织责任。通过响应流程设计，建立一整套科学高效的应对管理方案，从而更充分地预测灾害以做到提前避让与有条不紊，保障人民群众生命财产安全。

值得注意的是，上述情景划分为结合历史案例及相关文献进行大致分类的结果，具体的灾害及应对情景归纳需结合细化的应对任务及案例综合确定。

4.3.2　容错规划的案例相似性度量

案例检索是案例推理技术中较为关键的一步，检索后获得的相似案例集的有效性将直接影响案例重用与修正的效果。

1. 距离转化案例推理

用 ca_0 表示容错规划情景案例，即容错规划过程中设定情景构成的案例。用 me_{0j} 表示规划案例在第 j 个基本参数上的隶属度。距离转化案例推理方法中，相似度计算通过计算两个案例之间的欧式距离或曼哈顿距离实现。

（1）基本参数距离。$\forall i \in [1,m]$，$\forall j \in [1,n]$，规划案例 ca_0 和历史案例 ca_i 在第 j 个基本参数上的距离为 dis_{0ij}：

$$\mathrm{dis}_{0ij} = \left|\mathrm{me}_{0j} - \mathrm{me}_{ij}\right| \tag{4-1}$$

（2）案例距离。$\forall i \in [1,m]$，用 dis_{0i} 表示欧式距离或曼哈顿距离，它通过对

两个案例在所有基本参数上的基本参数距离进行综合得到

$$\mathrm{dis}_{0i}=\left(\sum_{j=1}^{n}\left(w_j\times\mathrm{dis}_{0ij}\right)^p\right)^{\frac{1}{p}} \tag{4-2}$$

其中，p 表示范数，当 $p=1$ 时为曼哈顿距离，当 $p=2$ 时为欧式距离；w_j 表示第 j 个基本参数的权重，$\sum w_j=1$。

（3）距离转化案例相似度。当计算出两个案例的欧式距离或曼哈顿距离之后，将其转化为两个案例之间的相似度 LIK_{0i}。

$$\mathrm{LIK}_{0i}=\frac{1}{1+\alpha\times\mathrm{dis}_{0i}},\quad i=1,2,\cdots,m \tag{4-3}$$

其中，$\alpha\in[0,1]$ 为相似度系数，一般取 1。

2. 差异关系案例推理

差异关系案例推理是在距离转化案例推理的基础上改进形成的。距离转化案例推理中，直接对基本参数距离进行综合得到两个案例之间的相似度。本章研究引入两类差异基准值，即无差异阈值 cr_j 和强差异基准值 $\mathrm{st}_j(\mathrm{cr}_j<\mathrm{st}_j\in\mathrm{R}^+)$，将两个案例在任一基本参数上的距离划分为三个空间，即无差异空间、弱差异空间和强差异空间。无差异空间由两个案例在任一基本参数上的无差异关系组成，弱差异空间由两个案例在任一基本参数上的弱差异关系组成，强差异空间由两个案例在任一基本参数上的强差异关系组成。

（1）强差异关系。$\forall i\in[1,m]$，$\forall j\in[1,n]$，规划案例 ca_0 和历史案例 ca_i 在第 j 个基本参数上的距离为 dis_{0ij}，若满足：$\mathrm{dis}_{0ij}>\mathrm{st}_j$，则定义规划案例 ca_0 和历史案例 ca_i 在第 j 个基本参数上为强差异关系，表示为 $\mathrm{St}(\mathrm{ca}_{i0},\mathrm{ca}_{ii},j)$。

（2）弱差异关系。$\forall i\in[1,m]$，$\forall j\in[1,n]$，规划案例 ca_0 和历史案例 ca_i 在第 j 个基本参数上的距离为 dis_{0ij}，若满足：$\mathrm{cr}_j<\mathrm{dis}_{0ij}\leqslant\mathrm{st}_j$，则定义规划案例 ca_0 和历史案例 ca_i 在第 j 个基本参数上为弱差异关系，表示为 $\mathrm{We}(\mathrm{ca}_0,\mathrm{ca}_i,j)$。

（3）无差异关系。$\forall i\in[1,m]$，$\forall j\in[1,n]$，规划案例 ca_0 和历史案例 ca_i 在第 j 个基本参数上的距离为 dis_{0ij}，若满足：$\mathrm{dis}_{0ij}\leqslant\mathrm{cr}_j$，则定义规划案例 ca_0 和历史案例 ca_i 在第 j 个基本参数上为无差异关系，表示为 $\mathrm{In}(\mathrm{ca}_{i0},\mathrm{ca}_{ii},j)$。

当规划案例和历史案例在某个基本参数上的隶属度相差在 cr_j 以内时，在该基本参数上两个案例的差异是可以忽略不计的，它们实际上是极为相似的。当它们的差距在 $[\mathrm{cr}_j,\mathrm{st}_j]$ 之间时，在该基本参数上两个案例能够以一定的程度加以区分。也可将这个区间描述为难以确定在该基本参数上两个案例是无差异的还是有明显不同的区间。当它们之间的差距大于 st_j 的时候，能够较为明确地确定两个案例之间存在显著差异。

确定规划案例 ca_0 和历史案例 ca_i 在第 j 个基本参数上的差异关系之后，需要对这种差异关系进行综合来计算两个案例的相似度。因此，引入差异指数的概念。所谓差异指数是指对两个案例之间的差异关系进行量化的度量指标。

（1）差异指数。$\forall i \in [1,m]$，$\forall j \in [1,n]$，若规划案例 ca_0 和历史案例 ca_i 在第 j 个基本参数上表现为无差异关系 $\mathrm{In}(ca_{i0}, ca_{ii}, j)$，则定义差异指数 $\mathrm{Dix}_{0,i,j} = 0$；若规划案例 ca_0 和历史案例 ca_i 在第 j 个基本参数上表现为强差异关系 $\mathrm{St}(ca_{i0}, ca_{ii}, j)$，则定义差异指数 $\mathrm{Dix}_{0,i,j} = 1$；若规划案例 ca_0 和历史案例 ca_i 在第 j 个基本参数上表现为弱差异关系 $\mathrm{We}(ca_0, ca_i, j)$，则定义差异指数为

$$\mathrm{Dix}_{0,i,j} = \frac{\mathrm{dis}_{0ij} - \mathrm{cr}_j}{\mathrm{st}_j - \mathrm{cr}_j} \tag{4-4}$$

（2）差异关系案例相似度。当计算出两个案例在各个基本参数上的差异指数之后，通过式（4-3）将其转化为两个案例之间的相似度 LIK_{0i}：

$$\mathrm{LIK}_{0i} = \sum_{j=1}^{n} w_j \times \left(1 - \mathrm{Dix}_{0,i,j}\right), \quad i = 1, 2, \cdots, m \tag{4-5}$$

易证明：①$0 \leqslant \mathrm{LIK}_{0i} \leqslant 1$；②$\forall i \in [1,m]$，$\mathrm{LIK}_{0i} \leqslant \mathrm{LIK}_{00}$；③$\mathrm{LIK}_{0i} = \mathrm{LIK}_{i0}$；④在一致性条件下，$\mathrm{LIK}_{0i}$ 是基本参数距离的单调函数。

（3）距离比例。$\forall j \in [1,n]$，定义两类差异基准值分别为规划案例 ca_0 和历史案例 ca_i 在第 j 个基本参数上的百分比：

$$\mathrm{st}_j = \mathrm{st}^* \times (\max_j \mathrm{dis}_{0ij} - \min_j \mathrm{dis}_{0ij}) \tag{4-6}$$

$$\mathrm{cr}_j = \mathrm{cr}^* \times (\max_j \mathrm{dis}_{0ij} - \min_j \mathrm{dis}_{0ij}) \tag{4-7}$$

其中，$\mathrm{cr}^* < \mathrm{st}^* \in [0,1]$，为距离比例；$\max_j \mathrm{dis}_{0ij} - \min_j \mathrm{dis}_{0ij}$ 为第 j 个基本参数上的组距。实际应用中只需要确定 cr^* 和 st^* 两个距离比例参数即可。

4.4 数据分析原理

4.4.1 解决方案的大数据分析原理

2007 年, 图灵奖获得者 Jim Gray 提出了科学研究的第四范式——数据密集型科学发现（data-intensive scientific discovery）。在他看来，人类科学研究活动已经

经历三种不同范式的演变过程（原始社会的“实验科学范式”、以模型和归纳为特征的“理论科学范式”和以模拟仿真为特征的“计算科学范式”），目前正在从“计算科学范式”转向“数据密集型科学发现范式”。第四范式的主要特点是科学研究人员只需要从大数据中查找和挖掘所需要的信息与知识，无须直接面对所研究的物理对象。在大数据时代，数据不仅是一种“资源”，更是一种重要的“资产”。因此，数据科学应当把数据当做“一种资产来管理”，而不能仅仅当做“资源”来对待。从方法论上看，决策领域研究正经历从“基于知识解决问题”到“基于数据解决问题”的转变。传统方法论往往是“基于知识”的，即从“大量实践（数据）”中总结和提炼出一般性知识之后，用知识解决（或解释）问题。因此，传统的问题解决思路是“问题—知识—问题”，即根据问题找“知识”，并用“知识”解决“问题”。然而，数据科学中兴起了另一种方法论——“问题—数据—问题”，即根据问题找“数据”，并直接用数据（不需要把“数据”转换成“知识”的前提下）解决问题（朝乐门，2016）。因此，若有了大数据条件，容错规划解决方案可通过大数据分析直接进行构建，然而，大数据分析的效果受大数据能力建设制约。其中，大数据能力包括大数据分析人员、大数据分析组织机构、大数据资源管理平台、大数据分析平台等。其中最为核心的是拥有大数据资源的使用权力。具体分析基本流程如图 4-6 所示。

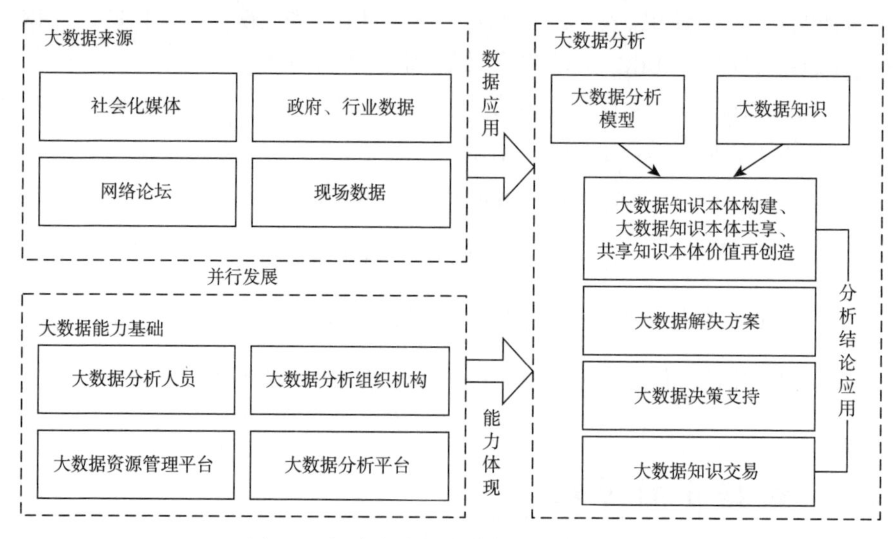

图 4-6　解决方案的大数据分析基本流程

4.4.2　数据—信息—知识进化的数据分析原理

数据（data）是对客观事物记录下来的、可识别的符号，包括数字、文字、图形、音频、视频等。信息（information）是对数据进行处理，建立彼此间的联系，使之具有实际意义，是可利用的数据。知识（knowledge）是对信息及其内在联系进一步加工分析，从中得到所需要的规律性知识，是对信息的应用。

在众多数据分析技术中，数据挖掘（data mining）技术支持充分利用大数据时代海量数据资产，实现从大数据到大信息再到大知识的有效技术。数据挖掘技术与传统数据分析方法的显著区别是：传统的数据分析方法基于假设驱动，一般是先给出一个假设然后通过数据验证；数据挖掘在一定意义上是基于发现驱动的，模式是通过大量的搜索工作从数据中自动提取出来，即数据挖掘是要发现那些不能靠直觉发现的信息或知识，甚至是违背直觉的信息或知识，挖掘出的信息越是出乎意料，可能越有价值。数据挖掘按挖掘对象的不同，可分为纯数据挖掘、文本挖掘、图形挖掘、空间挖掘、音频挖掘等，以容错规划的数据分析过程为例，情景数据获取及推算为纯数据挖掘过程，若结合网络数据案例获取则涉及文本挖掘过程。归纳数据挖掘过程，即制定挖掘目标，以特定数据挖掘技术实现数据进化的过程，这一过程如图 4-7 所示。

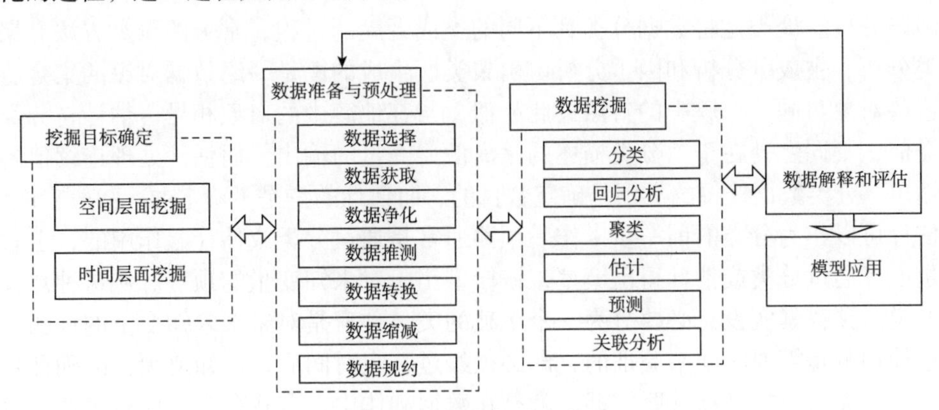

图 4-7　数据挖掘基本流程

具体而言：

（1）挖掘目标确定。其包括两个层面，即空间层面和时间层面。其中，空间层面挖掘目标即某一特定时间节点的数据挖掘目标，如疏散区域面积确定、投资水平确定等；时间层面挖掘目标即挖掘不同时间节点的决策信息或知识，如随着时间变化如何确定救援任务实施次序、不同情景的时间窗口识别等。

（2）数据准备与预处理。数据处理对象是大量的数据，这些数据一般存储在数据库系统中，是长期积累的结果。但往往不适合直接在这些数据上进行知识挖掘，需要做一些准备工作，也就数据的预处理。数据预处理包括数据选择（选择相关数据）、数据获取（获取相关数据）、数据净化（消除噪声、冗余数据）、数据推测（推算缺值数据）、数据转换（离散型数据与连续型数据之间的转换）、数据缩减（减少数据量）、数据规约（规范化数据）。数据准备是数据挖掘的重要步骤，数据准备得好坏将直接影响数据挖掘的效率和准确度以及最终模式的有效性。

（3）数据挖掘。数据挖掘是这一基本流程的基本工作内容，它根据目标，选取相应算法的参数，分析数据，得到可能形成知识的模式模型。数据挖掘技术通常包括分类（classification）、回归分析（regression analysis）、聚类（cluster）、估计（estimation）、预测（prediction）、关联分析（correlation analysis）等具体内容。其中，分类是指将数据映射到预先定义好的群组或类。在分析测试数据之前，类别就已经被确定了，所以分类被称作有指导的学习。按照基础理论的不同，分类可分为基于距离的分类方法、决策树分类、朴素贝叶斯分类等。回归分析是确定两种或两种以上变量间相互依赖的定量关系的一种统计分析方法。回归分析运用十分广泛，按照涉及变量的多少，分为一元回归分析和多元回归分析；在线性回归中，按照因变量的多少，可分为简单回归分析和多重回归分析；按照自变量和因变量之间的关系类型，可分为线性回归分析和非线性回归分析。聚类是将数据分类到不同的类或者簇的过程，常见的聚类方法有聚类分析、主成分分析和因子分析。由聚类所生成的簇是一组数据对象的集合，这些对象与同一个簇中的对象彼此相似，与其他簇中的对象相异。估计与分类类似，不同之处在于，分类描述的是离散型变量的输出，而估计处理连续值的输出；分类数据挖掘的类别是确定数目的，而估计的量是不确定的。一般来说，估计可以作为分类的前一步工作。预测通常是通过分类或估计起作用的，也就是说，通过分类或估计得出模型，该模型用于对未知变量的预言。从这种意义上说，预言其实没有必要分为一个单独的类。预言是对未来未知变量的预测，这种预测是需要时间来验证的，即必须经过一定时间后，才知道预言准确性是多少。关联分析又称关联挖掘，就是在数据载体中，查找存在于项目集合或对象集合之间的关联模式。以商品销售为例，关联分析是发现交易数据库中不同商品之间的联系。

（4）数据解释和评估。经过数据挖掘产生的高层次数据、信息或知识需要以规范的形式输出，满足现实决策要求。例如，容错规划中的情景数据单位统一性、产生的数据能为决策人员所识别等。

（5）模型应用。数据挖掘工作产生的数据可应用到特定的功能模型中，实现具有既定模式的功能。例如，容错规划针对的情景数据输入到仿真模型中，可实现该情景下的容错规划评估，评估数据输入到选择模型中即可对容错规划方案进行选择。

4.5　模型推演原理

4.5.1　容错规划的模型–案例协同推演

由前述分析可知，案例驱动与模型驱动在大规模灾害应对准备的容错规划方面各有优势，这就涉及如何结合二者以建立完整的容错规划推演模型问题。针对此问题，本部分提出大规模灾害应对准备的案例–模型驱动原理。模型推演层面的案例–模型驱动方法是在容错规划案例库及模型库的基础上，通过案例驱动、模型驱动及其相互作用，实现案例、模型有机结合，以确定容错规划情景–应对关系、辅助应对准备容错规划的建模方法。其中，案例驱动是通过案例选择、特征参数设定以及关系结构确定等过程，为容错规划推演模型提供基本认知单元，为模型驱动提供约束限定与功能需求；模型驱动是通过模型选择、元组特征设定以及模型结构确定等过程，为容错规划推演模型提供求解途径，为案例驱动提供元结构及其关联关系。从本质上讲，案例驱动是一类最佳实践理论体现。在案例与模型的联合驱动下，能够得到大规模灾害应对准备的应对方案结构及其关联，指导大规模灾害应对准备的容错规划，包括情景约定、过程规划、时机确定、任务规划、组织落实、案例培训等内容；上述应对准备的容错规划确定后，需要对整个容错规划推演模型进行有效性评价。整个模型构建流程如图 4-8 所示。

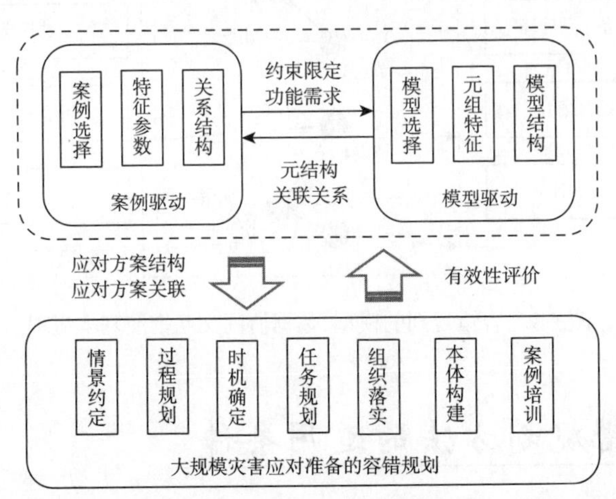

图 4-8　大规模灾害应对准备的容错规划推演模型构建流程

4.5.2 容错规划的模型–数据协同交互推演

由前述分析可知，数据驱动与模型驱动在大规模灾害应对准备的容错规划中可以互相支持，共同支持容错规划的合理有效推演。在以往研究中，这种数据驱动与模型驱动的交互推演过程体现为灾害链推演中，数据分析与模型推演共同促进灾害链推演。其中，灾害链推演是模型–数据交互推演的目标或基本路径，在某一灾害链节点中，通过数据分析产生情景数据，并将产生的数据输入到模型中进行模型推演，最终产生该节点的应对任务、知识、解决方案等数据；数据分析是在灾害链节点情景数据需求的引导下，通过分析目标确定、数据准备与预处理、数据挖掘、数据解释和评估等步骤进行数据加工与高层数据生成；模型推演实际上是应对特定灾害或制定决策的模型库，模型的调用需要特定情景数据作为支持，产生的高层次数据又可用于进一步的数据分析。在某一灾害链节点的数据生成及模型推演后，产生的新数据可用于下一节点的情景数据生成及模型调用，使得灾害链推演朝既定方向推进，最终产生完整的灾害链推演方案。其基本流程如图 4-9 所示。

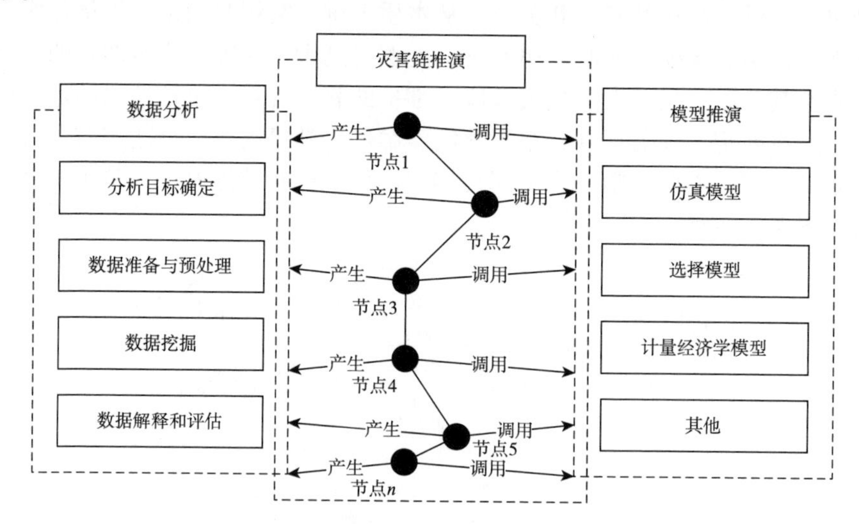

图 4-9 容错规划的模型–数据协同交互推演基本流程

4.6 容错规划方法的适用条件

由前文分析可知，基于案例–数据–模型集成驱动的容错规划方法实际包含三个细化方法，即案例–数据集成驱动的容错规划方法、案例–模型集成驱动的容错规划方法、数据–模型集成驱动的容错规划方法，且各方法均存在优势与不足。因此，在实际应用时，应根据容错规划的具体情景，有针对性地选择容错规划方法，这就涉及容错规划方法的适用性分析方面的内容。本节分别阐述三种方法的适用条件，具体而言：

（1）案例–数据集成驱动的容错规划方法。案例–数据集成驱动的容错规划方法基于海量数据直接创建案例，但需要有大量备选案例作为支持，主要适用于网络范围内相关案例较多、容错规划制定组织数据分析能力较强的情况。

（2）案例–模型集成驱动的容错规划方法。案例–模型集成驱动的容错规划方法是在传统案例推理模型推演的基础上，通过仿真模型及选择模型提供容错规划方案的方法，但缺乏情景扩充的控制机制，无法保证情景扩充的有效性，主要适用于相关案例较少、容错规划模型具有较高精度的情况。

（3）数据–模型集成驱动的容错规划方法。数据–模型集成驱动的容错规划方法是在大数据分析与模型推演的基础上，通过二者交互触发引导容错规划方案生成，但存在规划缺乏情景设计的缺陷，主要适用于大数据分析能力较强、相关案例较少、容错规划情景设计较为完善的情况。

4.7　本章小结

本章回顾决策领域的案例驱动、数据驱动、模型驱动方法，提出基于案例–数据–模型集成驱动的容错规划方法。首先，提出基于案例–数据–模型集成驱动的容错规划方法框架，包含案例–数据集成驱动、案例–模型集成驱动、案例–模型集成驱动三类双领域集成容错规划方法；其次，归纳案例驱动、数据分析、模型推演的基本原理，阐述涉及的关键过程；最后，对框架中的三类容错规划方法进行适用性分析，归纳三种容错规划方法的适用条件。

参考文献

白天. 2012. 生物医学数据聚类方法研究[D]. 吉林大学博士学位论文.
朝乐门. 2016. 数据科学[M]. 北京：清华大学出版社.
车颖，王刚，问晓先，等. 2009. 支持企业资源计划快速开发的计算无关层全局模型建模[J]. 计算机集成制造系统，15（12）：2344-2349.
陈报章，仲崇庆. 2010. 自然灾害风险损失等级评估的初步研究[J]. 灾害学，25（3）：1-5.
陈建民. 2014. 基于数据驱动的控制与故障检测及其应用[D]. 华东理工大学博士学位论文.
陈雪龙，龚麒，王延章. 2013. 面向非常规突发事件演化分析的动态模型集成方法研究[J]. 情报杂志，（3）：17-24.
杜彦华，范玉顺. 2010. 资源约束下多过程的不确定时间建模与分析[J]. 机械工程学报，46（4）：169-174.
冯锦丹，战德臣，聂兰顺，等. 2011. 业务对象平台无关模型建模方法及其完备性研究[J]. 计算机集成制造系统，17（6）：1308-1314.
高廷，徐笑歌，王静爱. 2008. 2008 年中国南方低温雨雪冰冻灾害承灾体分类与脆弱性评价：以湖南省郴州市交通承灾体为例[J]. 贵州师范大学学报（自然科学版），26（4）：14-21.
黄景碧. 2012. 数据驱动的教育决策支持系统（DDEDSS）设计与开发研究[D]. 华东师范大学博士学位论文.
姜浩端. 2013-07-01. 数据驱动决策的挑战[EB/OL]. http：//www.ccidnet.com/2013/0701/5041941.shtml.
李彤，宋之杰. 2015. 基于模型集成的突发事件舆情分析与趋势预测研究[J]. 系统工程理论与实践，10：2582-2587.
刘奕，王刚桥，姜泽宇，等. 2016. 面向应急决策的模型集成方法研究[J]. 管理评论，28（8）：4-15.
吕民，孙雪冬，王刚. 2010. 支持不确定环境下制造过程优化的资源建模[J]. 计算机集成制造系统，16（12）：2611-2614.
钱静，刘奕，刘呈，等. 2015. 案例分析的多维情景空间方法及其在情景推演中的应用[J]. 系统工程理论与实践，35（10）：2250-2554.
宋筱轩. 2014. 动态数据驱动的河流突发性水污染事故预警系统关键技术研究[D]. 浙江大学博士学位论文.
谭磊. 2014. 用数据驱动商业决策[J]. 中国服饰，12：14.
唐文炜，沈备军，陈德来. 2009. 模型驱动的业务流程建模工具[J]. 计算机工程，35（24）：262-267.
唐锡晋. 2001. 模型集成[J]. 系统工程学报，16（5）：322-329.
汪季玉，王金桃. 2003. 基于案例推理的应急决策支持系统研究[J]. 管理科学，16（6）：44-50.
王刚，车颖，吕民. 2011. 模型转换过程中的映射发现方法[J]. 计算机工程，37（18）：44.
王宁，郭玮，黄红雨，等. 2015. 基于知识元的应急管理案例情景化表示及存储模式研究[J]. 系统工程理论与实践，35（11）：2939-2949.
王宇雷. 2013. 数据驱动的故障诊断与容错控制系统设计方法研究[D]. 哈尔滨工业大学博士学位论文.
吴勇毅. 2014. 建立数据驱动业务的商业模式[J]. 信息与电脑，3：50-52.
杨富平，李林，丰江帆，等. 2011. 基于服务组合的 GIS 应用模型集成方法研究[J]. 计算机工程与设计，1：134-137.
叶荫宇. 2015-06-10. 数据驱动　大数据时代的科学决策[EB/DL]. http：//www.cnblogs.com/Hand-Head/articles/5185404.html.
于峰，李向阳，王诗莹. 2016. 基于基因图谱的电网应急案例构建结构与检索方法[J]. 系统管理学报，25（2）：282-291.
郑称德，许爱林，赵佳英. 2011. 基于跨案例扎根分析的商业模式结构模型研究[J]. 管理科学，

24（4）：1-14.
朱远明. 2014. 基于参数化控制器的数据驱动控制方法研究[D]. 北京交通大学博士学位论文.
Aamodt A，Plaza E. 1994. Case-based reasoning：foundational issues，methodological variation，and system approaches [J]. AI Communications，7（1）：39-59.
Carrara A，Guzzett F，Geographica I. 1995. Information Systems in Assessing Natural Hazards [M]. Boston：Kluwer Academic Publishers.
Dolk D R，Kottemann J E. 1993. Model integration and a theory of models[J]. Decision Support Systems，9（1）：51-64.
Golding A R，Rosenbloom P S. 1996. Improving accuracy by combining rule-based and case-based reasoning[J]. Artificial Intelligence，87（1~2）：215-254.
Jeremy J，Matthew M H，Patel R S. 2009. Detecting influenza epidemics using search engine query data[J]. Nature，457（7232）：1012-1014.
Kim K. 2012. A model-driven work flow fragmentation framework for collaborative workflow architectures and systems[J]. Journal of Network and Computer Applications，（35）：97-110.
López-Sánz M，Marcos E. 2012. ArchiMeDeS：a model-driven framework for the specification of service-oriented architectures[J]. Information Systems，（37）：257-268.
Marsh J A，Pane J F，Hamilton L S. 2006. Making Sense of Data-Driven Decision Making in Education[M]. Santa Monica：RAND Corporation.
McAfee A，Brynjolfsson E. 2012. Big data：the management revolution [J]. Harvard Business Review，90（10）：60-64.
Moral-García S，Moral-Rubio S，Fernández E B. 2014. Enterprise security pattern：a model-driven architecture instance[J]. Computer Standards & Interfaces，（36）：748-758.
Peng G，Chen G，Wu C，et al. 2011. Applying RBR and CBR to develop a VR based integrated system for machining fixture design[J]. Expert System with Applications，38：24-38.
Peula J M，Urdiales C，Herrero I，et al. 2009. Pure reactive behavior learning using case based reasoning for a vision based 4-legged robot[J]. Robotics and Autonomous Systems，57（4~7）：688-699.
Salamó M，López-Sánchez M. 2011. Adaptive case-based reasoning using retention and forgetting strategies[J]. Knowledge-Based Systems，24（2）：230-247.
Saritas H B，Kardas G. 2014. A model driven architecture for the development of smart card software[J]. Computer Languages Systems &Structures，（40）：53-72.
Schank R C. 1982. Dynamic Memory：A Theory of Reminding and Learning in Computers and People[M]. Cambridge：Cambridge University Press.
Wu B，Kshemkalyani A D. 2006. Objective-optimal algorithms for long-term Web prefetching[J]. Computers，IEEE Transactions on Computers，55（1）：2-17.
Xu X，Wang K，Ma W，et al. 2010. Improving the reliability of case-based reasoning systems[J]. International Journal of Computational Intelligence Systems，3（3）：254-265.

第5章

关键基础设施应对准备容错规划

5.1 关键基础设施风险

5.1.1 关键基础设施的内涵

目前，世界各国对关键基础设施所包含范围的界定大致相同。以美国官方文献为例，关键基础设施包括交通运输网络、电信网络、电力网、金融网络、水库、天然气配送网络以及许多其他相互依赖的基础设施，对保障美国的社会、经济和物理系统日常功能的发挥具有重要的影响（Lewis，2006；Murray and Grubesic，2007）。英国将关键基础设施分为9个大类，下分29个子类，这些基础设施失效或者受损后会严重影响国家基本服务的可用性及完整性，导致经济、社会问题或生命财产损失；与美国不同的是，英国按照基础设施的关键程度将其分为5个等级，即CAT 1~CAT 5，等级越高越关键（UK CPNI，2010）。加拿大公共安全部（Public Safety of Canada，2012）将关键基础设施定义为：流程、系统、设施、技术、网络、资产和服务等对加拿大的公共卫生、安全、保密和经济发展，以及政府功能的效用起至关重要作用的基础设施，并将关键基础设施分为卫生、食品、金融、水资源、信息与通信技术、安全、能源、制造业、政府和运输10个部门。

我国对于关键基础设施的研究尚不丰富，在政策层面还没有提出关键基础设施的概念或者定义，但与关键基础设施类似的概念及实际保护工作是一直存在的，如我国公安机关一直以来存在“要害保卫”的概念和工作，其很大一部分内容就是针对关键基础设施的保护。2007年发布的《国务院办公厅关于开展重大基础设施安全隐患排查工作的通知》中使用了“重大基础设施”的概念，认为公路、铁路、重要电力设施、石油、天然气设施等九种类别的基础设施为重大基础设施，但这一定义偏重物理设施，涵盖范围较窄，与国际上的关键基础设施概念存在一定的相似之处。

5.1.2　关键基础设施风险源

关键基础设施面临的风险一般可以分为三类，即自然因素、人为因素、技术因素。自然因素是指非人为因素的自然现象或灾害引起的关键基础设施面临的风险，包括洪水、泥石流、台风等，如2013年7月四川水灾造成多座桥梁垮塌，交通网中断；人为因素是指操作管理失误或人为蓄意对关键基础设施进行破坏性攻击，多为选择重要节点或路线进行破坏，常见的人为因素为恐怖袭击，如美国“9·11”事件，造成区域电力、电信、交通严重损坏；技术因素为产品层面的问题，如产品性能不稳定、技术故障等。目前对于这三种风险的研究都比较多。

以往关键基础设施的风险研究范围没有扩大到整个关键基础设施网络，多是针对具体某一类关键基础设施进行研究，或者将关键基础设施抽象为一个复杂系统来研究。例如，2002年美国能源部颁布《电力系统脆弱性评估草案》，强调了电力信息系统遭受恐怖袭击的可能性，并对此展开了电力信息系统脆弱性框架的研究；还有学者将关键基础设施网络抽象为一个复杂网络，通过级联效应分别测度人为蓄意攻击和随机攻击条件下，网络的连锁失效范围及脆弱程度（李树栋，2012；贺筱媛和胡晓峰，2011）。对于技术因素的研究主要集中在网络失效的参数问题研究上，如在电网研究中，通过对马尔科夫过程模型中线性代数方程的求解，计算电力系统的平均故障时间和平均修复时间（Billinton and Bollinger，1968）。国内方面，任震教授等较早开展了解析法在电力系统可靠性评估中的应用研究，并取得了一定的成果（黄雯莹和任震，1985）。

5.1.3　关键基础设施间风险传播

1. 关键基础间的关联关系

关键基础设施间联结形式多样，其中单向联结被称为“依赖关系”，双向沟通被称为“关联关系”，依赖关系视为关联关系的特殊情况，如不进行说明，则统称为关联关系。由于分类标准不同，各研究学者所给出的关键基础设施间关联关系的类型也有所不同。Rinaldi 等（2001）将其分为物理关联、网络关联、地理关联和逻辑关联，并给出四种关联类型的定义，其中物理关联是指一个关键基础设施系统运行依赖于另一个关键基础设施系统的物质输出；网络关联是指一个关键基础设施系统运行依靠另一个关键基础设施系统的信息传输；地理关联是指同一地区的环境变化影响两个以上关键基础设施系统；逻辑关联是指一种基础设施的状态通过一些机制依赖其他基础设施，但这种机制不是物理、网络和地理上的连接，而是政策、法律上的关联。Duenas-Osorio 则将网络关联视为信息关联（2005）；Zimmerman（2001）采用更加粗略的方式提出功能关联和空间关联，认为功能关联为一个基础设施的运行需要另一个基础设施的正常运行作为支撑，空间关联是指两个基础设施系统间位置的接近性；Dudenhoeffer 等（2006）分类方法与 Rinaldi 等类似。提出物理关联、信息关联、地理关联、政策程序和社会关联四种类型，并对其进行重新定义，特别指出社会维度的相互依赖是指公众观点、信心、恐惧以及文化问题；De Porcellinis 等（2009）正式将社会维度的相互关联关系增加为第五种类型；Wallace 等（2003）、Lee 等（2007）从计算机学科的角度给出基础设施间的关联关系，即输入、交互、共享、排他性和同地协作；Zhang 和 Peeta（2011）考虑到经济学因素，将基础设施间关联关系分为功能关联、物理关联、预算关联和市场—经济关联。

2. 关键基础设施间风险传播方式

基于前文所述，不论关键基础设施间以哪种关联方式存在并相互作用，均可以把关键基础设施网络看做一个复杂网络，可以通过将其抽象为网络拓扑图进行网络风险分析。当灾害来临时，风险按照一定的方式在关键基础设施网络内蔓延，由一个关键基础设施扩散至其他关键基础设施，或有某类关键基础设施的一部分蔓延至其他部分。根据各关键基础设施脆弱性扩散的空间结构，可以将关键基础设施间的风险传播方式分为级联失效传播方式、共因失效传播方式和升级型失效传播方式三种基本方式。

（1）级联失效传播。风险传播过程中，关键基础设施 A 的失效导致关键基础设施 B 中某一组件的失效，从而进一步导致关键基础设施 B 的失效，关键基础设施 B 作为新的失效单元，导致关键基础设施 C 中某一组件的失效，从而进一步导致关键基础设施 C 的失效，以此类推，直至没有新的关键基础设施失效产生，最终在关键基础设施内形成一条直线式的传播途径，如图 5-1 所示。根据脆弱源的接收顺序，可以划分为第一级联失效接收方、第二级联失效接收方、第三级联失效接收方等，则将这种传播方式称为级联失效式传播。并且，每一次传播时，有且仅有一个关键基础设施作为失效源，一个关键基础设施作为扩散接收方，两者之间是一对一关系。

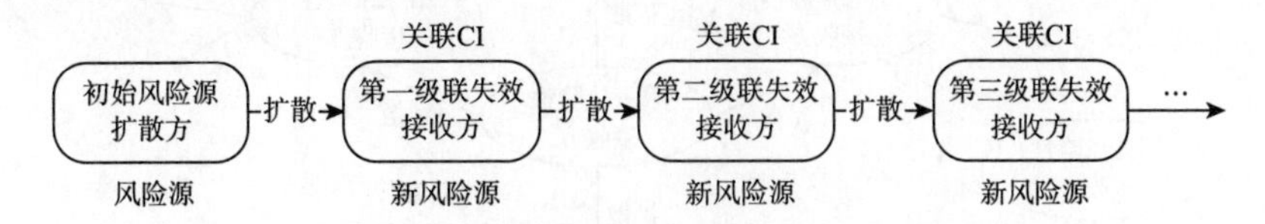

图 5-1　关键基础设施级联失效传播方式

（2）共因失效传播。在风险传播过程中，由于共同的原因（如地震、洪水），关键基础设施网络内的一个关键基础设施主体作为风险的扩散者，向系统内的多个相互关联的关键基础设施进行扩散的方式，称为共因失效传播方式。每一次传播时，有且仅有一个关键基础设施作为风险源，多个关键基础设施作为扩散的接收方，两者之间是一对多关系，具体扩散方式如图 5-2 所示。

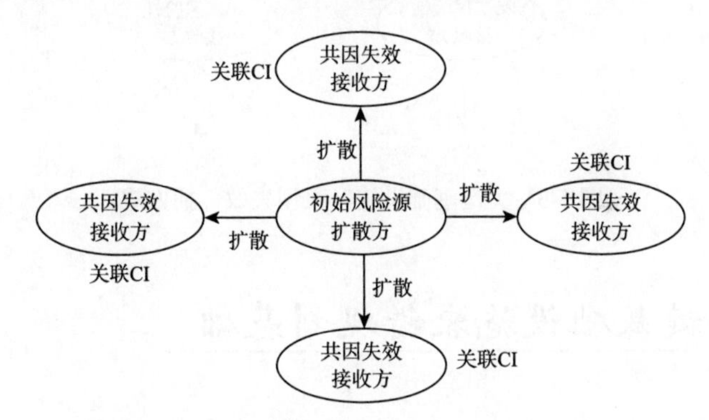

图 5-2　关键基础设施共因失效传播方式

（3）升级型失效传播。在共因失效传播方式的基础上，关键基础设施系统网络内的多个风险接收方在一定条件下转变为新的风险源，通过关联关系作用，向系统其他关键基础设施进行扩散传播的方式，称为升级型失效传播方式，灾害规模及损失程度均有所提升。在风险传播时，可以有多个关键基础设施作为风险源，多个关键基础设施作为扩散的接收方，两者之间是多对多关系。

升级型失效传播方式最大的特征是，充满危险的风险源与多个关键基础设施主体间可持续进行风险传播，相邻关键基础设施作为扩散的第一接收方通过自身活动和属性特征，在对原有风险进行处理、融化的基础上，针对无法消除的风险，通过与其相关联的关键基础设施再次传播出去进行扩散，由此在关键基础设施网络内部形成扩散传播途径，具体如图 5-3 所示。

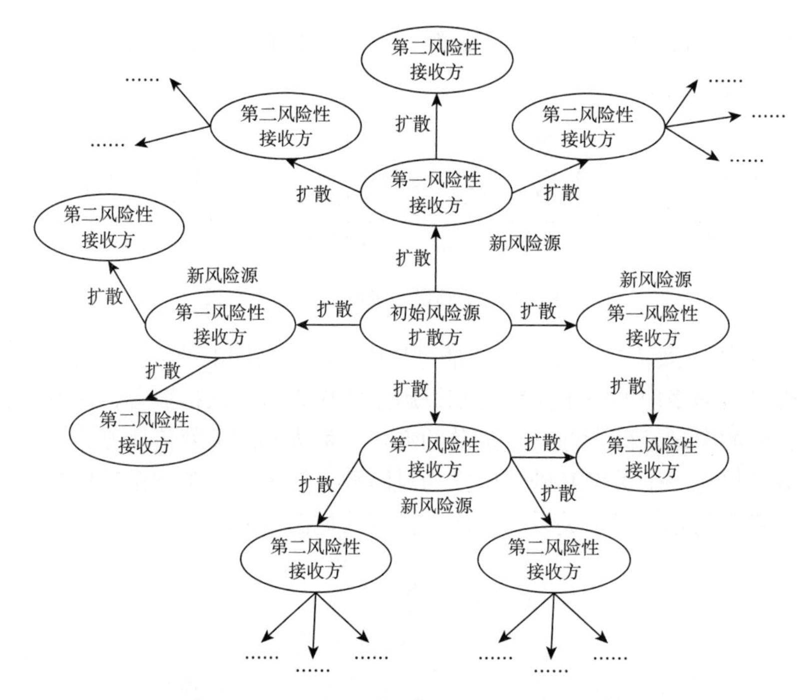

图 5-3　关键基础设施升级型失效传播方式

5.2　关键基础设施容错规划基础

5.2.1　关键基础设施容错规划目标

1. 目标确立的基本依据——灾害风险可接受度

常用来衡量灾害风险可接受度的方法包括ALARP准则方法和*F-N*曲线方法，二者虽然表现形式不同，但是内在含义基本一致。ALARP 准则将灾害风险划分为可接受风险区域、不可接受风险区域及 ALARP 最低限度风险区域（吴国斌和佘廉，2006）；而 *F-N* 曲线方法根据灾害发生的概率大小和造成灾害后果等级乘积来判断风险区域，将风险分为普遍接受区域Ⅰ、中间警惕区域Ⅱ以及不可接受区域Ⅲ，如图 3-1 和图 3-2 所示。

可见，“可接受风险区域”与“普遍接受区域Ⅰ”所指的灾害内容类似，此类灾害造成的影响可以忽略不计，灾害应对主体具有足够的抗灾能力来抵御此类灾害，且针对此类风险在灾害应对准备阶段无须加强额外人力、物力进行防灾减灾。“不可接受风险区域”与“不可接受区域Ⅲ”所指内容相同，针对此类灾害，再多的防御措施也不能抵御灾害造成的巨大影响，只能适当地提高防灾减灾措施，此类风险是无法完全防御和避免的；若灾害属于“ALARP 区域”与“中间警惕区域Ⅱ”所指区域，则要警惕此范围内的风险，要采取有效的应急措施降低风险。

2. 关键基础设施容错规划的目标

综上，在基础设施的灾前保护和预防时期，即在应对准备阶段要做好充足的应对大规模灾害的准备规划，针对大规模灾害可能产生的意外情况，进行容错规划设计。可是，再完备的应急规划，也不能完全应对大规模灾害的各种意外状况，只能在一定范围内尽可能地缩小不可接受风险区域。即对于 ALARP 准则来说，使图 3-1 中直线 *a* 上移，对于 *F-N* 曲线来说，使图 3-2 中的Ⅱ、Ⅲ边界线外移，因此需要通过提高基础设施系统的抗灾能力来降低灾害导致的社会损失。

例如，沿海某市电网面临台风灾害，全市电网的设计抗风指标为 30~35 米/秒，可承受 12 级台风，极限抗风阈值为 40 米/秒，即约 13 级台风，则该市电网的 ALARP 准则图如图 5-4 所示，当风速小于 30 米/秒时，全市电网处于风险可接受区域；当风速介于 30~40 米/秒时，部分电网线路面临失效风险；当风速大于 40 米/秒时，电网全部失效。为提高电网抗风等级，对该市电网进行容错设计，投资 14 亿元，采用新产品、新技术提高电网抗风等级至 45 米/秒，则此时的 ALARP 准则图如图 5-5 所示，通过容错规划设计，缩小了电网面临台风时的不可接受风险区域，提高了电网的容错等级。

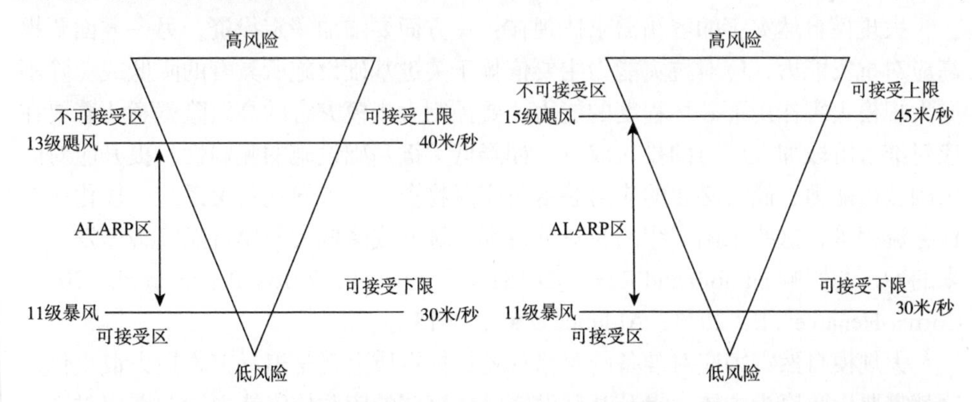

图 5-4　某市电网 ALARP 准则图　　图 5-5　容错设计后某市电网 ALARP 准则图

容错规划的核心是冗余设计，即在系统结构上通过增加冗余结构来掩盖故障造成的影响，以冗余资源来换取系统可靠性提升。例如，在主模块故障情况下，系统切换到冗余模块工作，并对出错的区域进行动态重新配置，修正出错问题。在电网运行容错控制中，有冷备份、热备份和温备份等备份方案，每种方式具有不同的应用场景（朱君等，2011）。针对数字化变电站中采样值数据出错可能导致保护误动的问题，有学者提出了一种利用证据理论对多源信息进行融合判断以识别错误数据的新方法，依靠冗余信息间的互补性来消除不良数据或错误数据的影响（朱林等，2011）。也即，关键基础设施容错规划的基本手段便是通过对关键基础设施网络的关键节点或传输链接进行冗余设计，即使关键单元遭受灾害破坏也可以通过冗余设计来恢复其功能，或是从根本上提高关键单元的抗灾能力。

关键基础设施冗余是一种过量的、可以应急使用的资源，用以缓冲组织内外部环境的突发状况，为应对组织提供较大的应急管理弹性，支持应对组织快速决策和响应,冗余资源带来的灵活性和资源支持为应对响应提供了更大的行为空间。冗余资源较少时，应对组织偶遇大规模灾害，危机感增加，对资源使用的约束增加；冗余资源较多时，应对组织使用资源的束缚较低，也可容忍较大风险。通过冗余资源设计来增加基础设施系统的抗风险能力，降低因灾害损毁基础设施单元而造成的社会损失。

3. 基础设施容错规划的原则

在大规模灾害应对准备规划中，储备多少容错的冗余资源是最优的、多少投资是有效的？在冗余资源的投资决策问题上，一方面，由于受突发事件等偶然因素的影响而带有不确定性；另一方面，投资决策又是管理者根据多方面情况做出的判断，具有策略性。研究应对资源最优的冗余投资问题能够更好地对突发事件做出应对准备。

大规模自然灾害的容错需求体现在：一方面要增加一定投资，另一方面要提高应对抗灾能力，应对抗灾能力主要依赖于关键基础设施所具有的降低或免除不同大规模灾害作用下破坏程度的能力。要控制大规模灾害的高风险就意味着要在应对准备阶段加大应对的投入成本，如降低关键基础设施的脆弱性、提升应对队伍的救援能力、储备必要的应对装备与应对物资、设置异地备份系统、优化应对任务流程等，这些未雨绸缪的应对准备都会缓冲或降低大规模自然灾害爆发所带来的冲击与影响（Labib and Read，2015；Davies et al.，2015；Perrier et al.，2013；Correa-Henao et al.，2013；Aldunce et al.，2015）。

大规模自然灾害应对准备的容错规划目标本质上就是追寻灾害损失最小化，这就需要以政府为主体，提升基础设施网络整体的应对抗灾能力，如在应对准备阶段采取多样化的应对资源储备方式，并严格控制应对资源采购、征收、捐赠的过程，避免造成应对资源闲置与浪费，优化应对资源配送流程，保障应对响应的持续进行。在这一事实下，一方面政府要加大应对管理投入资金；另一方面，应急抗灾能力也迫切需要得到提高，来防御各类大规模自然灾害。但是，大规模自然灾害属于小概率事件，因此不能为了一味追求高的抗灾能力而不顾人力、物力等资源的消耗，即使有了完备的、充足的抗灾能力与大量的应急成本投入，也不能完全保证大规模灾害发生时没有任何人员伤亡、没有任何经济损失、对社会和环境不造成任何影响，因此应对投入与抗灾能力提升的程度（即容错期望）是相对于社会可接受风险水平而言的。

5.2.2　关键基础设施容错规划途径

容错规划的主要目的在于降低或免除关键基础设施的受灾破坏程度。为达到这一目的，首先需要一个指标来指导容错规划的实施、容错对象的确定。识别确认关键基础设施中各部分指标的抗灾能力指标的特征，可以作为容错规划的一个基本途径。常用来衡量关键基础设施安全性的指标可以作为一个很好的规划实施指标，其包括风险性、可靠性、脆弱性等。由于关键基础设施网络系统中的重要单元对于整体关键基础设施系统的功能提供具有很大的影响，因此，关键基础设施单元重要性的评估对于安全性评估同样重要。通过对关键基础设施网络系统中不同单元的风险性、可靠性、脆弱性、重要性等因素评估，明确关键基础设施网络中的关键单元，实现相应的容错规划设计，可以显著提高关键基础设施网络的抗灾能力，降低不可接受风险区域。

脆弱性、风险性、可靠性、重要性等因素都是从不同的侧面对关键基础设施安全性进行描述，识别基础设施中安全程度较低的单元，为容错规划制定提供参考。一般认为，脆弱性是承灾体在特定环境下表现的易于受到伤害和损失的性质，体现为易于受损程度、后续影响、与整体的关系等；风险性指的是基础设施面临灾害的概率和造成的损失程度；可靠性指的是基础设施单元在一定的时间内和一定条件下无故障地完成规定功能的能力或可能性；重要性指的是基础设施单元对全部基础设施网络整体的重要性程度，主要包括节点单元在网络结构中的重要程度及其失效后对整体功能造成损失的程度。通过以上定义可知，风险性、可靠性、重要性这三个因素评估的内容与脆弱性评估的内容不同，但脆弱性作为一个衡量电网总体安全性的指标，与这三个因素存在一定的联系。

首先，评估对象的风险是造成其脆弱性的一个基本原因，风险越大其遭受损失的可能性就越大，也就越可能受损失效。美国关键基础设施保护计划框架中的关键基础设施保护流程，将风险识别作为整个保护流程中脆弱性评价和安全性评价的一个基础。其中基于风险管理的安全性确定及评估流程为：设置目标—确定网络—识别风险—确定脆弱性及保护顺序—实施保护方案—评定绩效。

其次，基础设施单元可靠性程度越高、失效概率越低，其健康程度越高，越不容易受到损伤。同时，如果基础设施的脆弱性程度越低，越不容易损坏，则在一定的单位时间内，设备或单元可以连续使用的概率越高，可靠程度也就越高。脆弱性与可靠性在衡量设备可用程度、完成既定工作能力时具有明显的正相关性，因此，在衡量基础设施的脆弱性时，可以参考可靠性评估指标。对于基础设施网络的结构脆弱性进行评估，有时会存在部分设施单元脆弱性相似、不易比较的情况，此时可以将可靠度作为权重用来衡量设施单元的脆弱性。

最后，评估基础设施网络结构脆弱性，目的在于找出网络中失效后对总体影响较大的单元，这就需要同时考虑基础设施节点单元移除后对网络结构总体影响的程度和对网络功能影响的程度，进而需要对节点重要性进行评估。可以说，基础设施网络结构脆弱性的评估中包含了对基础设施网络中单元重要性评估的内容，并且还包括功能重要性评估。

总体来说，脆弱性相对于其他三个安全性指标是一个更为宽泛的概念，是衡量对象安全性的一个指标，其评估内容中包含了其他一些安全性指标。本章中风险性、可靠性和重要性指标构成了脆弱性评估的一个基础，是脆弱性评估的一个基本组成部分，基于这三个因素的脆弱性分析，能更为准确地评估基础设施系统的安全程度，并依此制订保护计划，为容错问题的发现提供指导，即基础设施网络中，某个单元越脆弱，相应的容错规划越应重视这个单元。

5.2.3 关键基础设施容错准备

1. 关键基础设施应对准备的容错框架

关键基础设施的大规模灾害应对准备容错是指对大规模灾害预估不足或防御措施不当，从而引发的应对响应失误，通过应对准备阶段的应对装备投资等手段对这些“错”进行包容性处置，使应对决策者能够完成预设的应对管理目标或实现应对管理的可持续性。即使应对决策者在应对响应中面对意外情景，灾前应对准备的预案和超前部署仍有价值，其规划成果进行适应性修正后对应对实践仍有指导意义，对应对响应失误起到消除或缓解的作用，以此来降低大规模灾害造成的不良后果。容错是为了保障应对响应任务失效时，应对救援仍可持续进行，而预先制定和准备执行的一系列操作策略集，是体系结构与关键措施的顶层设计和全局性预防规划。大规模灾害应对准备的容错规划并不强调在灾害发生后的实时应对，而是注重在应对准备阶段设计防御措施，从而保障应对响应的持续进行，是应对突发事件的事前管理。容错规划将风险管理融入组织运行的常态管理之中，具有动态性、前瞻性和循环性，是提升城市恢复力与防灾减灾能力的重要方面。据此，提出关键基础设施的大规模自然灾害应对准备的容错规划框架，具体如图 5-6 所示。根据大规模自然灾害可能造成的后果，分析大规模灾害风险等级，划分风险区域（分为可接受区域、不可接受风险区、ALARP 最低限度风险区），为提升当前的抗灾能力，设定未来大规模自然灾害情景，权衡预期灾害损失与容错成本之间关系，判断所能达到的容错等级，从而在应对准备阶段提出一系列容错措施。

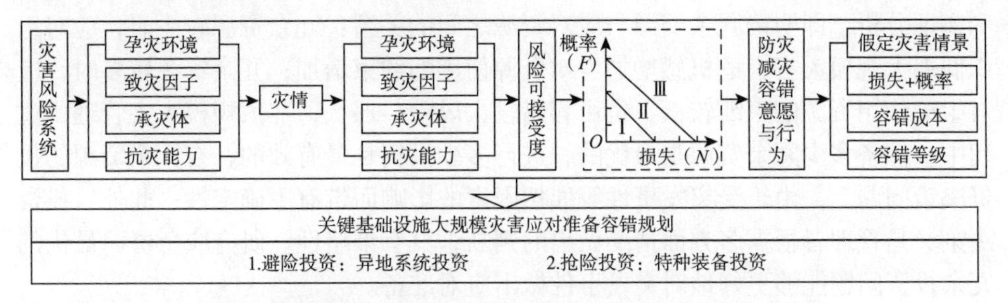

图 5-6　关键基础设施大规模灾害应对准备的容错规划框架

2. 关键基础设施容错准备规划中的冗余储备设计

提高关键基础设施的安全性和可用程度的措施基本上可以分为两类：第一类是尽可能地避免和减少产品故障；第二类是当灾害和故障不可避免时，通过适当增加设计冗余量和替换工作的方式消除关键基础设施的功能故障带来的影响，使整个基础设施网络能够在部分单元发生故障后仍可以有效地提供既有功能，即关键基础设施网络有一定的“容错”能力。我们可以把第一类措施看做质量上的冗余，通过提高产品质量，提升其抗灾能力，对其抗风险能力进行冗余设计；把第二类措施看做数量上的冗余，通过关键设施备份，对失效产品进行替代，弥补产品失效带来的负面影响。

冗余储备是提高关键基础设施安全水平的有效手段之一，可以通过采用新产品和新技术，提高关键基础设施单元应对风险的能力，提升其抗风险水平；或通过单元备份来避免单一设备功能失效带来的影响，可以表述为通过设计更多的功能通道，以保证系统在有限数量通道失效的情景下仍能够继续工作，从而达到容错的目的。

冗余设计的方法按照冗余使用的资源可以划分为硬件冗余、数据/信息冗余、指令/执行冗余、软件冗余等；按照冗余的产品级别可以划分为部件冗余、系统冗余等；按照冗余方法可以划分为静态冗余、动态冗余和混合冗余等；按照冗余系统的工作方式和各个单元的工作状态可以划分为主动冗余、备用冗余等。在关键基础设施应急保护的过程中，应该根据基础设施对象的具体特点选择合适的冗余设计方式。具体执行的时候需要注意：冗余设计可以采用相同单元冗余，也可以采用不同单元冗余；冗余设计需要全面考虑多种工作模式的需要，选择适当冗余级别，同时还需要考虑共因或共模故障的影响。

在突发事件应急管理方面，冗余资源倾向于如下理解：其是一种过量的、能随意使用的资源，用以缓冲组织内外部环境的突发状况，给应对组织提供较大的应对管理弹性，支持应对组织快速决策和响应，冗余资源带来的灵活性和资源支持为应对响应提供了更大的行为空间。因此，要对冗余资源的特定作用进行理论和实证分析，即明确冗余资源与应对资源之间的关系：冗余资源较少时，应对组织偶遇大规模灾害，危机感增加、对资源使用的约束增加；冗余资源较多时，应对组织使用资源的束缚较低、也可容忍较大风险。那么，在大规模灾害管理的过程中，储备多少冗余资源是最优的，进行多少投资是最有效的，在冗余资源的投资决策问题上，由于受突发事件等偶然因素的影响而带有不确定性；此外，投资决策又是管理者根据多方面情况做出的判断，具有策略性。研究应急资源最优的冗余投资问题能够更好地对突发事件做出应对准备。

5.3 关键基础设施容错规划设计

尽管关键基础设施保护规划的模型推演理论研究较多，受到关键基础设施大系统属性制约以及目前规划技术的可行性限制，比较成熟且可以落实应用的关键基础设施容错规划方法主要是基于案例驱动的和基于案例–模型集成驱动的关键基础设施容错规划。

案例–模型集成驱动的容错方法是案例驱动与模型驱动的综合，是综合运用案例推理与模型推演进行关键基础设施容错规划设计的方法。案例–模型集成驱动的容错规划方法是在传统案例推理模型推演的基础上，通过仿真模型扩充案例情景，通过选择模型对扩充后的案例情景进行选择，最终获得优化的容错规划方案。案例–模型集成驱动的关键基础设施容错规划的两个问题是：怎样选择案例用来指导容错规划的实施，以及选择什么模型来对应所选择的情景。

5.3.1 案例驱动和模型驱动的关键基础设施容错规划流程

1. 案例驱动流程

案例推理简化了知识获取流程，可以重复使用过去的知识求解新问题，提高了求解效率，很好地解决了规则推理的知识获取困难、推理脆弱、缺乏自学习能力等问题（Xu and Liu，2009；Yuan and Chiu，2009）。流程一般认为案例推理包含四个阶段，分别是案例表示、案例检索、案例修正、案例学习。将案例推理应用于关键基础设施的应对决策保护，可以提高应对决策系统的处理效率，辅助决策者制定更加科学合理的应对决策。

基于案例驱动的关键基础设施容错规划的前提是进行案例推理系统的设计。基于案例驱动的关键基础设施容错规划流程可以分为案例构建、情景构建、应对任务构建、案例评估、多级检索、任务推理、应对案例桌面培训等。通过构建庞大的案例和情景库数据，根据历史案例经验判断各种灾害条件下关键基础设施可能面临失效的单元，评估其可能遭受的损失和造成的后果，为容错规划的冗余设计提供指导意见。

2. 模型驱动流程

基于模型的关键基础设施容错规划是将研究对象的结构进行分析、归纳，经过描述体现研究对象的特征和行为，建立对象的物理模型、数学模型或结构模型以及逻辑关系，支持推理使用。

基于模型驱动的容错设计可以增加决策科学性、提高性能指标（Chou，2009），但缺乏知识的重用性和共享性。该方法的核心部分是模型管理，而模型表示是模型管理的关键技术（黄明和唐焕文，1999），模型表示方法包括子程序表示、实体关系表示、逻辑表示、结构化表示、数据表示、面向对象表示等，其中面向对象表示可以明显提高模型的重用性、灵活性及模型库管理效率，是目前模型表示领域的一个研究热点（李牧南和彭宏，2006），欧洲核应急决策支持系统（Ehrhardt et al.，1993）便是其中的代表。此外，很多学者对其进行了深入的研究，如针对电力突发事件的应急处置流程研究中采用了基于事件驱动模型，建立了应急处置的流程及方法（芦倩等，2016），基于模型的城市排水管网积水的灾害评价和防治（王磊，2010）等。模型驱动的关键基础设施容错规划流程包括问题识别与定义、制订备选方案、决策建模、模型求解、方案择优。

5.3.2　案例-模型集成驱动的关键基础设施容错规划目标案例选择

目标案例选择的基础是案例推理技术，是运用过去的案例及经验，通过相似性对比直接得到目标案例。案例-模型集成驱动仍以案例驱动为基础，是应用案例推理方法从历史案例中搜寻符合目标情景案例的过程，这一过程主要包括三个主要方面，并通过这三个流程搜寻符合目标情景的历史案例。

1. 案例情景构建

关键基础设施的案例情景构建包括案例构建、情景构建、应对任务构建，这是对历史案例的总结。这个过程中需要对关键基础设施发生灾害的历史案例进行统计，包括案例的发生地点、包含情景数、致灾因子、发生时间、关键基础设施类型、致灾因子类型、突发事件级别、承灾体类型、致灾因子属性、承灾体属性、孕灾环境属性、应对任务、关键基础设施失效类型、失效程度等信息进行统计，为目标案例的选择提供基础资源。其流程如图 5-7 所示。

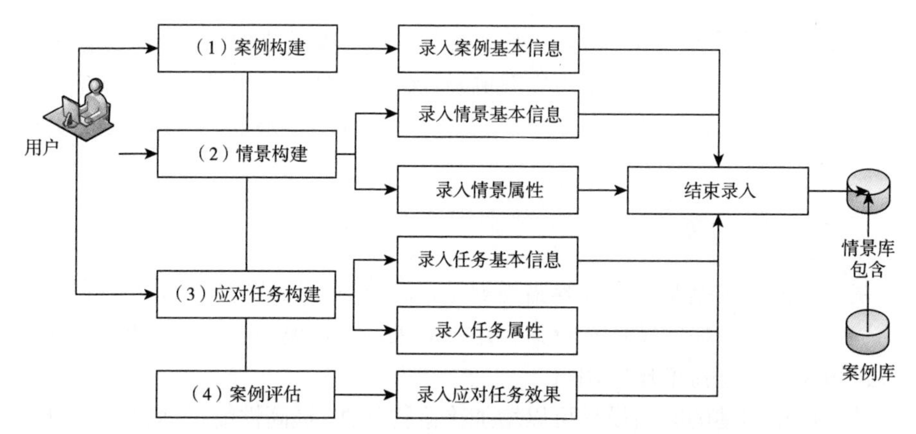

图 5-7 关键基础设施容错规划的案例库与情景库构建流程

2. 案例选择与相似度计算

案例库、情景库设计的目的是为目标情景的问题解决提供参考依据，当需要解决目标问题时，根据案例库、情景库中存在的历史相似问题的解决方案，提出适合目标问题的解决方式。首先便需要一种能够在众多的历史案例库中搜索到与目标问题相似案例的检索方法,我们把采用此方法进行检索的过程称为多级检索。

多级检索是对案例库与情景库进行检索，案例检索主要依靠字段的相似性进行归纳，而情景检索需要检索获得的情景，并按照情景属性进行相似度计算检索。其中相似度计算可采用如图 5-8 所示的过程进行计算。

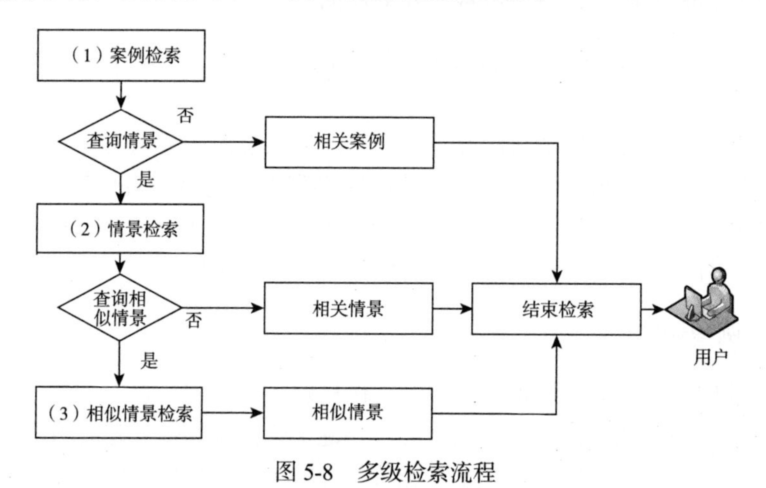

图 5-8 多级检索流程

在进行相似度计算检索时，需将情景维度化与结构化。其中，维度化是指情景为多维度概念，包含多个情景要素，需在大量案例基础上划分情景维度，归纳情景要素；结构化是指相似度计算要求案例情景要素取值以规定形式存储，便于案例检索与匹配。情景维度划分与情景要素提取将结合实际情景与历史案例进行，本章采用多维向量形式进行案例的结构化表示，具体形式为$(e_i^1,e_i^2,\cdots,e_i^j,\cdots,e_i^m)$。其中，$e_i^j$代表第$i$个案例在第$j$个情景要素中的取值，这里的情景要素定义为向量型或数值型变量。在此基础上，案例相似度计算的具体步骤如下：

步骤1：基本情景要素相似度计算。此步骤是后续计算的基础。由前文可知，存在两种类型的情景要素变量，即向量型变量与数值型变量。因此，基本情景特征相似度计算分为两部分，下面分别介绍。

（1）向量型变量。情景要素相似度为情景要素向量的夹角余弦，计算公式为

$$\mathrm{ssim}_c^i=\frac{e_c^j\cdot e_i^j}{\left|e_c^j\right|\left|e_i^j\right|},\quad i=1,2,\cdots,n \tag{5-1}$$

（2）数值型变量。情景要素相似度为情景要素差值绝对值的对数，计算前需要用变量值除以该情景特征各案例取值的最大值，数值型情景特征相似度计算公式为

$$\mathrm{ssim}_c^i=\mathrm{e}^{-\left|e_c^j-e_i^j\right|},\quad i=1,2,\cdots,n \tag{5-2}$$

步骤 2：情景要点相似度计算。案例情景按大类划分产生情景要点。本章将情景要点相似度定义为情景要素相似度按情景要素权重进行加权的结果。例如，大规模灾害案例包括致灾因子、承灾体及孕灾环境等情景要点，因此，将案例相似度的维度设定为致灾因子、承灾体及孕灾环境三个方面（可结合应用情景进行细分）。其中，致灾因子相似度（zsim_c^i）、承灾体相似度（csim_c^i）、孕灾环境（ysim_c^i）中仅包含一个基本情景要素变量（见步骤 1），可以运用式（5-1）进行直接计算。若某些情景要点涉及基本情景要素较多，需要进行加权综合。权重可通过层次分析法得到，本部分主要目的是提供计算方法，故将各特征权重均设置为$1/(m-2)$，m为包含的情景要素数量。最终得到情景要点相似度qsim_c^i的计算公式为

$$\mathrm{qsim}_c^i=\sum_{i=1}^{m}w_i\mathrm{ssim}_c^i \tag{5-3}$$

步骤3：案例相似度计算。在案例数量充足的情况下，为保证案例匹配精度，将案例相似度定义为情景要点相似度的最小值。由前文例子，致灾因子、承灾体及孕灾环境在确定案例情景中都具有重要作用，因此，在案例相似度计算时，应当取三大情景要点相似度的最小值，计算公式为

$$\mathrm{sim}_c^i=\min\{\mathrm{qsim}_c^i,\mathrm{stsim}_c^i,\mathrm{asim}_c^i\},\quad i=1,2,\cdots,n \tag{5-4}$$

其中，sim_c^i表示现实案例c与历史案例i的相似程度。

步骤4：相似案例集生成。根据相似度计算结果，设置阈值α，如果$\mathrm{sim}_c^i>\alpha$

则将该历史案例 i 放入相似案例集中。

3. 任务推理下的目标情景匹配

当需要给予一个容错规划方案相应的目标情景时，需要从历史案例库中提取相似案例，这个过程的第一步便是上文中的多级检索，根据相似度指标提取与目标情景相似的历史案例，并对相似案例与目标情景进行相似度匹配，这个匹配的过程便是任务推理的过程，其一般流程如图 5-9 所示。

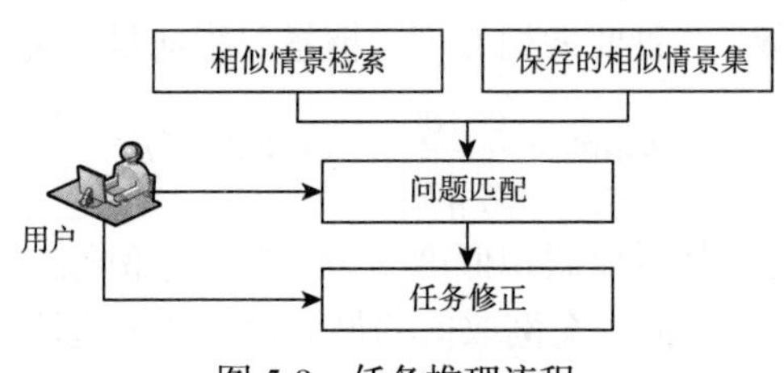

图 5-9　任务推理流程

在问题匹配阶段，首先，选择最相似情景，提取其所有任务，根据任务属性，选择适宜的任务推演模型。根据任务模型的架构，逐一匹配任务中的任务描述（任务描述按照任务前后次序排列），应对决策者进行“是”或“否”的回答，并同时录入目标情景任务的编号，系统返回回答“是”的相应任务编号及其任务需求。其次，对于未匹配的目标任务问题，继续参考其他相似情景来匹配，同样系统返回回答“是”的相应任务编号及其任务需求。再次，对于仍未匹配的目标任务问题，则返回空值。最后，根据返回的任务需求，面向目标情景生成初步的任务需求。

在任务修正阶段，首先，针对初步的任务方案，决策者可查看每一个任务的任务需求，针对任务需求中的任务应对者、任务物资、任务装备、任务动作进行逐一核对，可面向目标情景进行替换、修改、增加或删除。其次，如出现新的任务描述则搜索相似情景集进行匹配，若返回空值，则需通过专家讨论生成该任务的任务需求。最后，经以上两步，自动替换原案例库对应的文本内容，完成任务修正工作，生成应对任务方案。

5.3.3　案例–模型集成驱动的关键基础设施容错规划模型选择

1. 模型确定的流程

以模型驱动辅助进行关键基础设施容错规划方法包括如下流程：第一，对待解决问题进行识别和定义；第二，制订备选方案；第三，对备选方案进行建模；第四，求解每一个方案模型；第五，选择最优方案。这个过程如图 5-10

所示。

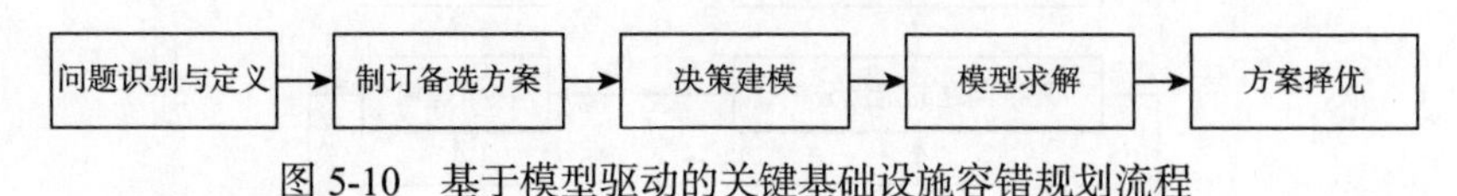

图 5-10　基于模型驱动的关键基础设施容错规划流程

（1）问题识别与定义。此阶段的主要内容是确定评估对象、评估内容，即容错主体的确定。在问题识别与定义阶段，应明确需要进行容错规划设计的关键基础设施对象，容错对象将要面临的致灾因子，需要考虑的灾害情景数据等内容，为容错方案的选择提供基础信息，如评估城市电网哪些单元节点需要进行容错处置，电网面临的气象灾害有哪些，相应灾害的等级数据与破坏程度等。

（2）制订备选方案。列出可以用来进行容错规划设置的备选指标、备选方案。备选指标是指应对准备容错规划可用指标集中的可选指标，如风险性指标、可靠性指标及脆弱性指标等；备选方案是指进行容错规划设计的可用方案，如质量容错、数量容错及质量–数量兼容方案等。

（3）决策建模。根据第二步制订的备选方案及评估指标进行建模，确定选择的数学模型是预测模型、决策树、网络与优化模型、层次分析法，还是多目标规划模型等，在确定选择的模型后需要进一步确定评估所选用的具体指标模型，如确定选用预测模型，相应的评估指标选择风险性指标，则需要对选用的风险预测模型进行确定，常用的风险预测模型主要包括：风险是事件发生的概率 $R=f(p)$，风险是事件发生概率和后果的函数 $R=f(p, v)$，风险来源于对象的暴露程度、脆弱性和弹复性 $R=f(h, v, r)$，等等。或是采用其他预测指标，如可靠性指标和脆弱性指标等。

（4）模型求解。针对第三步的模型，采用实际数据进行模型求解与分析。

（5）方案择优。每一个模型或者可选方案可能各有优缺点，需要根据实际需要选择满足要求的模型。

2. 复杂问题的分解与模型选择

针对复杂的容错规划问题，一个决策问题可能涉及众多的小问题，这就需要对建模的过程重新规划。

（1）问题分解。将一个复杂的问题分解为若干个简单的问题，各子问题之间通过一定的逻辑关系相互关联，形成一个问题求解路径。

（2）决策建模。针对各子问题选择适当的数学方法建模。

（3）模型求解。依次对各子问题的数学模型求解以获得复杂问题的最终解。

其流程如图 5-11 所示。

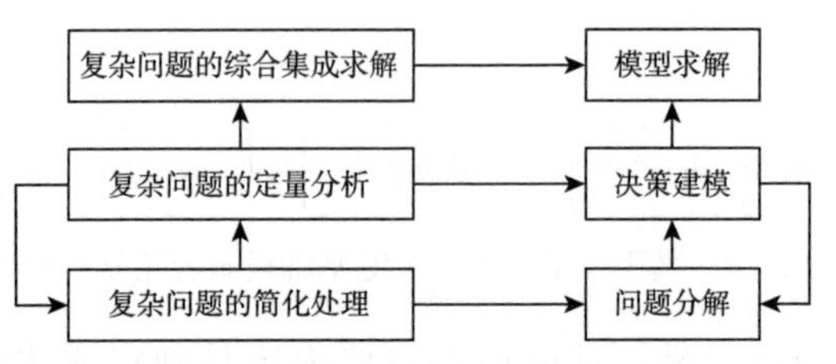

图 5-11　复杂问题的分解建模流程

3. 模型的选择

模型选择需要依据待评估问题的情景进行独立分析，由于确定的评估指标不同、评估情景内容不同，模型的内容也存在很多差别，如对基础设施的安全性进行评估，可以选择风险性评估模型、可靠性评估模型、脆弱性评估模型等。若我们确定以脆弱性评估模型对其进行冗余设计评估，以脆弱性程度作为衡量是否进行冗余设计的指标，则需要考虑脆弱性评估模型是采用自身固有的脆弱性模型、结构脆弱性模型、大规模灾害引起的脆弱性模型，还是综合脆弱性模型，这需要根据决策者的实际需要进行选择。同样，若是选择以风险性评估模型作为容错设计指标，确定采用哪种风险评估模型亦是根据决策者考虑问题的需要出发，如设备失效风险，主要考虑发生的可能性 p；电力系统的风险评估模型可表示概率与损失程度的函数；而洪涝灾害引起的风险 R 可以表示为承灾体的暴露性、鲁棒性和弹复性的函数等。

5.4　关键基础设施备份系统投资容错规划

5.4.1　生命线系统和其备份系统投资容错

生命线系统是维系现代城市功能和区域经济功能的基础性关键设施系统，且多以网络系统的模式存在，主要包括五大系统，即电网、交通网、通信网、供水网及供气网，其相互关系如图 5-12 所示。在大规模自然灾害袭击下，生命线系统遭到毁坏会引发重大的次生灾害，导致城市基本功能的瘫痪，不同类型的生命线系统往往具有一定的耦联性，彼此之间相互制约、相互影响，尤其是在强烈的大规模灾害爆发时，这种耦联性会更加突显，电网一旦遭到破坏，往往会影响其他网络系统的正常运转。交通网络系统的损坏会延迟或阻碍应对物资的运输、救援人员的搜救等任务（秦军昌和王刊良，2009；刘樑等，2012；徐海铭等，2014）。

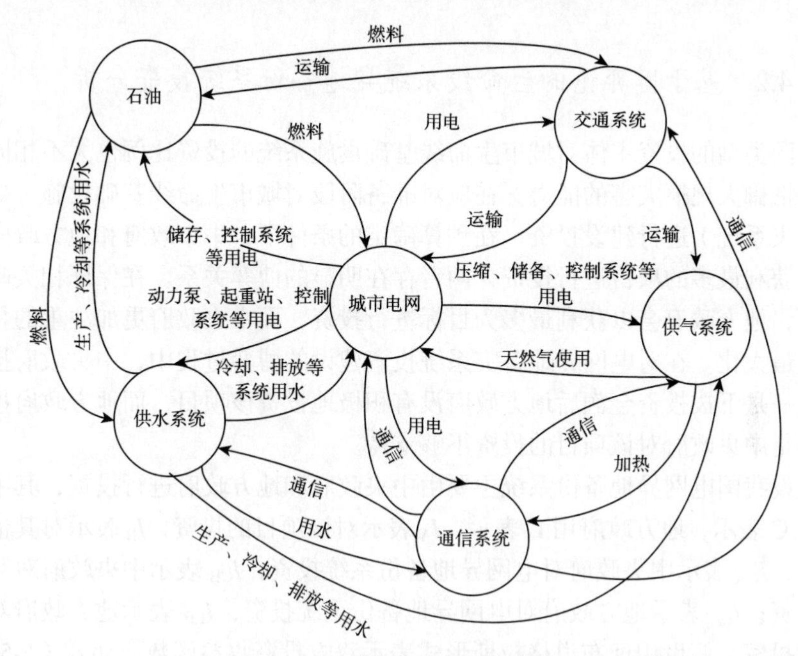

图 5-12　城市生命线系统关系

生命线备份系统是为了防范主系统故障，因地震、台风、暴雨等自然灾害的不可抗力因素导致的实时系统停运、数据丢失、文件毁坏等大规模突发事件，备份系统是保障数据文件安全稳定运行的重要方法之一，根据地域不同，可将其分为异地备份系统和本地备份系统（袁媛等，2012）。前者是指在两个距离较远的城市设立主系统和备份系统，实施远程控制和远距离数据传输备份，需要投入大量的资金用于建设与维护，主要用于防范地震、海啸等大规模自然灾害，适用于相对发达的地域；后者是指在一个城市内设立主系统和备份系统，保障数据的完整性，主要用于防范大面积停电、主系统故障等情况。

根据系统功能不同，备份系统可以分为数据备份和应用备份。数据备份是指当主系统数据受损或丢失时，可以将数据重新恢复，并存放在另一存储位置。应用备份是指当主系统受损后仍能提高关键服务。数据备份是备份系统的基础，是其能够正常工作的保障，应用备份是备份系统的目标，其必须建立在可靠数据备份的基础上，通过应用系统、网络系统等资源来实现。建立一套可行的备份系统一是实施数据的实时备份，二是保证备份系统与主系统在结构上的一致，二者互为备份，在意外发生时，备份系统可迅速替代主系统进行运营管理。在全球化、信息化的时代，保证重要数据的安全已经成为政府、企业等部门的首要问题，由此可见备份系统的重要性。

5.4.2 基于博弈论的生命线系统异地备份系统投资分析

不同类型的投资主体对城市生命线基础设施系统的投资比例也大不相同。为了增强抵御大规模灾害的能力，在应对准备阶段对城市生命线基础设施（如电网异地备灾系统）进行建设投资，在预算确定的条件下，中央政府和地方政府都会对自身获利最多的项目进行投资，两者存在明显的博弈关系。在保证相关政策的条件下，地方政府会以获利最多为目标进行投资，而中央政府更加注重的是全国总收益最大化。在对电网异地备灾系统投资建设的博弈过程中，中央政府担心的问题之一是下拨投资金额后地方政府没有积极地投资该项目，而地方政府担心的问题则是中央政府对该项目的投资不够支持。

假设我国电网异地备份系统主要由中央政府和地方政府进行投资，其中中央政府用 C 表示，地方政府用 L 表示，I_{A}表示对该项目的投资，I_{B}表示对其他项目的投资，I_{CA} 表示中央政府对电网异地备份系统投资，I_{CB} 表示中央政府对其他项目的投资；I_{LA} 表示地方政府对电网异地备份系统投资，I_{LB} 表示地方政府对其他项目的投资。假设用柯布道格拉斯形式表示双方投资收益函数，如式（5-5）、式（5-6）所示。

$$R_{\mathrm{C}}=\left(I_{\mathrm{CA}}+I_{\mathrm{LA}}\right)^{\gamma}\times\left(I_{\mathrm{CB}}+I_{\mathrm{LB}}\right)^{\beta} \tag{5-5}$$

$$R_{\mathrm{L}}=\left(I_{\mathrm{CA}}+I_{\mathrm{LA}}\right)^{\alpha}\times\left(I_{\mathrm{CB}}+I_{\mathrm{LB}}\right)^{\beta} \tag{5-6}$$

其中，$0<\alpha,\beta,\gamma<1$；$\gamma+\beta\leqslant 1$；$\alpha+\beta\leqslant 1$ 。

由于对电网异地备份系统的投资有较大的外部性，因此中央政府会特别重视，电网异地备份系统投资的规模收益不变或是递减的，此时假定$\gamma>\alpha$。设中央政府投资总预算为 I_{CM}，地方政府投资总预算为 I_{LM}，双方的目标都是在满足约束条件的前提下将自己的收益最大化，如式（5-7）、式（5-8）所示。

中央政府：

$$\begin{aligned}&\max R_{\mathrm{C}}=\left(I_{\mathrm{CA}}+I_{\mathrm{LA}}\right)^{\gamma}\times\left(I_{\mathrm{CB}}+I_{\mathrm{LB}}\right)^{\beta}\\&\text{s.t. } I_{\mathrm{CA}}+I_{\mathrm{CB}}\leqslant I_{\mathrm{CM}}, I_{\mathrm{CA}}\geqslant 0, I_{\mathrm{CB}}\geqslant 0\end{aligned} \tag{5-7}$$

地方政府：

$$\begin{aligned}&\max R_{\mathrm{L}}=\left(I_{\mathrm{CA}}+I_{\mathrm{LA}}\right)^{\alpha}\times\left(I_{\mathrm{CB}}+I_{\mathrm{LB}}\right)^{\beta}\\&\text{s.t. } I_{\mathrm{LA}}+I_{\mathrm{LB}}\leqslant I_{\mathrm{LM}}, I_{\mathrm{LA}}\geqslant 0, I_{\mathrm{LB}}\geqslant 0\end{aligned} \tag{5-8}$$

对上述公式进行一阶求导，得到反应函数如式（5-9）、式（5-10）所示。

中央政府：

$$I_{\mathrm{CA}}^{*}=\max\left\{\frac{\gamma}{\gamma+\beta}\times\left(I_{\mathrm{CM}}+I_{\mathrm{LM}}\right)-I_{\mathrm{LA}},0\right\} \tag{5-9}$$

地方政府：

$$I_{LA}^{*}=\max\left\{\frac{\alpha}{\alpha+\beta}\times\left(I_{CM}+I_{LM}\right)-I_{CA},0\right\} \tag{5-10}$$

式（5-9）与式（5-10）说明：中央政府对电网异地备灾系统每增加一个单位的投资，地方政府的最优投资策略就减少一个单位的投资；地方政府对电网异地备灾系统每增加一个单位的投资，中央政府的最优投资策略就减少一个单位的投资。假设中央政府理想的电网异地备灾系统最优投资规模>地方政府理想的最优投资规模，即

$$I_{CA}^{*}+I_{LA}=\frac{\gamma}{\gamma+\beta}\times\left(I_{CM}+I_{LM}\right)>\frac{\alpha}{\alpha+\beta}\times\left(I_{CM}+I_{LM}\right)=I_{CA}+I_{LA}^{*} \tag{5-11}$$

（1）当 $I_{CM}\geqslant I_{LM}$ 时，

$$I_{CM}\geqslant\frac{\gamma}{\gamma+\beta}\times\left(I_{CM}+I_{LM}\right)$$

若中央政府对电网异地备份系统的偏好投资规模>地方政府投资规模，则纳什均衡解如式（5-12）所示。

$$\begin{cases}I_{LA}=0,I_{LB}=I_{LM}\\ I_{CA}=\dfrac{\gamma}{\gamma+\beta}\times\left(I_{CM}+I_{LM}\right)\\ I_{CB}=I_{CM}-I_{CA}=I_{CM}-\dfrac{\gamma}{\gamma+\beta}\times\left(I_{CM}+I_{LM}\right)\end{cases} \tag{5-12}$$

中央政府负责电网异地备灾系统的所有投资费用，并把剩余资金投资于其他项目；地方政府则把所有预算投资于其他项目。这一情况表明，在应对大规模灾害时，有些政府对大规模灾害认识不足或存在侥幸心理认为大规模灾害不可能发生在本地，由此地方政府会忽视备灾系统的投资问题，一旦大规模灾害对生命线系统造成摧毁，而当地没有响应的备份系统，将导致应急调度、应急通信等任务无法有效地进行，带来应急救援的延误。

（2）当 $I_{CM}<\dfrac{\alpha}{\alpha+\beta}\times\left(I_{CM}+I_{LM}\right)$ 时，

中央政府总预算资金<地方政府投资电网异地备灾系统的最优规模，则纳什均衡解如式（5-13）所示。

$$\begin{cases}I_{LA}=\dfrac{\alpha}{\alpha+\beta}\times\left(I_{CM}+I_{LM}\right)-I_{CM}=\dfrac{\alpha}{\alpha+\beta}I_{LM}-\dfrac{\beta}{\alpha+\beta}I_{CM}>0\\ I_{LB}=I_{LM}-I_{LA}=I_{LM}-\dfrac{\alpha}{\alpha+\beta}\times\left(I_{CM}+I_{LM}\right)=\dfrac{\beta}{\alpha+\beta}I_{LM}-\dfrac{\alpha}{\alpha+\beta}I_{CM}>0\\ I_{CB}=0,I_{CA}=I_{CM}\end{cases} \tag{5-13}$$

（3）当$\frac{\alpha}{\alpha+\beta}\times\left(I_{\mathrm{CM}}+I_{\mathrm{LM}}\right)<I_{\mathrm{CM}}<\frac{\gamma}{\gamma+\beta}\left(I_{\mathrm{CM}}+I_{\mathrm{LM}}\right)$时，

地方政府投资电网异地备灾系统的最优规模<中央政府总预算资金<中央政府投资电网异地系统的最优投资规模，则纳什均衡解如式（5-14）所示。

$$\begin{cases}I_{\mathrm{LA}}^{*}=0, I_{\mathrm{LB}}^{*}=I_{\mathrm{CM}}\\ I_{\mathrm{CA}}^{*}=I_{\mathrm{CM}}\\ I_{\mathrm{CB}}^{*}=\left(I_{\mathrm{CA}}+I_{\mathrm{LA}}\right)^{\gamma}\left(I_{\mathrm{CB}}+I_{\mathrm{LB}}\right)^{\beta}\end{cases} \tag{5-14}$$

说明中央政府将全部资金用于投资电网异地备灾系统，而地方政府将全部资金用于投资其他项目。

大规模自然灾害很可能导致电网调度主系统故障或毁坏，备份系统能够在短时间内代替主系统继续开展正常的调度任务，保障有效数据即刻传送到备份系统中，实现关键业务的持续运行，提升电网关键业务抵御大规模灾害的能力。电网异地调度备份系统能够有效地避免主系统因突发事件而导致的数据丢失，能够有效地保障数据的可靠性与完整性。投资建设异地备份系统虽然需要投入大量资金，但其能够在地震、台风、海啸等大规模自然灾害爆发后，在安全时间内替代遭到毁坏的主系统开展调度任务，提升电网运行的稳定性和可靠性，帮助电网企业更好地应对大规模自然灾害和各类突发事件，从而满足外部环境对供电企业提供可靠持续电力的要求。

5.5 用例分析

本用例仅给出案例–模型集成驱动的关键基础设施应急准备容错规划的模型推演部分。

根据前文总结，容错目标识别的指标包括风险性、可靠性、脆弱性、重要性等，根据容错规划考虑的内容不同，可以选择不同的指标进行目标确定。本节以电网面临的风险性程度作为目标识别指标。

电网系统的风险研究是目前基础设施保护研究领域的一个主题，研究现代基础设施危险性的来源时停电被作为一个极重要的、不同于恐怖袭击的致因，电力网络是所有关键基础设施中最为关键的部分，应在关键基础设施保护项目中将其放在优先考虑的位置（Vleuten and Lagendijk，2010），而对于电力网络效能变化的研究也是研究电网级联反应的一个主要方面（Albert et al.，2004）。下面以电网为例进行容错目标识别。其主要符号和基本假设如下。

本章的主要符号及其含义如下：*G* 表示关键基础设施拓扑网络；*R* 表示

关键基础设施网络面临的风险，R_r 为事件 r 的风险；u_j 表示灾害等级；$P(u_j)$ 表示灾害 u_j 超越概率风险估计值；E_l 表示网络效率损失程度；E_F 表示网络负载损失程度；L_r 表示网络总体损失程度；T 表示关键基础设施网络承灾能力指标。

基本假设如下：

假设 1：基础设施网络构件的承灾设计指标均相同，同一灾害对其各构件影响一致，排除因网络中各构件承灾设计指标不同带来的影响，另外，在实际建设时同批采购的构件标准也基本一样，故此假设，简化分析。

假设 2：损失的经济单位为 1，则各构件损失程度可以用网络破坏后的失效比率来代表，即只考虑网络传输能力的损失，不考虑后评估经济指标，对于经济指标的考量可在以后经济性分析时考虑。

假设 3：各构件失效持续时间或网络修复时间一致，剔除人为因素导致的修复响应时间和替代物资到位时间的影响，即假设损坏造成的各构件失效时间一致，不考虑人为因素。

5.5.1　级联失效模型

关键基础设施网络是一个复杂网络，可以通过将其抽象为网络拓扑图来进行网络风险分析。本章将关键基础设施网络中的设备（实体）抽象为网络中的点，设备之间的有线或无线连接抽象为网络中的边，如公路网中的城市为点、公路为边，电网中的发电站和变电站为点、输电线连接为边，则关键基础设施网络可以表示为

$$G=\left(V,D_e\right) \tag{5-15}$$

其中，V 表示网络 G 中节点的集合；D_e 表示网络 G 中边的集合，设 N 表示节点 V 的数量，N_e 表示边 D_e 的数量。

由于存在网络级联效应的影响，网络中一条边或点的断开，会将其负载转移到其他边或点。基础设施种类及设备的设计指标不同，边、点移除后负载转移造成的后果可以分为两种：①负载重新分配后，边、点的新负载超过其设计指标，造成其他边、点的连锁失效和破坏，如电网的连锁失效；②负载重新分配后，其他边、点的负载可以设为无限，但是负载加大造成边、点传输效率下降，如公路网中某条公路封路后，其他公路车流量上升，造成拥挤，运输能力下降，但运输能力不会受到破坏。

在自然灾害下，关键基础设施网络以一定概率面临点或边的失效。根据复杂网络理论，衡量网络传输能力的基本参数为网络效率，即

$$E = \frac{1}{N(N-1)} \sum_{i \neq j} \frac{1}{d_{ij}} \tag{5-16}$$

其中，E 表示网络效率，即网络连通程度；N 为节点数；d_{ij} 表示两个节点间最短路径长度，各边权重依据实际情况酌情选择（如电网权重选择电抗标幺值，公路交通网权重选择通行能力等），当节点 i 与 j 之间不存在连接时，$d_{ij} = \infty$。则网络效率损失可以记为

$$E_l = E_t - E_{t+n} = \frac{1}{N(N-1)} \sum_{i \neq j} \left(\frac{1}{d_{ij}^t} - \frac{1}{d_{ij}^{t+n}} \right) \tag{5-17}$$

这里还需要考虑当网络受到破坏后，重新分配后的连接负载改变造成的传输效率的改变。设网络中边 e_{ij} 负载标准为 L_{ij}，最大负载为 C_{ij}，则

$$C_{ij} = (1+\alpha) L_{ij}(0), \ \forall e_{ij} \tag{5-18}$$

由于基础设施网络不同，面临网络边、点剔除时产生的级联效应有所不同，根据上文所述，其一般可以分为两类：一类负载超过阈值，继续断边、点，如电网；二类负载超过阈值，传输效率下降，边、点仍可用，如公路网。其级联反应迭代过程如图 5-13 所示。

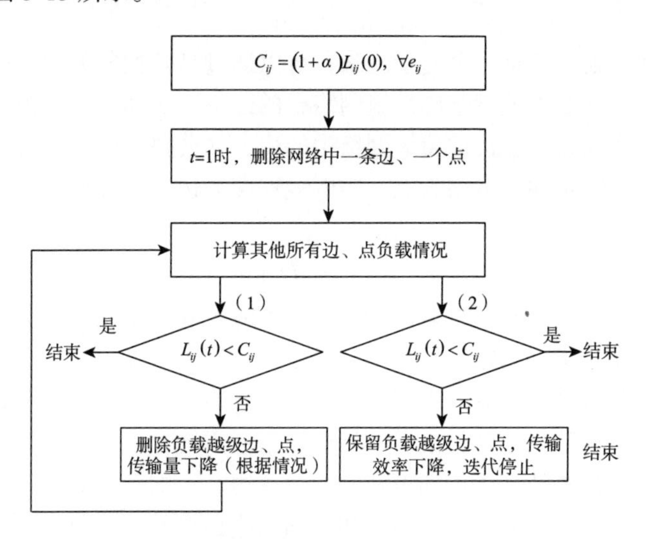

图 5-13　关键基础设施拓扑网络级联动力学迭代过程

这里考虑断边情况，进一步对其负载传输量进行分析，在情况（1）下，由于连锁断边，不仅网络连通程度下降，也因为继续迭代断边，网络连通性下降而造成网络传输量下降；在情况（2）下，由于仅传输效率下降，迭代停止，仅产生传输效率下降，连通程度变化较小，只去除初始断边。去点与之类似。

对于情况（1），当迭代停止后，其传输损失为

$$F_l = F_t - F_{t+n} \tag{5-19}$$

其中，F_t为原始传输量；F_{t+n}为 n 次级联迭代网络稳定后的传输量。

对于情况（2），定义在 t 时刻，边 e_{ij} 的实际传输量为 $F_{ij}(t)$，当网络中某条边去除后的 t+1 时刻，e_{ij} 的实际传输量为 $F_{ij}(t+1)$，则

$$F_{ij}(t+1) = \begin{cases} L_{ij}(0) \times \dfrac{C_{ij}}{L_{ij}(t+1)}, & 若 L_{ij}(t+1) > C_{ij} \\ L_{ij}(t+1), & 若 L_{ij}(t+1) \leqslant C_{ij} \end{cases} \tag{5-20}$$

$L_{ij}(t+1)$为在 t+1 时刻数学负载值，则在 t+1 时刻网络的重新负载边的传输损失为

$$F_l = F_{ij}(t) - F_{ij}(t+1) \tag{5-21}$$

以上两种情况的损失比率均为

$$E_F = \frac{F_l}{F_t} \tag{5-22}$$

根据上面的两种损失度量，断边迭代停止后，网络的损失记为

$$L_r = \beta E_l + \gamma E_F \tag{5-23}$$

由式（5-23）可以看出，网络的总的损失度量由两部分组成：一是网络总体连通性的下降，即网络效率的改变；二是网络传输量的变化，这里暂不考虑经济损失（假设 2）。将两部分归一化处理，对损失进行总体计量，作为面临自然灾害关键基础设施网络的损失。

5.5.2　自然灾害下的网络风险模型

关键基础设施网络风险分析可以理解为关键基础设施网络脆弱性分析的深入，二者存在必然的联系。比较分析联合国倡导的灾害风险定义和美国、加拿大等国的风险定义：

联合国：风险（risk）= 致灾因子（hazard）× 脆弱性（vulnerability）/恢复力（resilience）

美国、加拿大等国：风险（risk）= 概率（probability）× 损失（loss）

可以发现，上述两种风险的分析方法不同，但是二者在内涵上存在共性，联合国的风险定义中，脆弱性的衡量以损失大小占总量百分比表示，这与后者的损失的概念较为一致；致灾因子以灾害等级和发生频率等计量，也与后者的概率有一定的相似之处。且由于本章的研究重点主要集中在事件本身上，而不是自然灾害，故本章将采用后面一种观点，将风险定义为概率和可能结果的函数，不考虑

时间因素（假设 3），即

$$R_r = P_r \times L_r \tag{5-24}$$

其中，R_r 为事件 r 的风险；P_r 为事件 r 发生的概率；L_r 为事件 r 发生所导致的损失。如果考虑自然灾害对于事件的影响，则事件发生的概率 P_r 是自然灾害发生的概率和承灾体的承受标准的函数，即 $P_r = f\left(P_n, T\right)$，则该事件的风险可进一步定义为

$$R_r = f\left(P_n, T\right) \times L_r \tag{5-25}$$

其中，P_n 为自然灾害发生的概率；T 为承灾体的设计承受标准，且各构件 T 相同（假设 1）。

根据前述自然灾害超越概率分析，可以将 P_n 改写做灾害概率即 $P(u_j)$，风险分析模型可以进一步改写为

$$R_r = f\left[P\left(u_j\right), T, L_r\right] \tag{5-26}$$

表示某一等级的自然灾害所造成的风险。其中，

$$L_r = \frac{\beta}{N\left(N-1\right)} \sum_{i \neq j} \left(\frac{1}{d_{ij}^{t}} - \frac{1}{d_{ij}^{t+n}} \right) + \gamma \frac{F_l}{F_t}$$

$$P\left(u_j\right) = \frac{q\left(u_j\right)}{Q}$$

T 为设计的承灾指标。

在自然灾害下，关键基础设施网络的风险可用上式表示，通过对地区内自然灾害的统计分析，以及对区域内关键基础设施网络的级联损失分析，可以大致预测出区域内损失风险较高的设备及线路。

5.5.3　电网容错规划用例分析

以单一电网为例，某一地区地形复杂，架空线路冬季面临覆冰灾害，其简化线路有功潮流拓扑结构如图 5-14 所示，数据做整处理，共有 18 个节点、20 条边。P1、P6、P13 为发电机节点，P5、P12、P17、P18 为负荷节点，其他节点为联络节点；有功潮流拓扑结构如图 5-14 所示，不考虑线路损耗，相邻两点间线路长度相同。网络分布于四个地区，处于不同气象环境中，冬季面临覆冰灾害情况有所不同。本例中针对边攻击进行分析，假设电网的覆冰影响只作用于架空线路，不考虑节点损失，各构件承灾能力相同。

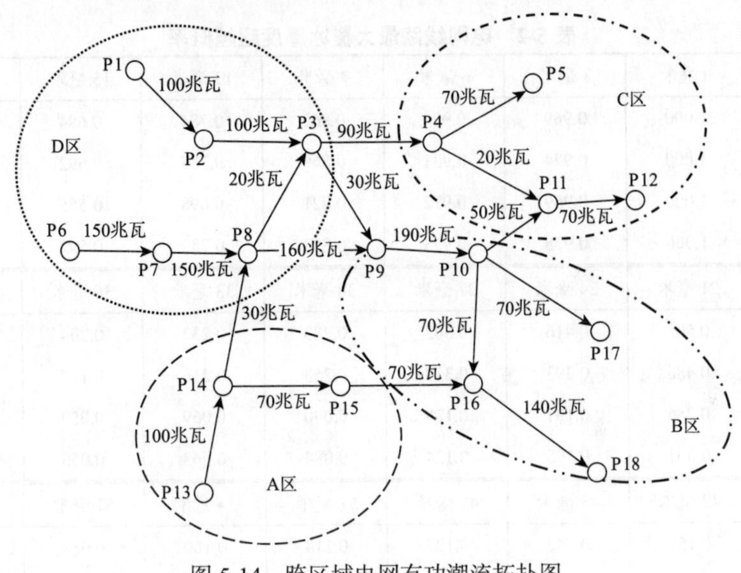

图 5-14　跨区域电网有功潮流拓扑图

1. 电网覆冰概率分析

根据统计，四个地区近 20 年（1993~2012 年）电网线路最大覆冰厚度见表 5-1。

表 5-1　1993~2012 年四区电网最大覆冰厚度（单位：毫米）

年份	1993	1994	1995	1996	1997	1998	1999	2000	2001	2002
A 区	25	14	13	17	20	56	48	17	14	12
B 区	26	20	16	12	12	54	50	15	17	15
C 区	15	16	13	12	10	26	18	16	10	14
D 区	13	14	16	12	13	22	19	20	15	16
年份	2003	2004	2005	2006	2007	2008	2009	2010	2011	2012
A 区	17	80	14	17	35	20	18	16	12	10
B 区	18	76	12	13	30	16	17	19	15	13
C 区	13	62	12	16	13	12	15	13	12	12
D 区	12	61	18	12	15	13	15	12	12	12

确定该电网覆冰指数论域为 U=（0，3，6，…，81），样本数 n=20，四个区域样本最大值分别为 b_A=80，b_B=76，b_C=62，b_D=61，样本最小值分别为 a_A=10，a_B=12，a_C=10，a_D=12（单位：毫米）根据超越概率公式可知扩散系数 h_A=9.89，h_B=9.04，h_C=7.35，h_D=6.92，则可得该电网四个区域覆冰厚度的超越概率值，见表 5-2。

表 5-2　电网线路最大覆冰厚度超越概率

地区	0 毫米	3 毫米	6 毫米	9 毫米	12 毫米	15 毫米	18 毫米
A 区	1.000	0.969	0.924	0.862	0.784	0.694	0.598
B 区	1.000	0.974	0.931	0.869	0.788	0.692	0.588
C 区	1.000	0.969	0.912	0.821	0.698	0.555	0.411
D 区	1.000	0.978	0.933	0.853	0.737	0.592	0.439
地区	21 毫米	24 毫米	27 毫米	30 毫米	33 毫米	36 毫米	39 毫米
A 区	0.503	0.416	0.342	0.283	0.237	0.204	0.179
B 区	0.486	0.393	0.317	0.258	0.216	0.187	0.166
C 区	0.286	0.191	0.128	0.090	0.069	0.059	0.054
D 区	0.301	0.195	0.124	0.084	0.063	0.055	0.051
地区	42 毫米	45 毫米	48 毫米	51 毫米	54 毫米	57 毫米	60 毫米
A 区	0.159	0.142	0.127	0.113	0.100	0.088	0.076
B 区	0.151	0.138	0.125	0.112	0.098	0.085	0.072
C 区	0.051	0.050	0.049	0.048	0.045	0.041	0.034
D 区	0.050	0.050	0.049	0.048	0.045	0.039	0.032
地区	63 毫米	66 毫米	69 毫米	72 毫米	75 毫米	78 毫米	81 毫米
A 区	0.066	0.057	0.049	0.040	0.031	0.021	0.01
B 区	0.062	0.052	0.043	0.035	0.025	0.016	0.008
C 区	0.026	0.018	0.011	0.006	0.003	0.001	0.000
D 区	0.024	0.015	0.009	0.004	0.002	0.001	0.000

根据表 5-2 的计算结果可知，四地区该电网线路最大覆冰厚度超过 60 毫米的超越概率分别为 0.076、0.072、0.034、0.032，即分别表示为 13.2 年、13.9 年、29.4 年、31.3 年一遇。

根据图 5-14，对电网覆冰概率分布做如下假设，处于一个区域内电网遭受覆冰概率以本区域概率为准，横跨两个区域的边链接按照概率较大的区域计；电网全网络设计承受覆冰指标为 T=60（毫米）。按照表 5-2 的超越概率，可分别对本电网 20 条边的覆冰超过 60 毫米的超越概率进行判断，结果如表 5-3 所示。

表 5-3　各边 60 毫米覆冰超越概率

边	$e_{1,2}$	$e_{2,3}$	$e_{3,4}$	$e_{4,5}$	$e_{6,7}$	$e_{7,8}$	$e_{8,9}$	$e_{9,10}$	$e_{10,11}$	$e_{11,12}$
超越概率	0.032	0.032	0.034	0.034	0.032	0.032	0.072	0.072	0.072	0.034
边	$e_{13,14}$	$e_{14,15}$	$e_{15,16}$	$e_{16,18}$	$e_{10,17}$	$e_{3,8}$	$e_{3,9}$	$e_{4,11}$	$e_{8,14}$	$e_{10,16}$
超越概率	0.076	0.076	0.076	0.072	0.072	0.032	0.072	0.034	0.076	0.072

2. 电网边故障级联损失分析

该电网为有向加权网络，在无权情况下各边权重为 1，在加权情况下，权重选取为各线路的电抗标幺值，即两点之间最短路径为权重之和最小的路径，则该网络的初始效率 E=0.208。根据图 5-14，对该电网随机断边，各边权重依据电抗标幺值公式：

$$x_{ld}^{*} = X_{0l} \times \frac{S_d}{U_{av}}$$

进行计算。其中，X_{0l} 为线路电抗值；S_d 为功率；U_{av} 为电压。并计算网络最短路径。该网络各边的有功潮流承载指标均为 C_{ij}=220 兆瓦，全线路单位电抗值为 0.4 欧姆/千米。计算级联反应停止时，网络效率改变情况。级联效应迭代按照图 5-13，电网的级联效应属于情况（1），两点之间电力传输路径为经过加权后最短路径，对电网进行迭代分析，包括边的网络连锁影响和传输功率影响，结果如表 5-4 所示。

表 5-4　随机断边迭代稳定后网络效率及传输量

断边	$e_{1,2}$	$e_{2,3}$	$e_{3,4}$	$e_{4,5}$	$e_{6,7}$	$e_{7,8}$	$e_{8,9}$	$e_{9,10}$	$e_{10,11}$	$e_{11,12}$
效率/%	0.192	0.176	0.163	0.190	0.192	0.176	0.204	0.163	0.197	0.190
功率/兆瓦	250	250	100	350	200	200	350	100	350	350
断边	$e_{13,14}$	$e_{14,15}$	$e_{15,16}$	$e_{16,18}$	$e_{10,17}$	$e_{3,8}$	$e_{3,9}$	$e_{4,11}$	$e_{8,14}$	$e_{10,16}$
效率/%	0.190	0.201	0.201	0.190	0.189	0.200	0.203	0.200	0.195	0.195
功率/兆瓦	250	350	350	350	350	350	350	350	350	350

根据表 5-4，可对网络断边后的效率和功损比率进行总结，结果如图 5-15 所示。

3. 电网风险分析

根据风险模型（5-26），由于设计覆冰承受标准 T=60（毫米）为给定，在已知覆冰超越概率的前提下，只计算超过承受标准的概率损失，可以将 T 消除，用超越概率代替等级概率，风险模型可以写为基本风险分析模型：

$$R_r = P(u_j) \times L_r = P(u_j) \times (\beta E_l + \gamma E_F), u_j \geqslant 60$$

损失 L_r 中包含两个内容，一是网络效率损失，二是传输效率损失，需要对二者的权重 β 和 γ 进行赋权，这里采用变异系数法对二者进行赋权。经计算，β=W_l=0.305，γ=W_F =0.695。则上式可写为

$$R_r = P(u_j) \times (0.305E_l + 0.695E_F), u_j \geqslant 60$$

则根据表 5-3、表 5-4 和图 5-15，可以计算出整个电网的所有边在面临覆冰灾害大于承受标准 60 毫米的情况下的风险，结果如图 5-16 所示。

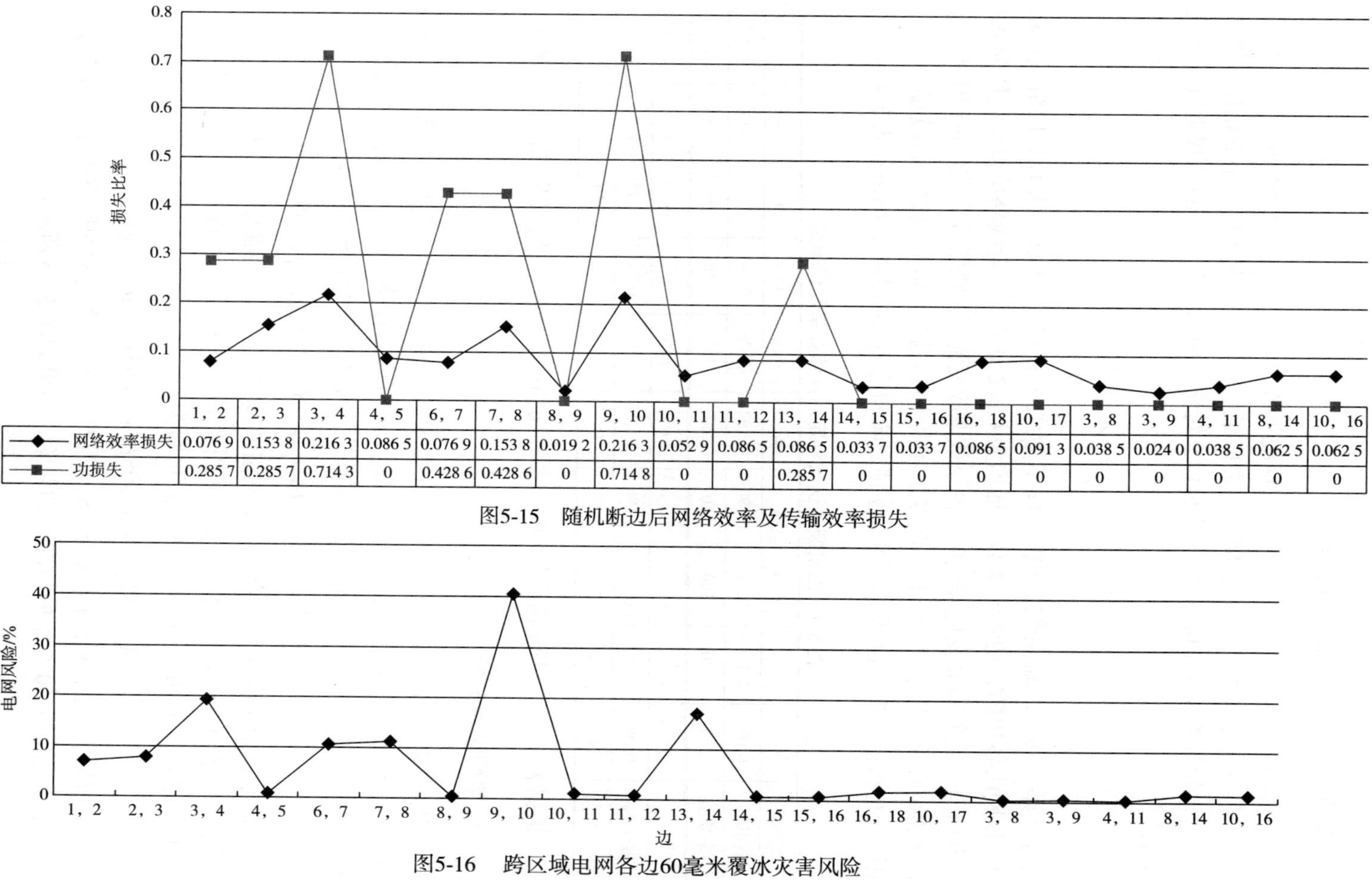

	1, 2	2, 3	3, 4	4, 5	6, 7	7, 8	8, 9	9, 10	10, 11	11, 12	13, 14	14, 15	15, 16	16, 18	10, 17	3, 8	3, 9	4, 11	8, 14	10, 16
网络效率损失	0.076 9	0.153 8	0.216 3	0.086 5	0.076 9	0.153 8	0.019 2	0.216 3	0.052 9	0.086 5	0.086 5	0.033 7	0.033 7	0.086 5	0.091 3	0.038 5	0.024 0	0.038 5	0.062 5	0.062 5
功损失	0.285 7	0.285 7	0.714 3	0	0.428 6	0.428 6	0	0.714 8	0	0	0.285 7	0	0	0	0	0	0	0	0	0

图5-15　随机断边后网络效率及传输效率损失

图5-16　跨区域电网各边60毫米覆冰灾害风险

与损失比率图 5-15 对比来看，当不考虑自然灾害风险时，对于整个网络来说，当去除边 $e_{3,4}$ 与边 $e_{9,10}$ 时对整个电网所造成的损失大致相同，其次是边 $e_{6,7}$、$e_{7,8}$，再次是 $e_{13,14}$、$e_{1,2}$、$e_{2,3}$。在考虑自然灾害风险的情况下，由于各区面临覆冰灾害的概率不同，其风险发生变化，风险最大的边为 $e_{9,10}$，其远高于边 $e_{3,4}$ 的风险，大致是其 2 倍。同样边 $e_{6,7}$、$e_{7,8}$ 的风险也缩小，甚至低于边 $e_{13,14}$ 的风险，由图 5-16 可以对该电网面临不同覆冰灾害下的风险程度进行排序，为实际保护工作提供一定指导。

通过如上的分析可知，当考虑自然灾害的风险后，电网的风险点与其脆弱点有很大不同。对于处于一个大区域的电网来说，考虑其网络风险不仅要从其结构上进行考虑，也要考虑其所处的自然环境，真正的风险点可能与单纯考虑网络结构的风险点存在很大的区别，需要在电网保护中仔细考虑。且可以根据图 5-16 对该网络中各边的风险情况排序，确定在实际操作中需要重点保护的对象。

4. 承灾指标敏感性分析

在本模型中影响电网风险的因素包括：输电线路负荷承载指标 α，影响电网自身级联迭代产生的损失；灾害承灾指标 T，影响电网受到自然灾害扰动产生的损失。这两个指标均为在电网架设过程中的设计指标，改变这二者的设计值，将对电网风险产生较大影响。

线路负荷指标 α 的设计值决定了在级联迭代过程中线路的继续损失情况，理论上 α 值越大，整个电网在迭代过程中的损失越小，风险也就越小。但是随着 α 值的增大，电网架设的经济成本以大于 α 增长的速度快速增大，一种极端的情况是，在经济成本充分允许的条件下，任何一边或点断开后，其他边或点有足够充裕的冗余设计，保证其在新的负载分配条件下不继续损坏，此时与迭代情况（2）类似，但是其他边传输效率不变。

线路承灾设计指标 T 的设计与 α 类似，T 值越大，整个电网在迭代过程中的损失越小，风险也就越小。但是随着 T 值的增大，电网架设的经济成本以大于 T 增长的速度快速增加。与 α 指标不同的是，在 T 足够大的极端情况下，电网将不会受到自然灾害的影响，即自然灾害对电网无影响，实际中由于成本与效益的关系，这种情况不会出现。但是，设计指标 T 的大小在一定范围内变化却是需要考虑的一个问题，下面就设计承灾指标 T 的改变，进行敏感性分析。

根据算例计算过程，对本算例中 T 的 28 个承灾等级进行整理，计算电网风险改变情况，图 5-17 为 α 不变，伴随 T 的增大，电网风险减小情况，1 代表完全风险；图 5-18 为电网风险的边际减小情况，即承灾指标 T 从 0 增大到 81 的过程中，T 每增加 1 单位，电网风险的减小比率。从图 5-17、图 5-18 中可以看出，随着承灾指标 T 的增大，电网中各输电线路的风险都逐渐减小，但是减小程度却随

着 T 的改变呈现出先增加、再减少、再增加的现象（图 5-17、图 5-18 中，整体趋势线主要分为两类，$e_{1,2}$、$e_{2,3}$、$e_{3,4}$、$e_{4,5}$、$e_{6,7}$、$e_{7,8}$、$e_{11,12}$、$e_{3,8}$、$e_{4,11}$ 大致同一趋势；$e_{8,9}$、$e_{9,10}$、$e_{10,11}$、$e_{13,14}$、$e_{14,15}$、$e_{15,16}$、$e_{16,18}$、$e_{10,17}$、$e_{3,9}$、$e_{8,14}$、$e_{10,16}$ 大致同一趋势）。当 T=42（毫米）时可以预防约 80%的风险，当 T=60（毫米）时可以预防 90%以上的风险。考虑有功潮流承受指标仍为 C_{ij}=220（兆瓦），当指标 T 从 60 毫米增长到 69 毫米时，风险变化率 $\Delta r_{\min}$=35.53%，$\Delta r_{\max}$=71.88%，各边面临的灾害风险迅速下降。可见随着承灾指标 T 增加，电网抗风险能力显著提高，且提高的程度远大于指标 T 的变化程度。图 5-17、图 5-18 的实际意义是，在进行电网架设过程中，考虑实际自然灾害的发生情况，承灾指标 T 的设计至少应大于最低点 42，实际设计指标应保持在 60 毫米左右。当考虑电网建设的最优配置时，应该选择边际成本下降和风险的边际减少率增加时的指标最优点作为实际建设的最佳指标。

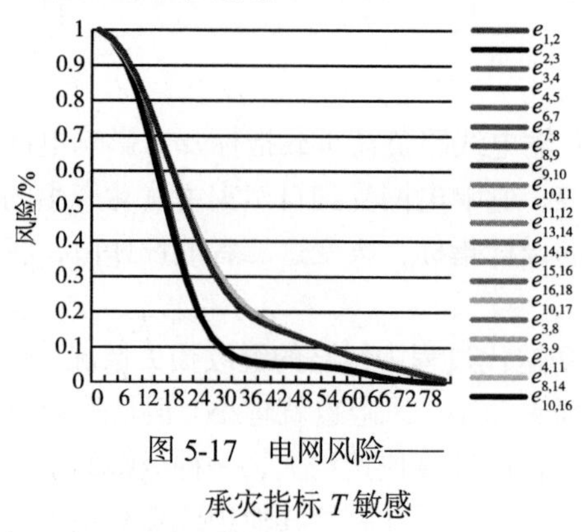

图 5-17　电网风险——承灾指标 T 敏感

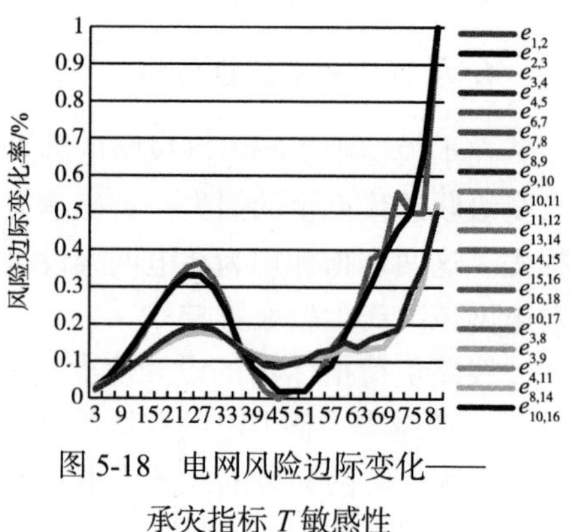

图 5-18　电网风险边际变化——承灾指标 T 敏感性

5. 容错投资分析

目前电网的抗灾等级 T=60（毫米），假设对其进行质量冗余设计，提升电网线路和节点的抗灾等级，提升至各等级所需的投入和投入后降低的社会损失如表 5-5 所示。

表 5-5　提升抗灾等级 T 所需投入的成本与降低的损失

抗覆冰等级 T/毫米	60	61	62	63	64	65	66	67	68	69	70
投入成本/亿元	1.5	2	3	5	8	12	17	23	30	38	47
社会损失/亿元	50	40	31	23	16	10	5	1	0.7	0.5	0.3
抗覆冰等级 T/毫米	71	72	73	74	75	76	77	78	79	80	81
投入成本/亿元	57	68	80	93	107	122	138	155	173	202	222
社会损失/亿元	0.2	0.1	0.05	0.025	0.012 5	0.006 25	0.003 125	0.001 563	0.000 781	0	0

由表 5-5 可知，社会损失的降低程度可以看做提升抗灾等级 T 的收益，投入成本是提升抗灾等级 T 的成本。表 5-5 中投入成本随着 T 的增加呈现边际递增的趋势，收益呈现边际递减的趋势。则最佳抗灾等级投入点为边际成本等于边际收益的点，即 T=66（毫米）时，此时抗灾等级从 65 毫米提升至 66 毫米，多付出了 17–12=5（亿元）的成本，同时收益也为 10–5=5（亿元）；如之后继续追加投资提升抗灾等级 T，则投入成本将大于获得的收益（即社会损失减少量）。因此，对于该区域容错规划设计的最佳方案为提升电网单元抗灾等级 T 至 66 毫米。

该算例简单展示了容错规划目标识别与容错投资分析流程，在实际的关键基础设施容错规划实施中，问题会更加复杂。不仅容错规划目标内容更多、评估模型更加复杂、容错投资的社会收益所包含的内容也更加繁多，在进行容错规划时需要进行更加细致的考虑。

5.6　本章小结

本章首先对关键基础的概念、风险来源及风险传播途径进行了分析，之后基于关键基础设施容错规划的目标和容错规划目标识别进行分析，明确了为降低关键基础设施失效给社会带来的影响，需要采用风险性、可靠性、脆弱性和重要性等指标来确定容错目标，并介绍了基于冗余设计的容错规划方法。在错规划方法的基础上，将关键基础设施容错规划分为案例–数据集成驱动的关键基础设施容错规划、模型–数据集成驱动的关键基础设施容错规划、案例–模型集成驱动的关键基础设施容错规划和案例–数据–模型集成驱动的关键基础设施容错规划，着重对案例–模型集成驱动的容错规划方法的内容进行分析和介绍，并以电网为例对容错目标设定、识别和投资分析进行了说明。

参考文献

国务院办公厅. 2007. 国务院办公厅关于开展重大基础设施安全隐患排查工作的通知[R].
贺筱媛，胡晓峰. 2011. 关键基础设施建模仿真中的几个复杂网络问题[J]. 系统仿真学报，23（8）：1698-1701.
黄明，唐焕文. 1999. 决策支持系统中模型表示法的研究进展[J]. 管理工程学报，（2）：53-59.
黄雯莹，任震. 1985. 高压直流输电系统可靠性评估的 FD 法[J]. 重庆大学学报：自然科学版，

8（1）：9-19.

李牧南，彭宏. 2006. 基于 Agent 的模型表示与模型复合[J]. 计算机应用，26（4）：891-894.

李树栋. 2012. 复杂网络级联动力学行为机制研究[D]. 北京邮电大学博士学位论文.

刘樑，沈焱，曹学艳，等. 2012. 基于关键信息的非常规突发事件预警模型研究[J]. 管理评论，24（10）：166-176.

芦倩，刘超，朱朝阳. 2016. 基于事件驱动模型的电力突发事件应急处置流程研究[J]. 灾害学，（1）：181-187.

秦军昌，王刊良. 2009. 基于跨期的应急物资库存模型[J]. 系统管理学报，18（1）：100-106.

王磊. 2010. 基于模型的城市排水管网积水灾害评价与防治研究[D]. 北京工业大学博士学位论文.

吴国斌，佘廉. 2006. 突发事件演化模型与应急决策：相关领域研究述评[J]. 中国管理科学，14（S1）：827-830.

徐海铭，刘晓，刘健. 2014. 资金约束下的关键基础设施应急保护策略研究[J]. 工业工程与管理，19（4）：50-56.

袁媛，樊治平，刘洋. 2012. 生命线网络系统多节点失效的应急抢修队伍派遣模型研究[J]. 运筹与管理，21（1）：131-135.

朱君，史浩山，陈丁剑. 2011. 嵌入式电力监控系统中温备份技术的研究与实现[J]. 测控技术，30（2）：35-37.

朱林，段献忠，苏盛，等. 2011. 基于证据理论的数字化变电站继电保护容错方法[J]. 电工技术学报，26（1）：154-161.

Albert R, Albert I, Nakarado G L. 2004. Structural vulnerability of the North American power grid[J]. Physical Review E，（69）：25-103.

Aldunce P，Beilin R，Howden M，et al. 2015. Resilience for disaster risk management in a changing climate：practitioners' frames and practices[J]. Global Environmental Change，30（1）：1-11.

Billinton R，Bollinger K E. 1968. Transmission system reliability evaluation using Markov processes[J]. IEEE Transaction on Power Apparatus and Systems，87（2）：538-547.

Chou J S. 2009. Generalized linear model-based expert system for estimating the cost of transportation projects[J]. Expert Systems with Applications，36（3）：4253-4267.

Correa-Henao J G，Yusta M J，Lacal-Arantegui R. 2013. Using interconnected risk maps to assess the threats faced by electricity infrastructures[J]. International Journal of Critical Infrastructure Protection，6：197-216.

Davies T，Beaven S，Conradson D，et al. 2015. Towards disaster resilience：a scenario-based approach to co-producing and integrating hazard and risk knowledge [J]. International Journal of Disaster Risk Reduction，13（9）：242-247.

De Porcellinis S，Oliva G，Panzieri S. 2009. A holistic-reductionistic approach for modeling interdependencies[C]//Proceedings of the Third IFIP International Conference on Critical Infrastructure，311：215-227.

Dudenhoeffer D D，Permann M R，Manic M. 2006. CIMS：a framework for infrastructure interdependency modeling and analysis[C]//Proceedings of the 2006 Winter Simulation Conference：478-485.

Duenas-Osorio L. 2005. Interdependent response of networked systems to natural hazards and intentional disruptions[D]. PhD Thesis，Civil and Environmental Engineering of Georgia Institute of Technology.

Ehrhardt J，Päsler-Sauer J，Schüle O，et al. 1993. Development of RODOS*，a comprehensive decision support system for nuclear emergencies in europe-an overview[J]. Radiation Protection Dosimetry，50（2~4）：195-203.

Labib A，Read M. 2015. A hybrid model for learning from failures：the Hurricane Katrina disaster [J]. Expert Systems with Applications，42（21）：7869-7881.

Lee E E，Mitchell J E，Wallace W A. 2007. Restoration of services in interdependent infrastructure systems：a network flows approach[J]. IEEE Transactions on Systems，Man，and Cybernetics—Part C：Application and Reviews，37（6）：1303-1317.

Lewis T G. 2006. Critical Infrastructure Protection in Homeland Security[M]. New York：Wiley.

Murray A T，Grubesic T H. 2007. Critical Infrastructure：Reliability and Vulnerability[M]. Berlin：Springer.

Perrier N，Agard B，Baptiste P，et al. 2013. A survey of models and algorithms for emergency response logistics in electric distribution systems. Part Ⅰ：reliability planning with fault considerations [J]. Computers & Operations Research，40（7）：1895-1906.

Public Safety of Canada. 2012. Critical Infrastructure[R].

Rinaldi S M，Peerenboom J P，Kelly T K. 2001. Identifying，understanding，and analyzing critical infrastructure interdependency [J]. IEEE Control System，21（6）：11-25.

UK CPNI.2010. Cabinet Office's strategic framework and policy statement[R].

Vleuten E V D，Lagendijk V. 2010. Transnational infrastructure vulnerability：the historical shaping of the 2006 European "Blackout" [J]. Energy Policy，（38）：2042-2052.

Wallace W A，Mendonca D M，Lee E E，et al. 2003. Managing disruptions to critical interdependent infrastructures in the context of the 2001 World Trade Center attack[C]// Natural Hazards Research and Applications Information Center，University of Colorado.

Xu B，Liu L. 2009. Research of litchi diseases diagnosis expert system based on RBR and CBR[C]. Computer and Computing Technologies in Agriculture.

Yuan F C，Chiu C. 2009. A hierarchical design of case-based reasoning in the balanced scorecard application[J]. Expert Systems with Applications，36（1）：333-342.

Zhang P，Peeta S. 2011. A generalized modeling framework to analyze interdependencies among infrastructure systems [J]. Transportation Research Part B：Methodological，45（3）：553-579.

Zimmerman R. 2001. Social implications of infrastructure network interactions [J]. Journal of Urban Technology，8：97-119.

第6章

大规模灾害应对准备的装备容错规划

本章在应对装备基本工作内容及现实问题分析的基础上，提出基于案例-数据-模型集成驱动的应对装备容错规划方法。

6.1 大规模灾害应对装备分类及负荷

6.1.1 应对装备分类

应对装备是指应用于应对救援的工具、器材、设备等可重用性应对资源，包括救援消防车、生命探测仪、移动供电车等各种各样的物资装备与技术装备。在大规模自然灾害应对响应过程中，应对装备（尤其是用于救援的装备）是否储备充足直接影响救援的效果。对应对实践影响较大的应对装备分类及编码范例有：跨机构委员会（Inter Agency Board，IAB）的标准化装备产品目录（standardized equipment list，SEL），美国联邦应急管理署（Federal Emergency Management Agency，FEMA）的授权装备目录（authorized equipment list，AEL）。我国国家综合防灾减灾“十二五”规划中提出：要完善应对装备管理，制定其配套的应对装备技术标准。

美国 2013 年发布的文件中将应对装备分为个人防护装备、网络安全增强装备、信息技术装备、互操作通信装备、生化检测装备、洗消装备、医疗装备、发电动力装备、核生化放射爆炸环境搜救装备、核生化放射爆炸参考资料、核生化放射爆炸搜救车、爆炸装置处置与补救装备、恐怖事件预防装备、人身安全防护装备、检查与扫描系统、动植物应急事件处理装备、核生化放射爆炸预防与响应船只、核生化放射爆炸航空装备、核生化放射爆炸后勤保障装备、武装干涉装备、其他装备等。美国应对装备主要针对反恐事件。

应对装备种类繁多，可从装备的实用性、使用功能及使用状态等方面划分。应对装备具有很强的专业性，即特殊性应对装备，如医疗装备、工程装备等；应对装备具有普遍的适用性，即通用性应对装备，如个人防护装备、通信装备等。根据应对装备的使用状态，分为日常性应对装备和应对响应装备。前者是指灾害发生前各个部日常生产、工作等常规状态下使用的装备，如预警装备、检测装备等；后者是指灾害爆发时所使用的应对装备，如地震救援器械、生命探测仪、挖掘机、铲车等。这两类装备并不能严格地区分开来。目前国内外普遍采用的是按照应对装备的功能来对其分类。在美国应对装备分类的基础上，结合我国大规模灾害和应对装备管理的特点，并根据陈一洲等开发的应对装备管理信息系统，将应对装备分为个人防护装备、动力装备、应急照明装备、移动供电装备、防疫装备、搜救探测装备、应急运输交通装备、大型工程机械装备、清洗消毒装备、后勤支援装备、灭火保障处置装备、拦污封堵装备、通风排烟装备、分析检测仪器仪表装备、监测预警装备、通信装备、非动力手工工具装备、信息技术装备以及其他装备（张永领，2010；陈一洲等，2014；王成敏等，2010）。

在总结相关文献基础上，将应对装备进行分类，如表 6-1 所示。

表 6-1　应对装备分类

分类	举例
消防、气防装备类	消防车辆、消防器材、救护器材、防护器材、侦检器材、破拆器材、攀登器材、照明器材、通信器材等
应对抢险装备	便携汽油（柴油）泵、便携汽油（柴油）电焊机、气动隔膜泵、带压开孔设备、带压堵漏设备、专用卡具等
仪器、仪表类	生命探测仪、烟雾成像仪、热成像仪、可燃气报警仪、有毒有害报警、可燃气报警仪等
防洪类	救生器材、潜水泵、柴油发电机、柴油机驱动泵、汽油机驱动泵、燃油应急灯、运输车辆等
森林防火类	风力灭火机、便携喷水器、灭火器、灭火弹等
环保类	环境检测设备等
职防类	常规医疗器械、作业场所应急检测车等

根据商品的价格和其给应对救援带来的影响与风险，可将应对过程中需要的资源分为关键物品、瓶颈物品、杠杆物品及日常物品四类。关键物品：费用较高，若短期内不能及时送达对应对效果会有较大影响，如生命搜救设备、临时供电设备等特殊应对装备；瓶颈物品，如消耗类物资、水和方便面、帐篷、军大衣等，

成本低，影响高。这一分类如图 6-1 所示。

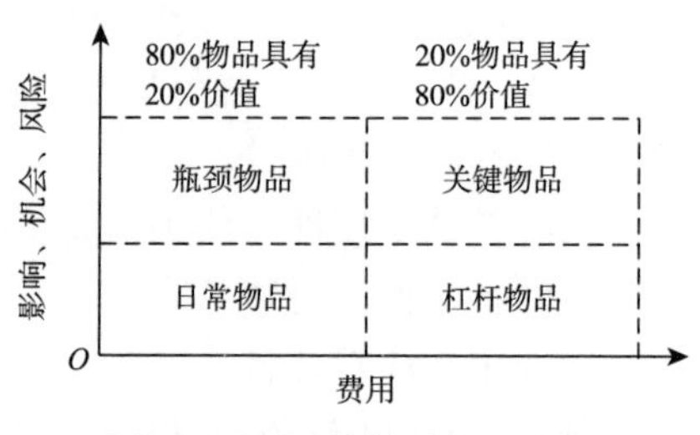

图 6-1　应对装备采购品分类

6.1.2　应对装备关键物负荷

特殊装备容错问题可界定为其储备的种类和数量，如临时供电类应对装备，在应对救援中起到非常重要的作用，缺乏此类应对装备将给大规模自然灾害应对响应行动带来较大困难，且购置成本较高，因此该应对装备属于关键物，在灾前准备和电网规划时，要充分考虑这个问题。无论如何防御，人们也不能避免灾害的发生，必要的应对装备是减少灾难、降低损失的重要途径。

根据历史案例汇总分析，大规模灾害情景主要导致四方面的影响，即人员伤亡、经济损失、社会影响与生态影响。应对目标也主要体现在四个方面，即尽可能地避免人员伤亡，降低经济损失，减少对社会与生态造成的重大影响。负荷一般指机器所克服的外界阻力，是对某一系统业务能力所提出的要求。根据前文风险的可接受程度划分，将负荷也分为以下四类。

（1）关键负荷：该级别负荷遭到毁坏后，将会导致重大的人身伤亡、重大的经济损失、对社会和生态造成非常严重的影响。

（2）重要负荷：该级别负荷遭到毁坏后，将可能导致较大的人身伤亡、较大的经济损失、对社会和生态造成较严重的影响。此类负荷在一些大型生产部门、连续生产部门和一些政府公共机构中最为常见，此类负荷失效会对人们的生产、生活造成一定的影响。

（3）普遍负荷：该级别负荷遭到毁坏后，非重要生产线的生产连续性中断，对人们的生产、生活造成一些影响。

（4）一般负荷：该级别负荷遭到毁坏后，对人们的生产、生活基本不会造成影响。

对于大规模自然灾害应对管理而言，第一类负荷和第二类负荷（即关键负荷和重要负荷）是对完成应对目标具有决定意义的重要物质保障。在配置临时供电特殊装备时要重点考虑这两类负荷，特别是在供电、供水、供气、民航、通信、医院等一系列关键基础设施的生命线工程中的特殊器材，如生命探测仪器、消防车、工程挖掘机、临时供电车等。

6.2　应对装备的准备规划问题

6.2.1　应对装备准备规划的基本工作内容

大规模灾害爆发应对要配备一定数量且达到一定水平的应对装备，来保证应对抢救的正常运行。国务院应急管理专家组研究员刘铁民（2010）指出，应对装备的应对准备不足是突发事件造成严重后果的主要原因之一，如何在应对准备阶段合理规划应对装备投资及配置是减少灾害损失的关键。

应对装备的应对准备规划涉及以下基本工作内容：

（1）应对规划情景是一组情景系列，需要考虑多方面因素。应对规划首先需考虑设计的情景是否能够充分描述某一灾害，认知灾害发生相应的任务。案例学习及案例推理方法可以利用历史经验认知灾害特征，引导情景设计，提高认知准确度。例如，有学者提出关于灾害风险的准确认知应来源于彻底的灾害评估和脆弱性分析（佩里等，2011）。其中，灾害评估及灾害风险评价是灾害研究的核心内容，是灾害的预测、防治乃至灾害补偿研究的基础（孙绍骋，2001）；脆弱性是事故灾难的成因，把脆弱性作为致灾主要因素有助于加深对各类灾害本质的认识（刘铁民，2010）。上述两方面分别对应应对准备阶段的灾害风险及致灾因子研究，属灾害情景设计（孙绍骋，2001）。

（2）应对规划情景数据相互联系。一方面，一些情景数据（如应对装备储备量）难以通过案例直接得到，可通过相关模型（如应对装备调度模型）进行数据推导与计算。另一方面，必须承认所有的灾难都会存在一种动态变化的环境，规划不可能涵盖与未来灾难事件相关的所有可能出现的意外情况（佩里等，2011）。然而，当这种动态变化带来的风险超过承灾体可承受范围或风险标准时，应采取适当措施对这种风险予以削减。例如，“卡特里娜”飓风强大的破坏力给美国造成巨大影响，美国总统奥巴马在总结“卡特里娜”飓风带来的影响时强调：“卡特里娜”飓风造成的破坏不仅是自然灾害的结果，更主要是源于政府失误、准备不足、行动不力（刘铁民，2010）。就应对装备而言，适当补充应对装备数量与优化应对装备配置是必要的。

（3）应对装备储备需考虑特定灾害应对的时间窗。以供电设备为例，灾害发生过程中，医院等关键单位断电，将影响伤员救治，后果十分严重，必须在时间窗内调用移动供电设备。在应对规划阶段，考虑关键单位关键应对活动的时间窗口，规划相应的备用电源配置和移动供电设备配置。其中，时间窗口的识别可通过历史案例分析、大数据分析等方式获得，基于时间窗的供电设备配置方案评估可通过模型推演方法完成。

6.2.2　应对装备准备规划的现实问题

科学、成熟的规划理论是做好应对准备规划的基础（李湖生，2011）。规划理论（planning doctrine）是有关应对规划的基本原理，它是规范应对规划的基本原理和概念。我国尚缺乏成熟配套的规划理论、规划方法和规划工具，这在很大程度上导致了应对规划的不科学、不规范和实效性较差等问题。就应对装备而言，目前我国仍缺乏对应对装备分类的统一规范（蒋明等，2014）。就规划实践现状而言，应对装备调度的应对准备规划受规划理论及现实条件影响，存在以下几个方面的问题。

（1）应对装备调度的情景预估不足问题。大规模灾害的突发性及非重复性，往往造成应对情景预估模糊，应对装备需求数量、送达目的地距离和时间制约不确定。在应对准备规划的问题分析阶段，需要基于案例分析等技术，明确情景中的灾害情况，以及相应的装备需求量、装备储备量等情景。如果应对准备阶段没有进行冗余识别与充足的装备储备,将可能导致装备调度失误乃至应对响应失效。针对这一问题，对装备存储量及调度方案进行冗余处理是必要的。本章关注应对装备配置及调度的容错规划。

（2）应对装备调度方案的经验把握及能力约束问题。应对大规模灾害的实践表明，尽管灾害的发生不可抗拒，但通过积极的应对是可以大大降低灾害损失，大幅度削减灾害的破坏性的。这其中需要正视的经验问题有：第一，灾情预估的模糊性势必导致应对准备的基点选择问题，与之适应的响应经验选择借鉴也成为问题，这两个问题约束加剧准备规划难度。第二，应对准备规划需顾及多种灾害，单一灾害分析不可能完全覆盖多种灾害影响分析。第三，装备调度方案中的调度量、调度路径选择、调度重点问题等，受决策者经验约束，判断失误将导致调度方案失效，影响未来的救灾成效。第四，在应对准备规划阶段，应对积极性受规划的意愿、能力及成本约束，影响抗灾主体的应对能力。

（3）准备规划支持技术不断进化，单一技术难以应对突发问题。应对规划离不开相应的分析技术。例如，在情景分析方面，美国制定了国家应对规划情景（National Preparedness Scenes，NPS），并且基于历史案例提出各类规划文档的模板；在规划工具方面，美国提出了综合灾害损失评估模型，以灾害损失为指标，从模型角度规划应对装备等的投资与配置（李湖生，2011）；在预测工具方面，以美国谷歌公司的“谷歌流感预测”为例，大数据资源及技术可以支持精准的流感预测，为应对准备和应对响应争取宝贵时间。综上所述，在实际准备规划过程中，须结合多种技术，单一技术难以应对所有情景下的突发问题。

6.3　应对装备容错规划流程

由上述分析可知，应对规划是一个系统性问题，涉及多项重要内容，且涉及内容存在相互关联。因此，需要通过系统性方法进行解决，本章提出的案例-数据-模型集成驱动的容错规划方法如图 6-2 所示，期望能够提供解决这一系统性问题的思路。

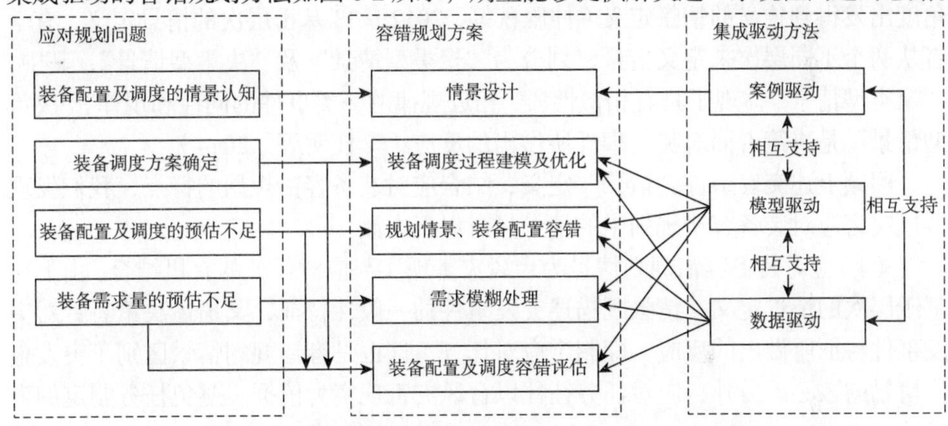

图 6-2　基于案例-数据-模型集成驱动的容错规划方法框架

应对装备是应对响应的重要保障。面对大规模灾害，应对人员需要多种应对装备进行抢险救援，要提高应对能力，首先必须为应对人员配备专业化的应对装备。应对装备对应对响应的成败起着至关重要的作用，各应对部门对应对装备应尽可能依法配置、合理配置、双套配置，且对应对装备的配备和维护方面加以重视，做到配置到位、维护到位。本章从应对装备投资配备的角度来对大规模灾害应对准备做出容错规划，就如何保障大规模灾害应对响应的装备需求问题，在准备阶段对装备的配置率合理地进行规划。

6.4　应对装备容错规划的基本方法

6.4.1　应对装备容错规划的案例选择借鉴与应对情景设计

1. 应对容错情景规划框架

“情景”（scenario）一词最早出现于 1967 年 Wiener 等所著的 *The Year 2000:*

A Framework for Speculation on the Next Thirty-Three Years 一书中。他们认为："情景"是对未来情形以及能使事态由初始状态向未来状态发展的一系列事实描述。随后国内外很多学者相继对突发事件"情景"的概念进行了界定，大体可划分为基于时态、基于视角及基于层次三个方面：①基于时态的情景定义，有学者从动态和静态两个不同状态来定义情景，静态情景是指突发事件发生的某一时间点上，所有的数据、规则以及相关参数等静态特征；动态情景可以理解为两个不同时间点上静态情景的变化规律和过程（张承伟等，2012）。②基于视角的情景定义，有学者从突发事件的整体角度出发得到广义的情景定义，从突发事件的具体时刻的角度出发得到狭义的情景定义（仲雁秋等，2012）。③基于层次的情景定义，有学者从两个不同层次来定义情景，划分为"聚类型情景"及"决策型情景"，其中，"聚类型情景"体现了具有相似性质、相近规律的一类事件的同性和规律，"决策型情景"是决策者面对突发事件所做出的反应（李仕明等，2014）。

回顾上述突发事件"情景"定义，结合应对装备容错规划的特点，我们发现台风灾害应对装备容错规划中的情景具有以下内涵：

（1）应对装备容错规划情景为台风灾害现实与应对任务的有机结合。由上述基于层次的情景定义，情景既描述突发事件的一般性特征，又描述决策者针对突发事件特征所做出的反应，即制定应对任务，这也是容错规划情景区别于突发事件情景的核心。另外，应对任务往往以台风灾害现实为依据，避免任务制定的盲目性。

（2）应对装备容错规划情景具有可分性。应对装备容错规划情景中的台风灾害现实与应对任务均由相应情景要素组成，情景要素是容错规划情景的细化，它反映容错规划情景的特征。本章中，将灾害实时情景要素命名为应对装备容错规划的情景要素，将应对情景要素命名为应对装备容错规划的任务要素。

（3）应对装备容错规划情景具有全局性与动态性。应对装备容错规划是一项系统工程，其现实情景识别与相应应急任务制定应着眼于整个应对过程。因此，应对装备容错规划情景认知应是全面的、动态的，而不是局部的、静态的。

根据前文关于应对装备容错规划情景内涵的描述，应对装备容错规划情景实际为一个情景体系，包括灾害实时情景与应对情景两方面内容，其中，实时情景指导应对情景生成，应对情景反映应对疏散实时情景；灾害实时情景与应对情景均由情景要素组成，分别称为应对装备容错规划的情景要素以及应对装备容错规划的任务要素。另外，各情景要素间以及任务要素之间均可能存在互相支持及确定的关系。例如，台风参数将影响灾害后果或风险的评估。上述情景体系可描述为如图 6-3 所示的应对装备容错规划情景框架图。

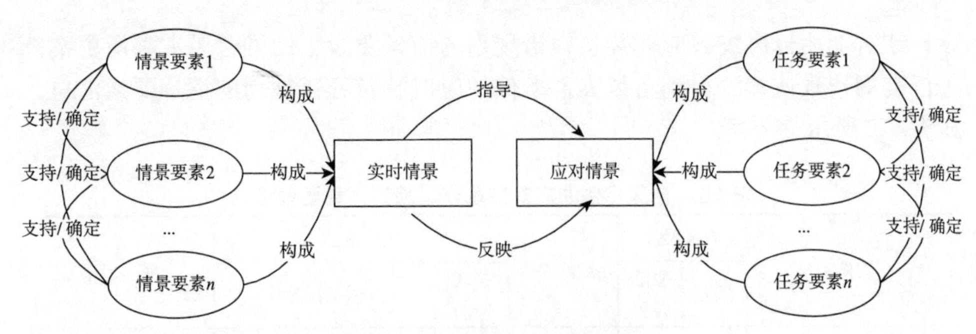

图 6-3　应对容错规划情景框架

2. 情景因素案例分析

台风灾害应对装备容错规划的情景要素描述台风灾害的一般性特征，涉及范围广泛。本章以供电设备作为应对装备容错规划对象。在大量台风灾害案例考察的基础上，将台风灾害应对装备容错规划的情景要素概括为台风参数、次生灾害、灾害状态、灾害后果四个方面，其他类别应对装备情景设计过程类似。具体而言：

（1）台风参数。在中国台湾、日本等地，中心持续风速每秒 17.2 米或以上的热带气旋（包括世界气象组织定义中的热带风暴、强热带风暴和台风）均称台风。因台风登陆位置不同，造成的灾害后果一般不同（正面登陆比边缘登陆带来的后果严重得多），所以将台风灾害参数指标设为台风登陆位置及风力。其中，台风登陆位置可设置为正面登陆、边缘登陆、相邻城市登陆等。

（2）次生灾害。许多自然灾害，特别是等级高、强度大的自然灾害发生以后，常常诱发一连串次生灾害，这种现象叫灾害链或级联灾害。灾害链中最早发生的、起初始诱发作用的灾害称为原生灾害；而由原生灾害所诱导出来的灾害则称为次生灾害（帅嘉冰等，2012）。台风灾害的常见次生灾害有强降水、滑坡等。次生灾害按发生时间可分为已发生次生灾害及潜在次生灾害两方面。其中，潜在次生灾害发生概率一般需要通过灾害链识别、灾害推演模型等预测获得。

（3）灾害状态。主要考虑灾害持续时间和供电情况两方面。灾害持续时间直接影响灾害危险程度；供电情况描述灾害发生时某一时刻的城市供电详情，为模糊概念，可通过设置特征予以描述，本章将台风灾害发生时的供电情况描述特征设置为输电线路跳闸频率、电线杆倒塌数量两方面，其中输电线路跳闸频率用以表征供电稳定性、电线杆倒塌数量用以表征供电可得性。

（4）灾害后果。灾害后果即台风灾害预期带来的后果，包括人员影响、社会影响、经济影响、生态环境影响四方面。其中，人员影响通过人员预期伤亡人数表示；经济影响通过预期经济损失表示；社会影响及生态环境影响为决策者或专家针对目前灾害状态进行的主观性评估。

针对上述台风灾害应对装备容错规划的情景要素，回顾台风灾害历史案例进行实例情景认知，得到台风灾害事件的应对装备容错规划的情景要素汇总，如表 6-2 所示。

表 6-2　台风案例的应对装备容错规划情景要素汇总

案例	台风参数		次生灾害	灾害状态		灾害后果
	风力	登陆位置		持续时间	供电情况	
2005 年美国“卡特里娜”飓风	5 级飓风	正面登陆	暴雨、风暴潮、洪水	8 天	10 千伏以上线路累计跳闸 2 002 条（次）；电线杆倒塌超 5 032 根	1 836 人丧生；750 亿美元经济损失；对社会及生态环境造成严重影响
2005 年台风“麦莎”	14 级	边缘登陆	暴雨、风暴潮、塌方	7 天	500 千伏线路跳闸 2 条，220 千伏线路跳闸 12 条，110 千伏线路跳闸 6 条；电线杆倒塌超 2 000 根	20 死 5 伤；177.1 亿元经济损失；对社会及生态环境造成严重影响
2008 年强台风“黑格比”	15 级	正面登陆	暴雨、风暴潮	8 小时	385 个故障点；跳闸 1 500 多条次	63 人死亡、22 人失踪，受灾范围 14 个镇街，受灾人口 11.173 1 万人；9.237 亿美元经济损失；对社会及生态环境造成严重影响
2009 年台风“莫拉克”	13 级	正面登陆	暴雨、风暴潮	9 天	浙江电网 500 千伏线路跳闸 2 条（次），220 千伏线路跳闸 17 次；电线杆倒塌超 3 205 根	台湾遇难人数 461 人，失踪 192 人，受伤 46 人；62 亿美元经济损失；对社会及生态环境造成特别严重影响
2012 年台风“韦森特”	12 级	边缘登陆	无	8 天	423 个故障点；跳闸 1 500 多条（次）	广东受灾人口达 82.3 万人，因灾死亡 5 人，失踪 6 人；1.84 亿元直接经济损失；对社会及生态环境造成严重影响
2013 年台风“天兔”	14 级	边缘登陆	暴雨、风暴潮	8 天	惠州电网 10 千伏及以上线路跳闸 549 条（次）；电线杆倒塌超 1 000 根	致广东 30 人死亡；34 亿元直接经济损失；对社会及生态环境造成严重影响
2014 年台风“麦德姆”	14 级	边缘登陆	暴雨、风暴潮、城市内涝	7 天	合肥 21 条 10 千伏线路停电；电线杆倒塌超 800 根	106.5 万人受灾，2 人死亡，2 人失踪，25.1 万人紧急转移安置；6.4 亿元经济损失；对社会及生态环境造成严重影响

续表

案例	台风参数		次生灾害	灾害状态		灾害后果
	风力	登陆位置		持续时间	供电情况	
2014 年“7 · 18”广东超强台风“威马逊”	17 级以上	正面登陆	暴雨、风暴潮、洪水	10 天	南方电网10千伏以上线路累计跳闸 1 342 条（次）；电线杆倒塌超 4 000 根	56 死 18 伤 20 失踪；经济损失 384.08 亿元；对社会及生态环境造成特别严重影响
2015 年台风“灿鸿”	8 级	边缘登陆	阵雨	4 天	10 千伏线路跳闸 22 条 25 次，拉停 14 条；电线杆倒塌超 300 根	中国境内无人员伤亡；19.47 亿元经济损失；对社会及生态环境造成一定影响
2016 年台风“莫兰蒂”	17 级以上	正面登陆	暴雨、风暴潮	8 天	福建公司系统共有 220 千伏线路跳闸 6 条 7 次，110 千伏线路，跳闸 43 条（次）（主要分布在泉州地区），35 千伏线路 8 条（次），10 千伏线路 426 条（次）；电线杆倒塌超 1 500 根	28 人死亡、49 人受伤；约 25.063 1 亿美元直接经济损失；对社会及生态环境造成严重影响

3. 任务因素案例分析

灾害应对装备容错规划任务要素描述决策者在应对准备阶段，针对容错规划情景要素所做出的反应，可理解为容错规划的具体措施。容错规划任务要素是应对任务的基本要素，容错规划任务要素认知为任务制定的基础。本章在大量台风案例的基础上，将台风灾害应对装备容错规划的任务要素概括为风险沟通、应对装备配置、抢险能力三个方面。具体而言：

（1）风险交流（risk communication）。风险交流也称风险沟通，于 20 世纪 70 年代由美国环境保护署署长 Ruckelshaus 首次提出，作为风险社会的一项重要理念与风险管理的重要部分。美国国家研究委员会（United States National Research Council，1989）对风险交流的定义为：风险交流是指个体、群体以及机构之间交换信息和观念的相互作用过程。提前通知防范风险对灾害应对有重要意义，应在规划阶段设计风险交流的内容结构及交流方式。

（2）应对装备配置。由前文可知，应对装备配置是影响应对响应效果的重要因素。本章主要介绍应急供电设备这一典型的应对装备，涉及备用电源、移动供电设备的储备情况。其中，备用电源为用电单位自身的应对装备配备、移动供电设备为供电单位的应对装备配备。

（3）抢险能力。抢险能力描述实现应对抢险需要的能力，包括抢险队伍、抢险物资、投资总成本等特征。其中，抢险队伍就抢险物资为响应某项应对工作所需应对能力；投资总成本为完成某项应对响应工作所预计投入的总成本，需根据容错规划情景，通过研判等形式综合确定，投资总成本主要包括应对抢险能力（如抢险队伍、抢险物资）投资、应对装备投资、应对能力及装备维护投资。本章关注以供电设备为代表的应对装备容错规划，因此，相应的抢险队伍、抢险物资及投资总成本亦关注对供电系统的修复。

针对上述台风灾害应对装备容错规划的任务要素，回顾台风灾害历史案例进行实例情景认知，得到台风灾害事件的应对装备容错规划的任务要素汇总，如表 6-3 所示。

表 6-3　台风案例的应对装备容错规划任务要素汇总

案例	风险交流		应对装备配置	抢险能力		
	交流内容	交流方式		抢险队伍	抢险物资	投资总成本
2005 年美国“卡特里娜”飓风	飓风预报；飓风预警信号	电视、网络等发布预警	备用电源充足；移动供电设备至少 10 辆	30 支 2 000 人以上	车辆813台	时任美国总统布什签署了518亿美元的紧急救灾拨款法案
2005 年台风“麦莎”	灾害预警	电视、网络等发布预警	备用电源充足；移动供电设备至少 8 辆	人员 3 026 人次	车辆875台	研究部署抗台救灾方案，涉及拨款方案
2008 年强台风“黑格比”	灾害预警	中央气象台发布台风蓝色预警信号	备用电源充足；移动供电设备至少 8 辆	人员 2 621 人次	车辆701台	召开了防台风紧急会议，研究拨款投资防台风方案
2009 年台风“莫拉克”	将“莫拉克”升格为中度台风	电视、网络等发布台风警报	备用电源充足；移动供电设备至少 10 辆	抢险小分队 215 支，抢修人员 6 727 人	各类抢险车辆 1 803 辆	中国多部门紧急部署救灾工作，涉及拨款方案研判
2012 年台风“韦森特”	安全预警信息 8 000 余条	电视、网络等发布预警	备用电源充足；移动供电设备至少 5 辆	1 253 名供电抢修人员	各类抢险车辆 530 辆	1208 号台风“韦森特”路径特征分析，相应投资方案确定
2013 年台风“天兔”	台风红色预警信号	电视、网络等发布预警	备用电源充足；移动供电设备至少 8 辆	153 支 7 908 人	抢修车辆 1 843 台，应急发电车 646 台	加强对“天兔”路径及影响的监测，商讨投资方案
2014 年台风“麦德姆”	台风蓝色预警	电视、网络等发布预警	备用电源充足；移动供电设备至少 8 辆	114 支电力抢修队	各类抢险车辆 1 503 辆	各地各部门要按照职责分工和预案规定商讨救灾方案，设计投资方案

续表

案例	风险交流		应对装备配置	抢险能力		
	交流内容	交流方式		抢险队伍	抢险物资	投资总成本
2014 年“7·18”广东超强台风“威马逊”	最高热带气旋警告信号：台风红色预警信号	电视、网络等发布预警	备用电源充足；移动供电设备至少 10 辆	25 支 600 人以上	2 000 根电线杆、338 千米导线、81 台变压器、42 辆车	台风“威马逊”待分配资金 11 200 万元，市政府已经批复
2015 年台风“灿鸿”	台风红色预警	电视、网络等发布预警	备用电源充足；移动供电设备至少 5 辆	62 支抢修队伍 332 人	车辆 435 台	启动应急预案，调拨有关救灾物资，商讨救灾投入方案
2016 年台风“莫兰蒂”	台风黄色预警	电视、网络等发布预警	备用电源充足；移动供电设备至少 8 辆	45 支抢修队伍共 1 600 多名抢险人员	各类抢险车辆 600 余辆	做好防台风抢险应对工作，做好资金投入的研讨及筹集调度

6.4.2　应对装备容错规划的数据分析

数据分析是应对准备规划的基础分析技术，在情景设定及数据已知的情况下，可以依据容错规划评估指标选择容错规划方案。本部分基于应对装备容错规划情景设计，从数据分析角度设置、评价容错方案，厘清容错规划情景、措施、评估指标间的数据血缘关系。

1. 应对装备容错规划情景综合价值

依据前景理论，根据决策者心理预期参考点，参照第 4 章容错规划目标，以电网抢修为例分别计算启动容错措施 A_i 的容错成本 C_i、不同情景 S_j 造成的电网灾点数量 D_j、经济损失 E_j、社会影响 G_j、生态环境影响 H_j 的损益值。

（1）电网灾点数损益分析。

$$d_j = D_j - D^{\mathrm{R}} = \left[D_j^{\mathrm{L}} - D^{\mathrm{R}}, D_j^{\mathrm{U}} - D^{\mathrm{R}}\right] = \left[d_j^{\mathrm{L}}, d_j^{\mathrm{U}}\right], \quad i = 1,2,\cdots,m \qquad (6\text{-}1)$$

根据式（6-1）得出 d_j 仍然为一个区间数，若 $d_j^{\mathrm{L}} > 0$，说明情景 S_j 造成的电网灾点数量超过决策者的预期 D^{R}，决策者感知为损失；若 $d_j^{\mathrm{U}} < 0$，说明情景 S_j 造成的电网灾点数量低于决策者的心理预期 D^{R}，决策者实际感知为收益；若 $d_j^{\mathrm{L}} < 0 < d_j^{\mathrm{U}}$，说明情景 S_j 造成的电网灾点数量或大于或小于决策者的预期 D^{R}。

（2）经济损失损益分析。

$$e_j = E_j - E^{\mathrm{R}} = \left[E_j^{\mathrm{L}} - E^{\mathrm{R}}, E_j^{\mathrm{U}} - E^{\mathrm{R}}\right] = \left[e_j^{\mathrm{L}}, e_j^{\mathrm{U}}\right], \quad i = 1,2,\cdots,m \tag{6-2}$$

根据式（6-2）得出 e_j 仍然为一个区间数，若 $e_j^{\mathrm{L}} > 0$，说明情景 S_j 造成的经济损失超过决策者的预期 E^{R}，决策者感知为损失；若 $e_j^{\mathrm{U}} < 0$，说明情景 S_j 造成的经济损失小于决策者的心理预期 E^{R}，决策者实际感知为收益；若 $e_j^{\mathrm{L}} < 0 < e_j^{\mathrm{U}}$，说明情景 S_j 造成的经济损失或大于或小于决策者的预期 E^{R}。

（3）社会影响损益分析。

$$g_j = G_j - G^{\mathrm{R}} = \left[G_j^{\mathrm{L}} - G^{\mathrm{R}}, G_j^{\mathrm{U}} - G^{\mathrm{R}}\right] = \left[g_j^{\mathrm{L}}, g_j^{\mathrm{U}}\right], \quad i = 1,2,\cdots,m \tag{6-3}$$

根据式（6-3）得出 g_j 仍然为一个区间数，若 $g_j^{\mathrm{L}} > 0$，说明情景 S_j 造成的社会影响超过决策者的预期 E^{R}，决策者感知为损失；若 $g_j^{\mathrm{U}} < 0$，说明情景 S_j 造成的社会影响低于决策者的预期 G^{R}，决策者感知为收益；若 $g_j^{\mathrm{L}} < 0 < g_j^{\mathrm{U}}$，说明情景 S_j 造成的社会影响或大于或小于决策者的预期 G^{R}。

（4）生态污染损益分析。

$$h_j = H_j - H^{\mathrm{R}} = \left[H_j^{\mathrm{L}} - H^{\mathrm{R}}, H_j^{\mathrm{U}} - H^{\mathrm{R}}\right] = \left[h_j^{\mathrm{L}}, h_j^{\mathrm{U}}\right], \quad i = 1,2,\cdots,m \tag{6-4}$$

根据式（6-4）得出 h_j 仍然为一个区间数，若 $h_j^{\mathrm{L}} > 0$，说明情景 S_j 造成的生态环境影响超过决策者的预期 H^{R}，决策者感知为损失；若 $h_j^{\mathrm{U}} < 0$，说明情景 S_j 造成的生态环境影响小于决策者的心理预期 H^{R}，决策者实际感知为收益；若 $h_j^{\mathrm{L}} < 0 < h_j^{\mathrm{U}}$，说明情景 S_j 造成的生态环境影响或大于或小于决策者的预期 H^{R}。

（5）容错成本分析。

$$c_i = C_i - C^{\mathrm{R}}, \quad i = 1,2,\cdots,m \tag{6-5}$$

若 $c_i > 0$，说明启动容错措施 A_i 的容错成本 C_i 超过决策者的预期 C^{R}，决策者感知为损失；若 $c_j \leqslant 0$，说明启动容错措施 A_i 的容错成本 C_i 低于决策者的预期 C^{R}，决策者感知为收益。

设 d_j 属于 $\left[d_j^{\mathrm{L}}, d_j^{\mathrm{U}}\right]$ 内的随机变量，$f_{1j}\left(d_j\right)$ 是 d_j 的概率密度函数，且服从正态分布。据此计算不同情景 S_j 所造成的人员伤亡价值 v_{1j}，具体公式与第 3 章类似，此处不予赘述。在本书案例阐述中，取 $\alpha=0.89, \beta=0.92, \lambda=2.25$。

设 e_j 属于 $\left[e_j^{\mathrm{L}}, e_j^{\mathrm{U}}\right]$ 内的随机变量，$f_{2j}\left(e_j\right)$ 是 e_j 的概率密度函数，且服从正态分布。据此计算不同情景 S_j 所造成的经济损失价值 v_{2j}，具体公式与第 3 章类似，此处不予赘述。

设 g_j 属于 $\left[g_j^{\mathrm{L}}, g_j^{\mathrm{U}}\right]$ 内的随机变量，$f_{3j}\left(g_j\right)$ 是 g_j 的概率密度函数，且服从正

态分布。据此计算不同情景 S_j 所造成社会影响价值 v_{3j}，具体公式与第 3 章类似，此处不予赘述。

设 h_j 属于 $\left[h_j^{\mathrm{L}}, h_j^{\mathrm{U}}\right]$ 内的随机变量，$f_{4j}\left(h_j\right)$ 是 h_j 的概率密度函数，且服从正态分布。据此计算不同情景 S_j 所造成生态环境影响价值 v_{4j}，具体公式与第 3 章类似，此处不予赘述。

类似的，容错成本的价值函数如式（6-6）所示：

$$v_{iC}=\begin{cases}\left(-c_i\right)^{\alpha}, & c_i \leqslant 0,\ i=1,2,\cdots,m \\ -\lambda\left(c_i\right)^{\beta}, & c_i>0,\ i=1,2,\cdots,m\end{cases} \tag{6-6}$$

规范化各类属性值，统一量纲。将 v_{1j}、v_{2j}、v_{3j}，v_{4j} 进行统一量纲处理，用 $\tilde{v}_{1j}$、$\tilde{v}_{2j}$、$\tilde{v}_{3j}$、$\tilde{v}_{4j}$ 表示，规范化公式如式（6-7）、式（6-8）所示：

$$\tilde{v}_{kj}=\frac{v_{kj}}{\left|v_k\right|_{\max}}, \quad j=1,2,\cdots,n, k=1,2,3,4 \tag{6-7}$$

其中，

$$\left|v_k\right|_{\max}=\max\left\{\left|v_{kj}\right|\right\}=\max\left\{\left|v_{k1}\right|,\left|v_{k2}\right|,\cdots,\left|v_{kn}\right|\right\}, \quad j=1,2,\cdots,n, k=1,2,3,4 \tag{6-8}$$

$$0 \leqslant\left|\tilde{v}_{kj}\right| \leqslant 1,\ j=1,2,\cdots,n, k=1,2,3,4$$

将 v_{iC} 规范化属性值，进行统一量纲处理，用 $\tilde{v}_{iC}$ 表示，规范化公式如式（6-9）、式（6-10）所示：

$$\tilde{v}_{iC}=\frac{v_{iC}}{\left|v_C\right|_{\max}}, \quad i=1,2,\cdots,m \tag{6-9}$$

其中，

$$\left|v_C\right|_{\max}=\max\left\{\left|v_{iC}\right|\right\}=\max\left\{\left|v_{1C}\right|,\left|v_{2C}\right|,\cdots,\left|v_{mC}\right|\right\}, \quad i=1,2,\cdots,m \tag{6-10}$$

$$0 \leqslant\left|\tilde{v}_{iC}\right| \leqslant 1,\ i=1,2,\cdots,m$$

根据上述所有公式，计算情景 S_j 的综合价值，如式（6-11）所示：

$$v_j=\sum_k^4 \omega_k \times \tilde{v}_{kj}, \quad j=1,2,\cdots,m \tag{6-11}$$

2. 情景权重及容错价值

对 v_j 排序，$v_1 \geqslant v_2 \geqslant \cdots \geqslant v_k \geqslant 0 \geqslant v_{k+1} \geqslant v_{k+2} \geqslant \cdots \geqslant v_n$，$v_q$ 代表 $v_1, v_2, \cdots, v_n$ 中排在第 q 位的情景值。若 $q \leqslant k$，则 $v_q \geqslant 0$；若 $q \geqslant k+1$，则 $v_q \leqslant 0$，$q \in(1,2,\cdots,n)$。v_q 所对应的大规模自然灾害情景 S_q，设 p_{iq} 为采取容错措施 A_i 导致情景 S_q 出现的概率。

若 $S_q = S_j$，则 $p_{iq}=p_{ij}, i=1,2,\cdots,m, q=1,2,\cdots,n$。根据前景理论，决策者认为采取容错措施 A_i 后，导致情景 S_q 出现的权重为

$$\pi_{iq}=\begin{cases}\omega^+\left(\sum_{j=1}^{q}p_{ij}\right)-\omega^+\left(\sum_{j=1}^{q-1}p_{ij}\right), q=1,2,\cdots,k\\ \omega^-\left(\sum_{j=q}^{n}p_{ij}\right)-\omega^-\left(\sum_{j=q+1}^{n}p_{ij}\right), q=k+1,k+2,\cdots,n\end{cases} \quad i=1,2,\cdots,m \tag{6-12}$$

$$\pi_{ik}=\omega^+\left(p_{ik}\right),\quad i=1,2,\cdots,m \tag{6-13}$$

$$\pi_{in}=\omega^-\left(p_{in}\right),\quad i=1,2,\cdots,m \tag{6-14}$$

权重通过式（6-15）和式（6-16）得到，ω^+ 为决策者实际感知为“收益”的权重；ω^- 为决策者实际感知为“损失”的权重。$\gamma=0.61,\ \delta=0.69$。

$$\omega^+\left(p\right)=\frac{p^\gamma}{\left(p^\gamma+\left(1-p\right)^{\frac{1}{\gamma}}\right)} \tag{6-15}$$

$$\omega^-\left(p\right)=\frac{p^\delta}{\left(p^\delta+\left(1-p\right)^{\frac{1}{\delta}}\right)} \tag{6-16}$$

根据情景综合值 $v_1,v_2,\cdots,v_n$ 以及相应情景权重 $\pi_1,\pi_2,\cdots,\pi_n$，则实施容错措施 A_i 的期望前景值 EF_i 为

$$\mathrm{EF}_i=\sum_{q=1}^{n}v_q\times\pi_{iq},\quad i=1,2,\cdots,m \tag{6-17}$$

规范化：

$$\widetilde{\mathrm{EF}}_i=\frac{\mathrm{EF}_i}{\left|\mathrm{EF}\right|_{\max}},\quad i=1,2,\cdots,m \tag{6-18}$$

其中，

$$\left|\mathrm{EF}\right|_{\max}=\max\left\{\left|\mathrm{EF}_i\right|\right\},\quad i=1,2,\cdots,m \tag{6-19}$$

则选择容错措施 A_i 的综合前景值为

$$\mathrm{OF}_i=\phi_1\widetilde{\mathrm{EF}}_i+\phi_2\tilde{v}_{iC},\quad i=1,2,\cdots,m \tag{6-20}$$

其中，ϕ_1、ϕ_2 分别表示不确定性“损失”或“收益”和确定性容错成本的权重。

6.4.3　应对装备容错规划的模型构建

本章提出三类基本的应对装备容错规划模型，分别为多灾点应对装备调度容错模型、移动供电设备调度优化模型以及基于需求及供应的应对装备调度容错模型。其中，多灾点应对装备调度容错模型旨在从模型角度描述与设计应对装备调

度过程，这种过程的前提是应对装备需求与供应量已知；移动供电设备调度优化模型旨在以移动供电设备调度为例，提供应对装备调度优化目标与算法，用以优化应对装备调度过程；基于需求及供应的应对装备调度容错模型提供一种响应机制容错思路及结构化描述，即在需求量不确定（即存在模糊性）情况下如何配置及调度应对装备。

1. 多灾点应对装备调度容错模型

台风灾害过境过程中，可能对区域内多处关键基础设施造成破坏，造成关键基础设施多灾点的容错情景，针对这一情景，本小节提出多灾点应对装备调度容错模型。假设有四个受损程度等级不同的灾点，如图 6-4 所示。各关键基础设施灾点所需移动供电设备数量及灾情严重程度如表 6-4 所示，各存储中心可提供的移动供电设备数量如表 6-5 所示。

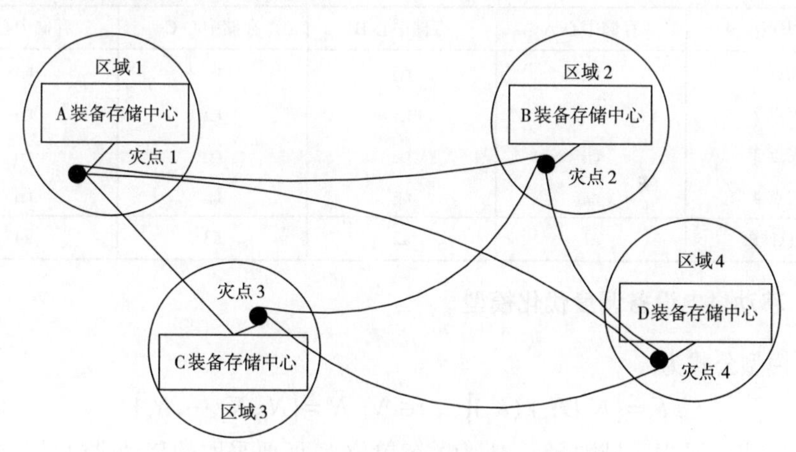

图 6-4　关键单位与供电单位距离图

表 6-4　各关键基础设施灾点所需移动供电设备及灾情严重程度

灾点	应对装备 供电车（辆）	灾情等级 （3 为最重）
灾点 1	pd1	L1
灾点 2	pd2	L2
灾点 3	pd3	L3
灾点 4	pd4	L4
总计	pd	

表 6-5　各存储中心可提供的移动供电设备数量

存储中心	临时供电车数量	所在区域
A	a1	区域 1
B	a2	区域 2
C	a3	区域 3
D	a4	区域 4

首先，考虑从离灾点最近的存储中心进行装备调度；其次，受损情况严重的灾点拥有最高优先权来使用存储中心资源；再次，明确各存储中心至各灾点的调度成本，根据成本最小原则整理各个灾点调度资源数量，如表 6-6 所示；最后，各灾点间采用纳什均衡解决资源竞争问题。

表 6-6　按成本最小原则进行分配

灾点	存储中心 A	存储中心 B	存储中心 C	存储中心 D
灾点 1	r_{11}	r_{12}	r_{13}	r_{14}
灾点 2	r_{21}	r_{22}	r_{23}	r_{24}
灾点 3	r_{31}	r_{32}	r_{33}	r_{34}
灾点 4	r_{41}	r_{42}	r_{43}	r_{44}
总计	a1	a2	a3	a4

2. 移动供电设备调度优化模型

设模型公式为

$$F=\{N,(H_i),(K_i)\},\quad i\in N,\ N=\{N_1,N_2,\cdots,N_n\} \tag{6-21}$$

其中，N 表示受损区域数量；H_i 为关键单位 N_i 所要采取的移动供电设备调度方案；K_i 为 N_i 的效用函数。

$$H=\prod_{i=1}^{n}H_i \tag{6-22}$$

即所有的调度方案构成调度优化的方案论域。

（1）移动供电设备调运速度 v：设移动供电设备调运速度与灾区实际路况相关，本章采用平均速度求解：

$$v_{ij}=\gamma\times\overline{v_{ij}} \tag{6-23}$$

其中，γ 为反映供电单位 j 到关键单位 N_i 的路况系数，$v\in[0,1]$。

（2）供电成本函数：

$$C_i=B_i\times\frac{D_{ij}}{v_{ij}} \tag{6-24}$$

其中，D_{ij}为反映供电单位j到关键单位N_i的距离；B_i表示灾情等级。

（3）效用函数：

$$K_i = \frac{1}{C_i + \Delta C_i} \tag{6-25}$$

其中，ΔC_i为关键单位N_i需要从另一供电单位配送所需移动供电设备的成本。

（4）目标函数，即使总的效用最大化：

$$F(K_i) = \max \sum_{i=1}^{n} K_i \tag{6-26}$$

3. 基于需求及供应的应对装备调度容错模型

前述应对装备调度容错模型侧重于特定供应水平下的需求满足问题，这在总供应一定的情况下是符合现实情况的。然而，在应对准备阶段，可根据设定的需求情景适当增加供应储备量。例如，某台风过境时可能存在多种情景，分别对应多种移动供电设备需求，这就要求基于最可能的需求量设计供电设备的移动供电储备。最终的容错规划应当是综合考虑上述两方面的应对成本，通过设置最优化模型进行最终的应急装备调度方案设计。

6.4.4　应对装备容错规划的案例-数据-模型集成驱动分析

综合台风灾害应对装备容错规划的基础性工作，可以发现应对装备容错规划的案例分析、数据分析以及模型构建是相互联系与支持的，这种联系与支持可通过案例-数据-模型集成驱动方法予以识别与分析。

1. 案例分析与数据分析的相互联系与支持

根据台风灾害案例分析，设计应对装备容错规划情景要素为台风参数、次生灾害、灾害状态、灾害后果，任务要素为风险交流、应对装备配置、抢险能力。传统的案例建立过程中，需要相关人员负责搜寻可用案例，通过案例阅读与分析，提取上述情景的具体取值。这一过程较为烦琐，且具有较强的主观性，数据分析可通过网络数据爬取技术，自动获取上述情景要素取值，提高案例建构效率与情景信息准确率。

由6.4.2小节的数据血缘分析可知，数据分析设定的情景来源于历史案例及相关文献，通过情景数据模拟及容错指标计算，最终获得容错规划方案。因此，数据血缘分析的基础为情景设计，而情景设计来源于案例分析，这体现了案例分析对数据分析的支持。

2. 案例分析与模型驱动的相互联系与支持

由 6.4.1 小节的案例分析与情景设计可知，一些情景要素（如应对装备配置）是很难通过案例信息挖掘与网络数据分析得到的，这就涉及模型驱动对确定案例情景要素取值的支持。例如，应对装备配置中的应对装备调度方案可通过 6.4.3 小节的多灾点应对装备调度容错模型计算得到。

由 6.4.3 小节的应对装备容错规划的模型构建过程可知,案例分析提供了模型调用的接口，即通过灾害案例构建及情景数据获取，可以调用相应模型进行其他情景数据推导。例如，对应对装备配置的情景数据计算需求提供了调用应对装备调度容错模型的接口。

3. 数据分析与模型驱动的相互联系与支持

数据血缘可视为数据之间的继承关系。模型驱动提供了建立数据血缘的渠道，可通过模型推演获得本来不可直接得到的数据，提高了数据的层次并建立了新的数据血缘。因此，模型驱动是数据分析的重要途径。

由 6.4.3 小节的应急装备容错规划的模型构建过程可知，数据分析亦提供了模型调用的接口，即通过某类数据需求，可以调用相应模型进行该类数据推导。例如，对应对装备配置的情景数据计算需求提供了调用应对装备调度容错模型的接口。

6.5　应对装备准备规划的持续改进

应对装备准备规划的持续改进（continual improvement）问题是符合实际规划需求的重要问题。第一，应对装备准备规划过程中会面临多样化的问题，需针对出现的问题不断修改与完善应对装备准备规划；第二，应对装备准备规划是结合实际不断发展的结果，一次准备规划难以保证应急管理效果。总的来说，应对装备准备规划具有阶段性与情景依赖性。持续改进是增强满足要求的能力的循环活动。制定改进目标和寻求改进机会的过程是一个持续过程，该过程使用审核发现和审核结论、数据分析、管理评审或其他方法，不断促进与改善准备规划。政府应对管理部门应以保证应对装备准备规划的持续有效为目标，不断调整与完善应对装备准备规划。本节将应对装备准备规划持续改进的重点内容归纳为三个方面，即灾情模糊化处理、改进问题发现、改进成果固定等。

1. 灾情模糊化处理

灾情模糊化处理能力直接影响容错方案制订及评估，因此，需不断提高灾情模糊化处理能力，即灾情预测的准确度。在实际操作层面，可结合多种模糊处理算法、历史案例及文献、数据分析等方法综合确定容错规划情景的模糊处理过程。

2. 改进问题发现

例如，依据准备规划制定及实施过程中的各方反馈，不断修正与完善准备规划。除此之外，可以以具有影响力的现实问题为改进启动条件，引导进入改进过程。其中，现实问题的影响力大小由政府应对管理部门、专家小组研讨确定。例如，对应对装备需求估计的区间边界确定问题，尝试多种算法改进需求估计的准确性，提供相应指标评价算法有效性等。

3. 改进成果固定

改进后，需对改进结果进行处理，处理方式包括准备规划改进成果标准化及遗留问题汇总两方面，准备规划改进成果标准化是指将提高准备规划有效性的举措予以保留，以固定准备规划的改进成果。例如，对应对装备容错规划的数据血缘关系中专家打分的模糊化处理，可通过模糊处理效果评价算法不断筛选与提高专家打分有效程度。

6.6　用例分析

综合前文所述的应对装备容错规划基础性工作及应对特殊装备投资的案例-数据-模型集成驱动分析，以移动供电设备为例，以电网为承灾体，本节提供一个用例来阐述台风灾害下的应对装备容错规划。

6.6.1　应对装备容错情景及投资容错规划

以华南地区应对台风灾害为背景，针对一个预设台风灾害，模拟实施短期内的应对准备容错规划，以电网为承灾体，验证容错方法的可行性和有效性。某地区曾经历 12 级台风灾害，经济损失达 3 000 万元。假设未来该地区可能遭受到 12 级以上台风灾害，造成大面积停电，由于电网重要负荷用户（如医院、大型制造企业、政府等）备用电源不足、供电单位严重缺乏移动应急供电设备，该区域无法满足临时供电要求，造成严重经济和社会损失。针对此次灾害，预测未来可能发生的情景，在灾前应对准备阶段做好一定的容错措施，对应急电源进行储备，以免造成巨大的经济损失。按大规模自然灾害情景的严重程度分为 B1 严重、B2 比较严重和 B3 非常严重三个状态。

模拟情景 S_1：台风在样本城市的相邻城市登陆，受其影响，SZ 地区沿海海面阵风风力达 12 级，持续暴雨并伴随着强降雨量。城市地面无积水但交通拥堵，部分高速公路封闭，大量船只滞留码头；此外，样本城市某区域内 110 千伏、220 千伏和 500 千伏电压等级输电线路跳闸共 12 次，电线杆倒塌共 21 处，电网灾点数为 1~5 个，预期经济损失为 500 万~1 000 万元，对社会造成一定影响（专家打分区间 50~70），对生态环境造成一定影响（专家打分区间 50~70）。

模拟情景 S_2：台风在样本城市边缘登陆，受其影响，SZ 地区沿海海面阵风风力达 15 级，长时间持续大雨，树木倒伏，地面积水过多，高速公路封闭，大量船只停航；样本城市某区 110 千伏、220 千伏和 500 千伏电压等级输电线路跳闸共 20 次，电线杆倒塌共 30 处，电网灾点数为 6~10 个，预期经济损失为 1 000 万~2 000 万元，对社会造成较大影响（专家打分区间 70~85），对生态环境造成较大影响（专家打分区间 70~85）。

模拟情景 S_3：台风在样本城市正面登陆，SZ 地区沿海海面阵风风力达 17 级，长时间暴雨，个别堤坝濒临被毁，海面有暴风潮，将引起山体滑坡，高速公路全部封闭，并有部分塌方，城市部分区域大面积停电，电力中断，航班取消、船只停运；样本城市某区域 110 千伏、220 千伏和 500 千伏电压等级输电线路跳闸 36 次，电线杆倒塌共 41 处，电网灾点数为 11~20 个，预期经济损失为 2 000 万~5 000 万元，对社会造成很大影响（专家打分区间 85~100），对生态环境造成很大影响（专家打分区间 85~100）。

备选应对措施 A_1：通过各种媒体提醒市民台风期间尽量减少外出、远离高压电线；电网重要负荷用户需要储备应急电源或备用电源；供电单位需要储备充足的抢修物资与抢修队伍，保障抢修车辆和抢修人员随时待命，提前储备移动供电设备 5 辆，投资总成本为 1 200 万元。

备选应对措施 A_2：通过各种媒体提醒市民台风期间尽量减少外出、远离高压电线；电网重要负荷用户需要储备应急电源或备用电源；供电单位需要储备充足的抢修物资与抢修队伍，保障抢修车辆和抢修人员随时待命，提前储备移动供电设备 8 辆，投资总成本为 2 500 万元。

备选应对措施 A_3：通过各种媒体提醒市民台风期间尽量减少外出、远离高压电线；电网重要负荷用户需要储备应急电源或备用电源；供电单位需要储备充足的抢修物资与抢修队伍，保障抢修车辆和抢修人员随时待命，提前储备移动供电设备 12 辆，投资总成本为 3 500 万元。

6.6.2　应对装备调度容错规划

假设样本城市发生 15 级台风，并夹杂暴雨，导致城市地面无大面积积水但交通拥堵，部分高速公路封闭，多处关键基础设施被破坏，急需抢修。假设有三个受损程度等级不同的抢修灾点，如图 6-5 所示。各灾点所需的应对装备种类和数量如表 6-7 所示，每个存储中心能够提供的物资数量如表 6-8 所示。在此背景下，考虑的主要应对物资为关键基础设施抢修物资，如电网抢修工具等。

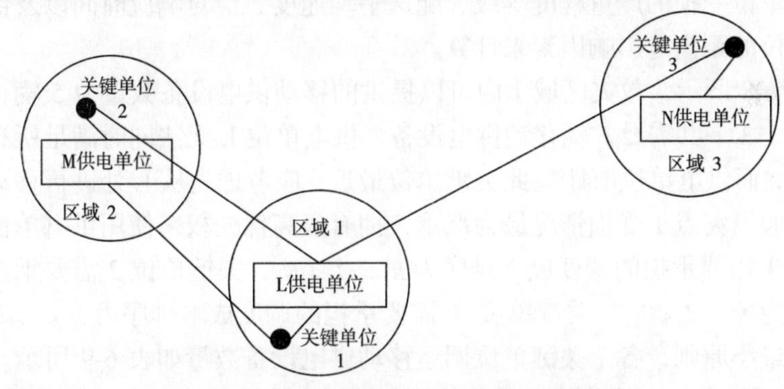

图 6-5　用例关键单位与供电单位距离图

表 6-7　各关键单位所需移动供电设备以及灾情严重程度

灾点	移动供电设备 供电车/辆	灾情等级 （3 为最重）
灾点 1	5	3
灾点 2	4	2
灾点 3	1	1
总计	10	

表 6-8　各供电单位能提供的移动供电设备

救灾中心	临时供电车数量	所在区域
L	5	区域Ⅰ
M	3	区域Ⅱ
N	2	区域Ⅲ

一般情况下，应对装备是有限的，每个关键单位（如医院、自来水厂等）对资源的需求数量和种类互不相同，各个关键单位之间的应对资源具有冲突性、对抗性，关键单位 1、2、3 对于某种应对装备（以移动供电设备为例）的需求量分别是 R_1、R_2、R_3，三者之间属于非合作博弈，应以最小的成本获得所需的应对装备。假设如下：

（1）供电单位要相互配合来满足多个关键单位的各种需求，若某区域内的供电单位储备的移动供电设备数量不能满足关键单位需求，则应从离该单位最近的供电单位配送所缺的移动供电设备，以最小化救灾成本。

（2）对各个关键单位受损的严重程度进行排序，拟定响应的先后顺序与时间。

（3）在应对响应的初期阶段，以救灾成本最小原则进行移动供电设备配送，没有考虑供电单位现场的移动供电设备数量。成本函数属于多元复合函数，可以通过关键单位受损的严重程度等级、配送平均速度、应对响应时间以及供电单位到关键单位的距离等影响因素来计算。

如表 6-8 所示，救灾区域 I 内可以提供的移动供电设备数量为 5 辆，而关键单位 1、2、3 一共需要 6 辆移动供电设备，供电单位 L 无法同时满足所有关键单位的需求，而供电单位 L 距离此关键单位最近，应考虑先从 L 处进行移动供电设备调度。假设灾点 1 受损情况最为严重，拥有最高优先权来使用供电单位资源。关键单位 1 需要承担的调度成本排序为 $L < M < N$，关键单位 2 需要承担的调度成本排序为 $M < L < N$，关键单位 3 需要承担的调度成本排序为 $N < L < M$，则根据成本最小原则，各个关键单位调运移动供电设备数量如表 6-9 所示。供电单位 N 可以满足灾点 3 的移动供电设备需求，因此关键单位不存在资源博弈问题。关键单位 1 和关键单位 2 可采用纳什均衡解决资源竞争问题。

表 6-9　按成本最小原则进行分配（单位：辆）

关键单位	供电单位 L	供电单位 M	供电单位 N
关键单位 1	5	0	0
关键单位 2	1	3	0
关键单位 3	0	0	1
总计	6	3	1

由于装备需求量非精确变量，在应对准备规划阶段需对其进行模糊化处理，处理结果如表 6-10 所示。其中，装备需求量以区间形式表示，区间边界可通过算法模拟得到。

表 6-10　装备需求量模糊区间

灾点	供电车/辆	模糊处理结果
灾点 1	5	[4，6]
灾点 2	4	[3，4]
灾点 3	1	[0.5，2]

6.6.3　应对装备容错方案评估

基于样本城市实地调研的基础数据，根据专家打分法、德尔斐法以及模糊层次分析法（李蕊等，2014；邓雪等，2007；吕跃进，2002），计算得出电网受损度、经济损失、社会影响、生态影响的权重为 w=（0.6，0.2，0.1，0.1）①。在不同方案 A_i 的作用下，情景 S_j 出现后被控制住的概率由应对台风灾害经验丰富的专家通过对深圳台风历史资料的分析和判断给出，如表 6-11 所示。

表 6-11　成功应对情景 S_j 的概率

应对情景	S_1	S_2	S_3
A_1	0.50	0.30	0.10
A_2	0.70	0.50	0.15
A_3	0.80	0.60	0.20

第一层次：应对主体根据灾害风险分析，评估据当前所具备的抗灾能力，设置想要达到的容错等级，给出相关决策的心理参考点为 C^R=2 000，D^R=10，E^R=2 000，G^R=50，H^R=60。

第二层次：根据预设情景与相应的容错措施，计算 d_j、e_j、g_j、h_j。根据前文大规模灾害应对准备的容错规划目标中的内容，d_j、e_j、g_j、h_j 为正态分布，取 α=0.89，β=0.92，λ=2.25，计算电网受损度、经济损失、社会影响和环境影响的价值 v_{kj}，将其规范化得 $\tilde{v}_{kj}$，其中 k=1，2，3，4；j=1，2，3，计算结果具体如表 6-12 所示。

表 6-12　损益值及情景综合价值计算结果

数值	S_1 情景下	S_2 情景下	S_3 情景下
d_j	[−9，−5]	[−4，0]	[1，10]
e_j	[−1 500，−1 000]	[−1 000，0]	[0，3 000]
g_j	[0，20]	[20，35]	[35，50]
h_j	[−10，10]	[10，25]	[25，40]
c_j	−800	500	1 500
v_{1j}	5.643 6	1.817 1	−10.700 0
v_{2j}	570.118 4	247.478 9	−1 852.818 4

① 数据来源于样本城市某地区供电局人员以及应对领域内的专家学者，通过现场填写和电子邮件共发放调查问卷 400 份，有效问卷 348 份。

续表

数值	S_1情景下	S_2情景下	S_3情景下
v_{3j}	−18.442 9	−47.420 8	−70.816 4
v_{4j}	−2.820 1	−31.244 7	−55.313 3
$\tilde{v}_{1j}$	0.527 4	0.170 0	−1
$\tilde{v}_{2j}$	0.307 7	0.133 6	−1
$\tilde{v}_{3j}$	−0.260 4	−0.670 0	−1
$\tilde{v}_{4j}$	−0.051 0	−0.564 9	−1
v_j 综合价值	0.346 8	0.005 2	−1

由于计算过程类似，本章仅以 S_1 情景为例，展示详细的计算过程：

$$d_j = D_j - D^{\mathrm{R}} = [1-10, 5-10] = [-9, -5]$$

$$e_j = E_j - E^{\mathrm{R}} = [500-2\,000, 1\,000-2\,000] = [-1\,500, -1\,000]$$

$$g_j = G_j - G^{\mathrm{R}} = [50-50, 70-50] = [0, 20]$$

$$h_j = H_j - H^{\mathrm{R}} = [50-60, 70-60] = [-10, 10]$$

$$v_{1j} = \int_{d_j^{\mathrm{L}}}^{d_j^{\mathrm{U}}} v_1^+(d_j) f_{1j}(d_j) \mathrm{d}(d_j)$$

其中，$f_{1j}(d_j) = \dfrac{1}{d_j^{\mathrm{U}} - d_j^{\mathrm{L}}}; v_1^+(d_j) = (-d_j)^{\alpha}; d_j^{\mathrm{U}} < 0$。

$$v_{1j} = \int_{-9}^{-5} (-d_j)^{0.89} \frac{1}{-5-(-9)} \mathrm{d}(d_j) = \frac{1}{4}\int_{-9}^{-5} (-d_j)^{0.89} \mathrm{d}(d_j) = 5.643\ 6, \alpha = 0.89$$

类似地，$v_{2j} = 570.118\ 4$。

$$v_{3j} = \int_{g_j^{\mathrm{L}}}^{g_j^{\mathrm{U}}} v_3^-(g_j) f_{3j}(g_j) \mathrm{d}(g_j)$$

其中，$f_{3j}(g_j) = \dfrac{1}{g_j^{\mathrm{U}} - g_j^{\mathrm{L}}}; v_3^-(g_j) = -\lambda(g_j)^{\beta}; g_j^{\mathrm{L}} > 0$。

$$v_{3j} = \int_0^{20} -\lambda(g_j)^{\beta} \frac{1}{20-0} \mathrm{d}(g_j) = -\frac{1}{20} \times 2.25 \int_0^{20} (g_j)^{0.92} \mathrm{d}(g_j) = -18.442\ 9,$$

$\lambda = 2.25, \beta = 0.92$

$$v_{4j} = \int_{h_j^{\mathrm{L}}}^{0} v_4^+(h_j) f_{4j}(h_j) \mathrm{d}(h_j) + \int_0^{h_j^{\mathrm{U}}} v_4^-(h_j) f_{4j}(h_j) \mathrm{d}(h_j),\ h_j^{\mathrm{L}} < 0 < h_j^{\mathrm{U}}$$

$$v_4^+(h_j) = (-h_j)^{\alpha},\ h_j \leqslant 0; v_4^-(h_j) = -\lambda(h_j)^{\beta},\ h_j > 0$$

$$v_{4j} = \int_{-10}^{0} (-h_j)^{\alpha} \frac{1}{10-(-10)} \mathrm{d}(h_j) + \int_0^{10} -\lambda(h_j)^{\beta} \frac{1}{10-(-10)} \mathrm{d}(h_j)$$

$$v_{4j}=\frac{1}{20}\int_{-10}^{0}\left(-h_j\right)^{0.89}\mathrm{d}\left(h_j\right)-2.25\times\frac{1}{20}\int_{0}^{10}\left(h_j\right)^{0.92}\mathrm{d}\left(h_j\right)=-2.820\,1$$

根据公式，可计算情景 S_j 的综合价值：

$$\begin{aligned}v_1&=\omega_1\times\tilde{v}_{1j}+\omega_2\times\tilde{v}_{2j}+\omega_3\times\tilde{v}_{3j}+\omega_4\times\tilde{v}_{4j}\\&=0.6\times0.527\,4+0.2\times0.307\,7+0.1\times(-0.260\,4)+0.1\times(-0.051\,0)\\&=0.346\,8\end{aligned}$$

对 v_j 进行排序，$v_1\geqslant v_2\geqslant 0\geqslant v_3$，则$k=2$，计算 π_{iq}，结果如表 6-13 所示。

表 6-13　π_{iq} 计算结果

应对情景	S_1 情景下	S_2 情景下	S_3 情景下
A_1	0.671 2	0.253 1	0.192 2
A_2	0.852 7	0.360 2	0.254 7
A_3	0.903 1	0.395 8	0.346 9

$$\pi_{1(1)}=\omega^+\left(\sum_{j=1}^{1}p_{1j}\right)-\omega^+\left(\sum_{j=1}^{0}p_{1j}\right)=\omega^+\left(p_{11}\right)=\frac{p_{11}{}^{\gamma}}{\left(p_{11}{}^{\gamma}+\left(1-p_{11}\right)^{\frac{1}{\gamma}}\right)}$$

$$=\frac{0.5^{0.61}}{0.5^{0.61}+0.5^{1.639}}=\frac{0.655\,2}{0.655\,2+0.321\,1}=0.671\,2,\ \gamma=0.61$$

$$\pi_{1(3)}=\omega^-\left(\sum_{j=q}^{n}p_{ij}\right)-\omega^-\left(\sum_{j=q+1}^{n}p_{ij}\right)=\omega^-p_{13}=\frac{p_{13}{}^{\delta}}{\left(p_{13}{}^{\delta}+\left(1-p_{13}\right)^{\frac{1}{\delta}}\right)}$$

$$=\frac{0.1^{0.69}}{0.1^{0.69}+0.9^{1.449}}=\frac{0.204\,2}{0.204\,2+0.858\,4}=0.192\,2,\ \delta=0.69$$

根据公式，计算容错成本的价值 v_{iC}；根据公式实施容错措施 A_i 的期望前景值 EF_i，并对 v_{iC}、EF_i 进行规范化处理，得到 $\tilde{v}_{iC}$、$\widetilde{\mathrm{EF}_i}$；再根据公式计算容错措施 A_i 的综合前景值 OF_i，结果如表 6-14 所示。其中 ϕ_1、ϕ_2 分别表示不确定性“损失”或“收益”和确定性容错成本的权重。由于决策者注重大规模灾害的损失高于收益，因此选取 $\phi_1=0.8$，$\phi_2=0.2$。

表 6-14　容错价值计算结果

应对措施	EF_i	v_{iC}	$\widetilde{\mathrm{EF}_i}$	$\tilde{v}_{iC}$	OF_i
A_1	0.041 9	383.486 5	0.330 4	0.204	0.305 1
A_2	0.042 9	−684.281 7	0.338 4	0.364	0.343 4
A_3	−0.126 8	−1 880.123 9	−1	−1	−1

$$\begin{aligned}\mathrm{EF}_1 &= v_1 \times \pi_{1(1)} + v_2 \times \pi_{1(2)} + v_3 \times \pi_{1(3)} \\ &= 0.346\,8 \times 0.671\,2 + 0.005\,2 \times 0.253\,1 - 0.192\,2 = 0.041\,9\end{aligned}$$

$$\mathrm{OF}_1 = \phi_1 \widetilde{\mathrm{EF}_1} + \phi_2 \tilde{v}_{1C} = 0.8 \times 0.330\,4 + 0.2 \times 0.204 = 0.305\,1$$

$OF_2>OF_1>0>OF_3$，一方面说明 A_1、A_2 的容错成本和预期灾害造成电网受损度、经济损失、社会影响、生态环境影响优于决策者的心理参考点，并且 A_2 优于 A_1；另一方面其容错成本无法弥补大规模灾害造成的损失，即需要投入相当大的成本才能有效地减少灾后损失，投入成本随着可能损失风险的增加也在相应的增加，控制较大的大规模自然灾害风险需要更多资金的投入，因此最终确定最优的容错方案为 A_2。

其容错率为 r=2 000/3 000=0.67，容错等级为 B 级，通过容错方案 A_2，提升应对主体的抗灾能力，适当降低大规模自然灾害造成的严重影响，最优方案为 A_2。A_3 的容错成本无法弥补大规模自然灾害造成的经济损失，即需要投入相当大的成本才能有效地减少灾后损失。容错规划仅是在一定范围内进行大规模灾害预防，投入成本随着可能损失风险的增加也在相应增加，控制较大的大规模自然灾害风险需要更多资金的投入，这一方面受财政支出的限制，不可能毫无限制地加大应对成本投入；另一方面，在大规模自然灾害不可接受风险范围内，实施高风险防灾减灾措施的边际效应递减，应对主体宁可承受损失而不愿付出更多资金投入到实施防灾减灾措施中。由此可见，在制定大规模灾害应对准备的容错规划时，只能适当地采取相应的容错措施来控制和预防大规模灾害的高风险情景，而不是一味地加大资金投入。

6.7　本章小结

本章构建了基于案例–数据–模型集成驱动的应对装备容错规划方法。首先，根据历史案例及相关文献，阐述应对装备容错规划的情景内涵，设计应对装备容错规划情景，从数据分析角度阐述应对装备的容错规划方案制订及评估过程，提出三类应对装备容错规划模型（多灾点应对装备调度容错模型、移动供电设备调度优化模型以及基于需求及供应的应对装备调度容错模型）；其次，识别案例、数据、模型三类容错规划方法间的支持关系，阐述应对装备容错规划的案例–数据–模型集成驱动过程及持续改进过程；最后，通过用例阐述容错方法的有效性及可行性。

参 考 文 献

陈一洲，杨锐，苏国锋. 2014. 突发事件应急装备资源分类及管理技术研究[J]. 中国安全科学学报，24（7）：166-171.

邓雪，李家铭，曾浩健. 2007. 层次分析法权重计算方法分析及其应用研究[J]. 数学的实践与认识，42（7）：93-100.

国务院应急管理办公室应急产业和装备发展调研组. 2012. 关于我国应急产业和装备发展现状的调研报告[J]. 中国应急管理，（2）：10-13.

蒋明，张世富，张冬梅，等. 2014. 美国应急装备体系分析[J]. 中国应急救援，（5）：39-43.

李湖生. 2011. 国内外应急准备规划体系比较研究[J]. 中国安全生产科学技术，10（7）：5-10.

李蕊，李跃，陈健. 2014. 重要电力用户自备应急电源的配置要求及成本效益分析[J]. 供用电，（6）：30-35.

李仕明，张志英，刘樑，等. 2014. 非常规突发事件情景概念研究[J]. 电子科技大学学报（社会科学版），（1）：1-5.

刘铁民. 2010. 脆弱性——突发事件形成与发展的本质原因[J]. 中国应急管理，（10）：32-35.

吕跃进. 2002. 基于模糊一致矩阵的模糊层次分析法的排序[J]. 模糊系统与数学，16（2）：79-85.

佩里 R，林德尔 M，李湖生. 2011. 应急响应准备：应急规划过程的指导原则[J]. 中国应急管理，（10）：19-25.

帅嘉冰，徐伟，史培军. 2012. 长三角地区台风灾害链特征分析[J]. 自然灾害学报，21（3）：36-42.

孙绍骋. 2001. 灾害评估研究内容与方法探讨[J]. 地理科学进展，20（2）：122-130.

王成敏，孔昭君，杨晓珂. 2010. 基于需求分析的应急资源结构框架研究[J]. 中国人口·资源与环境，20（1）：44-49.

张承伟，李建伟，陈雪龙. 2012. 基于知识元的突发事件情景建模[J]. 情报杂志，7：11-15.

张永领. 2010. 突发事件应急资源的需求结构研究[J]. 灾害学，25（4）：127-132.

仲雁秋，郭艳敏，王宁，等. 2012. 基于知识元的非常规突发事件情景模型研究[J]. 情报科学，30（1）：115-120.

Jeremy J，Matthew M H，Patel R S. 2009. Detecting influenza epidemics using search engine query data[J]. Nature，457（7232）：1012-1014.

National Research Council（US）Committee on Risk Perception and Communication. 1989. Improving risk communication[M]. Washington D. C.：National Academies Press.

Wiener A J，Institute H，Kahn H. 1967. The Year 2000：A Framework for Speculation on the Next Thirty-Three Years [M]. New York：MacMillan.

第 7 章

大规模灾害应对准备的物资容错规划

本章在应对物资调度准备规划工作内容及现实问题的基础上，提出基于案例-数据-模型集成驱动的应对物资容错规划方法。

7.1 应对物资分类及来源

7.1.1 应对物资分类

应对物资是指在大规模灾害爆发后，应对人员实施救援、保障应对响应过程顺利进行所需的各类物资，其直接关系到大规模自然灾害应对响应的效果。一般来说，是依据应对物资自身特性及其在应对管理过程中所发挥的作用来分类。目前应对物资主要有以下分类。

（1）根据用途分类。按照国家发展和改革委员会（简称国家发改委）颁布的《应急保障重点物资分类目录（2015 年）》，可以将应对物资分为现场管理与保障、生命救援与生活救助、工程抢险与专业处置三大类（国家发展和改革委员会办公厅，2015）。

（2）根据使用的紧急程度分类。分为紧急级物资、严重级物资、一般级物资。

（3）根据物资种属关系与性质。我国学者曾文琦（2004）将救灾物资分为 3 类：①救生类，包括救生船、救生艇、救生圈、救生衣、探生仪器、破拆工具、顶升设备、小型起重设备等；②生活区类，包括衣被、毯子、方便食品、救灾帐篷、饮水器械、净水器等；③医疗器械及药品。

根据上述应对物资的分类标准，本章对应对物资的分类如表 7-1 所示，主要分为生活类物资、医药类物资及救援类物资。生活类和医药类应对物资组织采购所花费的成本相对低，如方便面、面包和外伤药、感冒药、口罩等，但在救援活动中，生活类和医药类物资是灾民灾区生活的重要应对物资，是人们生命延续的保障，若此类物资缺乏将造成较大的风险，因此此类物资属于瓶颈物。此外，本章主要考虑救援类物资，即完成应对救援工作所需物资，如生命探测仪、电力抢修工具等，这类物资关系关键基础设施抢修及救援工作展开，直接影响应对响应工作的目标实现。本章考虑两类应对物资容错问题：第一类应对物资容错问题为物资的储备问题，在大规模灾害应对准备阶段，要充分考虑物资储备，避免响应阶段物资储备不足；第二类应对物资容错问题为物资的调度问题，在准备阶段要考虑响应阶段的物资调度情景，设计相应的容错措施。

表 7-1　应对物资分类

应对物资类别	子类
生活类物资	水、方便面、面包、帐篷、棉衣被、单衣被、睡袋等
医药类物资（不包括医疗器械）	药品、消毒液、灭菌泡腾片、漂白粉、口罩等
救援类物资	生命探测仪、电力抢修工具、顶升设备（小型）、应急通信设备、救生艇、救生圈、救生衣、医疗器械等

应对物资与应对装备的主要区别在于：应对装备具有货币价值高、可重用性强、专用性强的特点，如挖掘机、推土机、消防车等；应对物资具有货币价值低、可重用性差、通用性的特点，如空气呼吸器、气体检测仪、防毒面具、小型灭火器等。一般而言，应对装备用于特定应对响应任务（如关键基础设施抢修中的移动供电设备），应对物资用于通用应对响应任务（如关键基础设施抢修中的维修工具）。

7.1.2　应对物资来源

大规模灾害所需应对物资主要来自四个方面。

（1）储备物资。中央和地方应对物资储备库储备的物资，应对物资储备模式主要有政府储备、协议企业实物储备、协议企业生产能力储备三种，不同的储备模式都有其各自的适用条件和优缺点。在大规模自然灾害应对响应过程中，主要通过应对物资的送达时间、送达量以及运输成本来衡量其有效性。而这三个指标一定程度上由储备模式的四个指标——时效性、储备成本、储备能力及可靠性决定：①时效性是指应对物资到达灾区的时间。②储备成本是指应对物资储备的总成本。③储备能力是指是否能够保障充足的应对物资储备量。④可靠性是指储备主体根据协议完成应对物资储备的概率。

政府储备、协议企业实物储备、协议企业生产能力储备三种基本储备模式的对比分析如表 7-2 所示。

表 7-2 不同储备模式比较

储备模式	特点			
	时效性	储备能力	储备成本	可靠性
政府储备模式	较高	小	高	高
协议企业实物储备模式	高	大	较低	较高
协议企业生产能力储备模式	低	大	低	低

（2）社会捐赠。其包括国内国际捐赠的物资，在大规模自然灾害爆发后，政府动员社会各界积极捐赠救灾物资。

（3）国家征用。在大规模自然灾害爆发后，政府对某些企业所生产的物资进行强制性征用，以满足应对物资的迫切需求。在灾害恢复阶段，国家会对这些企业进行结算和补偿。

（4）现货市场采购。通过市场交易，采购储备和征用不足的应对物资。

7.2 应对物资的准备规划问题

7.2.1 应对物资储备及调度

1. 应对物资需求及储备问题

突发事件主要分为自然灾害、事故灾难、公共卫生事件、社会安全事件四类（国务院，2015）。大规模突发事件的破坏性强、受灾面积广、经济损失大等特点决定了大规模突发事件的应对物资储备与一般规模突发事件的应对物资储备问题存在很大差异（王海军等，2014；王旭坪等，2013）。本章以大规模自然灾害为例阐述应对物资储备问题。大规模自然灾害的应对响应阶段一般分为初期、中期和后期，不同阶段的应对物资需求不同。应对准备规划应考虑应对物资需求问题，只有合理预测灾区的应对物资需求，事前规划物资储备，才能够有效降低灾害造成的损失，抑制灾害的蔓延和防御次生灾害的发生。

在大规模自然灾害应对响应初期（灾害爆发后 1~3 天），应对响应活动对应对物资的时效性需求最高，应对响应初期以抢救、搜救生命为主要任务，在此阶段更加需要救援类物资（救生工具等）。例如，地震灾害发生后，24 小时内受困群众生还率为 90%，24~48 小时为 50%~60%，48~72 小时为 20%~30%，72 小时后仅为 5%~10%。因此在应对响应初期，一方面，对应对物资尤其是救援类物资的需求非常紧迫，且此类物资不可能在短时间内生产出来，需要对此类物资进行灾前的适当投资储备；另一方面，应对响应初期所需的应对物资要保证其时效性。

在大规模自然灾害应对响应中期（灾害爆发后 4~10 天），应对响应活动对应对物资的到达量需求最高。应对响应中期以安置灾区群众、继续营救受困伤员为主要任务，此阶段对各类物资的时效性没有应对响应初期要求高。对救援类应对物资的需求逐渐下降，对生活类和医药类应对物资的需求逐渐上升。因此，此阶段需要及时对受伤群众进行救治，医药类物资需求在此阶段达到最大值。

在大规模自然灾害应对响应后期（灾害爆发后 11~20 天），能够救援出的受困群众生还的概率微乎其微，应对响应后期的应对任务主要是预防次生灾害发生以及安抚受灾群众，降低群众恐慌和减少社会动荡，改善灾区的生态环境。此阶段要求保障应对物资的时效性最低。救援类与医药类物资的需求下降，且救援类应对物资下降程度更为明显。此时，受困人员被解救的数量逐渐升高，生活类应对物资需求最大。

综上所述，三类应对物资不同阶段需求量变化曲线如图 7-1 所示。

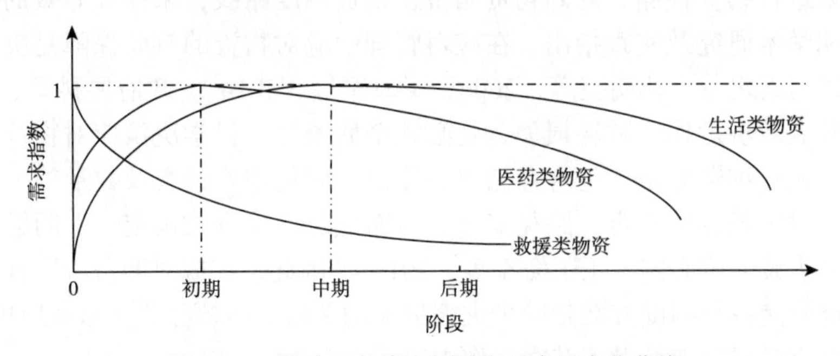

图 7-1　三类应对物资不同阶段需求量变化曲线

2. 应对物资调度目标及约束

大规模自然灾害持续时间相对较长，不同应对响应阶段的应对物资调度目标也大不相同。一般来说，大规模自然灾害应对响应初期，以时间最小为应对物资调度目标；在应对响应的中后期，时间约束较弱的情况下，以运输成本最小为应对物资调度目标，或以时间、成本进行多目标规划。

在应对响应阶段，应对物资受现实条件影响，存在以下几方面的约束：

（1）时间约束。大规模自然灾害爆发后，应对物资必须第一时间送达灾区，及时满足灾区的基本需求，充分发挥其时效性，一旦超过最佳时限，应对物资不仅不能够发挥良好的效果和作用，还可能导致次生灾害的发生。

（2）位置约束。大规模自然灾害下，不同区域及位置的灾害严重程度不同，供应单位物资调运及运输的难度亦不同。

（3）资源约束。应对物资的种类和数量最好能够满足灾区的应对物资需求，并且其质量要符合一定的标准。

（4）信息约束。大规模自然灾害具有突发性，使有关部门无法及时获取现场大量信息，应对决策者没有充足的数据为依据进行决策，如灾区应对物资需求数量、种类与物资调度中心的信息不一致。

（5）关键基础设施约束。大规模自然灾害可能造成公路、电网等基础设施的毁坏，甚至瘫痪，为应对物资调度增加难度。

如果忽视上述约束，将增加应对失效风险。因此，在应对准备规划阶段，应考虑上述约束问题对应对物资调度的影响，采取适当措施缓解约束影响。

7.2.2　应对物资准备规划的基本工作内容

大规模灾害爆发后，区域内的物资供应服务设施（如物资存储仓库、运输站点等）往往受灾害影响难以提供服务。因此，需在大规模灾害爆发前设置存储中心来进行物资存储，规划物资储备及物资调度路线，来保证有效的应对响应。长期学术研究及实践指出，在应对管理中应对物资的有效保障是决定其成败的关键因素之一（祁明亮等，2006；王海军等，2014）。政府要科学、有序、快速地开展救济运作，减轻损失，就必须全面统筹、科学决策应对物资的储备及过程。应对物资储备（包含存储中心建设、储备物资种类及数量等）及调度（包含应对出救点的确定、路径安排、运输量及运输方式确定等）问题是应对物资保障决策的核心问题（王海军等，2014），因此，在应对准备阶段合理规划应对物资的储备及调度方案是减少灾害损失的关键。回顾已有文献及历史案例，物资调度应对规划涉及以下基本工作内容。

（1）应对物资储备及调度的“情景–应对”映射关系。大规模自然灾害背景下的物资储备及调度的“情景–应对”映射关系是物资应对规划的重点，体现在以下几个方面：第一，大规模突发事件破坏性强，突发情景造成后果严重，需加强规划可能出现的情景，提前设计冗余措施。第二，自然灾害区别于事故灾害、公共卫生事件及社会安全事件，具有不可避免、可减轻、不重复等特征，使得物资储备及调度的规律性更弱，应对准备规划与持续改进更为重要。第三，应对物资需求具有模糊性，突发事件对需求信息的获取是渐进性的，尤其是在突发事件初期，信息十分匮乏，难以预测出整个事件所需应对物资，即便有可靠的预测手段和预测方法，预测结果仍具有高度模糊性。

（2）不同灾害情景下应对物资的储备及调度需考虑应对的时间窗。大规模自然灾害情景具有突发性、不确定性特征，不同灾害情景下的应对物资调度时间窗要求不同，最终的应对物资调度方案亦有差别；另外，若灾害应对时间窗过小，物资储备的作用更为关键。有学者以“时间最短”“出救点最少”为目标或目标组合，建立了各种连续或离散情形的单目标、两目标、两阶段模型，多用模糊规划方法求解。但这些模型主要研究的是多出救点对单一需求点问题（何建敏等，2001；刘春林等，1999a，1996b，2001；王新平和王海燕，2012）。因此，在应对准备规划阶段，需结合物资调度模型、物资生产动员模型等应对物资调度相关模型，综合确定应对物资调度方案，并设置物资配置评估指标以规划物资存储相关参数。

（3）应对规划情景数据的相互联系。如前文所述，一方面，一些情景数据难以通过案例直接得到，可通过相关模型进行数据推导与计算。另一方面，有学者指出，必须承认所有的灾难都会产生一种动态变化的环境，规划不可能涵盖与未来灾难事件相关的所有可能出现的意外情况（佩里等，2011）。因此，在应对准备规划阶段，需结合数据分析，明确应对规划涉及数据及来源，实现应对物资储备及调度方案的模型及案例分析。

由于时间压力，应对决策者采取响应决策的时间非常有限，一旦应对物资供应不足，往往会诱发一系列的社会问题。公众对应对救援的不满与质疑，很可能会降低政府在公众心目中的形象与地位。对于如何提高公众对应对救援工作的满意度是应对物资准备规划中需要考虑的重要问题。对于公众来说，实际应对救援时间与其内心感知的救援时间存在差异，且公众对损失的敏感度高于收益，公众对应对救援时间的满意程度在一定程度上反映了应对救援效果的好坏。对于应对决策者来说，面对大规模自然灾害，其往往面临损失不可避免的决策环境，属于损失规避型的，常常表现为“小失即是得”的心理，需要考虑公众和应对决策者的有限理性行为特征。

7.2.3　应对物资准备规划的现实问题

应对物资储备及调度为系统性问题，涉及反馈、循环等概念，利用系统动力学模型对这一问题进行刻画，如图 7-2 所示。应对物资储备在不同的地区，灾区可调用的资源分别储备在 P_1、P_2、P_3 供应地，L、M、N 为存储中心，R_1、R_2、R_3 为大规模灾害爆发初期灾点的物资需求量，由此得出应对物资储备及调度示意图，如图 7-3 所示。在实际运行过程中，应对物资的应对准备规划受规划理论及现实条件影响，呈现出以下几方面的问题。

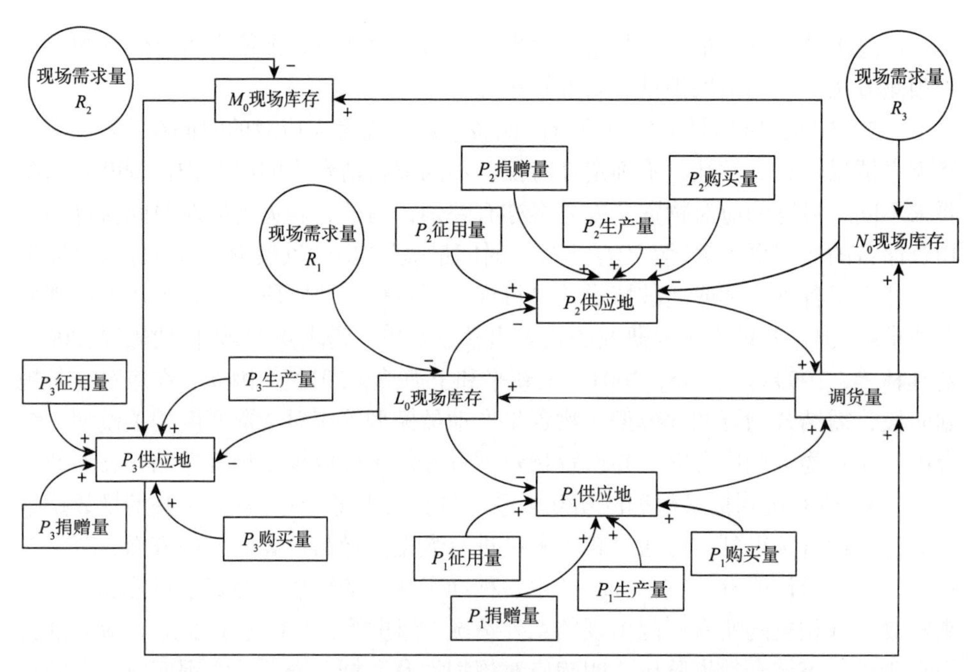

图 7-2　应对物资储备调度的系统动力关系图

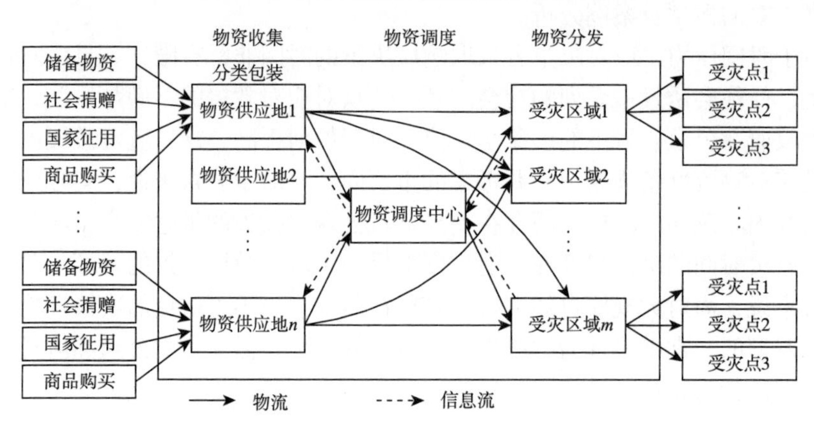

图 7-3　应对物资储备调度示意图

（1）物资储备准备规划的情景预估不足问题。在问题分析阶段，需要基于案例分析等技术，判定情景中的灾害情况，以及相应的物资需求量、物资储备量等情景。一方面，由于情景要素之间存在内在关联性，不同情景下的应对物资储备方案有差别；另一方面，大规模灾害的突发性，往往造成情景预估不足，进而导致物资储备量不足，针对这一问题，对物资存储量及物资存储中心进行冗余处理是必要的。本章提出物资储备容错方案，通过设置物资冗余、存储中心冗余等方式，达到提高机制运行持续性的目的。

（2）应对物资调度的方案模糊性问题。在情景确定后，需根据情景要素的具体取值，通过适当的模型或分析方法，推导应对物资调度的具体方案。其中，需要注意灾害情景的判断偏差以及突发事件的事故链问题。灾害情景判断偏差的影响体现为灾害后果评估、灾害发生地点、物资需求、调度路线规划等方面判断的经验约束，导致应对物资调度方案失效；突发事件事故链的影响体现为单一灾害分析将带来后果预估的模糊性，如台风常引发风暴潮灾害，还可能造成滑坡、泥石流等更严重的灾害。

（3）单一应对准备规划方法的局限性。规划涉及的案例驱动、模型驱动、数据驱动方法相互支持，单一方法效率低下。一方面，三种驱动方法相互支持，如案例驱动为数据驱动提供结构化的情景要素；另一方面，单一方法很难独立解决应对规划问题，如模型驱动及数据驱动方法若缺乏案例驱动的情景设计过程，则难以保证应对规划情景设定的有效性。

7.3　应对物资容错规划流程

综上所述，应对物资的应对准备规划是一个系统性问题，涉及多项重要内容，且涉及内容存在相互关联。因此，需要通过系统性方法解决，本章提出的案例-数据-模型集成驱动的容错规划框架如图 7-4 所示，期望能够提供解决这一系统性问题的思路。

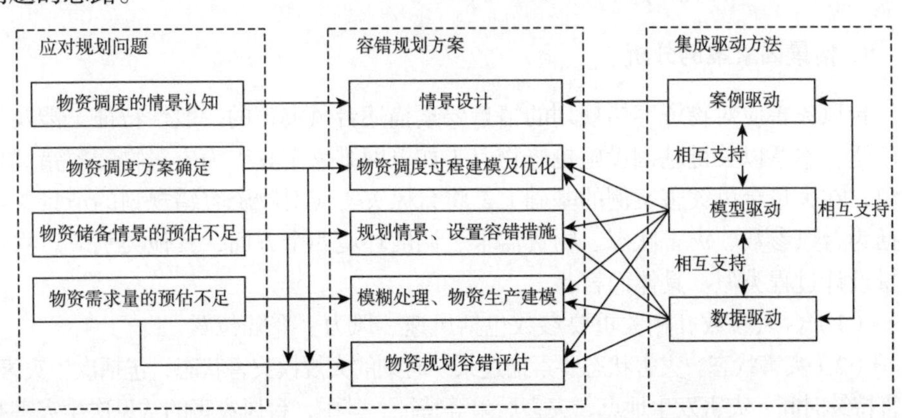

图 7-4　基于案例-数据-模型集成驱动的容错规划框架

在此，容错规划中的“错”是指对大规模灾害应对物资储备及调度预估不足或防御措施不当，从而引发的应对响应延迟甚至失误，“容错”是通过应对准备阶段的一系列措施对这些“错”进行包容性处置，使应对决策者能够完成预设的应对物资调度容错目标。

7.4　应对物资容错规划

在情景设计方法上，采用多维情景空间方法来设计情景，以多维度的方式来表达情景，每一个维度都对应一个最小的基本要素。这与应对装备容错规划类似，应对物资容错规划针对的情景实际为一个情景体系，包括实时情景与应对情景两方面内容，其中，实时情景指导应对情景生成，应对情景反映自然灾害实时情景；实时情景与应对情景均由情景要素组成，分别称为应对物资容错规划的情景要素与应对物资容错规划的任务要素。

在情景要素选取方法上，主要考虑自然灾害现实状态及应对准备状态两方面。其中，自然灾害现实状态方面可通过大规模灾害情景划分进行要素选择，即情景要素大致可分为致灾因子、承灾体及孕灾环境三方面；应对准备状态应基于应对物资调度准备规划的关注点。例如，若以电网抢修为关注点，则要素选择应体现电网抢修相关的应对准备措施及状态。

在任务要素选取方法上，结合应对物资储备及调度的应对响应背景（如电网抢修），以应对案例中灾害应对的关键点为主要对象进行任务要素选取。

7.4.1　应对物资容错规划的案例选择借鉴与应对情景设计

1. 情景因素案例分析

台风灾害应对物资容错规划的情景要素描述台风灾害的一般性特征，涉及范围广泛。本章以关键基础设施抢修物资（如电网维修工具）为应对物资容错规划对象，在大量台风灾害案例的基础上，将台风灾害应对物资容错规划的情景要素概括为台风参数、灾害状态、物资需求、调度环境四个方面，其他类别应急物资情景设计过程类似。具体而言：

（1）台风参数。相关重要参数包括风速、风力、登陆位置。

（2）灾害状态。灾害状态要素描述某一时刻的大规模灾害状态，包括次生灾害、灾害持续时间、灾害发生地点、灾害后果等特征。其中，台风灾害的常见次生灾害有强降水、滑坡等。次生灾害按发生时间可分为已发生次生灾害及潜在次生灾害两方面，潜在次生灾害发生概率一般需要通过灾害链识别、灾害推演模型等预测获得。灾害持续时间直接影响灾害危险程度以及应对响应的时间窗口；灾害发生地点为调度环境要素取值提供参考，如灾害发生在城市中心或关键物资存储区域，物资调度难度大；灾害后果即台风灾害预期带来的后果，包括人员影响、社会影响、经济影响、环境影响四方面，其中，人员影响通过人员预期伤亡人数表示，经济影响通过预期经济损失表示，社会影响及环境影响为决策者或专家针对目前灾害状态进行的主观性评估。

（3）物资需求。物资需求要素描述物资的需求种类及需求量。物资需求影响应对准备规划阶段物资储备的种类及数量规划。例如，如图 7-1 所示，大规模自然灾害的应对响应阶段一般分为初期、中期和后期，不同阶段的应对物资需求不同；另外，不同灾害状态及台风参数影响下的物资需求亦会发生变化。因此，在实际应对规划过程中，需根据台风参数、灾害状态情况，通过物资需求预测等方式综合确定物资需求种类及需求量。在本章中，关注关键基础设施抢修物资（如电网维修工具）的物资需求问题。

（4）调度环境。调度环境要素描述物资调度的难易程度，包括物资存储中心位置、物资存储中心受损情况、物资调度路径环境等。其中，物资存储中心位置往往决定物资调度方案中的具体调度路线；物资存储中心受损情况影响该中心的物资供应能力，需结合灾害状态要素进行系统分析；物资调度路径环境决定存储中心物资能否顺利调往灾害现场及物资需求点。

针对上述台风灾害应对物资调度容错规划的情景要素，回顾台风灾害历史案例进行实例情景认知，得到台风灾害事件的应对物资调度容错规划的情景要素汇总，如表 7-3 所示。

表 7-3　台风案例的应对物资调度容错规划情景要素汇总

案例	台风参数		灾害状态				物资需求	调度环境
	风力	登陆位置	次生灾害	灾害持续时间	灾害发生地点	灾害后果		
2005 年美国“卡特里娜”飓风	5 级飓风	正面登陆	暴雨、风暴潮、洪水	8 天	佛罗里达州、路易斯安那州、密西西比州、阿拉巴马州	1 836 人丧生；750 亿美元经济损失；对社会及生态环境造成严重影响	物资储备不足，灾后对于物资的需求急剧增加	新奥尔良市，没有交通工具，交通崩溃
2005 年台风“麦莎”	14 级	边缘登陆	暴雨、风暴潮、塌方	7 天	台湾、福建、浙江、上海、安徽、江苏、山东	20 死 5 伤；177.1 亿元经济损失；对社会及生态环境造成严重影响	台风移动路径很难预报，只能预测，应做好资金和物资保障准备	风雨笼罩公路
2008 年强台风“黑格比”	15 级	正面登陆	暴雨、风暴潮	8 小时	广西 57 个县（市、区）	63 人死亡、22 人失踪；9.237 亿美元经济损失；对社会及生态环境造成严重影响	救灾物资往往是杯水车薪，不可能满足每个受灾户的需要	公路中断 34 条（次），毁坏公路路基 389.4 千米

续表

案例	台风参数		灾害状态				物资需求	调度环境
	风力	登陆位置	次生灾害	灾害持续时间	灾害发生地点	灾害后果		
2009 年台风“莫拉克”	13 级	正面登陆	暴雨、风暴潮	9 天	福建霞浦、台湾花莲	台湾遇难人数 461 人；62 亿美元经济损失；对社会及生态环境造成特别严重影响	县委、县政府周密部署，物资储备充足	中北部地区公路交通基础设施损毁严重
2012 年台风“韦森特”	12 级	边缘登陆	无	8 天	广东样本城市等 13 市 38 县（市、区）	广东受灾人口达 82.3 万人，因灾死亡 5 人，失踪 6 人；1.84 亿元直接经济损失；对社会及生态环境造成严重影响	做好应急预案、指挥运营、物资储备等环节工作	海陆空交通在台风影响下被迫暂停或延迟
2013 年台风“天兔”	14 级	边缘登陆	暴雨、风暴潮	8 天	台湾、大陆多个城市	致广东 30 人死亡；34 亿元直接经济损失；对社会及生态环境造成严重影响	保证应对物资、应对资金的日常最低储备	绝大部分区域交通、供电中断
2014 年台风“麦德姆”	14 级	边缘登陆	暴雨、风暴潮、城市内涝	7 天	长滨乡、高山镇、荣成市虎山镇	106.5 万人受灾，2 人死亡；8.4 亿元经济损失；对社会及生态环境造成严重影响	保持信息畅通、落实防汛物资储备	各地遭遇严重内涝，影响交通运输
2014 年“7·18”广东超强台风“威马逊”	17 级以上	正面登陆	暴雨、风暴潮、洪水	10 天	海南、广东、广西的 59 个县（市、区）	56 死 18 伤 20 失踪；经济损失 384.08 亿元；对社会及生态环境造成特别严重影响	加强应对物资储备和安全管理工作	海南省养公路中断 95 条
2015 年台风“灿鸿”	8 级	边缘登陆	阵雨	4 天	浙江省舟山朱家尖	中国境内无人员伤亡；19.47 亿元经济损失；对社会及生态环境造成一定影响	做好必要的物资储备工作	对浙江高速公路通行安全造成了较大隐患
2016 年台风“莫兰蒂”	17 级以上	正面登陆	暴雨、风暴潮	8 天	福建、广东、台湾、浙江各县市	28 人死亡、49 人受伤；约 25.063 1 亿美元直接经济损失；对社会及生态环境造成严重影响	基于台风路径预测，做好物资储备、队伍建设	口岸/客运枢纽周边道路交通压力较大

2. 任务因素案例分析

灾害应对物资调度容错规划任务要素描述决策者在应对准备阶段，针对容错规划情景要素所做出的反应，可理解为容错规划的具体措施。容错规划任务要素是应对任务的基本要素，容错规划任务要素认知为任务制定的基础。本章在大量台风案例的基础上，将台风灾害应对物资调度容错规划的任务要素概括为风险交流、物资储备、物资调度能力、物资调度路线四个方面。具体而言：

（1）风险交流。如前文所述，提前通知防范风险对灾害应对有重要意义，因此应在规划阶段设计风险交流的内容结构及交流方式。

（2）物资储备。由前文可知，物资储备是影响应对响应效果的重要因素。本章主要关注关键基础设施抢修物资（如电网维修工具）这一典型的应对物资，涉及应对物资存储中心数量及应对物资储备情况。

（3）物资调度能力。物资调度能力描述实现应对物资调度需要的能力，包括物资调度队伍、物资调度工具、投资总成本等特征。其中，投资总成本为完成应对物资调度工作所预计投入的总成本，需根据容错规划情景，通过研判等形式综合确定，投资总成本主要包括调度能力（如调度队伍、调度工具）投资、调度能力及工具维护投资。本章关注以关键基础设施抢修物资（如电网维修工具）为代表的应对物资调度容错规划，因此，相应的调度队伍、调度工具、预计投资总成本亦关注对抢修物资需求的满足。

（4）物资调度路线。物资调度路线描述应对物资调度的具体路径，物资调度路线需考虑物资调度环境及灾害实际情况，结合物资配置、物资调度能力及物资调度模型综合确定。

针对上述台风灾害应对装备容错规划的任务要素，回顾台风灾害历史案例进行实例情景认知，得到台风灾害事件的应对物资调度容错规划的任务要素汇总，如表 7-4 所示。

表 7-4　台风案例的应对物资调度容错规划任务要素汇总

案例	风险交流		物资储备	物资调度能力			物资调度路线
	交流内容	交流方式		调度队伍	调度工具	投资总成本	
2005 年美国“卡特里娜”飓风	飓风预报；飓风预警信号	电视、网络等发布预警	应对物资储备规划及应对物资储备方案	7 000 名士兵	空军第 101 救援中队	时任总统布什签署了 518 亿美元的紧急救灾拨款法案	制订合理、科学的应对物资调度方案
2005 年台风“麦莎”	灾害预警	电视、网络等发布预警	建立了 4 个消防应对救援物资储备库	防汛抢险队伍 30 万人	落实了应急处置车辆	研究部署抗台救灾方案，涉及拨款方案	制订合理、科学的应对物资调度方案

续表

案例	风险交流		物资储备	物资调度能力			物资调度路线
	交流内容	交流方式		调度队伍	调度工具	投资总成本	
2008年强台风“黑格比”	灾害预警	中央气象台发布台风蓝色预警信号	储备一批必要的应对救灾物资	300多名部队官兵和抢险队员	车辆503台	召开了防台风紧急会议，研究拨款投资防台风方案	严格制订运行方案，科学调度
2009年台风“莫拉克”	将“莫拉克”升格为中度台风	电视、网络等发布台风警报	相当数量的编织袋和麻袋、钢筋笼等	由100名民兵为主体的应急抢险队伍	相应的抢险车辆25部	多部门紧急部署救灾工作，涉及拨款方案研判	设计最优应对物资调度方案
2012年台风“韦森特”	安全预警信息8 000余条	电视、网络等发布预警	强化应对物资的储备，配置各类应对物资	13支2 786人应急抢修队	抢修车辆684台	1208号台风“韦森特”路径特征分析，相应投资方案确定	已完成台风“韦森特”强度与路径探究
2013年台风“天兔”	台风红色预警信号	电视、网络等发布预警	成立应急物资储备室，配置各类应急物资	应急队伍1 800余人次	应急处置车辆180余台	加强对“天兔”路径及影响的监测，商讨投资方案	做好物资储备和转移安置工作
2014年台风“麦德姆”	台风蓝色预警	电视、网络等发布预警	编织袋34 500条、砂石料4 200立方米、救生衣420件	应急队伍171支、1 220人次	认真做好应急车辆调度工作	各部门要按照职责分工和预案规定商讨救灾方案、设计投资方案	制订合理、科学的应对物资调度方案
2014年“7·18”广东超强台风“威马逊”	最高热带气旋警告信号：台风红色预警信号	电视、网络等发布预警	提早组织调整了应对物资储备方案	现役部队338人，民兵预备役1 112人	各类车辆40余台	台风“威马逊”待分配资金11 200万元，已经市政府批复	广东省民政厅已紧急向湛江市调拨帐篷1 000顶
2015年台风“灿鸿”	台风红色预警	电视、网络等发布预警	储备了各类消杀用品40多吨	应急抢险队伍607支、约1.62万人	100余辆抢修车辆24小时待命	启动预案，调拨有关救灾物资，商讨救灾投入方案	应对物资调度方案择优选取
2016年台风“莫兰蒂”	台风黄色预警	电视、网络等发布预警	包括棉被、床板、餐具、应急灯、手电、雨衣	全省939支应急抢修队伍共14 646人	应急车辆随时能参与	做好防台风抢险应对工作，做好资金投入的研讨及筹集调度	召开台风应对工作部署会

7.4.2 应对物资容错规划的数据分析

应对物资调度容错规划的数据血缘分析是以数据分析为基础，厘清应对物资调度容错规划涉及的数据项及数据项之间的相互关系。在此分析下，只需明确数据需求及数据来源，即可计算应急物资容错规划涉及的任意数据，数据计算的结果可用于案例数据支持、模型数据支持、容错规划评估等。本小节以华南地区应对台风灾害为背景，针对某个具体灾害进行短期内的应对物资容错规划，以生活服务设施为承灾体，验证容错方法的可行性和有效性。该地区曾经历 12 级台风灾害，经济损失达 3 000 万元。假设未来该地区可能遭受到 12 级以上台风灾害，造成大面积停电，应对管理部门需提前进行物资储备，并按需求从附近物资存储中心调运应对物资，保障人们的基本生存条件。针对此次灾害，预测未来可能发生的情景，在灾前应对准备阶段做好一定的容错措施，对应对物资的储备调度进行规划，以免造成巨大的经济损失。按大规模自然灾害情景的严重程度分为 B1 严重、B2 比较严重和 B3 非常严重三个状态。由前文可知，应对规划应考虑灾害情景超出决策者经验范围、专家判断偏差等问题，需对灾害情景进行模糊化处理。

模拟情景 S_1：台风在样本城市的相邻城市登陆，受其影响，样本城市沿海海面阵风风力达 12 级，持续暴雨并伴随着强降雨。城市地面无积水但交通拥堵，部分高速公路封闭，可从地区外部获得的应对物资有限且调度时间较长，内部物资调度难度较低；样本城市某区域内有 6 处应对物资存储中心，各存储中心可存储各项应对物资。在台风过境时，预期伤亡人数为 1~5 人，预期经济损失为 500 万~1 000 万元，对社会造成一定影响（专家打分区间 50~70），对生态环境造成一定影响（专家打分区间 50~70）。

模拟情景 S_2：台风在样本城市边缘登陆，样本城市沿海海面阵风风力达 15 级，长时间持续大雨，树木倒伏，地面积水过多，高速公路封闭，无法从外部获取应对物资，内部物资调度路线有限；样本城市某区域内有 4 处应对物资存储中心（考虑其余存储中心受灾，难以提供调度服务），各存储中心可存储各项应对物资。在台风过境时，预期伤亡人数为 6~10 人，预期经济损失为 1 000 万~2 000 万元，对社会造成较大影响（专家打分区间 70~85），对生态环境造成较大影响（专家打分区间 70~85）。

模拟情景 S_3：台风在样本城市正面登陆，样本城市沿海海面阵风风力达 17 级，长时间暴雨，个别堤坝濒临被毁，海面有暴风潮，将引起山体滑坡，高速公路全部封闭，并有部分塌方，城市部分区域大面积停电，电力中断，内部物资调度出现困难；样本城市某区域内有 2 处应对物资存储中心（考虑其余存储中心受灾，难以提供调度服务），各存储中心可存储各项应对物资。在台风过境时，预期伤亡人数为 11~20 人，预期经济损失为 2 000 万~5 000 万元，对社会造成很大影响（专家打分区间 85~100），对生态环境造成很大影响（专家打分区间 85~100）。

备选应对措施 A_1：通过各种媒体提醒市民台风期间尽量减少外出、提前储备生活必需品；各应对物资存储中心储备一定量（由案例推理结合物资需求预测模型推演得到）各项物资，增加 0~0.5 倍冗余物资，未设置备份存储中心；各应对物资储备中心需要准备充足的物资调度队伍与物资调度工具，保障物资运输车辆和物资调度队伍随时待命，投资总成本为500万元。

备选应对措施A_2：通过各种媒体提醒市民台风期间尽量减少外出、提前储备生活必需品；各应对物资存储中心储备物资在措施A_1的基础上，增加0.5~1倍冗余物资，设置备份应对存储中心1~2处（增加的存储中心不计入情景中存储中心数量）；各应对物资储备中心需要准备充足的物资调度队伍与物资调度工具，保障物资运输车辆和物资调度队伍随时待命，投资总成本为2 500万元。

备选应对措施A_3：通过各种媒体提醒市民台风期间尽量减少外出、提前储备生活必需品；各应对物资存储中心储备物资在措施A_1的基础上，增加1~2倍冗余物资，设置备份应对存储中心2~3处；各应对物资储备中心需要准备充足的物资调度队伍与物资调度工具，保障物资运输车辆和物资调度队伍随时待命，投资总成本为3 000万元。

基于样本城市实地调研的基础数据，根据专家打分法、德尔斐法以及模糊层次分析法（李蕊等，2014；邓雪等，2007；吕跃进，2002），计算得出人员伤亡、经济损失、社会影响、生态影响的权重为w=（0.6，0.2，0.1，0.1）[①]。在不同方案A_i的作用下，情景S_j出现后被控制住的概率由应对台风灾害经验丰富的专家通过对深圳台风历史资料的分析和判断给出，如表7-5所示。

表7-5　成功应对情景S_j的概率

应对情景	S_1	S_2	S_3
A_1	0.50	0.40	0.10
A_2	0.70	0.60	0.15
A_3	0.90	0.70	0.30

第一层次：应对主体根灾害风险分析，评估据当前所具备的抗灾能力，设置想要达到的容错等级，给出相关决策的心里参考点为C^R=2 000，D^R=10，E^R=2 000，G^R=50，H^R=60。

第二层次：根据预设情景与相应的容错措施，计算d_j、e_j、g_j、h_j。根据前文大规模灾害应对准备的容错规划目标中的内容，d_j、e_j、g_j、h_j为正态分布，取α=0.89，β=0.92，λ=2.25，计算人员伤亡、经济损失、社会影响和环境影响的价值v_{kj}，将其规范化得$\tilde{v}_{kj}$，其中k=1，2，3，4；j=1，2，3，计算结果具体如表7-6所示。

① 数据来源于样本城市某地区民政局人员以及应对领域内的专家学者，通过现场填写和电子邮件共发放调查问卷300份，有效问卷269份。

表 7-6　v_{kj} 计算结果

数值	S_1 情景下	S_2 情景下	S_3 情景下
d_j	[−9，−5]	[−4，0]	[1，10]
e_j	[−1 500，−1 000]	[−1 000，0]	[0，3 000]
g_j	[0，20]	[20，35]	[35，50]
h_j	[−10，10]	[10，25]	[25，40]
c_j	−1 500	500	1 000
v_{1j}	5.643 6	1.817 1	−10.700 0
v_{2j}	570.118 4	247.478 9	−1 852.818 4
v_{3j}	−18.442 9	−47.420 8	−70.816 4
v_{4j}	−2.820 1	−31.244 7	−55.313 3
$\tilde{v}_{1j}$	0.527 4	0.170 0	−1
$\tilde{v}_{2j}$	0.307 7	0.133 6	−1
$\tilde{v}_{3j}$	−0.260 4	−0.670 0	−1
$\tilde{v}_{4j}$	−0.051 0	−0.564 9	−1
v_j 综合价值	0.346 8	0.005 2	−1

由于计算过程类似，本章仅以 S_1 情景为例，展示详细的计算过程：

$$d_j = D_j - D^{\mathrm{R}} = [1-10, 5-10] = [-9,-5]$$

$$e_j = E_j - E^{\mathrm{R}} = [500-2\,000, 1\,000-2\,000] = [-1\,500, -1\,000]$$

$$g_j = G_j - G^{\mathrm{R}} = [50-50, 70-50] = [0,20]$$

$$h_j = H_j - H^{\mathrm{R}} = [50-60, 70-60] = [-10,10]$$

$$v_{1j} = \int_{d_j^{\mathrm{L}}}^{d_j^{\mathrm{U}}} v_1^+(d_j) f_{1j}(d_j)\mathrm{d}(d_j)$$

其中，$f_{1j}(d_j) = \dfrac{1}{d_j^{\mathrm{U}} - d_j^{\mathrm{L}}}; v_1^+(d_j) = (-d_j)^{\alpha}; d_j^{\mathrm{U}} < 0$。

$$v_{1j} = \int_{-9}^{-5} (-d_j)^{0.89} \frac{1}{-5-(-9)} \mathrm{d}(d_j) = \frac{1}{4}\int_{-9}^{-5} (-d_j)^{0.89} \mathrm{d}(d_j) = 5.643\,6, \alpha = 0.89$$

类似地，$v_{2j} = 570.118\,4$。

$$v_{3j} = \int_{g_j^{\mathrm{L}}}^{g_j^{\mathrm{U}}} v_3^-(g_j) f_{3j}(g_j)\mathrm{d}(g_j), f_{3j}(g_j) = \frac{1}{g_j^{\mathrm{U}} - g_j^{\mathrm{L}}}, v_3^-(g_j) = -\lambda(g_j)^{\beta}, g_j^{\mathrm{L}} > 0$$

$$v_{3j} = \int_0^{20} -\lambda(g_j)^{\beta} \frac{1}{20-0}\mathrm{d}(g_j) = -\frac{1}{20}\times 2.25\int_0^{20}(g_j)^{0.92}\mathrm{d}(g_j) = -18.4429, \lambda = 2.25, \beta = 0.92$$

$$v_{4j}=\int_{h_j^{\mathrm{L}}}^{0} v_4^+\left(h_j\right) f_{4j}\left(h_j\right)\mathrm{d}\left(h_j\right)+\int_0^{h_j^{\mathrm{U}}} v_4^-\left(h_j\right) f_{4j}\left(h_j\right)\mathrm{d}\left(h_j\right),\ h_j^{\mathrm{L}}<0<h_j^{\mathrm{U}}$$

$$v_4^+\left(h_j\right)=\left(-h_j\right)^{\alpha},\ h_j\leqslant 0;\ v_4^-\left(h_j\right)=-\lambda\left(h_j\right)^{\beta},\ h_j>0$$

$$v_{4j}=\int_{-10}^{0}\left(-h_j\right)^{\alpha}\frac{1}{10-(-10)}\mathrm{d}\left(h_j\right)+\int_0^{10}-\lambda\left(h_j\right)^{\beta}\frac{1}{10-(-10)}\mathrm{d}\left(h_j\right)$$

$$v_{4j}=\frac{1}{20}\int_{-10}^{0}\left(-h_j\right)^{0.89}\mathrm{d}\left(h_j\right)-2.25\times\frac{1}{20}\int_0^{10}\left(h_j\right)^{0.92}\mathrm{d}\left(h_j\right)=-2.820\ 1$$

根据公式，可计算情景 S_j 的综合价值：

$$\begin{aligned}v_1&=\omega_1\times\tilde{v}_{1j}+\omega_2\times\tilde{v}_{2j}+\omega_3\times\tilde{v}_{3j}+\omega_4\times\tilde{v}_{4j}\\&=0.6\times0.527\ 4+0.2\times0.307\ 7+0.1\times(-0.260\ 4)+0.1\times(-0.051\ 0)=0.346\ 8\end{aligned}$$

对 v_j 进行排序，$v_1\geqslant v_2\geqslant 0\geqslant v_3$，则$k=2$，根据公式计算 π_{iq}，结果如表 7-7 所示。

表 7-7　π_{iq} 计算结果

应对情景	S_1 情景下	S_2 情景下	S_3 情景下
A_1	0.671 1	0.304 9	0.192 2
A_2	0.852 7	0.475 6	0.254 7
A_3	0.976 1	0.523 2	0.422 1

$$\pi_{1(1)}=\omega^+\left(\sum_{j=1}^{1}p_{1j}\right)-\omega^+\left(\sum_{j=1}^{0}p_{1j}\right)=\omega^+\left(p_{11}\right)=\frac{p_{11}{}^{\gamma}}{\left(p_{11}{}^{\gamma}+\left(1-p_{11}\right)^{\frac{1}{\gamma}}\right)}$$

$$=\frac{0.5^{0.61}}{0.5^{0.61}+0.5^{1.639}}=\frac{0.655\ 2}{0.655\ 2+0.321\ 1}=0.671\ 1,\ \gamma=0.61$$

$$\pi_{2(1)}=\omega^+\left(\sum_{j=1}^{2}p_{1j}\right)-\omega^+\left(\sum_{j=1}^{1}p_{1j}\right)=\omega^+\left(p_{12}\right)=\frac{p_{12}{}^{\gamma}}{\left(p_{12}{}^{\gamma}+\left(1-p_{12}\right)^{\frac{1}{\gamma}}\right)}$$

$$=\frac{0.7^{0.61}}{0.7^{0.61}+0.3^{1.639}}=\frac{0.804\ 5}{0.804\ 5+0.139\ 0}=0.852\ 7,\ \gamma=0.61$$

$$\pi_{1(3)}=\omega^-\left(\sum_{j=q}^{n}p_{ij}\right)-\omega^-\left(\sum_{j=q+1}^{n}p_{ij}\right)=\omega^- p_{13}=\frac{p_{13}{}^{\delta}}{\left(p_{13}{}^{\delta}+\left(1-p_{13}\right)^{\frac{1}{\delta}}\right)}$$

$$=\frac{0.1^{0.69}}{0.1^{0.69}+0.9^{1.449}}=\frac{0.204\ 2}{0.204\ 2+0.858\ 4}=0.192\ 2,\ \delta=0.69$$

根据公式，计算容错成本的价值v_{iC}；根据公式实施容错措施A_i的期望前景值EF_i，并对v_{iC}、EF_i进行规范化处理，得到$\tilde{v}_{iC}$、$\widetilde{\mathrm{EF}_i}$；再根据公式计算容错措施$A_i$的综合前景值$\mathrm{OF}_i$，结果如表 7-8 所示。其中$\phi_1$、$\phi_2$分别表示不确定性“损失”或“收益”和确定性容错成本的权重。由于决策者注重大规模灾害的损失高于收益，因此选取ϕ_1=0.8，ϕ_2=0.2。

表 7-8　计算结果

应急	EF_i	v_{iC}	$\widetilde{\mathrm{EF}_i}$	$\tilde{v}_{iC}$	OF_i
A_1	0.042 158	670.998 0	0.521 306	0.518 2	0.520 685
A_2	0.043 489	−684.281 7	0.537 764	0.528 5	0.535 911
A_3	−0.080 87	−1 294.739 9	−1	−1	−1

$$\begin{aligned}\mathrm{EF}_1&=v_1\times\pi_{1(1)}+v_2\times\pi_{1(2)}+v_3\times\pi_{1(3)}\\&=0.346\,8\times0.671\,2+0.005\,2\times0.569\,2-0.192\,2=0.043\,5\end{aligned}$$

$$\mathrm{OF}_1=\phi_1\widetilde{\mathrm{EF}_1}+\phi_2\tilde{v}_{1C}=0.8\times0.330\,4+0.2\times0.204=0.305\,1$$

$\mathrm{OF}_2>\mathrm{OF}_1>0>\mathrm{OF}_3$，一方面说明$A_1$、$A_2$的容错成本和预期灾害造成人员伤亡、经济损失、社会影响、生态环境影响优于决策者的心理参考点；另一方面说明A_3的容错成本和预期灾害造成人员伤亡、经济损失、社会影响、生态环境影响劣于决策者的心理参考点，且其容错成本无法弥补大规模灾害造成的损失，即需要投入相当大的成本才能有效地减少灾后损失，投入成本随着可能损失风险的增加也在相应增加，控制较大的大规模自然灾害风险需要更多资金的投入，因此最终确定最优的容错方案为A_2。

其容错率为r=2 000/3 000=0.67，容错等级为 B 级，通过容错方案A_2，提升应对主体的抗灾能力，适当降低大规模自然灾害造成的严重影响。

7.4.3　应对物资容错规划的模型构建

本章提出三类基本的应对物资容错规划模型，分别为多灾点应对物资调度容错模型、应对物资调度优化模型以及应对物资不足情况下的生产动员模型。其中，多灾点应对物资调度容错模型旨在从模型角度描述与设计应对物资调度过程，这种过程的前提是应对物资需求与供应量已知；应对物资调度优化模型旨在提供应对物资调度优化目标与算法，用以优化应对物资调度过程；应对物资不足情况下的生产动员模型提供一种响应机制容错思路及结构化描述，即当应对物资供应量少于需求量情况下，如何快速响应来保证应对物资调度持续性。除此之外，还需结合物资需求预测模型规划物资储备，结合 7.4.2 小节的数据血缘分析规划物资储备容错方案。

1. 多灾点应对物资调度容错模型

一般情况下，应对物资是有限的，每个灾区对资源的需求数量和种类互不相同，各个灾区之间的应对资源具有冲突性、对抗性，如图 7-2 所示，灾区 1、2、3 对于某种应对物资的需求量分别是 R_1、R_2、R_3，三者之间属于非合作博弈，应以最小的成本获得所需的应对物资。假设如下：

（1）存储中心要相互配合来满足多个灾区的各种需求，若某区域内的存储中心储备的物资数量不能满足灾区需求，则应从离该区域最近的存储中心配送所缺的应对物资，为了最小化救灾成本。图 7-2 中，存储中心 L 的现场库存为 L_0，若 $R_1> L_0$，需从供应地 P_1、P_2、P_3 中选取离受灾点最近的存储中心配送应急资源。

（2）对各个灾区受损的严重程度进行排序，并估计应急响应的先后顺序与时间。

（3）在应对响应的初期阶段，以救灾成本最小原则进行应对资源配送，没有考虑存储中心现场的应对资源数量。成本函数属于多元复合函数，可以通过灾区受损的严重程度等级、配送平均速度、应对响应时间以及存储中心到灾区的距离等影响因素来计算。

假设有五个受损程度等级不同的灾点，如图 7-5 所示。各灾点所需应对物资种类和数量如表 7-9 所示，各存储中心能够提供的物资数量如表 7-10 所示。

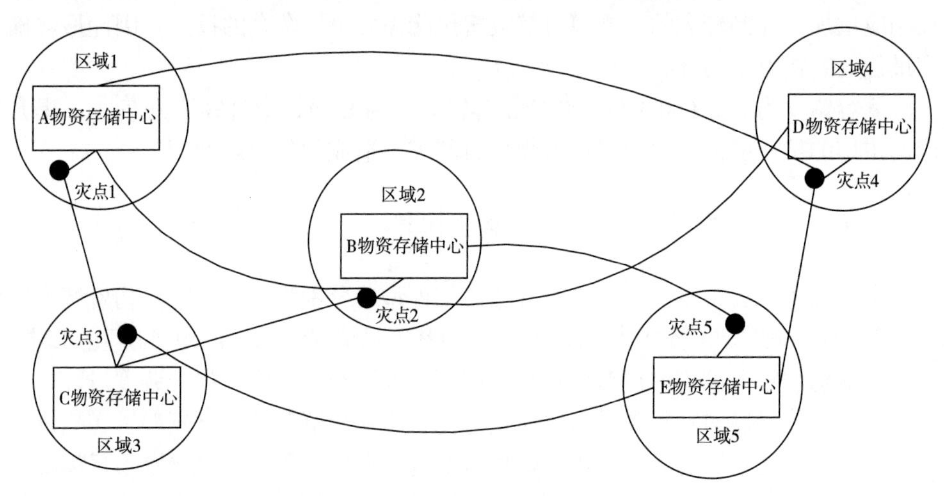

图 7-5　灾点与存储中心距离图（一）

表 7-9　各灾点所需应对物资种类和数量（一）

灾点	生活物资 水（瓶）	生活物资 方便面（袋）	医药物资 感冒药（盒）	工具物资 供电车（辆）	灾情等级 （3 为最重）
灾点 1	wd1	fd1	gd1	pd1	L1
灾点 2	wd2	fd2	gd2	pd2	L2
灾点 3	wd3	fd3	gd3	pd3	L3
灾点 4	wd4	fd4	gd4	pd4	L4
灾点 5	wd5	fd5	gd5	pd5	L5
总计	wd	fd	gd	pd	

表 7-10　各存储中心可提供物资数量

存储中心	某类物资数量	所在区域
A	a1	区域 1
B	a2	区域 2
C	a3	区域 3
D	a4	区域 4
E	a5	区域 5

首先，考虑从离灾点最近的存储中心进行物资调度；其次，受损情况严重的灾点拥有最高优先权来使用存储中心资源；再次，明确各存储中心至各灾点的调度成本，根据成本最小原则整理各个灾点调度资源数量，如表 7-11 所示；最后，灾点间采用纳什均衡解决资源竞争问题。

表 7-11　按成本最小原则进行分配（一）

灾点	存储中心 A	存储中心 B	存储中心 C	存储中心 D	存储中心 E
灾点 1	r_{11}	r_{12}	r_{13}	r_{14}	r_{15}
灾点 2	r_{21}	r_{22}	r_{23}	r_{24}	r_{25}
灾点 3	r_{31}	r_{32}	r_{33}	r_{34}	r_{35}
灾点 4	r_{41}	r_{42}	r_{43}	r_{44}	r_{45}
灾点 5	r_{51}	r_{52}	r_{53}	r_{54}	r_{55}
总计	a1	a2	a3	a4	a5

2. 应对物资调度优化模型

设模型公式为

$$F=\{N,(H_i),(K_i)\},\quad i\in N,\ N=\{N_1,N_2,N_3,\cdots,N_n\} \tag{7-1}$$

其中，N 表示受损区域数量；H_i 为受灾点 N_i 所要采取的应对物资调度方案；K_i 为 N_i 的效用函数。

$$H = \prod_{i=1}^{n} H_i \tag{7-2}$$

即所有可能调度方案构成调度优化的论域。

（1）物资调度运速度 v：设物资调度速度与灾区实际路况相关，本章采用平均速度求解。

$$v_{ij} = \gamma \times \overline{v_{ij}} \tag{7-3}$$

其中，γ 为反映存储中心 j 到灾点 N_i 的路况系数；$v \in [0,1]$。

（2）救灾成本函数：

$$C_i = B_i \times \frac{D_{ij}}{v_{ij}} \tag{7-4}$$

其中，D_{ij} 为反映存储中心 j 到灾点 N_i 的距离；B_i 表示灾情等级。

（3）效用函数：

$$K_i = \frac{1}{C_i + \Delta C_i} \tag{7-5}$$

其中，ΔC_i 为受灾点 N_i 需要从另一存储中心配送所需应对物资的成本。

（4）目标函数，使总的效用最大化：

$$F(K_i) = \max \sum_{i=1}^{n} K_i \tag{7-6}$$

3. 应对物资不足情况下的生产动员模型

大规模自然灾害的发生与演化表现为一个复杂的非线性动态系统，将应对物资生产市场映射为一个动态响应的系统，可运用系统动力学的原理和方法进行分析。在大规模自然灾害中，应对物资生产企业的生产决策受到价格、供求关系、生产能力及政府的决策行为等影响，但是各个影响因素之间并非彼此独立，如价格将影响生产能力，供求关系影响价格，大规模自然灾害中政府可能对应对物资的价格进行限制等。大规模自然灾害的发生与处置需要全社会共同努力，而将应对物资生产企业作为一个系统，从宏观上进行整体分析时，影响单个企业的某些因素对整个系统而言将彼此抵消，企业之间的博弈不再起重要作用。大规模自然灾害的发生将极大地扩大应对物资需求，当需求量增长较快时，应对物资将不能满足当事人或事发区域的需求，势必刺激企业加速生产应对物资。以 t 时刻应对物资产量增量 $Q(t)$ 为研究对象，本小节建立如下大规模自然灾害期间应对物资产量增量模型：

$$Q'(t) = \frac{\mathrm{d}Q(t)}{\mathrm{d}t} = \alpha \frac{\mathrm{d}D(t)}{\mathrm{d}t} - kQ(t) = -k\left[Q(t) - f\frac{\mathrm{d}D(t)}{\mathrm{d}t}\right] \tag{7-7}$$

其中，$Q(t)$ 表示 t 时刻应对物资生产增量；$D(t)$ 表示 t 时刻应对物资突发需求量；α 为政府的动员强度；k 为生产企业的生产能力扩大约束系数；$\frac{\mathrm{d}D(t)}{\mathrm{d}t}$ 表明，应对物资生产增量的增速与突发需求量的增速和政府的动员强度都呈正相关关系。同时，生产能力不可能无限膨胀，通常是现有的应对物资增量 Q 越大，生产资源的获取难度和工序安排的复杂度越大（陶文斌等，2007），因此模型中存在 $-kQ$ 项。

记 $\mathrm{d}/\mathrm{d}t = M$，则式（7-7）可表示为

$$(M+k)Q = kfMD \tag{7-8}$$

对式（7-8）进行求解可得

$$\begin{aligned} Q &= kf\mathrm{e}^{-kt}\left[\int_0^t \mathrm{e}^{kt} MD\mathrm{d}t + \frac{Q(0)}{kv}\right] kfMD/(M+k) \\ &= kf(\mathrm{e}^{-kt}\mathrm{e}^{kt}MD)/(M+k) \end{aligned} \tag{7-9}$$

在大规模自然灾害爆发阶段，应对物资从稳定的平时需求量瞬间增加到几倍或几十倍，而且随着事件的演进会以这种方式持续增长一段时间，假定突发需求函数为 $D(t) = at^n + b, a > 0, n > 1, 0 < t < \infty$，即突发需求量加速增长，则 $MD(t) = ant^{n-1}$，式（7-9）可变为

$$Q = kf\mathrm{e}^{-kt}\left[\int_0^t nat^{n-1}\mathrm{e}^{kt}\mathrm{d}t + Q(0)/kf\right] = \left[kf\int_0^t nat^{n-1}\mathrm{e}^{kt}\mathrm{d}t + Q(0)\right]/\mathrm{e}^{kt} \tag{7-10}$$

由于突发需求对应对物资生产有直接的促进作用，在企业剩余生产能力没有完全运用和大规模自然灾害持续的情况下，明显应有 $\int_0^t nat^{n-1}\mathrm{e}^{kt}\mathrm{d}t > 0$，则

$$\frac{\partial Q}{\partial a} = \frac{kf\int_0^t nt^{n-1}\mathrm{e}^{kt}\mathrm{d}t}{\mathrm{e}^{kt}} > 0 \tag{7-11}$$

$$\frac{\partial Q}{\partial f} = \frac{k\int_0^t nt^{n-1}\mathrm{e}^{kt}\mathrm{d}t}{\mathrm{e}^{kt}} > 0 \tag{7-12}$$

$$\lim_{t\to\infty} Q(t) = \lim_{t\to\infty} fnat^{n-1} = \infty \tag{7-13}$$

式（7-11）、式（7-12）表明在大规模自然灾害中应对物资增量分别是突发需求量增加速度 a 的增函数、政府应对生产动员强度 α 的增函数、生产能力扩大约束系数 k 的减函数。式（7-13）表明，当突发需求量加速增长时，如果企业对突发需求量的估计过大或持续时间估计过长或政府动员强度过高，都可能会追加投资扩大剩余生产能力，从长远来看，在突发需求结束后，这些投资带来的生产能力将会闲置，造成资源浪费。例如，2003 年的 SARS 口罩荒，使 2009 年 H1N1 疫情出现时，口罩布行业对突发需求规模和时间估计不当，我国各地新增幅宽 1.6 米及以下的纺粘生产线近 200 条，熔喷生产线 300 多条，导致纺粘熔喷法非织造

布行业的产能呈现“井喷”。

爆发阶段Q与α、k关系的仿真结果如图7-6所示，其中$n=2$，$t=100$，$a=2$，$Q(0)=1$，$k=0.5$、$\alpha\in[0,1]$和$\alpha=0.5$、$k\in[0,1]$。因此，政府有必要采取适当措施调节a、α、k，如调整应对物资生产资源的获取难度或及时发布突发需求相关信息或减缓突发需求增长态势以及降低动员强度等，即向大规模自然灾害提供充足的应对物资，并且避免投资过快、重复建设、盲目生产等，从而避免事件结束后相关物资的生产能力过剩导致的社会资源和效率的浪费。

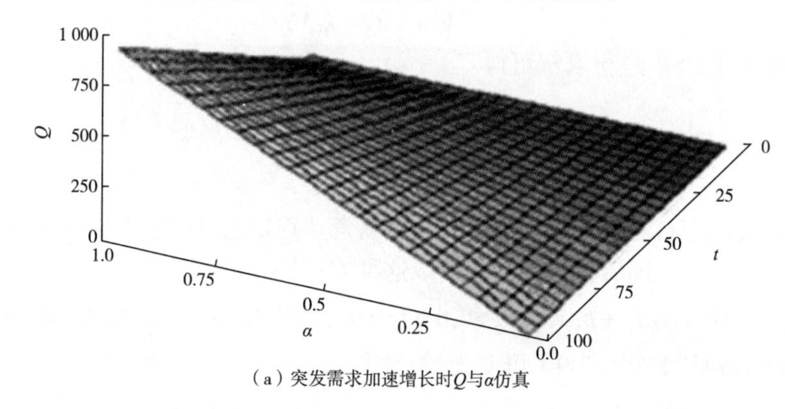

（a）突发需求加速增长时Q与α仿真

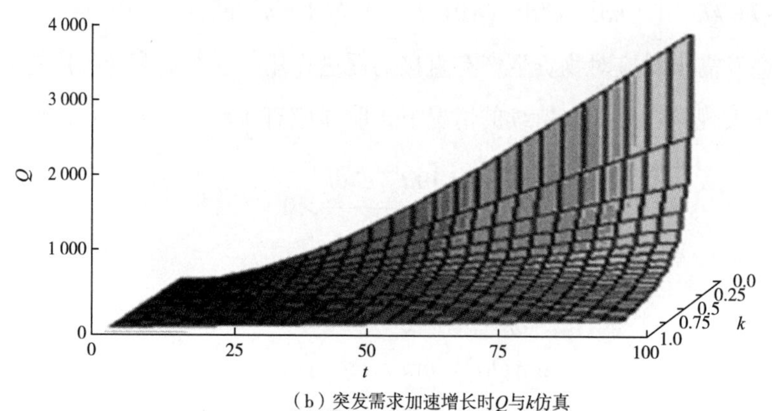

（b）突发需求加速增长时Q与k仿真

图7-6　突发需求加速增长时Q与α、k仿真

7.4.4　应对物资容错规划的案例-数据-模型集成驱动分析

综合台风灾害应对物资容错规划的基础性工作，可以发现应对物资容错规划的案例分析、数据分析以及模型构建是相互联系与支持的，这种联系与支持可通过案例-数据-模型集成驱动方法予以识别与分析。

1）案例分析与数据分析的相互联系与支持

由台风灾害案例分析，设计应对物资容错规划情景要素为台风参数、灾害状态、物资需求、调度环境，任务要素为风险交流、物资储备、物资调度能力、物资调度路线。传统的案例建立过程中，需要相关人员负责搜寻可用案例，通过案例阅读与分析，提取上述情景的具体取值。这一过程较为烦琐，且具有较强的主观性，数据分析可通过网络数据爬取技术，自动获取上述情景要素取值，提高案例建构效率与情景信息准确率。

由 7.4.2 小节的数据血缘分析可知，数据分析设定的情景来源于历史案例及相关文献，通过情景数据模拟及容错指标计算，最终获得容错规划方案。因此，数据血缘分析的基础为情景设计，而情景设计来源于案例分析，这体现了案例分析对数据分析的支持。

2）案例分析与模型驱动的相互联系与支持

由 7.4.1 小节的案例分析与情景设计可知，一些情景要素（如物资需求）是很难通过案例信息挖掘与网络数据分析得到的，这就涉及模型驱动对确定案例情景要素取值的支持。例如，物资需求以及应对物资调度路线可通过物资需求模型及多灾点应对物资调度容错模型计算得到。

由 7.4.3 小节的应对物资容错规划的模型构建过程可知，案例分析提供了模型调用的接口，即通过灾害案例构建及情景数据获取，可以调用相应模型进行其他情景数据推导。例如，对应对物资调度环境的情景数据计算需求提供了调用应对装备调度容错模型的接口。

3）数据分析与模型驱动的相互联系与支持

数据血缘可视为数据之间的继承关系，模型驱动提供了建立数据血缘的渠道，可通过模型推演获得本来不可直接得到的数据，提高了数据的层次并建立了新的数据血缘。因此，模型驱动是数据分析的重要途径。

由 7.4.3 小节的应对物资容错规划的模型构建过程可知，数据分析亦提供了模型调用的接口，即通过某类数据需求，可以调用相应模型进行该类数据推导。例如，对物资调度环境等的情景数据计算需求提供了调用应对装备调度容错模型的接口。

7.5　应对物资准备规划的持续改进

应对物资准备规划的持续改进问题是规划过程面临的重要现实问题。首先，应对物资准备规划过程中会面临多样化的问题，准备规划的环境可能会发生变化；其次，物资准备规划的有效性难以持续保证，物资准备规划不是一劳永逸的。因此，政府应对管理部门应以保证物资准备规划的持续有效为目标，不断调整与完善物资准备规划。本节将应对物资准备规划持续改进的重点内容归纳为三个方面，即持续改进目标选择、改进问题发现、改进成果固定。

1. 持续改进目标选择

持续改进目标选择应基于物资容错规划评估指标，对指标等级的含义进行深入剖析，选择更符合决策环境的持续改进目标。例如，综合决策者经验、历史案例及文献、应对管理部门商讨结果，确定相关决策的心里参考点，通过 7.4.2 小节的数据血缘分析计算综合前景值，进而确定改进目标。

2. 改进问题发现

以具有影响力的现实问题为改进启动条件，引导进入改进过程。其中，现实问题的影响力大小由政府应对管理部门、专家小组研讨确定。例如，对物资需求估计的区间边界确定问题，尝试多种算法改进需求估计的准确性，提供相应指标评价算法有效性等。

3. 改进成果固定

改进后，需对改进结果进行处理，处理方式包括准备规划改进成果标准化及遗留问题汇总两方面。准备规划改进成果标准化指将提高准备规划有效性的举措予以保留，以固化准备规划的改进成果。例如，对物资需求估计算法，若算法的有效性达到决策要求，且优于历史算法，则保留新算法作为物资需求估计算法。

7.6　用例分析

基于前文所述的应对物资容错规划理论、借助应对物资容错规划的案例–数据–模型集成驱动分析，以电网抢修物资为例，以电网为承灾体，阐述台风灾害下的应对物资容错规划（即供应量固定，变化供应量需结合 7.4.3 小节的生产动员模型综合确定）。该用例物资调度容错规划的流程为：首先，依据 7.4.1 小节情景设计内容设置物资储备及调度情景，依据 7.4.2 小节的数据血缘分析进行物资储备及调度的容错规划方案情景设计；其次，依据 7.4.3 小节的物资调度容错模型进行物资调度调度容错规划；最后，结合 7.4.2 小节的数据血缘分析进行容错方案评估。

7.6.1　应对物资容错情景设计

应对规划应考虑灾害情景超出决策者经验范围、专家判断偏差等问题，需对灾害情景进行容错处理。

初始情景 S_1（结合物资需求预测模型确定）：台风在样本城市边缘登陆，深圳地区沿海海面阵风风力达 15 级，长时间持续大雨，树木倒伏，地面积水过多，高速公路封闭，无法从外部获取应对物资，内部物资调度路线有限；样本城市某区域内有 3 处应对物资存储中心（考虑其余存储中心受灾，难以提供调度服务），各存储中心可存储各项应对物资。在台风过境时，预期伤亡人数为 6~10 人，预期经济损失为 1 000 万~2 000 万元，对社会造成较大影响（专家打分区间 70~85），对生态环境造成较大影响（专家打分区间 70~85）。

模拟情景 S_2：台风在样本城市正面登陆，深圳地区沿海海面阵风风力达 17 级，长时间暴雨，个别堤坝濒临被毁，海面有暴风潮，将引起山体滑坡，高速公路全部封闭，并有部分塌方，城市部分区域大面积停电，电力中断，内部物资调度出现困难；此外，样本城市某区域内有 2 处应急物资存储中心（考虑其余存储中心受灾，难以提供调度服务），各存储中心可存储各项应急物资。在台风过境时，预期伤亡人数为 11~20 人，预期经济损失为 2 000 万~5 000 万元，对社会造成很大影响（专家打分区间 85~100），对生态环境造成很大影响（专家打分区间 85~100）。

模拟情景 S_n：根据台风灾害情景要素，改变情景要素取值，设计模拟情景。在模拟情景设计基础上，给出相应容错方案。容错方案根据 7.4.2 小节数据转化而来。例如，“备选应对措施 A_1：通过各种媒体提醒市民台风期间尽量减少外出、提前储备生活必需品；各应对物资存储中心储备一定量（由案例推理结合物资需求预测模型推演得到）各项物资，增加 0~0.5 倍冗余物资，未设置备份存储中心；各应对物资储备中心需要准备充足的物资调度队伍与物资调度工具，保障物资运输车辆和物资调度队伍随时待命，投资总成本为 2 000 万元”中，“各应对物资存储中心储备少量各项物资”的物资数量（未经冗余处理）为下文物资需求量模糊化处理结果下限、“投资总成本”为上述成本排序转化处理的结果等。

7.6.2　应对物资调度容错规划

假设样本城市发生 15 级台风，并夹杂暴雨，导致城市地面无积水但交通拥堵，部分高速公路封闭，多处关键基础设施被破坏，急需抢修。假设有三个受损程度等级不同的抢修灾点，如图 7-7 所示。各灾点所需的应对物资种类和数量如表 7-12

所示，各存储中心能够提供的物资数量如表 7-13 所示。在此背景下，考虑的主要应对物资为关键基础设施抢修物资，如电网抢修工具等。

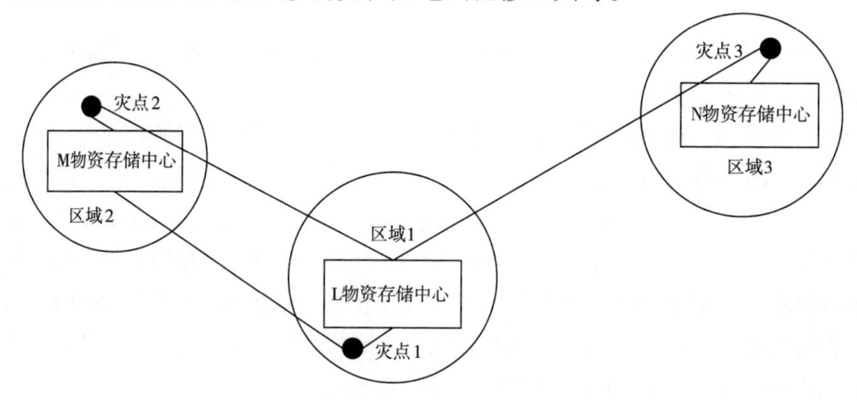

图 7-7　灾点与存储中心距离图（二）

表 7-12　各灾点所需应对物资种类和数量（二）

灾点	生活物资		医药物资	抢修物资	灾情等级（3 为最重）
	水/瓶	方便面/袋	感冒药/盒	维修工具/套	
灾点 1	5 000	8 000	50	5	3
灾点 2	3 000	5 000	60	4	2
灾点 3	4 000	3 000	20	1	1
总计	12 000	16 000	130	10	

表 7-13　各存储中心能提供的物资数量（以抢修物资为例）

存储中心	维修工具数量/套	所在区域
L	80	区域Ⅰ
M	30	区域Ⅱ
N	20	区域Ⅲ

如表 7-13 所示，存储区域 L 内可以提供的维修工具数量为 80 套，而灾区 1、2、3 一共需要 130 套维修工具，存储中心 L 无法同时满足所有灾区的需求，而存储中心 L 距离此灾区最近，应考虑先从 L 处进行物资调度。假设灾点 1 受损情况最为严重，拥有最高优先权来使用存储中心资源。灾点 1 需要承担的调度成本排序为 $L<M<N$，灾点 2 需要承担的调度成本排序为 $M<L<N$，灾点 3 需要承担的调度成本排序为 $N<L<M$，则根据成本最小原则各个灾点调度资源数量如表 7-14 所示。存储中心 N 可以满足灾点 3 的维修工具需求，因此该灾点不存在资源博弈问题。灾点 1 和灾点 2 可采用纳什均衡解决资源竞争问题。

表 7-14　按成本最小原则进行分配（二）

灾点	存储中心 L	存储中心 M	存储中心 N
灾点 1	50	0	0
灾点 2	30	30	0
灾点 3	0	0	20
总计	80	30	20

由于物资需求量非精确变量，在应对准备规划阶段需对其进行模糊化处理，处理结果如表 7-15 所示。其中，物资需求量以区间形式表示，区间边界可通过算法模拟得到。

表 7-15　物资需求量模糊区间

灾点	生活物资		医药物资	抢修物资
	水/瓶	方便面/袋	感冒药/盒	维修工具/套
灾点 1	[4 000，6 000]	[7 000，9 000]	[40，60]	[4，6]
灾点 2	[2 000，4 000]	[4 000，6 000]	[50，70]	[3，5]
灾点 3	[3 000，5 000]	[2 000，4 000]	[10，30]	[0.5，2]

7.6.3　应对物资容错方案评估

计算各容错规划方案容错率以及容错等级，考虑容错成本和预期灾害造成人员伤亡、经济损失、社会影响、生态环境影响，通过设置心理参考点以及计算综合前景值选择最能应对所研究情景的容错规划方案（计算过程已在前文论述，此处不予赘述）。

7.7　本章小结

本章在应对物资准备规划理论及实践问题的基础上，提出基于案例–数据–模型集成驱动的应对物资容错规划方法。首先，根据历史案例及相关文献，采用多维情景空间方法来设计应对物资的容错规划情景，从数据分析角度阐述应对物资的容错规划方案制订及评估过程，提出三类基本的应对物资容错规划模型（多灾点应对物资调度容错模型、应对物资调度优化模型以及应对物资不足情况下的生产动员模型）；其次，识别案例、数据、模型三类容错规划方法间的支持关系，阐述应对物资容错规划的案例–数据–模型集成驱动过程及持续改进过程；最后，通过用例阐述容错方法的有效性及可行性。

参 考 文 献

邓雪，李家铭，曾浩健. 2007. 层次分析法权重计算方法分析及其应用研究[J]. 数学的实践与认识，42（7）：93-100.
国家发展和改革委员会办公厅. 2015-04-07. 国家发展改革委办公厅关于印发应急保障重点物资分类目录（2015 年）的通知［EB/OL］. http：//www.sdpc.gov.cn/zcfb/zcfbtz/201504/t20150410_677159.html.
国务院. 2015-12-02. 国家突发公共事件总体应急预案［EB/OL］. http：//baike.baidu.com/view/2507959.htm.
何建敏，刘春林，尤海燕. 2001. 应急系统多出救点的选择问题[J]. 系统工程理论与实践，（11）：89-93.
李蕊，李跃，陈健. 2014. 重要电力用户自备应急电源的配置要求及成本效益分析[J]. 供用电，（6）：30-35.
刘春林，何建敏，盛昭瀚. 1999a. 应急系统多出救点选择问题的模糊规划方法[J]. 管理工程学报，（4）：23-24.
刘春林，何建敏，盛昭瀚. 1999b. 应急系统调度问题的模糊规划方法[J]. 系统工程学报，14（4）：352-365.
刘春林，何建敏，施建军. 2001. 一类应急物资调度的优化模型研究[J]. 中国管理科学，（3）：28-36.
吕跃进. 2002. 基于模糊一致矩阵的模糊层次分析法的排序[J]. 模糊系统与数学，16（2）：79-85.
佩里 R，林德尔 M，李湖生. 2011. 应急响应准备：应急规划过程的指导原则[J]. 中国应急管理，（10）：19-25.
祁明亮，池宏，赵红. 2006. 突发公共事件应急管理研究现状与展望[J]. 管理评论，18（4）：35-44.
陶文斌，张粒子，黄弦超. 2007. 电力市场下电源投资规划的动力学分析模型[J]. 中国电机工程学报，27（16）：114-118.
王海军，王婧，马士华，等. 2014. 模糊供求条件下应急物资动态调度决策研究[J]. 中国管理科学，22（1）：55-64.
王新平，王海燕. 2012. 多疫区多周期应急物资协同优化调度[J]. 系统工程理论与实践，32（2）：283-291.
王旭坪，马超，阮俊虎. 2013. 考虑公众心理风险感知的应急物资优化调度[J]. 系统工程理论与实践，33（7）：1735-1742.
曾文琦. 2004. 对应急物流系统特点的再认识[J]. 中国西部科技，（10）：53-55.
Wilson J. 2001. The evolution of emergency management and the advancement towards a profession in the United States and Florida [J].Safety Science，39（6）：117-131.

第8章

大规模灾害应对响应机制的容错准备规划

本章在应对响应机制内涵及应对响应机制准备规划问题的基础上，提出基于案例–数据–模型集成驱动的应对响应机制容错规划方法。

8.1 应对响应机制概述

8.1.1 应对响应机制界定

从广义上讲，应对管理机制可以界定为：突发事件预防与应对准备、监测与预警、应对处置与救援以及善后恢复与重建等全过程中各种制度化、程序化的应对管理方法与措施（钟开斌，2009），即应对机制是突发事件全过程中保证应对体制及应对目标实现的流程性制度。按照 2013 年国务院颁布的《突发事件应急预案管理办法》，可以将应对机制分为预防与应急准备机制、监测与预警机制、信息报告与通报机制、应急指挥协调机制、信息发布与舆论引导机制、社会动员机制、善后恢复与重建机制、调查评估和学习机制、应急保障机制。可得上述机制概括为预防、预警、响应、支持和恢复五个机制。

应对响应机制属于事中阶段应对机制，灾害情景具有突发性与不确定性。在应急应对的纲领文件层面，应对响应机制体现为相关政府部门、应急应对执行单位的应急预案、应急任务及其相关的规章制度和措施等。应对响应机制可按具体任务功能进一步扩充与细化，如表 8-1 所示。本章旨在应急准备阶段设计应对响应执行机制，期望提高应对响应机制持续性及有效性。

表 8-1 应对响应机制分类及功能

一级类别	二级类别	功能
救援机制	人员疏散与工程抢险机制	减少人员伤亡，保障生命线工程
	应急指挥协调机制	指挥与协调，保证应对响应工作有序进行
信息机制	信息报告与通报机制	整合信息资源，实现信息互通
	信息发布与舆论引导机制	增强信息透明度，缓解舆论压力
支持机制	社会动员机制	有效组织、疏导、激励民众自救

8.1.2 应对响应机制的任务构成

应对响应任务是应对响应机制的基本构成要素，研究应对响应任务有助于提高应对响应机制有效性。例如，若从资源结构的角度描述应对响应任务，在应对服务流程中，应对响应任务的资源包括应对响应信息资源、应对响应队伍、应对响应设备、应对响应设施四方面，如表 8-2 所示，具有相似资源结构的任务可进行相互支持，提高应对响应效率（田军等，2014）。

表 8-2 应对响应任务资源结构

任务资源分类	资源子类	任务资源示例
应对响应信息资源	通知与公告	预警通告，疏散通知
	报告和数据	现场检测数据，预案
应对响应队伍	普通应对队伍	搜救队、医疗队
	特殊应对队伍	志愿者、武警官兵
应对响应设备	通用应对响应设备	通信设备、照明设备
	特殊应对响应救援设备	医疗设备、搜救设备
应对响应设施	通用应对响应设施	通信设施
	特殊应对响应设施	医疗设施、交通设施

应对任务认知主要来源于历史案例及相关文献，应对案例提供框架性情景基础，具有刚性特征；应对任务提供特定情景下的应对方案要素，具有柔性特征；应对任务可细化为子任务、元任务（不可再细化的基本任务）等。此外，应对任务具有流程化特征，即元任务之间具有操作层面上的时间与空间联系，涉及应对任务的流程化管理问题。应对任务的流程化管理问题，是增强应对预案可操作性和提高其使用效果的一个瓶颈，也是在应对管理信息平台上实现应对管理处置过程的计算机化管理所面临的一个迫切需要解决的问题（刘磊等，2009）。本章将从任务及其流程角度研究响应机制应对准备规划的预估不足问题，提出响应机制的容错思路。

8.1.3　应对响应机制的协同流程

本章研究的应对响应机制协同流程旨在通过事前规划减少事中损失，即在应对准备阶段，设计应对响应机制的协同流程。流程是价值创造的表现方式，应对响应越来越需要更多的组织部门参与,单独部门的应对救援能力不能更好地满足,甚至可能无法满足应对管理的需求。根据突发事件应对处置过程的三个阶段，应对响应机制的协同过程也相应地划分为事前协同、事中协同和事后协同。事前协同是在突发事件的应对准备阶段，明确应对各个部门职能与任务，形成反应敏捷、统一指挥、功能完备的应对体系，为事中协同提供充分的基础任务。事中协同是在突发事件的应对响应阶段，各个部门对应对任务进行统一的指挥和调度，如受灾群众的营救、疏散、安置任务、物资的运输与调度任务、工程抢险任务等。事后协同在突发事件的恢复阶段，各个部门总结应对救援的经验与教训，协作调查突发事件爆发原因以及受损建筑重建、安慰民众等应对任务。由于各部门应对流程、职权范围及协同方式不尽相同，在解决跨组织协同应对的同时，除了选择适当的协同方式之外，更应在应对准备阶段加强各组织之间的培训、磨合以及应对资源共享。具体应对响应机制的任务协同流程如图 8-1 所示。

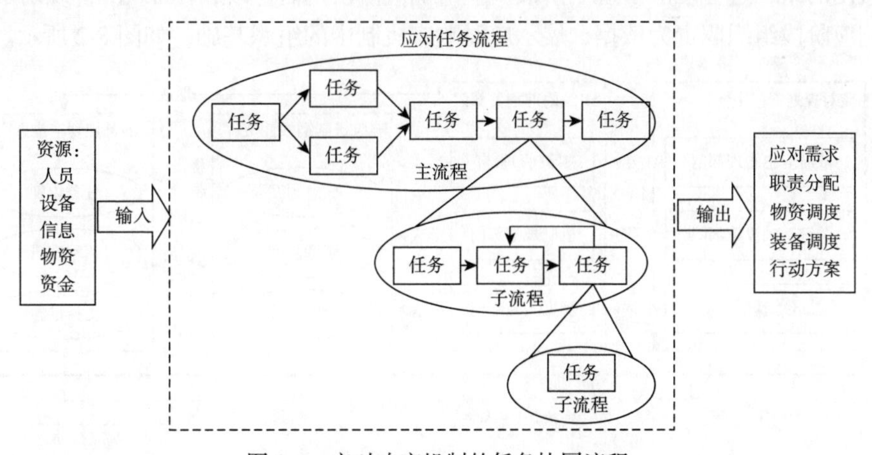

图 8-1　应对响应机制的任务协同流程

8.1.4　应对响应机制的组织基础

大规模灾害应对响应机制过程涉及来自不同行政区域和缺乏合作经验的多级政府和多个部门（Smith and Dowell，2000），且必须实现多个具有严格时限条件的应对目标，其应对指挥与协调工作十分复杂（宋劲松和邓云峰，2011）。然而，当前我国应急管理行政体系中不同层级政府及其职能部门的应对响应工作缺乏衔接，现场应对指挥与场外应对协调缺少配合，尚未制定明确的应对响应指挥体系，导致参与应对响应工作的应急力量无法进行全面整合与协调运作，不能满足应对大规模灾害的要求。因此，设计符合我国应对管理行政体系特征和满足大规模灾害应对响应特殊要求的应对响应组织结构及其运作模式是有效协调不同参与实体应对响应工作的重要手段（唐攀和周坚，2013）。

针对应对响应组织设计，美国消防部门提出了一种应急指挥系统（incident command system，ICS）（Bigley and Roberts，2001），组织架构包括指挥、作业、计划、后勤和财务五个功能领域，能够将来自不同单位的事件现场人员进行统一编组，美国国家应急管理系统采用了这一组织框架（U.S. Department of Homeland Security，2004）。为有效促进州政府和地方政府在应对响应过程中相互协调，加利福尼亚州应急管理部门提出一种标准化应急管理系统（standardized emergency management system，SEMS），为涉及多个部门或多级政府的应对响应工作提供了一种多层次应对响应组织结构，每个层次的组织结构与应急指挥系统组织结构相似，是实现各应对响应参与单位相互协调的一种有效手段（Kim-Farley et al.，2003）。国内针对不同类型的突发事件，建立了分类管理的应对管理行政体系，有学者结合中国行政管理特征，提出应对响应机制的组织结构（唐攀和周坚，2013）。应对响应机制的组织过程在准备规划阶段及应对响应阶段均有体现，下面以准备规划及应对响应阶段组织职责为依据，展示应对响应机制中的组织基础，如图 8-2 所示。

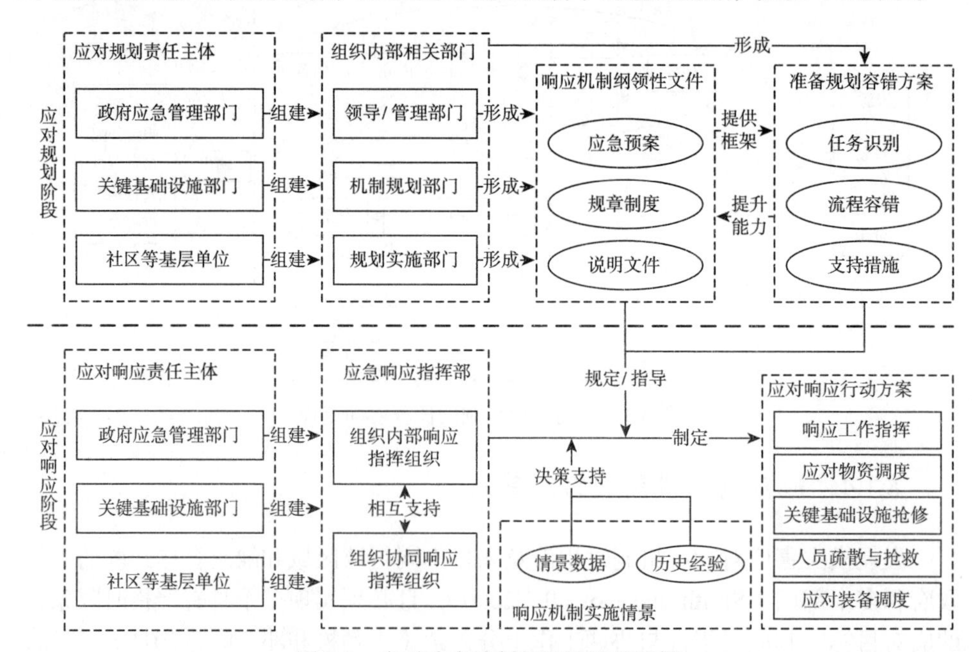

图 8-2　应对响应机制的组织基础示例

8.2　应对响应机制的准备规划问题

8.2.1　响应机制准备规划的基本工作内容

综上所述，应对响应机制包括应对基本任务、应对响应机制流程、应对协同组织三方面内容。大规模灾害爆发后，需在短时间内进行应对响应，这要求在大规模灾害爆发前认知应对响应任务、设计响应机制流程、明确相关组织责任。通过完善应对响应机制，建立一整套科学高效的应急管理应对方案，才能最大限度地预测灾害以做到提前避让、在灾害面前科学有效应对以做到有条不紊，努力保障人民群众生命财产安全（臧成岳，2014）。因此，如何在应对准备阶段合理规划应对响应机制的任务、流程及组织是减少灾害损失的关键。回顾已有文献及历史案例，应对响应机制的应对准备规划涉及以下基本工作内容。

（1）应对响应机制的任务、组织及流程认知。由于大规模自然灾害的突发性及非重复性，对灾情的预测表现为较强的模糊性，这将影响应对响应机制任务、组织及流程的认知有效性。以应对响应中的物资需求预测为例，在灾情不确定性研究中，国内外学者提出应对灾情模糊性的预测方法及模型，如数据挖掘、人工智能等。例如，有学者提出了不完全信息条件下大规模自然灾害应急物流运作的动态需求模型（Sheu，2007）；还有学者针对传统灾害应急物资需求预测方法的不足，采用欧氏算法，寻求与预测目标最佳相似的源案例，建立了用于应急物资需求预测的案例推理-关键因素模型（傅志妍和陈坚，2009）。

（2）应对响应机制的“情景-应对”映射关系。灾害情景提供响应的约束条件，影响灾害应对的时间窗。以突发事件种类为例，大规模突发事件造成受灾面积大、受灾人口多、经济损失大、应急物资需求量大、应急需求点多、持续时间较长（唐伟勤等，2009；王海军等，2014；王旭坪等，2013），上述特点决定面向大规模灾害的应对响应机制不同于面向一般规模灾害的应对响应流程。另外，灾害类别不同，应对响应流程会有差异。例如，地质灾害、公共卫生、气象灾害等有各自的应急预案体系。因此，在应对准备阶段，需在明确灾害情景要素的基础上规划响应机制的应对措施。

（3）应对响应机制规划的意愿、能力及成本。各国积极应对大规模自然灾害的实践表明，尽管灾害的发生不可抗拒，但通过积极的应对是可以大大降低灾害损失，甚至能够消除或避免灾害的破坏性的。在应对准备规划阶段，应对积极性受规划的意愿、能力及成本约束，影响抗灾主体的应对能力。例如，2010 年 1 月

12 日海地发生里氏 7.3 级地震，约 30 万人死亡；2 月 27 日智利发生里氏 8.8 级地震，800 余人遇难。虽然在智利发生的地震强度要远远高于先前发生的海地地震，后果却大相径庭。其中一个重要原因为：智利拥有严格的建筑标准、完善的应对反应机制和长期应对地震灾难的经验，应对准备工作充分，响应能力强[①]。

8.2.2　响应机制准备规划的现实问题

在实际运行过程中，应对响应机制的准备规划过程受规划理论及现实条件影响，呈现出以下几方面的问题。

（1）在规划理论方面，应对响应机制具有情景依赖性，而准备规划预估不足是常态。必须承认：所有的灾难都会产生一种动态变化的环境，规划不可能涵盖与未来灾难事件相关的所有可能出现的意外情况（佩里等，2011）。例如，2016 年“莫兰蒂”“鲇鱼”两次台风的强降雨区域重叠，造成“灾上灾”，这是应急管理部门始料未及的，预计将造成巨大损失[②]。2009 年 10 月 15 日美国总统奥巴马专程访问新奥尔良，对四年前“卡特里娜”飓风的应急工作再一次做深刻反思：“卡特里娜”飓风造成的破坏不仅是自然灾害的结果，更主要是源于政府失误、准备不足、行动不力（刘铁民，2010）。然而，当这种动态变化带来的风险超过承灾体可承受范围或风险标准时，应采取适当措施对这种风险予以削减。就应对响应机制而言，对机制关键环节适当进行冗余处理是必要的。本章提出响应机制流程的备份模型，通过设置备份流程达到提高机制运行持续性的目的。

（2）在规划方法方面，准备规划涉及的案例驱动、模型驱动、数据驱动方法相互支持，单一方法效率低下。一方面，三种驱动方法相互支持，案例驱动为数据驱动提供结构化的情景要素，数据驱动、案例驱动为模型选择提供触发接口，模型驱动为案例驱动及数据驱动提供推演条件；另一方面，单一方法很难独立解决准备规划问题。例如，模型驱动及数据驱动方法若缺乏案例驱动的情景设计过程，则难以保证准备规划情景设定的有效性。在集成方法研究中，有学者以模型方法为主，辅以数据分析及案例分析等过程，提出面向应急决策的综合模型集成方法（刘奕等，2016）。

（3）在规划难度方面，灾害后果预估的模糊性、响应机制情景的经验约束增加准备规划难度，易导致响应机制失效。一方面，应对准备规划需顾及多种灾害，单一灾害分析将带来后果预估的模糊性；另一方面，响应机制情景，如灾害中心

---

① 中新网. 智利地震与海地地震分析　为何伤亡差别如此之大? http://news.iqilu.com/guoji/20100301/189716.shtml，2010-03-01.

② 新华社. 连续作战　全力以赴——福建各地迎击台风“鲇鱼”[EB/OL]. http://www.gov.cn/xinwen/2016-09/28/content_5112869.htm，2016-09-28.

位置、重灾区域界定与识别、救灾难点确定等，受决策者经验约束，判断失误将导致响应机制失效，增加救灾难度。

8.3　应对响应机制容错规划流程

应对响应机制的应对准备规划是一个系统性问题，涉及多项重要内容，且涉及内容存在相互关联。因此，需要通过系统性方法进行解决，本章提出的案例–数据–模型集成驱动的容错规划方法如图 8-3 所示，期望能够提供解决这一系统性问题的思路。其中，容错规划中的“错”是指对大规模灾害应对响应机制持续运作水平预估不足或防御措施不当，从而引发的应对响应延迟甚至失误，“容错”是通过应对准备阶段的一系列措施对这些“错”进行包容性处置，使应对决策者能够完成预设的容错目标。

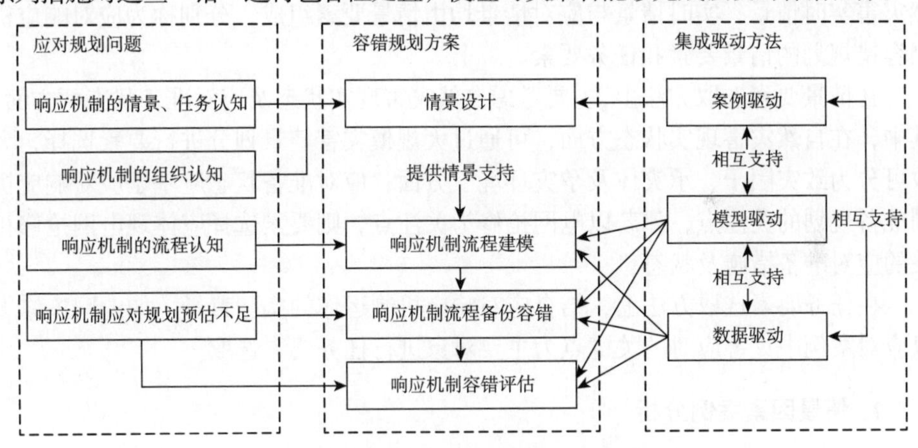

图 8-3　基于案例–数据–模型集成驱动的规划框架

由图 8-3 可知，响应机制的流程容错是其容错规划的核心。流程容错是指系统在受到外部干扰或内部失误时所导致的故障或系统中断，但通过修正仍能够在短时间内恢复正常运转，提高关键服务。外部干扰主要有地震、台风、海啸等致灾因子不可抗力因素，内部失误主要指人员操作不当所造成的故障或任务中断。应对响应机制流程容错是在大规模自然灾害的应对准备阶段做好防护措施，对应对响应机制流程的关键环节进行冗余备份，提升应对任务分配的速度，优化应对响应机制流程结构，将可持续性管理的概念引入应对管理处置中。由此基于容错角度探讨关键应对响应机制的容错渠道，对关键流程实施容错措施，提升关键任务的容错性。容错可以通过流程单元备份、活动组合备份等冗余资源来实现。根据备份流程所处状态的不同，容错流程可以分为冷备份和热备份两种形式。冷备份处于不运行状态，当应对响应机制流程出现故障时，启动备份流程代替故障流程。热备份流程是指应对任务存在多个备份流程，且处于正常工作状态，当应对响应机制流程出现故障时，自动切换到热备份流程替代故障流程。

8.4　应对响应机制容错规划

8.4.1　应对响应机制容错规划的案例选择借鉴与应对情景设计

在情景设计方法上，采用多维情景空间方法来设计情景，以多维度的方式来表达情景，每一个维度都对应一个最小的基本要素。与应对装备及物资调度容错规划类似，应对响应机制容错规划针对的情景实际为一个情景体系，包括实时情景与应对情景两方面内容，其中，实时情景指导应对情景生成，应对情景反映自然灾害实时情景；实时情景与应对情景均由情景要素组成，分别称为应对响应机制容错规划的情景要素和任务要素。

在情景要素选取方法上，主要考虑自然灾害现实状态及应对准备状态两方面。其中，在自然灾害现实状态方面，可通过大规模灾害情景划分进行要素选择，大致可分为致灾因子、承灾体及孕灾环境三方面；应对准备状态应基于应对响应机制准备规划的关注点，如若以电网抢修为关注点，则要素选择应体现电网抢修相关的应对准备措施及状态。

在任务要素选取方法上，结合应对响应机制运作的实际背景（如电网抢修），以应对案例中灾害应对的关键点为主要对象进行任务要素选取。

1. 情景因素案例分析

本章以台风灾害为例进行大规模灾害应对响应机制的容错准备规划，台风灾害应对响应机制容错规划的情景要素描述台风灾害的一般性特征，涉及范围广泛。本章以应对响应中的关键基础设施抢修为例，在大量台风灾害案例的基础上，将台风灾害应对响应机制容错规划的情景要素概括为台风参数、灾害状态、物资配置、抢修环境四个方面。

（1）台风参数。相关重要参数包括风速、风力、登陆位置。另外，如果台风与暴雨、海潮灾害同时发生（即“风暴潮”），易导致滑坡、泥石流等灾害，增加应对响应难度。

（2）灾害状态。灾害状态要素描述某一时刻的大规模灾害状态，包括次生灾害、灾害持续时间、灾害发生地点、灾害后果等特征。其中，灾害持续时间直接影响灾害危险程度以及应对响应的时间窗口；灾害发生地点为抢修环境要素取值提供参考，如城市中心基础设施密集，抢修难度大；灾害后果即台风灾害预期带来的后果，包括人员影响、社会影响、经济影响、环境影响四方面。其中，人员影响通过人员预期伤亡人数表示，经济影响通过预期经济损失表示，社会影响体现为城市关键基础设施（如电网、医院等）被破坏程度，环境影响诸如台风引起的风暴潮会造成海岸侵蚀、海水倒灌造成土地盐渍化等灾害，社会影响及环境影响为决策者或专家针对目前灾害状态进行的主观性评估。

（3）物资配置。物资配置对关键基础设施抢修可行性造成影响。由前文可知，物资配置包括抢修物资储备情况、抢修物资调度环境等要素。物资配置涉及应对装备及物资投资、容错情景预测、城市应对能力等因素，可结合应对物资、应对装备规划等综合确定。

（4）抢修环境。抢修环境要素描述突发事件发生后，对关键基础设施抢修造成影响的周围环境因素，这些因素直接影响应对响应中关键基础设施抢修工作的难易程度。例如，若发生台风灾害的区域内交通瘫痪，反映该区域抢修物资及装备调度的难度增大，这将导致关键基础设施抢修难度增加。

针对上述台风灾害应对响应机制容错规划的情景要素，回顾台风灾害历史案例进行实例情景认知，得到台风灾害事件的应对响应机制容错规划情景要素汇总，如表 8-3 所示。

表 8-3　台风案例的应对响应机制容错规划情景要素汇总

案例	台风参数		灾害状态				物资配置	抢修环境
	风力	登陆位置	次生灾害	灾害持续时间	灾害发生地点	灾害后果		
2005 年美国“卡特里娜”飓风	5 级飓风	正面登陆	暴雨、风暴潮、洪水	8 天	佛罗里达州、路易斯安那州、密西西比州、阿拉巴马州	1 836 人丧生；750 亿美元经济损失；对社会及生态环境造成严重影响	应对物资储备规划及应对物资储备方案	新奥尔良市的防洪堤因风暴潮而决堤
2005 年台风“麦莎”	14 级	边缘登陆	暴雨、风暴潮、塌方	7 天	台湾、福建、浙江、上海、安徽、江苏、山东	20 死 5 伤；177.1 亿元经济损失；对社会及生态环境造成严重影响	建立了4个消防应对救援物资储备库	风雨笼罩公路
2008 年强台风“黑格比”	15 级	正面登陆	暴雨、风暴潮	8 小时	广西 57 个县（市、区）	63 人死亡、22 人失踪；9.237 亿美元经济损失；对社会及生态环境造成严重影响	储备一批必要的应对救灾物资	公路中断 34 条（次），毁坏公路路基 389.4 千米
2009 年台风“莫拉克”	13 级	正面登陆	暴雨、风暴潮	9 天	福建霞浦、台湾花莲	台湾遇难人数 461 人；62 亿美元经济损失；对社会及生态环境造成特别严重影响	相当数量的编织袋和麻袋、钢筋笼等	中北部地区公路交通基础设施损毁严重

续表

案例	台风参数		灾害状态				物资配置	抢修环境
	风力	登陆位置	次生灾害	灾害持续时间	灾害发生地点	灾害后果		
2012年台风“韦森特”	12级	边缘登陆	无	8天	广东样本城市等13市38县（市、区）	广东受灾人口达82.3万人，因灾死亡5人，失踪6人；1.84亿元直接经济损失；对社会及生态环境造成严重影响	强化应对物资的储备，配置各类应对物资	海陆空交通在台风影响下被迫暂停或延迟
2013年台风“天兔”	14级	边缘登陆	暴雨、风暴潮	8天	台湾、大陆多个城市	致广东30人死亡；34亿元直接经济损失；对社会及生态环境造成严重影响	成立应对物资储备室，配置各类应对物资	绝大部分区域交通、供电中断
2014年台风“麦德姆”	14级	边缘登陆	暴雨、风暴潮、城市内涝	7天	长滨乡，高山镇，荣成市虎山镇	106.5万人受灾，2人死亡；8.4亿元经济损失；对社会及生态环境造成严重影响	编织袋34 500条、砂石料4 200立方米、救生衣420件	各地遭遇严重内涝，影响交通运输
2014年“7·18”广东超强台风“威马逊”	17级以上	正面登陆	暴雨、风暴潮、洪水	10天	海南、广东、广西的59个县（市、区）	56死18伤20失踪；经济损失384.08亿元；对社会及生态环境造成特别严重影响	提早组织调整了应对物资储备方案	风力强度特大；海况极其恶劣
2015年台风“灿鸿”	8级	边缘登陆	阵雨	4天	浙江省舟山朱家尖	中国境内无人员伤亡；19.47亿元经济损失；对社会及生态环境造成一定影响	储备了各类消杀用品四十多吨	对浙江高速公路通行安全造成了较大隐患
2016年台风“莫兰蒂”	17级以上	正面登陆	暴雨、风暴潮	8天	福建、广东、台湾、浙江各县市	28人死亡、49人受伤；约25.063 1亿美元直接经济损失；对社会及生态环境造成严重影响	包括棉被、床板、餐具、应急灯、手电、雨衣	口岸/客运枢纽周边道路交通压力较大

2. 任务因素案例分析

灾害应对响应机制容错规划任务要素描述决策者在应对准备阶段，针对容错规划情景要素所做出的反应，可理解为容错规划的具体措施。容错规划任务要素是应对任务的基本要素，容错规划任务要素认知为任务制定的基础。本章在大量台风案例的基础上，以应对响应机制中的关键基础设施抢修工作为例，将台风灾害应对响应机制容错规划的任务要素概括为任务特征、任务参数、任务能力三个方面。具体而言：

（1）任务特征。任务特征描述台风灾害类突发事件的应急疏散任务特征，是该类突发事件区别于其他类别事件的主要任务特征，主要涉及防范方案制订、预警信息发布以及预案启动三方面。其中，防范方案制订为台风灾害发生前，依据预警信息确定防范任务，以降低灾害造成的损失；预警信息发布为台风灾害发生前，及时有效地将预警信息传达给关键基础设施抢修部门，指导其进行准备与抢修工作方案制订；预案启动确定为气象灾害发生时，决策人员或专家根据灾害事件情景决定是否启动预案以及决定应对响应的等级，预案等级确定相应的关键基础设施抢修工作目标及基本方案。

（2）任务参数。任务参数描述关键基础设施抢修任务的属性参数，包括关键基础设施抢修时间、抢修范围及投资总成本等特征。其中，抢修时间与抢修范围分别确定关键基础设施抢修的时间及空间目标；投资总成本为完成某项应对响应工作所预计投入的总成本，需根据容错规划情景，通过研判等形式综合确定，投资总成本主要包括应对能力（如抢险队伍、抢险物资）投资、应对装备投资、应对能力及装备维护投资。

（3）任务能力。任务能力描述实现关键基础设施抢修需要的能力，包括关键基础设施抢修人员、抢修物资、抢修车辆及抢修路径等特征。其中，抢修人员数、抢修物资数及抢修车辆数为决策者或专家根据突发事件情景确定；抢修路径需基于应对准备与实际情况，由应急管理部门会同其他组织单位经过研讨确定。

针对上述台风灾害应对响应机制容错规划的任务要素，回顾台风灾害历史案例进行实例情景认知，得到台风灾害事件的应对响应机制容错规划任务要素汇总，如表 8-4 所示。

表 8-4　台风案例的应对响应机制容错规划任务要素汇总

案例	任务特征			任务参数			任务能力			
	防范方案	预警信息	预案启动	时间	范围	成本	抢修人员	抢修物资	抢修车辆	抢修路径
2005 年美国“卡特里娜”飓风	精确预报	南部各州拉响警报	进入紧急状态	56 小时	美国路易斯安那州	时任总统布什签署518亿美元紧急救灾拨款法案	30 支 2 000 人以上	备用电源充足；移动供电设备至少 10 辆	车辆 813 台	无政府状态的混乱局面
2005 年台风“麦莎”	各单位抓紧落实各项防范措施	暴雨橙色预警警报	启动防汛应急指挥预案	22 小时	江浙沿海一带重灾城镇	研究部署抗台救灾方案，涉及拨款方案	人员 3 026 人次	备用电源充足；移动供电设备至少 8 辆	车辆 875 台	制订人员转移撤离方案
2008 年强台风“黑格比”	防风工作会议 6 次	下发了 14 份通知	防风Ⅳ级应对响应	8 小时	东莞 14 镇街	召开了防台风紧急会议，研究拨款投资防台风方案	人员 2 621 人次	备用电源充足；移动供电设备至少 8 辆	车辆 701 台	加强对建设工地和高空设施的检查

续表

案例	任务特征			任务参数			任务类别			
	防范方案	预警信息	预案启动	时间	范围	成本	抢修人员	抢修物资	抢修车辆	抢修路径
2009 年台风“莫拉克”	人员要及时撤离，船只注意回港避风	将“莫拉克”升格为中度台风	气象灾害应急预案Ⅱ级应对响应	24 小时	福建、浙江重灾城镇	多部门紧急部署救灾工作，涉及拨款方案研判	抢险小分队215支，抢修人员6 727 人	备用电源充足；移动供电设备至少10 辆	各类抢险车辆1 803 辆	中国沿海地区近百万人被紧急疏散
2012 年台风“韦森特”	关于做好防范台风“韦森特”工作的紧急通知	发布台风蓝色预警信号	广西气象局提升重大气象灾害Ⅲ级应对响应为Ⅱ级	20 小时	广东深圳、珠海等 13 市38 县重灾地区	1208 号台风“韦森特”路径特征分析，相应投资方案确定	1 253 名供电抢修人员	备用电源充足；移动供电设备至少5 辆	各类抢险车辆530 辆	已完成台风“韦森特”强度与路径探究
2013 年台风“天兔”	发布防范超强台风“天兔”应急方案	国家海洋局发布风暴潮和海浪红色预警	启动防抗台风Ⅱ级应急预案	22 小时	汕尾附近沿海地区	加强对“天兔”路径及影响的监测，商讨投资方案	153 支7 908 人	备用电源充足；移动供电设备至少8 辆	抢修车辆1 843 台，应急发电车646 台	台风“天兔”最新路径分析及路径情景应对规划
2014 年台风“麦德姆”	制定防台风“麦德姆”应急措施	中央气象台发布台风蓝色预警	启动防第10 号台风“麦德姆”Ⅲ级响应安全预案	24 小时	长滨乡、高山镇、荣成市虎山镇等重灾点	各部门要按照职责分工和预案规定商讨救灾方案投资方案	114 支电力抢修队	备用电源充足；移动供电设备至少8 辆	各类抢险车辆1 503 辆	2014 年第10 号台风“麦德姆”最新路径图，实时更新路线
2014 年“7 · 18”广东超强台风“威马逊”	防风抗灾工作	救灾预警响应	Ⅰ级应对响应	2 天	广东省重灾区	台风“威马逊”待分配资金 11 200 万元，已经市政府批复	25 支600 人以上	备用电源充足；移动供电设备至少10 辆	2 000 根电线杆、338 千米导线、81 台变压器、42 辆车	协同联动，完善处置
2015 年台风“灿鸿”	关于切实做好第 9 号台风“灿鸿”防范工作的通知	中央气象台 7 月 10 日 6 时发布台风红色预警	启动2015 年防汛防台应急预案响应	2 天	中国的东南沿海地区重灾城镇	启动预案，调拨有关救灾物资，商讨救灾投入方案	62 支抢修队伍332 人	备用电源充足；移动供电设备至少5 辆	车辆435 台	台风“灿鸿”未来 72 小时路径预报
2016 年台风“莫兰蒂”	发布紧急加强防范台风“莫兰蒂”工作措施	中央气象台 14 日 6 时发布台风红色预警	启动防台风Ⅰ级应对响应	20 小时	台湾、福建等沿海地区重灾区域	做好防台风抢险应急工作，做好资金投入的研讨及筹集调度	45 支抢修队伍共1 600 多名抢险人员	备用电源充足；移动供电设备至少8 辆	各类抢险车辆600 余辆	根据“莫兰蒂”路径预报布置应对方案调整

8.4.2　应对响应机制容错规划的数据分析

应对响应机制容错规划的数据血缘分析是以数据分析为基础，厘清应对响应机制容错规划涉及的数据项及数据项之间的相互关系，在此分析下，只需明确数据需求及数据来源，即可计算应对响应机制容错规划涉及的任意数据，数据计算的结果可用于案例数据支持、模型数据支持、容错规划评估等。与第 6、7 章类似，本部分以华南地区应对台风灾害为背景，针对某个具体灾害进行短期内的应对响应机制容错规划，以应对响应机制中的关键基础设施抢修工作为例，验证容错方法的可行性和有效性。某地区曾经历 12 级台风灾害，经济损失达 3 000 万元。假设未来该地区可能遭受到 12 级以上台风灾害，引发暴雨及风暴潮，造成该地区出现危险地带，应急管理部门需将危险地带群众转移至安全点，保障人们的生命安全。

针对这一模拟灾害，预估未来可能发生的情景，在灾前应对准备阶段做好一定的容错措施，对应对响应机制中的关键基础设施抢修工作进行规划，以免造成巨大的经济损失。按大规模自然灾害情景的严重程度分为 B1 严重、B2 比较严重和 B3 非常严重三个状态。由前文可知，准备规划应考虑灾害情景超出决策者经验范围、专家判断偏差等问题，需对灾害情景进行模糊化处理。

模拟情景 S_1：台风在样本城市的相邻城市登陆，受其影响，样本城地区沿海海面阵风风力达 12 级，持续暴雨并伴随着强降雨量。城市地面无积水但交通拥堵，部分高速公路封闭，可从地区外部获得的应对物资有限且调度时间较长；样本城市某区域内有 6 处应对物资存储中心，各存储中心可存储各项应对物资；此外，样本城市提前制定应对响应机制，规定关键基础设施抢修的基本任务、抢修流程及执行组织。在台风过境时，预期伤亡人数为 1~5 人，预期经济损失为 500 万~1 000 万元，对社会造成一定影响（专家打分区间 50~70），对生态环境造成一定影响（专家打分区间 50~70）。

模拟情景 S_2：台风在样本城市边缘登陆，样本城地区沿海海面阵风风力达 15 级，长时间持续大雨，树木倒伏，地面积水过多，高速公路封闭，无法从外部获取应对物资；样本城市某区域内有 4 处应对物资存储中心，各存储中心可存储各项应对物资；此外，样本城市提前制定应对响应机制，规定关键基础设施抢修的基本任务、抢修流程及执行组织。在台风过境时，预期伤亡人数为 6~10 人，预期经济损失为 1 000 万~2 000 万元，对社会造成较大影响（专家打分区间 70~85），对生态环境造成较大影响（专家打分区间 70~85）。

模拟情景 S_3：台风在样本城市正面登陆，样本城地区沿海海面阵风风力达 17 级，长时间暴雨，个别堤坝濒临被毁，海面有风暴潮，将引起山体滑坡，高速公路全部封闭，并有部分塌方，城市部分区域大面积停电，电力中断，内部物资调度出现困难；样本城市某区域内有 2 处应对物资存储中心，各存储中心可存储各项应对物资；此外，样本城市提前制定应对响应机制，规定关键基础设施抢修的基本任务、抢修流程及执行组织。在台风过境时，预期伤亡人数为 11~20 人，预期经济损失为 2 000 万~5 000 万元，对社会造成很大影响（专家打分区间 85~100），对生态环境造成很大影响（专家打分区间 85~100）。

备选应对措施组合 A_1：通过各种媒体提醒市民台风期间尽量减少外出、提前储备生活必需品；应对管理部门制定并安排预防措施、启动应对预案响应，气象部门发布预警信息；应急管理部门确定关键基础设施抢修的时间、范围、投资等具体内容，研讨抢修路线，设计 1~2 个抢修方案；各应对物资存储中心储备少量抢修物资（满足基本抢修要求），应对管理部门调度充足的抢修队伍与抢修车辆，保障物资运输车辆和物资调度队伍随时待命，投资总成本为 5 000 万元。

备选应对措施组合 A_2：通过各种媒体提醒市民台风期间尽量减少外出、提前储备生活必需品；应对管理部门制定并安排预防措施、启动应对预案响应，气象部门发布预警信息；应对管理部门确定关键基础设施抢修的时间、范围、投资等具体内容，研讨疏散路线，设计 2~3 个抢修方案；各应对物资存储中心储备一定量抢修物资（在基本抢修要求基础上，留有一定富余），应对管理部门调度充足的抢修队伍与抢修车辆，保障物资运输车辆和物资调度队伍随时待命，投资总成本为 7 000 万元。

备选应对措施组合 A_3：通过各种媒体提醒市民台风期间尽量减少外出、提前储备生活必需品；应对管理部门制定并安排预防措施、启动应对预案响应，气象部门发布预警信息；应对管理部门确定关键基础设施抢修的时间、范围、投资等具体内容，研讨抢修路线，设计 3~4 个抢修方案；各应对物资存储中心储备大量抢修物资（在基本抢修要求基础上，至少增加一倍富余量），应对管理部门调度充足的抢修队伍与抢修车辆，保障物资运输车辆和物资调度队伍随时待命，投资总成本为 9 000 万元。

为评价容错措施效果，将容错措施评价指标划分为情景控制效果与花费成本两部分。其中，情景控制效果是指采用某容错措施对各灾害情景的有效控制程度；花费成本是指采用该容错措施花费成本的评价。各指标的具体计算步骤如下。

步骤 1：情景控制效果指标划分与计算。如前文所示，将情景控制效果指标划分为伤亡人数控制效果、经济损失控制效果、社会影响控制效果、生态影响控制效果四个方面。通过专家打分、应急管理组织研讨等方式，确定各情景下的预计伤亡人数、经济损失、社会影响及生态影响（已在模拟情景部分阐述）。在不同容错措施下，情景得到有效控制的概率 p_{ij} 不同，最终影响情景控制效果。p_{ij} 代表第 i 个措施有效控制第 j 个情景的概率，可通过专家结合自身经验与专业知识综合得到。综上所述，得到各情景控制效果指标的计算方法。

伤亡人数控制效果 R_i：

$$R_i = \sum_{j=1}^{n} p_{ij} \cdot r_j \tag{8-1}$$

其中，R_i 为第 i 个措施的伤亡人数控制效果；n 为模拟情景总数；r_j 为有效控制第 j 个情景带来的人员伤亡减少。若 r_j 为区间数，则通过区间数处理算法将其转化为数值型数据，常见转化方法有取最大最小、计算积分值等。

经济损失控制效果 J_i：

$$J_i = \sum_{j=1}^{n} p_{ij} \cdot j_j \tag{8-2}$$

其中，J_i 为第 i 个措施的经济损失控制效果；n 为模拟情景总数；j_j 为有效控制第 j 个情景带来的经济损失降低。j_j 为区间数时的处理方法与 r_j 类似。

社会影响控制效果 S_i：

$$S_i = \sum_{j=1}^{n} p_{ij} \cdot s_j \tag{8-3}$$

其中，S_i 为第 i 个措施的社会影响控制效果；n 为模拟情景总数；s_j 为有效控制第 j 个情景带来的社会影响降低。s_j 为区间数时的处理方法与 r_j 类似。

生态影响控制效果 T_i：

$$T_i = \sum_{j=1}^{n} p_{ij} \cdot t_j \tag{8-4}$$

其中，T_i 为第 i 个措施的生态影响控制效果；n 为模拟情景总数；t_j 为有效控制第 j 个情景带来的生态影响降低。t_j 为区间数时的处理方法与 r_j 类似。

在前文示例中，通过专家分析与预判，得到各方案的有效控制概率与情景控制效果指标值，如表 8-5 所示。

表 8-5　各方案有效控制概率与控制效果指标值

应急措施	p_{i1}	p_{i2}	p_{i3}	R_i /人	J_i /万元	S_i	T_i
A_1	0.5	0.3	0.1	7.5	1 600	70.5	70.5
A_2	0.7	0.5	0.3	14.5	3 200	121.5	121.5
A_3	0.9	0.7	0.5	21.5	4 800	172.5	172.5

以第一个容错措施的伤亡人数控制效果 R_1 为例。其中，$p_{1j}\,(j=1,2,3)$ 已知，取 r_1=max[1, 5]=5，r_2=max[6, 10]=10，r_3=max[11, 20]=20，则 R_1=0.5×5+0.3×10+0.1×20=7.5（人）。

由于各情景控制效果指标的单位不同，根据决策理论与数据处理方法，通过线性变换对各指标进行转化，具体转化公式如式（8-5）所示：

$$Z_i' = \frac{Z_i}{\max\limits_{i=1,2,3} Z_i} \tag{8-5}$$

其中，Z_i代表各情景控制指标。转化结果如表 8-6 所示。

表 8-6　各方案情景控制效果指标规范化

应急措施	R_i /人	R_i'	J_i /万元	J_i'	S_i	S_i'	T_i	T_i'
A_1	7.5	0.35	1 600	0.33	70.5	0.41	70.5	0.41
A_2	14.5	0.67	3 200	0.67	121.5	0.70	121.5	0.70
A_3	21.5	1.00	4 800	1.00	172.5	1.00	172.5	1.00

在各情景控制效果指标规范化基础上，各容错措施组合的综合情景控制效果为各情景控制效果指标加权的结果，如式（8-6）所示。其中，权重通过专家打分、层次分析法等方法通过实地调研形式获得。情景控制效果计算结果如表 8-7 所示。

$$Q_i = w_1 \cdot R_i' + w_2 \cdot J_i' + w_3 \cdot S_i' + w_4 \cdot T_i', \quad i = 1,2,3 \tag{8-6}$$

表 8-7　各方案综合情景控制效果计算结果

应急措施	w_1	w_2	w_3	w_4	Q_i
A_1	0.6	0.2	0.1	0.1	0.36
A_2	0.6	0.2	0.1	0.1	0.68
A_3	0.6	0.2	0.1	0.1	1.00

步骤 2：成本指标计算。成本指标计算和处理方式与各情景控制效果指标类似，区别在于：情景控制效果指标为效益类指标，成本指标为成本型指标，在处理方式上有差别，具体计算公式如下：

$$C_i' = 1 - \frac{C_i}{\max\limits_{i=1,2,3} C_i} \tag{8-7}$$

其中，C_i'代表成本指标处理后的结果；C_i代表原始成本指标值。处理计算结果如表 8-8 所示。

表 8-8　各方案成本指标计算结果

应急措施	C_i	C_i'
A_1	5 000	0.44
A_2	7 000	0.22
A_3	9 000	0.00

步骤 3：容错措施评估。由于情景控制效果过差与花费成本过高均为劣方案，此步骤旨在综合各方案的情景控制效果及花费成本，评价容错措施以筛选最佳容错措施。具体计算方式为设置情景控制效果与花费成本所占容错措施效果比例，

最终的容错措施评估结果为二者加权的结果，如式（8-8）所示。

$$M_i = w_{iq} \cdot Q_i + w_{ic} \cdot C_i \,,\quad i=1,2,3 \tag{8-8}$$

由于大规模灾害决策问题的损失重于成本，故设置 w_{iq} =0.7， w_{ic} =0.3，最终计算结果如表 8-9 所示。

表 8-9　各方案评估计算结果

应急措施	w_{iq}	w_{ic}	Q_i	C_i'	M_i
A_1	0.7	0.3	0.36	0.44	0.38
A_2	0.7	0.3	0.68	0.22	0.54
A_3	0.7	0.3	1.00	0.00	0.70

如表 8-9 所示，A_3 的综合评估值最高，故 A_3 为最佳方案，其容错率为 r =2 000/3 000=0.67，容错等级为 B 级。

8.4.3　应对响应机制容错规划的模型构建

本章提出三类基本的应对响应机制容错规划模型，分别为应对响应机制协同流程模型、基于 Petri 网的应对响应机制冷备份容错流程模型及基于 Petri 网的应对响应机制热备份容错流程模型。其中，应对响应机制协同流程模型旨在从模型角度描述应对响应机制的任务与流程，支持数据分析与备份模型建构；基于 Petri 网的应对响应机制冷备份容错流程模型旨在提供一种响应机制容错思路及结构化描述，即当应对响应机制流程出现故障时，启动备份流程代替故障流程；基于 Petri 网的应对响应机制热备份容错流程模型提供一种响应机制容错思路及结构化描述，即当应对响应机制流程出现故障时，自动切换到热备份流程替代故障流程。

1. 应对响应机制协同流程建模

众多学者对应对响应协同流程建模理论进行了广泛的研究，应用方法也多种多样，如 Petri 网、人工智能专家系统、计算机模拟、多 Agent 建模、协同理论等。

在众多方法中，Petri 网既有严格的数学表述方式，也有直观的图形表达方式，能够形象、客观地分析应对响应机制流程，本章采用 Petri 网进行应对响应机制流程表达。基于 Petri 网对应对协同或应急联动系统进行分析与研究的文献较多。例如，根据 Petri 网建模方法，构建城市重大突发事件应急协同系统；利用 Petri 网对应对响应、协同流程进行性能分析（曾庆田等，2013；胡晓文和曾庆田，2009；钟茂华等，2003；张聪等，2013）；基于 Petri 网方法构建重大传染病传播演化模型（李勇建等，2014）。这些研究对应对协同系统的建模和分析具有一定的指导意义。本章从应对响应协同情景出发，通过案例分析了灾害事件应对协同系统的均衡状态及变动规律，研究如何在应对准备阶段改变或加强流程容错来提高整个应对响应机制流程的运行效率。Petri 网的数学表达形式如下：

Petri 网，$N=(P, T; F)$，其中，P 元素为库所集（Place 集），T 元素为变迁集（Transition 集），F 代表流关系集。每个库所表示一种资源，流关系规定资源的流动，变迁是资源流动的触发条件，与库所有直接关系。基于 Petri 网的应对流程包括输入资源、应对任务、任务的相互作用、输出结果、应对需求和价值（李迁和刘亚敏，2013；王循庆等，2013；杜磊等，2010）。首先，阐述应对流程与随机 Petri 网（stochastic Petri net，SPN）的对应关系如表 8-10 所示。

表 8-10　Petri 网元素表达

应对响应机制流程	SPN	表示符号
应对任务	库所（Place）	○
应对任务的开始、实施、结束	变迁（Transition）	□
资源容量	托肯（Token）	●
应对流程输入、输出	有向弧（Directed arc）	→
应对任务执行的速率	变迁实施速率（v）	λ

基于 SPN 将应对响应机制基本流程划分为顺序、并发、选择和循环结构，具体如图 8-4 所示。顺序结构表示一个任务被触发后，下一个任务才开始，上一个任务的输出是其下一个任务的输入，两者之间存在时序关系；并发结构表示一个任务被触发后，其后面跟随的两个任务同时被触发；选择结构表示一个任务被触发后，其后面跟随的两个任务有且只有一个被触发；循环结构表示一个任务被触发后，其输出又是前面任务的输入（李迁和刘亚敏，2013；Zhong et al.，2010；田军等，2014）。

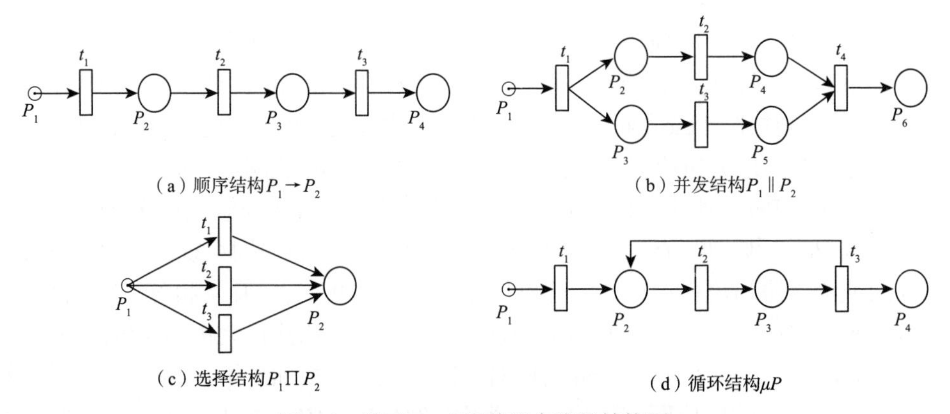

图 8-4　基于 Petri 四种基本流程结构图

应对响应机制流程结构的数学表达如下：

$$\mathrm{BP} = \{P_1 \to P_2, P_1 \| P_2, P_1 \prod P_2, \mu P\}$$

其中，$P_1 \to P_2$描述的是顺序结构流程，即 P_1 发生后 P_2 才能够发生；$P_1 \| P_2$ 描述的是并发结构流程，即 P_1 与 P_2 同时发生，如果 P_1 结束，则 P_2 也必须结束，两者必须同时进行；$P_1 \prod P_2$ 描述的是选择结构流程，即 P_1 与 P_2 两者中只有一个发生，另一个不发生；μP 描述的是循环结构流程，μ 代表 P 的循环次数。以图 8-4 中的顺序结构为例，Petri 网表达式如下：

$$N_1 = (P,T;F)$$

其中，$P = \{P_1, P_2, P_3, P_4\}$；$T = \{t_1, t_2, t_3\}$；$F = \{(P_1,t_1),(t_1,P_2),(P_2,t_2),(t_2,P_3),(P_3,t_3),(t_3,P_4)\}$。

把 Petri 网模型中的每个变迁相关联一个实施速率 λ，此时该模型就称为 SPN 模型。在 SPN 中，每个变迁从可实施到实施都会有一定的延时，可以把每个变迁 t 从可实施的时刻到实施的时刻看成一个连续的随机变量，且服从指数分布（陈蓉和王慧敏，2014；初翔等，2014；Waligora，2008）。该模型最早是由 Molley 与 Natkin 提出的，并认为 SPN 中每个标识都可以映射成对应马尔科夫链（Markov chain，MC）的一个状态，即 SPN 可同构于连续时间的马尔科夫链。SPN 可表示为六元组，即 $\mathrm{SPN} = (P,T;F,K,W,\boldsymbol{M},\lambda)$，进行如下说明：

（1）$N=(P,T;F)$构成有向网，称为基网。$P = \{P_1, P_2, \cdots, P_n\}$，$T = \{t_1, t_2, \cdots, t_n\}$。

（2）$F \subseteq (P \times T) \cup (T \times P)$。$F$ 为流关系集，表示变迁输入弧和输出弧的集合，表明了库所与变迁之间的顺序关系。

（3）K 表示 Petri 网的容量函数。

（4）$W: P \to N^+$，W 为权函数，其中 $N^+ = (1,2,\cdots,n)$。

（5）网络标识矩阵 $\boldsymbol{M}$：其代表 Petri 网中库所的 Token 数量，表示库所的状态。$\boldsymbol{M}_0$ 代表初始标识矩阵，$\boldsymbol{M}_n$ 代表终态标识矩阵。$\boldsymbol{M}=\mathbf{0}$ 时，表示库所中有 Token；$\boldsymbol{M}=\mathbf{1}$ 时，表示库所中不含 Token。$\boldsymbol{M}: P \to N$，$\boldsymbol{M}$ 为 Petri 网的状态标识，用向量表示，第 $\boldsymbol{M}_i$ 个元素表示第 i 个库所中的 Token 数为标识函数，其中 $\boldsymbol{M}_0$ 称为网的初始标识。

（6）$\boldsymbol{\lambda} = (\lambda_1, \lambda_2, \cdots, \lambda_k)$，$k$ 表示所有变迁实施速率的个数，且 $k>0$。

（7）关联矩阵 $\boldsymbol{C}$：$\boldsymbol{C}^+$ 表示变迁节点 t 与输出库所的连接关系，$\boldsymbol{C}^-$ 表示变迁节点 t 与输入库所的连接关系。$W(P,\ t)$ 表示从库所 P 到变迁 t 的有向弧 F 的权，取值为 1，反向取值为−1，其余取值为 0。$f(P,t) \in F$ 表明从 P 到 t 存在有向通路。

$$C(P,t)=\begin{cases}-W(P,t), & \text{if } f(P,t)\in F \\ W(P,t), & \text{if } f(t,P)\in F \\ 0, & \text{其他}\end{cases} \tag{8-9}$$

（8）触发向量 $\boldsymbol{U}$：Petri 网中库所中 Token 表示系统状态，不同的变迁触发库所中 Token 的变化，而 Token 的不断变化体现了系统的运行状态。

$\boldsymbol{C}$、$\boldsymbol{M}$、$\boldsymbol{U}$ 确定数值后，可以通过状态方程来求解和分析 Petri 网的变化过程。状态方程如下：

$$\boldsymbol{M}_{n+1}=\boldsymbol{M}_n+\boldsymbol{C}\boldsymbol{U}_{n+1} \tag{8-10}$$

$$\boldsymbol{C}=\begin{vmatrix}-1 & 0 & 0 & 0 \\ 1 & -1 & 0 & 0 \\ 1 & 0 & -1 & 0 \\ 0 & 1 & 0 & -1 \\ 0 & 0 & 1 & -1 \\ 0 & 0 & 0 & 1\end{vmatrix}$$

$$\boldsymbol{M}_0=(1,0,0,0,0,0)^{\mathrm{T}}$$

其触发向量为

$$\boldsymbol{U}_1=(1,0,0,0)^{\mathrm{T}}$$

则

$$\boldsymbol{M}_1=\boldsymbol{M}_0+\boldsymbol{C}\boldsymbol{U}_1=\begin{vmatrix}1 \\ 0 \\ 0 \\ 0 \\ 0 \\ 0\end{vmatrix}+\begin{vmatrix}-1 & 0 & 0 & 0 \\ 1 & -1 & 0 & 0 \\ 1 & 0 & -1 & 0 \\ 0 & 1 & 0 & -1 \\ 0 & 0 & 1 & -1 \\ 0 & 0 & 0 & 1\end{vmatrix}\begin{vmatrix}1 \\ 0 \\ 0 \\ 0\end{vmatrix}=(0,\ 1,\ 1,\ 0,\ 0,\ 0)^{\mathrm{T}}$$

从 $\boldsymbol{M}_1$ 看出 P_1 Token 转移到 P_2、P_3 中，此时，

$$\boldsymbol{U}_2=(0,\ 1,\ 1,\ 0)^{\mathrm{T}}$$

$$\boldsymbol{M}_2=\boldsymbol{M}_1+\boldsymbol{C}\boldsymbol{U}_2=(0,\ 0,\ 0,\ 1,\ 1,\ 0)^{\mathrm{T}}$$

从 $\boldsymbol{M}_2$ 看出 P_2、P_3 Token 转移到 P_4、P_5 中，

$$\boldsymbol{U}_3=(0,\ 0,\ 0,\ 1)^{\mathrm{T}}$$

$$\boldsymbol{M}_3=\boldsymbol{M}_2+\boldsymbol{C}\boldsymbol{U}_3=(0,\ 0,\ 0,\ 0,\ 0,\ 1)^{\mathrm{T}}$$

从 $\boldsymbol{M}_3$ 看出 P_4、P_5 Token 转移到 P_6 中。

应对响应所涉及的公安、消防、医疗、通信、交通、电力、应急指挥中心等多个部门，共享物资、信息等资源，以此实现跨组织、跨部门的统一指挥、快速反应、共同协作的应对响应行动，建立有效的应对协同系统，及时、高效

地开展应对救援活动，为城市大规模自然灾害应对、城市公共安全提供强有力的保障。

台风突发事件的协同任务信息用 Petri 网表示，系统中每项任务的输入、输出信息用库所 P 表示；系统内部信息状态之间的转化用 t 表示。在信息可用的库所中设置 Token，Token 的流动代表信息的流动。通过 Petri 网的触发条件和 Token 变化表示整个应对协调过程的动态行为，应对协同流程建模步骤如下：

（1）确定每个库所 P 的应对状态以及变迁 t 的转换过程。

（2）构建应对协调系统决策阶段的 Petri 网模型。

（3）确定可能出现的状态集，并同构出其相应的马尔科夫链。

（4）基于马尔科夫链以及稳态概率对应对协调系统进行性能分析。

2. 基于 Petri 网的应对响应机制冷备份容错流程模型

设 A 表示正常工作的应对响应机制流程库所，B 表示失效流程库所，standby 表示应对响应机制容错流程库所，Failure 表示应对响应机制流程资源的失效变迁，Repair 表示应对响应机制流程资源的修复变迁，Switch 表示应对响应机制流程资源的转换变迁，C 表示应对响应机制流程资源的切换变迁。冷备份容错流程的 Petri 网模型如图 8-5 所示。

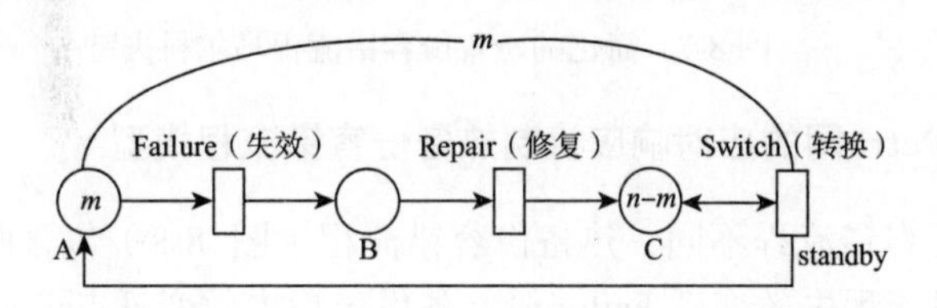

图 8-5　冷备份容错流程的 Petri 网模型

库所 A 的 Token 设为 m，表示同时具备 m 个资源应对响应机制流程才能够保障应对管理正常运行，否则会触发失效变迁 Failure，导致应对任务无法正常进行。例如，应急队伍共有五组，而需要抢修的灾点有 8 个，而且同一时间一组应急队伍只能对一个灾点进行抢修，此时就会触发失效变迁。如果应对响应机制流程不能正常运行，则库所 A 中减少 1 个资源，库所 B 中增加一个资源，库所 C 中有 $n-m$ 个备用资源，此时可以触发转换变迁，将库所 C 中资源供给库所 A；或者可以通过修复变迁将库所 B 中资源转移到库所 C 中。库所 A 与转换变迁间存在一个权函数为 m 的抑止弧，说明库所 A 中资源大于 m 时修复变迁才可以实施触发。在已知应对任务失效与修复速率的条件下，可基于马尔科夫链求解冷备份容错流程的可用性。

SPN 标识（P_C，P_A，P_B），则设 Petri 网的初始状态 $\boldsymbol{M}_0$ 表示为（$n-m$，m，0），

其完整的状态空间为{($n-m$, m, 0),($n-m$, $m-1$, 1),($n-m-1$, m, 1),($n-m-1$, $m-1$, 2),($n-m-2$, m, 2), …, (1, 0, $n-1$), (0, 1, $n-1$), (0, 0, n)}，据此得出冷备份容错流程的马尔科夫链，如图 8-6 所示。

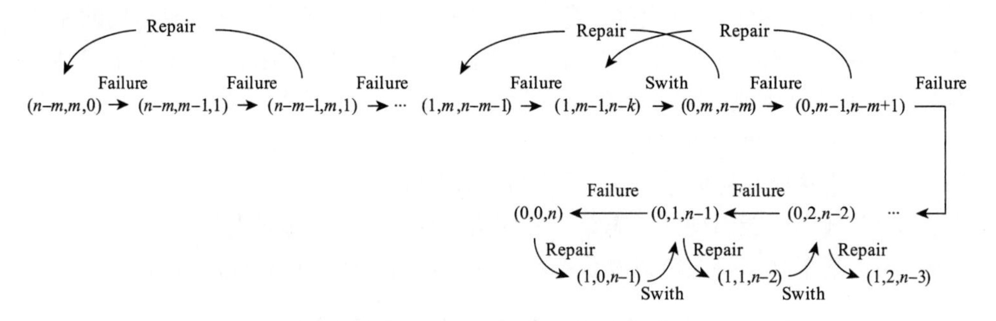

图 8-6　冷备份容错流程马尔科夫链

设 λ 为应对响应机制流程失效速率，μ 为失效流程修复速率，则简化的冷备份容错流程马尔科夫链如图 8-7 所示。

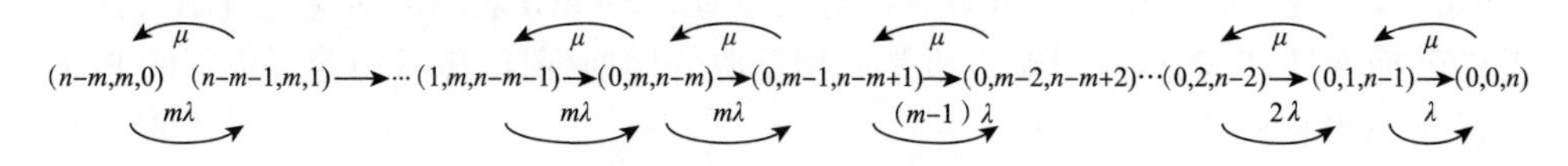

图 8-7　简化的冷备份容错流程马尔科夫链

3. 基于 Petri 网的应对响应机制热备份容错流程模型

与冷备份容错流程不同，热备份容错流程（图 8-8）包含两个应对任务失效流程，即应对流程失效变迁 Failure 1，备份流程失效变迁 Failure 2。随机 Petri 网标识（P_C, P_A, P_B），则设 Petri 网的初始状态 $\boldsymbol{M}_0$ 表示为（$n-m$, m, 0），其完整的状态空间为{($n-m$, m, 0),($n-m$, $m-1$, 1),($n-m-1$, m, 1),($n-m-1$, $m-1$, 2),($n-m-2$, m, 2)…(1, 0, $n-1$), (0, 1, $n-1$), (0, 0, n)}，据此得出热备份容错流程的马尔科夫链，如图 8-9 所示。

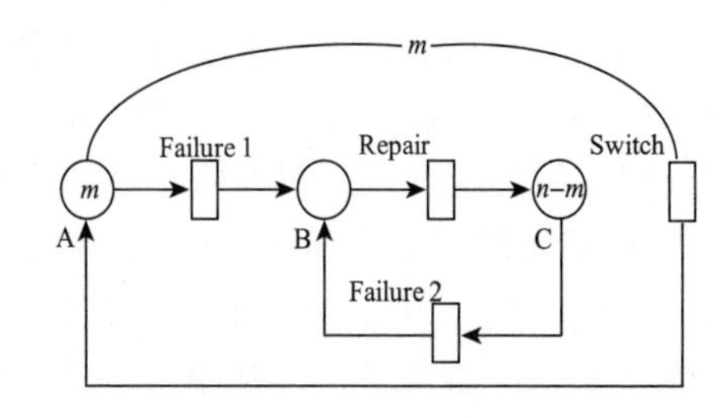

图 8-8　基于 Petri 网模型的热备份容错流程

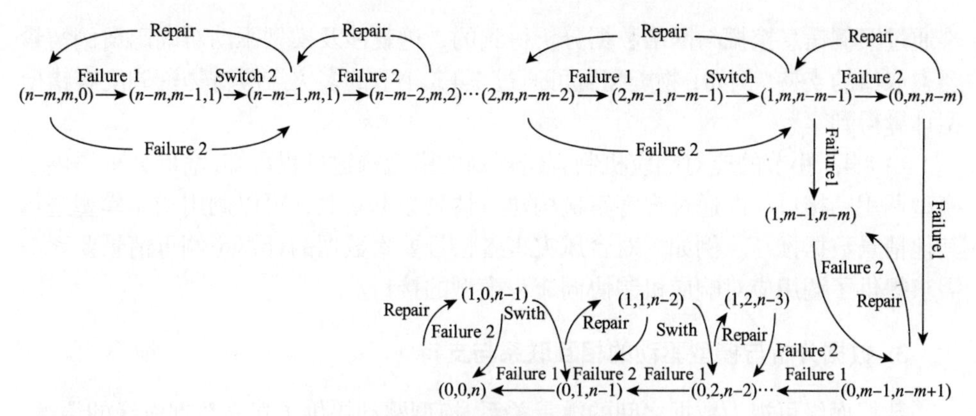

图 8-9　热备份容错流程马尔科夫链

简化的多备份容错流程马尔科夫链如图 8-10 所示。

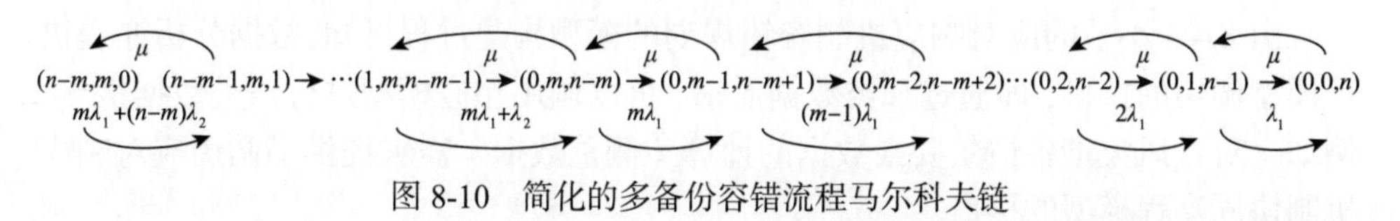

图 8-10　简化的多备份容错流程马尔科夫链

8.4.4　应对响应机制容错规划的案例–数据–模型集成驱动分析

综合台风灾害应对响应机制容错规划的基础性工作，可以发现应对响应机制容错规划的案例分析、数据分析及模型构建是相互联系与支持的，这种联系与支持可通过案例–数据–模型集成驱动方法予以识别与分析。

1. 案例分析与数据分析的相互联系与支持

由台风灾害案例分析，设计应对响应机制容错规划情景要素为台风参数、灾害状态、物资配置、抢修环境，任务要素为任务特征、任务参数、任务能力。传统的案例建立过程中，需要相关人员负责搜寻可用案例，通过案例阅读与分析，提取上述情景的具体取值。这一过程较为烦琐，且具有较强的主观性，数据分析可通过网络数据爬取技术，自动获取上述情景要素取值，提高案例建构效率与情景信息准确率。

由 8.4.2 小节的数据血缘分析可知，数据分析设定的情景来源于历史案例及相关文献，通过情景数据模拟及容错指标计算，最终获得容错规划方案。因此，数据血缘分析的基础为情景设计，而情景设计来源于案例分析，这体现了案例分析对数据分析的支持。

2. 案例分析与模型驱动的相互联系与支持

由 8.4.1 小节的案例分析与情景设计可知，一些情景要素（如物资配置）是很难通过案例信息挖掘与网络数据分析得到的，这就涉及模型驱动对确定案例情景要素取值的支持。例如，物资配置可通过 7.4.3 小节的多灾点应对物资调度容错模型计算得到。

由 8.4.3 小节的应对响应机制容错规划的模型构建过程可知，案例分析提供了模型调用的接口，即通过灾害案例构建及情景数据获取，可以调用相应模型进行其他情景数据推导。例如，对台风灾害各情景要素数据的计算（侧重情景要素）需求提供了调用应对响应机制协同流程模型的接口。

3. 数据分析与模型驱动的相互联系与支持

数据血缘可视为数据之间的继承关系，模型驱动提供了建立数据血缘的渠道，可通过模型推演获得本来不可直接得到的数据，提高了数据的层次并建立了新的数据血缘。因此，模型驱动是数据分析的重要途径。

由 8.4.3 小节的应对响应机制容错规划的模型构建过程可知，数据分析亦提供了模型调用的接口，即通过某类数据需求，可以调用相应模型进行该类数据推导。例如，对台风灾害各情景要素数据的计算（侧重数据）需求提供了调用应对响应机制协同流程模型的接口。

8.5　应对响应机制准备规划的持续改进

应对响应机制准备规划的持续改进问题是机制建设面临的重要现实问题。首先，响应机制准备规划过程中会面临多样化的问题，准备规划的环境可能会发生变化；其次，不同城市或地区行政管理体系可能存在差异，响应机制的准备规划需结合当地实际。总的来说，应对响应机制准备规划具有阶段性。因此，政府应急管理部门应以保证响应机制准备规划的持续有效为目标，不断调整与完善响应机制准备规划。本节将应对响应机制准备规划持续改进的重点内容归纳为三个方面，即持续改进的持续周期、单次改进工作路径、持续改进关键环节。

1. 持续改进的持续周期

持续改进的持续周期是指在准备规划持续改进过程中，相邻两次改进过程之间的时间间隔。持续改进过程可视为多次改进过程以一定持续改进持续周期为间隔构成的过程集。持续改进的持续周期为适中概念，即周期过长及过短均不合适。若持续周期过长，则问题积累过多，准备规划有效性难以保证；若持续周期过短，将造成改进成本过高，不利于持续改进。本小节提供持续改进持续周期确定的问题激励方法，即以具有影响力的现实问题为改进启动条件，引导进入改进过程。除问题激励方法外，还可以从定期改进等角度进行考虑。

2. 单次改进工作路径

改进工作应以标准化流程为指导，科学合理地进行响应机制准备规划改进。本章研究认为单次改进工作至少应包含以下内容，即改进计划制订、改进计划执行、执行结果检查及执行结果处理。其中，改进计划制订是指针对上述具有影响力的现实问题，有针对性地制订准备规划改进计划；改进计划执行是指将机制改进计划的内容付诸实施；执行结果检查是指分析改进计划执行结果，总结改进后准备规划存在的问题；执行结果处理是指对改进计划执行结果进行处理的过程。处理方式包括准备规划改进成果标准化以及遗留问题汇总两方面，准备规划改进成果标准化是指将提高准备规划有效性的举措予以保留，以固定准备规划的改进成果；遗留问题汇总是指将改进后仍然存在的现实问题予以汇总，用以指导后期改进工作。

3. 持续改进关键环节

持续改进过程中，应特别注意某些关键响应机制环节，加强其协调性改进，如应急管理综合部门与专业部门协调、中央政府与地方政府协调。应急管理部门与专业部门之间的协调，核心改进点在于以应急管理部门为主导的协调模式改进，尤其是常态与应急态下的协调模式切换改进；中央政府与地方政府之间的协调，核心改进点在于确定合理的响应机制规划差异化水平。响应机制规划差异化水平过高易导致监管失控，响应机制规划水平过低则不利于地方监管机制试点与创新。

8.6　用例分析

8.6.1　响应机制流程建模

根据 2016 年台风“莫兰蒂”情景，模拟台风应对响应用例，该案例中台风灾害应对响应机制的协同流程如图 8-11 所示。

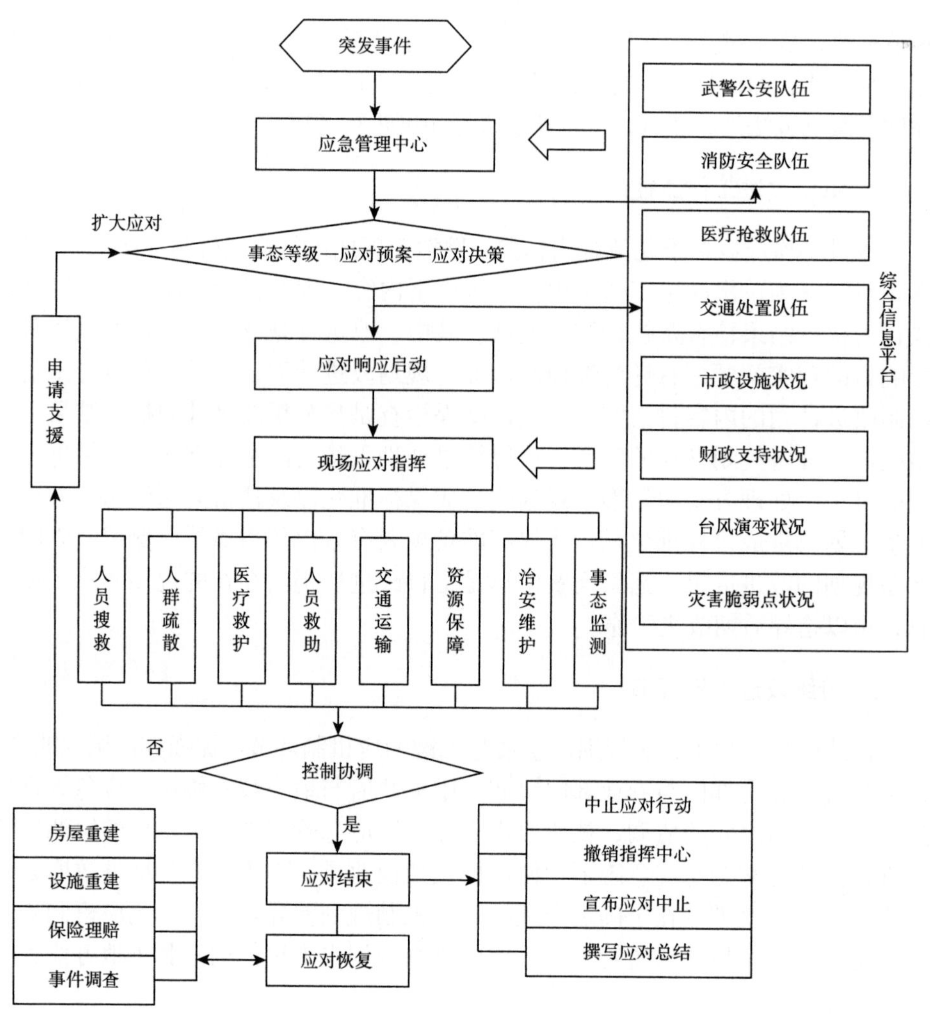

图 8-11　台风灾害应对响应机制协同流程

基本协同流程如下：①根据警情信息相关地区政府和应急办公室了解灾情状况，成立专家小组，确定事件等级，启动相关预案。②将相关信息及时报送上级政府和气象局等相关单位，因灾情较为严重，应急指挥中心将申请国家支援。③应急指挥中心应下达应对任务，协同其他各组织部门配合应对行动。④全面展开应对救援工作：媒体需要宣传和报道灾区的现场状况；部队官兵应对受困群众进行搜救疏散；医护人员应对受伤群众进行医疗救治；气象局应对灾情进行评估，并监测衍生灾害情况；交通运输、铁路、民航等部门需要输送应对物资。

流程建模步骤如下。

（1）确定每个库所 P 的应对状态以及变迁 t 的转换过程，如表 8-11 和表 8-12 所示。

表 8-11　库所含义

库所	含义	库所	含义	库所	含义
P_0	预警信息	P_{10}	态势反馈信息	P_{21}	应对结束信息
P_1	突发事件爆发	P_{11}	方案措施信息	P_{22}	善后处理信息
P_2	预案库信息	P_{12}	确定方案信息	P_{23}	调查反馈信息
P_3	专家库信息	P_{13}	是否增援信息	P_{24}	调查上报信息
P_4	现场态势信息	P_{14}	方案修改信息	P_{25}	工作评估信息
P_5	初选预案信息	P_{15}	人员就位信息	P_{26}	经验总结信息
P_6	预案修正信息	P_{16}	现场应急指挥中心	P_{27}	案件归档信息
P_7	专家商议信息	P_{17}	应对任务信息	P_{28}	应对过程结束
P_8	专家修改建议信息	P_{18}	态势评估信息		
P_9	态势分类信息	P_{20}	后期处置信息		

表 8-12　变迁含义

变迁	含义	变迁	含义	变迁	含义
t_0	警情信息分析	t_{10}	方案形成	t_{20}	信息上报
t_1	应对预案查询	t_{11}	方案确定	t_{21}	信息汇总
t_2	建立应急专家小组	t_{12}	申请增援	t_{22}	信息发布
t_3	现场信息获取	t_{13}	实施方案分析	t_{23}	工作评估
t_4	预案查询结果分析	t_{14}	应对人员统计	t_{24}	经验总结
t_5	选定预案	t_{15}	应对任务分配	t_{25}	案件归档完毕
t_6	专家会谈	t_{16}	态势分析		
t_7	专家会谈结果	t_{17}	任务完成		
t_8	现场态势分析	t_{18}	后期信息分析		
t_9	现场灾情状况分类	t_{19}	信息处理完毕		

（2）构建应对协调系统决策阶段的 Petri 网模型，如图 8-12 所示。

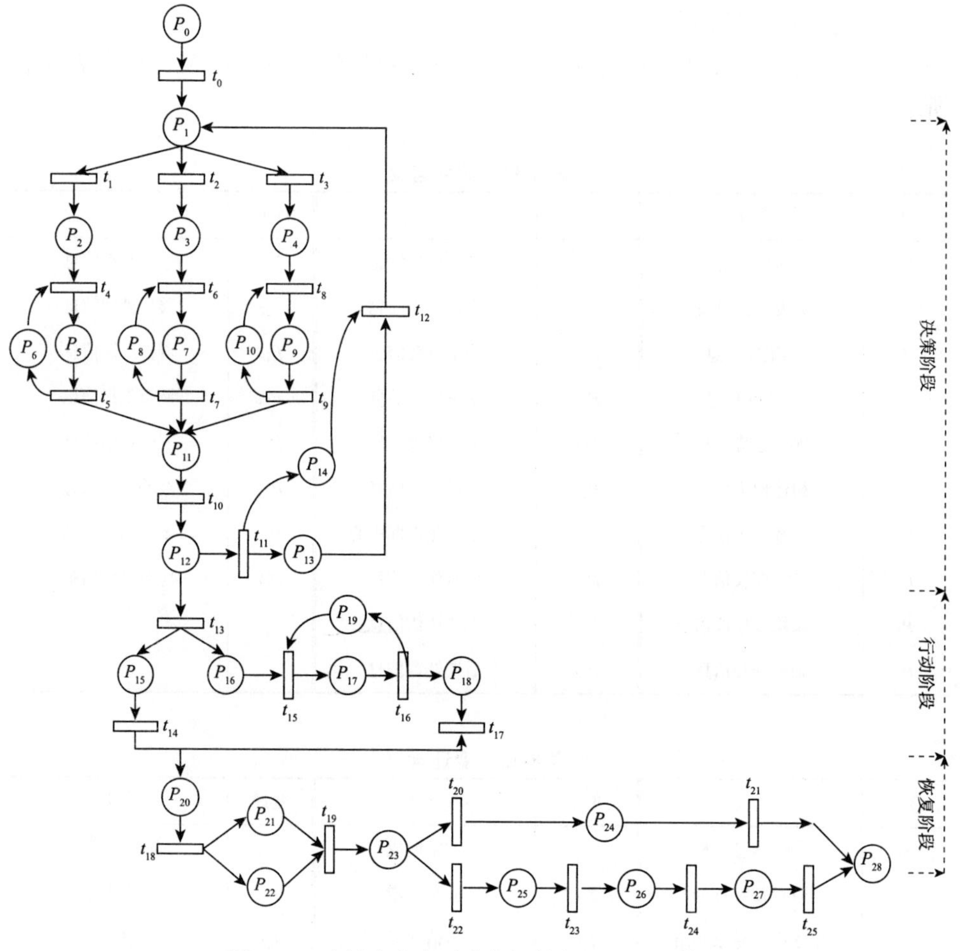

图 8-12　台风灾害应对响应机制流程 Petri 网模型

（3）确定可能出现的状态集（$\boldsymbol{M}_1$，$\boldsymbol{M}_2$，…，$\boldsymbol{M}_{10}$），并同构出其相应的马尔科夫链，如图 8-13 所示。

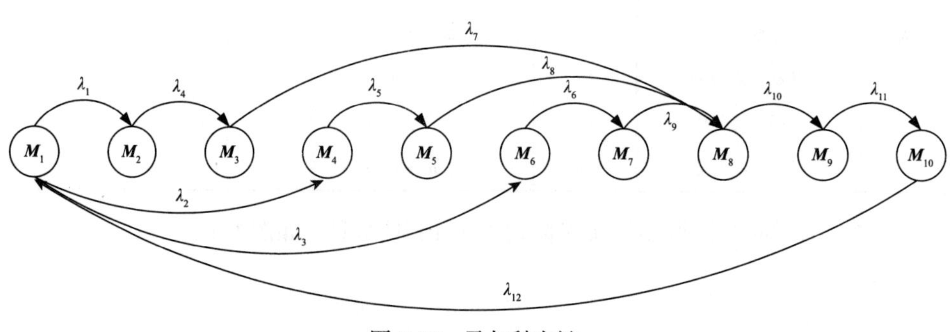

图 8-13　马尔科夫链

（4）基于马尔科夫链以及稳态概率对应对协调系统进行性能分析。

将决策阶段的所有状态或标识表示为 $\boldsymbol{M}_1,\boldsymbol{M}_2,\cdots,\boldsymbol{M}_{10}$，设置每条弧所对应变迁的实施速率 λ，以此构造马尔科夫链，如图 8-14 所示。该 Petri 网模型中 P_1，P_8，P_9，P_{10}，P_{13} 各有一个 Token，则

$$\begin{aligned}
\boldsymbol{M}_1 &= (1,0,0,0,0,0,0,1,1,1,0,0,1,0)\\
\boldsymbol{M}_2 &= (0,1,0,0,0,0,0,1,1,1,0,0,1,0)\\
\boldsymbol{M}_3 &= (0,0,0,0,1,0,0,0,1,1,0,0,1,0)\\
\boldsymbol{M}_4 &= (0,0,1,0,0,0,0,1,1,1,0,0,1,0)\\
\boldsymbol{M}_5 &= (0,0,0,0,0,1,0,1,0,1,0,0,1,0)\\
\boldsymbol{M}_6 &= (0,0,0,1,0,0,0,1,1,1,0,0,1,0)\\
\boldsymbol{M}_7 &= (0,0,0,0,0,0,1,1,1,0,0,0,1,0)\\
\boldsymbol{M}_8 &= (0,0,0,0,0,0,0,1,1,1,1,0,1,0)\\
\boldsymbol{M}_9 &= (0,0,0,0,0,0,0,1,1,1,0,1,0,0)\\
\boldsymbol{M}_{10} &= (0,0,0,0,0,0,0,1,1,1,0,0,1,1)
\end{aligned}$$

根据状态 $\boldsymbol{M}_1$ 到 $\boldsymbol{M}_{10}$ 可得各个状态的稳态概率，用向量 $\boldsymbol{P}$ 表示，$\boldsymbol{P}=\big(P(\boldsymbol{M}_1)$ $P(\boldsymbol{M}_2),\cdots,P(\boldsymbol{M}_{10})\big)$，并根据马尔科夫定理和 Kolmogoroff 方程得出

$$\begin{cases}\boldsymbol{P}\times\boldsymbol{Q}=0\\ \displaystyle\sum_{i=1}^{10}\boldsymbol{P}(\boldsymbol{M}_i)=1\end{cases}\tag{8-11}$$

其中，$\boldsymbol{Q}$ 为 $n\times n$ 稳态概率转移矩阵。

$$\boldsymbol{Q}=(\delta_{ij})_{n\times n}=\begin{vmatrix}Q_{11} & Q_{12} & \cdots & Q_{1n}\\ Q_{21} & Q_{22} & \cdots & Q_{2n}\\ \vdots & \vdots & & \vdots\\ Q_{n1} & Q_{n2} & \cdots & Q_{nn}\end{vmatrix},\quad i=1,2,\cdots,n,\ \ j=1,2,\cdots,n$$

矩阵 $\boldsymbol{Q}$ 中非对角线元素 δ_{ij} 为 $\boldsymbol{M}_i$ 到 $\boldsymbol{M}_j$ 的转移速率，计算公式如下：

$$\delta_{ij}=\begin{cases}0, & \text{当}\boldsymbol{M}_i\text{到}\boldsymbol{M}_j\text{之间不存在有向弧时}\\ -\displaystyle\sum_{i\neq j}\delta_{ij}, & \text{当}\boldsymbol{M}_i\text{到}\boldsymbol{M}_j\text{之间存在有向弧时}\end{cases}\tag{8-12}$$

得到

$$
\boldsymbol{Q}=\begin{vmatrix}
-\lambda_1-\lambda_2-\lambda_3 & \lambda_1 & 0 & \lambda_2 & 0 & \lambda_3 & 0 & 0 & 0 & 0 \\
0 & -\lambda_4 & \lambda_4 & 0 & 0 & 0 & 0 & 0 & 0 & 0 \\
0 & 0 & -\lambda_7 & 0 & 0 & 0 & 0 & \lambda_7 & 0 & 0 \\
0 & 0 & 0 & -\lambda_5 & \lambda_5 & 0 & 0 & 0 & 0 & 0 \\
0 & 0 & 0 & 0 & -\lambda_8 & 0 & 0 & \lambda_8 & 0 & 0 \\
0 & 0 & 0 & 0 & 0 & -\lambda_6 & \lambda_6 & 0 & 0 & 0 \\
0 & 0 & 0 & 0 & 0 & 0 & -\lambda_9 & \lambda_9 & 0 & 0 \\
0 & 0 & 0 & 0 & 0 & 0 & 0 & -\lambda_{10} & \lambda_{10} & 0 \\
0 & 0 & 0 & 0 & 0 & 0 & 0 & 0 & -\lambda_{11} & \lambda_{11} \\
\lambda_{12} & 0 & 0 & 0 & 0 & 0 & 0 & 0 & 0 & -\lambda_{12}
\end{vmatrix}
$$

则式（8-11）可以改写为

$$
\begin{cases}
(\lambda_1+\lambda_2+\lambda)_3\times P(\boldsymbol{M}_1)=\lambda_{12}\times P(\boldsymbol{M}_{10}) \\
\lambda_1\times P(\boldsymbol{M}_1)=\lambda_4\times P(\boldsymbol{M}_2) \\
\lambda_4\times P(\boldsymbol{M}_2)=\lambda_7\times P(\boldsymbol{M}_3) \\
\lambda_2\times P(\boldsymbol{M}_1)=\lambda_5\times P(\boldsymbol{M}_4) \\
\lambda_5\times P(\boldsymbol{M}_4)=\lambda_8\times P(\boldsymbol{M}_5) \\
\lambda_3\times P(\boldsymbol{M}_1)=\lambda_6\times P(\boldsymbol{M}_6) \\
\lambda_6\times P(\boldsymbol{M}_6)=\lambda_9\times P(\boldsymbol{M}_7) \\
(\lambda_7\times P(\boldsymbol{M}_3)+\lambda_8\times P(\boldsymbol{M}_5)+\lambda_9\times P(\boldsymbol{M}_7))=\lambda_{10}\times P(\boldsymbol{M}_8) \\
\lambda_{10}\times P(\boldsymbol{M}_8)=\lambda_{11}\times P(\boldsymbol{M}_9) \\
\lambda_{11}\times P(\boldsymbol{M}_9)=\lambda_{12}\times P(\boldsymbol{M}_{10}) \\
\sum_{i=1}^{10} P(\boldsymbol{M}_i)=1
\end{cases}
\tag{8-13}
$$

8.6.2　响应机制流程程序备份容错

λ_1 表示应对响应机制流程失灵速率，λ_2 表示应对响应机制备份流程的失灵速率，μ 为失灵机制流程修复速率。冷备份容错流程 $\lambda_1>\lambda_2$，热备份容错流程 $\lambda_1=\lambda_2$，马尔科夫链状态：$\boldsymbol{M}_0,\boldsymbol{M}_1,\boldsymbol{M}_2,\cdots,\boldsymbol{M}_n$，对应的稳态概率：$P_0,P_1,P_2,\cdots,P_n$。应对响应机制流程的稳态可用性计算公式如下：

$$
A_{\text{stable}}=P_0+P_1+P_2+\cdots+P_{n-m} \tag{8-14}
$$

其中，A_{stable} 表示应对响应机制流程的稳态可用性；$P_0,P_1,P_2,\cdots,P_{n-m}$ 为各个状态的稳态概率。

基于冷备份与热备份应对任务容错流程，构建容错流程的统一模型，如图 8-14 所示，其中的符号名称及含义、数值取值及含义如表 8-13 和表 8-14 所示。在统一模型中，通过设置不同的备份流程失效实施速率来区分冷、热备份应对响应机制流程。

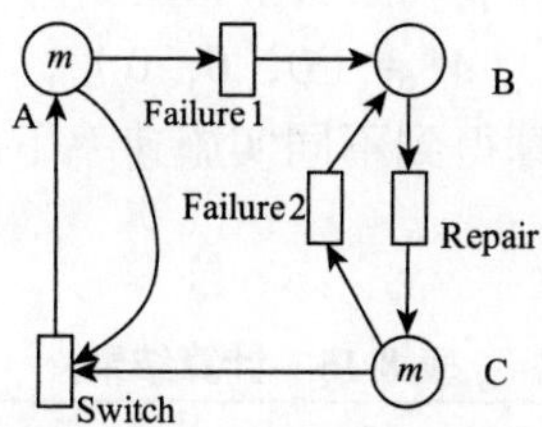

图 8-14　容错流程统一模型

表 8-13　名称及含义

名称	含义
A	应对响应机制流程正常工作
B	应对响应机制流程发生故障
C	应对响应机制流程容错
Failure1	应对响应机制流程失灵
Failure2	容错流程失灵
Repair	失效流程修复（瞬时变迁）
Switch	容错流程切换

表 8-14　数值取值及含义

名称	参数值	含义
m	3	应对任务正常所需流程数目
$n-m$	0，1，2，3	容错流程数目
λ_1	0.01	应对响应机制流程失灵的实施速率
λ_2	0，0.01	备份容错流程失灵的实施速率
μ	0.1	失灵应对流程修复的实施速率
λ	无限大	备份容错流程切换的实施速率

由此，可得关联矩阵为

$$\boldsymbol{Q}=\begin{vmatrix} -1 & 0 & 1 & 0 \\ 1 & -1 & 0 & 1 \\ 0 & 1 & -1 & -1 \end{vmatrix}$$

P_1 对应 A，P_2 对应 B，P_3 对应 C，则各状态集为

$$\boldsymbol{M}_0=（3，0，3）$$

$$\boldsymbol{M}_1=（3，1，2）$$

$$\boldsymbol{M}_2=(3,\ 2,\ 1)$$
$$\boldsymbol{M}_3=(3,\ 3,\ 0)$$
$$\boldsymbol{M}_4=(2,\ 4,\ 0)$$
$$\boldsymbol{M}_5=(1,\ 5,\ 0)$$
$$\boldsymbol{M}_6=(0,\ 6,\ 0)$$

通过改变实施速率，计算得到不同实施速率下的正常工作速率，如表 8-15 所示。

表 8-15 计算结果

库所	μ=0	μ=1	μ=2	μ=3	μ=4	μ=5	μ=6
A	0.000 31	0.001 56	0.007 81	0.990 32	0	0	0
B	0.609 8	0.234 12	0.096 53	0.041 01	0.007 81	0.001 56	0.000 31
C	0.045 69	0.097 57	0.234 12	0.609 8	0	0	0

$$A_{\text{stable}} = P_0 + P_1 + P_2 + P_3 = 0.990\,32$$

求出不同数量的备份流程与冷、热应对容错流程的稳态可用性，计算出应对容错流程正常的工作概率，仿真结果如表 8-16 所示。

表 8-16 应对容错流程正常的工作概率

容错流程	无备份流程	1 个备份流程	2 个备份流程	3 个备份流程
冷备份 λ_2=0	0.832 08	0.960 30	0.992 06	0.998 41
热备份 λ_2=0.01	0.832 08	0.933 83	0.975 19	0.990 32

容错备份为 0 时，稳态可用性为 0.832 08；当容错备份为 1、2 或 3 时，冷备份容错流程的可用性大于热备份容错流程，可看出冷备份是最佳的，因此需要何种类型的冗余备份、需要多少冗余备份都要根据实际应用情况考虑。

8.6.3 响应机制容错评估

在响应机制流程建模、响应机制流程备份容错的基础上，结合 8.4.1 小节的情景设计的结果，对应对响应机制容错流程进行仿真；结合 8.4.2 小节的数据分析原理，对应对响应机制容错方案进行评估。

8.7 本章小结

本章在应对响应机制内涵及应对响应机制准备规划问题的基础上，提出基于案例–数据–模型集成驱动的应对响应机制容错规划方法。首先，根据历史案例及相关文献，采用多维情景空间方法来设计应对响应机制的容错规划情景；其次，从数据分析角度阐述应对响应机制的容错规划方案制订及评估过程，厘清应对响应机制容错规划涉及的数据项及数据项之间的相互关系；再次，提出三类基本的应对响应机制容错规划模型，分别为应对响应机制协同流程模型、基于 Petri 网的应对响应机制冷备份容错流程模型及基于 Petri 网的应对响应机制热备份容错流程模型；最后，识别上述容错规划方法间的支持关系，阐述应对响应机制容错规划的案例–数据–模型集成驱动过程及持续改进过程，通过用例阐述容错方法的运行过程。

参 考 文 献

陈蓉，王慧敏. 2014. 基于 SPN 的极端洪灾应急管理流程建模仿真[J]. 系统管理学报，23（2）：238-246.

初翔，仲秋雁，曲毅. 2014. 大规模伤亡事件应对流程的前摄性调度优化[J]. 运筹与管理，23(6)：7-11.

杜磊，王文俊，董存祥，等. 2010. 基于多 Agent 的应急协同 Petri 网建模及协同检测[J]. 计算机应用，30（10）：2567-2571.

傅志妍，陈坚. 2009. 灾害应急物资需求预测模型研究[J]. 物流技术，（10）：11-13.

国务院. 2013. 突发事件应急预案管理办法[R].

胡晓文，曾庆田. 2009. 基于 Petri 网的工作流时间和资源管理研究综述[J]. 系统仿真学报，(20)：59-62.

李迁，刘亚敏. 2013. 基于广义随机 Petri 网的工程突发事故应急处置流程建模及效能分析[J]. 系统管理学报，22（3）：162-168.

李勇建，王循庆，乔晓娇. 2014. 基于广义随机 Petri 网的重大传染病传播演化模型研究[J]. 中国管理科学，22（3）：74-81.

刘磊，池宏，邵雪焱. 2009. 预案管理中的重构问题研究[C]. 第四届国际应急管理论坛暨中国(双法）应急管理专业委员会第五届年会.

刘铁民. 2010. 脆弱性——突发事件形成与发展的本质原因[J]. 中国应急管理，（10）：32-35.

刘铁民. 2012. 应急准备任务设置与应对响应能力建设[J]. 中国安全生产科学技术，8(10)：5-13.

刘奕，王刚桥，姜泽宇，等. 2016. 面向应急决策的模型集成方法研究[J]. 管理评论，28（8）：6-15.

佩里 R，林德尔 M，李湖生. 2011. 应对响应准备：准备规划过程的指导原则[J]. 中国应急管理，（10）：19-25.

宋劲松，邓云峰. 2011. 我国大地震等巨灾应急组织指挥体系建设研究[J]. 宏观经济研究，（5）：

8-18.
唐攀，周坚. 2013. 非常规突发事件应对响应组织结构及运行模式[J]. 北京理工大学学报（社会科学版），15（2）：82-89.
唐伟勤，张敏，张隐. 2009. 大规模突发事件应急物资调度的过程模型[J]. 中国安全科学学报，19（1）：33-37.
田军，李莉芳，白剑，等. 2014. 基于 DSM 的应急任务流程模块化设计研究[J]. 中国管理科学，22（8）：100-107.
王海军，王婧，马士华，等. 2014. 模糊供求条件下应急物资动态调度决策研究[J]. 中国管理科学，22（1）：55-64.
王旭坪，马超，阮俊虎. 2013. 考虑公众心理风险感知的应急物资优化调度[J]. 系统工程理论与实践，33（7）：1735-1742.
王循庆，李勇建，孙华丽. 2013. 基于随机 Petri 网的群体性突发事件情景演变模型[J]. 管理评论，26（8）：53-62.
臧成岳. 2014. 突发公共事件应对响应机制研究[D]. 兰州大学硕士学位论文.
曾庆田，鲁法明，刘聪，等. 2013. 基于 Petri 网的跨组织应急联动处置系统建模与分析[J]. 计算机学报，36（11）：2290-2302.
张聪，李辉，何华刚. 2013. 基于 Petri 网的井喷事故应对响应系统动态过程建模[J]. 安全与环境工程，20（3）：82-85.
钟开斌. 2009. "一案三制"：中国应急管理体系建设的基本框架[J]. 南京社会科学，(11)：77-83.
钟茂华，刘铁民，刘功智. 2003. 基于 Petri 网的城市突发事件应急联动救援系统性能分析[J]. 中国安全科学学报，13（11）：17-20.
Bigley G A，Roberts K H. 2001. The incident command system：high reliability organizing for complex and volatile task environments[J]. The Academy of Management Journal，(6)：1281-1300.
Kim-Farley R J，Celentano J T，Gunter C. 2003. Standardized emergency management system and response to a smallpox emergency[J]. Prehospital and Disaster Medicine，(4)：313-320.
Sheu J B. 2007. An emergency logistics distribution approach for quick response to urgent relief demand in disasters[J]. Transportation Research Part E：Logistics and Transportation Review，(6)：687-709.
Smith W，Dowell J. 2000. A case study of coordinative decision-making in disaster management[J]. Ergonomics，(8)：1153-1166.
U.S. Department of Homeland Security. 2004-03-01. National incident management system[EB/OL]. http://www.icisf.org/articles/NIMS.pdf.
Waligora G. 2008. Discrete-continuous project scheduling with discounted cash flows a tabu search approach[J]. Computers and Operations Research，35（7）：2141-2153.
Zhong M H，Shi C L，Fu T R. 2010. Study in performance analysis of China Urban Emergency Response System based on Petri net[J]. Safety Science，(48)：755-762.

第9章

关键基础设施应对准备规划的容错问题发现

9.1 关键基础设施脆弱性

9.1.1 关键基础设施脆弱性内涵

近年来，脆弱性经常与关键基础设施相关，如城市脆弱性、路网脆弱性，从而形成具有关键基础设施特征的脆弱性定义，成为城市关键基础设施研究的主要工具之一。基于 5.2.2 小节对于关键基础设施脆弱性的概念理解，以及以往各位学者或机构给出的定义可以看出，脆弱性经常与风险联系在一起，用“对……的敏感性”或“应对和处理”进行定义，通常从对什么是敏感的、系统存在弱点、目标面临着威胁或风险、暴露在危害环境中四个方面描述脆弱性，具有如下特征(Zimmerman, 2001): ①脆弱性是系统本身固有的一种属性; ② 脆弱性是系统对于潜在威胁的易感性；③脆弱性体现了系统在威胁发生后功能缺失的程度。

由于关键基础设施子类很多，并且各子类在评价脆弱性方面的指标可能不尽相同，这就产生了对于关键基础设施脆弱性研究的两个方面：一些学者将关键基础设施抽象为复杂网络，在复杂网络的基础上对脆弱性进行评价；另一些学者对关键基础设施进行分类，分别从不同的子类上对其进行脆弱性研究，通过对以往文献的收集整理，对于脆弱性分析评价研究主要集中在城市系统、电力系统、金融系统、生态系统、水资源、供应链、网络、自然灾害这几个方面，尤其对电力系统、金融系统、生态系统、水资源这四个领域的脆弱性研究居多。

9.1.2 关键基础设施脆弱性来源及表现

从大环境出发，关键基础设施脆弱性一方面来自于系统自身固有的脆弱性，另一方面来自于外界环境的影响。

（1）自身固有脆弱性。当不存在外界环境影响因素的情景下，受到经济、技术、经验等不可抗力因素的影响，脆弱性无法消除，称之为自身固有脆弱性，特别是随着时间的推移，这种脆弱性更加明显。自身固有脆弱性表现在两个方面，即关键基础设施内生脆弱性和结构脆弱性。关键基础设施内生脆弱性主要指机械、设备在使用过程中，随着寿命减短，由磨损、老化而引发的基础设施单元失效；关键基础设施结构脆弱性源于基础设施网络内部复杂的关联关系，指的是由于地理关联、物理关联和信息关联等作用，将关键基础设施部门联系在一起，形成一个网状结构，使得一个关键基础设施失效可能导致大面积的跨地区、跨部门的关键基础设施瘫痪，甚至危及整个城市基础设施功能提供。

（2）受外界影响而产生脆弱性。关键基础设施在运行过程中，受到外界环境的影响，由此而产生的脆弱性称为外界环境影响脆弱性。外界环境影响因素错综复杂，一个指标的变动将导致脆弱性增强，而脆弱性增强又是灾害、事故发生的主要原因，因此脆弱性的来源与灾害、事故来源类似。根据灾害学理论，我们将这些脆弱性外界来源称为致灾因子。一般来说，致灾因子是指能够对人类生命、财产或各种活动产生不利影响，并造成灾害发生的事件。通常其包括四个方面，分别是自然致灾因子、人为致灾因子、技术致灾因子、政治经济致灾因子。针对基础设施网络我们不需要考虑政治经济因素，因此，本章将基础设施脆弱性的外界影响分为自然、人为、技术三个方面，表示为图 9-1 中的脆弱性来源层。

更进一步分析，以自然致灾因子导致的脆弱性为例，自然环境的异动情况作用于基础设施包括缓慢的作用及剧烈的作用，因此外界环境的影响作用于关键基础设施，其表现形式可分为两类：一类是缓慢的作用而产生的脆弱性，这种脆弱性是潜在的，不会直接表现出来，当这种缓慢作用积累到一定的量级时才会表现；另一类是突发异动而产生的脆弱性，这种形式的脆弱性会直接体现出来，当异动发生时，设备会发生失效和损坏。基于以上的认知，本章认为基础设施脆弱性表现形式可以表示为图 9-1 中的脆弱性表现形式层。

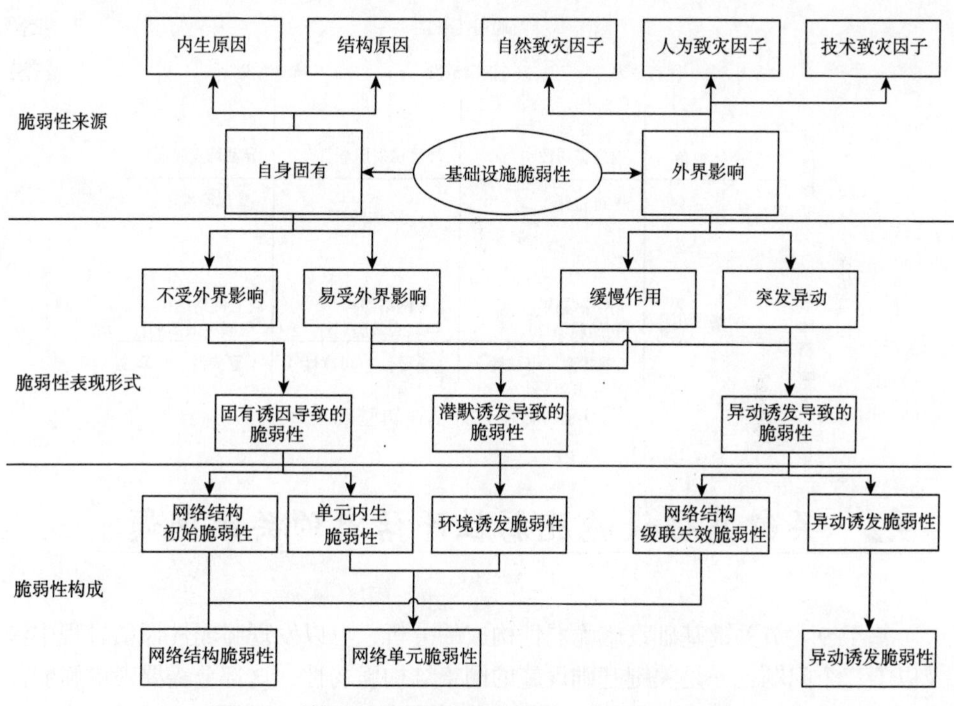

图 9-1　关键基础设施脆弱性来源、表现形式及构成

9.1.3　关键基础设施脆弱性构成

脆弱性本质上是内生的，外界的作用是制约其表现的因素。基础设施脆弱性大致包括两个方面的属性内容：一是基础设施网络中的设施脆弱性；二是研究对象的网络结构脆弱性。脆弱性的构成目前并没有明确统一的界定，一般是将结构脆弱性与状态脆弱性单独说明（林涛等，2010），或是将物理脆弱定义为自身状态量的变化（刘志刚，2013）。考虑到目前脆弱性评价的研究范围及内容，以及前文对于基础设施脆弱性表现形式的分析，本章将基础设施脆弱性归纳为三个方面：一是网络单元脆弱性，即在没有任何异动条件下的脆弱性，包括缓慢的自然老化及环境缓慢影响等情况；二是结构脆弱性，即由于网络结构问题产生的脆弱性；三是异动诱发脆弱性，即在潜在外界条件（致灾因子）作用下的脆弱性情况，这里的外界条件指人为破坏、自然环境变化、技术失误等产生的强烈作用。本章认为基础设施脆弱性的详细分类如图 9-1 中的基础设施脆弱性构成层。

基于以上分析及前文对于脆弱性与风险性、可靠性、重要性之间关联关系的评述，关键基础设施的脆弱性评估如图 9-2 所示。

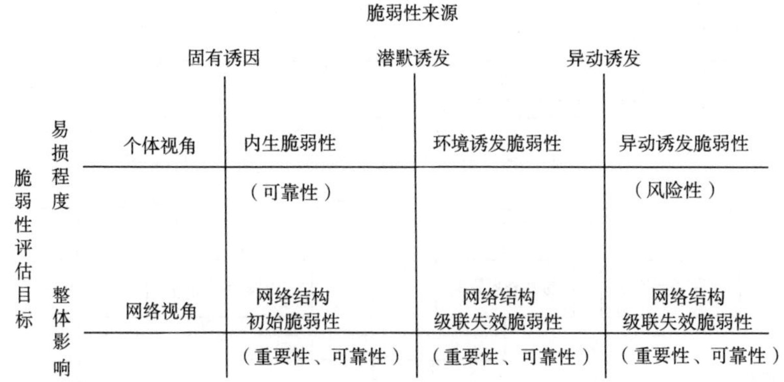

脆弱性评估目标		脆弱性来源：固有诱因	潜默诱发	异动诱发
易损程度	个体视角	内生脆弱性 （可靠性）	环境诱发脆弱性	异动诱发脆弱性 （风险性）
整体影响	网络视角	网络结构 初始脆弱性 （重要性、可靠性）	网络结构 级联失效脆弱性 （重要性、可靠性）	网络结构 级联失效脆弱性 （重要性、可靠性）

图 9-2　脆弱性评估逻辑基础

9.2　关键基础设施脆弱性评估中的关键问题

基于 9.1 节关键基础设施脆弱性构成的分析，可以发现脆弱性评估过程中涉及以下三个问题：一是关键基础设施的网络结构脆弱性，这部分需要考虑脆弱性在关键基础设施网络内部的传播途径和传播方式，需要从网络的级联效应出发进行分析；二是复杂关键基础设施网络中的权重问题，关键基础设施网络作为一个复杂网络，对网络中的节点和边进行赋权能够使研究模型更符合实际，因此如何设置权重是一个不可回避的话题；三是脆弱性评估虽然注重于关键基础设施的安全性研究，但是单元的重要性评估仍需要纳入考虑范围，因为不重要的基础设施单元的脆弱性研究意义有限。

9.2.1　关键基础设施网络脆弱性级联效应分析

基础设施级联失效导致的后果主要指的是网络结构方面问题，若网络中某个单元失效后对网络整体影响最大，则该单元为网络的脆弱单元，该单元一旦遭受破坏会造成重大的事故。此时，我们可以采用衡量网络功能的完整性的一些指标来评价单元脆弱性，如网络传输效率变化率——造成网络传输效率变化较大的单元是网络中的脆弱单元。

关键基础设施网络是一个复杂网络，可以通过将其抽象为网络拓扑图来进行网络分析。本章将关键基础设施网络中的设备（实体）抽象为网络中的节点，设备之间的有线或无线连接抽象为网络中的边。

$$G=\left(V,D_e\right) \tag{9-1}$$

其中，V 表示网络 G 中节点的集合；D_e 表示网络 G 中边的集合。设 N 表示节点 V

的数量，N_e 表示边 D_e 的数量。

网络中一条边或点的断开，会将其负载转移到其他边或点，造成的后果可以分为两种：负载重新分配后，边、点的新负载超过其设计指标，造成其他边、点的连锁失效和被破坏；负载重新分配后，其他边、点的负载可以设为无限，但是由于负载加大，造成边、点传输效率下降。这里还需要考虑当网络受到破坏后，由于重新分配后的连接负载改变，造成的传输效率的改变。设网络中边 e_{ij} 负载标准为 L_{ij}，最大负载为 C_{ij}，α 为超标准负载比例，则网络最大负载与标准负载的关系如第 5 章中式（5-18）所示，网络中边、点剔除时产生的级联效应可以用网络级联动力学迭代过程（图 5-15）表示。此时，级联失效的脆弱性后果以失效后造成的影响大小表示，在自然致灾因子影响下，电网以一定概率面临点或边的失效。根据复杂网络理论，衡量网络传输能力的基本参数为网络效率，即

$$E = \frac{1}{N(N-1)} \sum_{i \neq j} \frac{1}{d_{ij}} \tag{9-2}$$

其中，E 表示网络效率及网络连通程度；N 为节点数；d_{ij} 表示两个节点间最短路径长度，各边权重依据实际情况酌情选择，当节点 i 与 j 之间不存在连接时，$d_{ij} = \infty$。则网络效率损失可以记为

$$E_l = E_t - E_{t+n} = \frac{1}{N(N-1)} \sum_{i \neq j} \left(\frac{1}{d_{ij}^{t}} - \frac{1}{d_{ij}^{t+n}} \right) \tag{9-3}$$

针对图 5-15，考虑断边情况，在情况（1）下，由于连锁断边，不仅网络连通程度下降，也因为继续迭代断边，网络连通性下降而造成网络传输量下降；情况（2）下，由于仅传输效率下降，迭代停止，仅产生传输效率下降，连通程度变化较小，只去除初始断边。去点与之类似。

对于情况（1），当迭代停止后，其传输损失为

$$F_l = F_t - F_{t+n} \tag{9-4}$$

其中，F_t 为原始传输量；F_{t+n} 为 n 次级联迭代网络稳定后的传输量。

对于情况（2），定义在 t 时刻，边 e_{ij} 的实际传输量为 F_{ij}（t），当网络中某条边去除后的 t+1 时刻，e_{ij} 的实际传输量为 F_{ij}（t+1），则

$$F_{ij}(t+1) = \begin{cases} L_{ij}(0) \times \dfrac{C_{ij}}{L_{ij}(t+1)}, & 若 L_{ij}(t+1) > C_{ij} \\ L_{ij}(t+1), & 若 L_{ij}(t+1) \leqslant C_{ij} \end{cases} \tag{9-5}$$

其中，L_{ij}（t+1）为在 t+1 时刻数学负载值。则在 t+1 时刻网络的重新负载边的传输损失为

$$F_l = F_{ij}(t) - F_{ij}(t+1) \tag{9-6}$$

以上两种情况的损失比率均为

$$E_F = \frac{F_l}{F_t} \tag{9-7}$$

根据上面的两种损失度量，断边迭代停止后，网络的损失记为

$$L_r = \beta E_l + \gamma E_F \tag{9-8}$$

由式（9-8）可知，网络总的损失度由两部分组成，首先是网络总体连通性的下降，即网络效率的改变；其次是网络传输量的变化，这里先不考虑经济损失。则单元 i 的脆弱性用网络失效后果表示为

$$V_i = L_{ri} = \beta E_{li} + \gamma E_{Fi} \tag{9-9}$$

L_{ri} 越大，则 i 节点移除后对电网总体的影响越大，该节点 i 也就越关键，所以当电网内 i 单元发生失效后，对总体的结构和功能影响最大，则电网中该节点也就越脆弱。

9.2.2　基于可靠性赋权的关键基础设施结构脆弱性权重分析

选取合适的单元拓扑权重表征基础设施网络中节点单元的脆弱性十分必要（魏震波等，2010）。由于网络结构在一定时间内是相对稳定的，评估基础设施在各种影响下的脆弱性，选取时间参数进行赋权是可行的，也是比较合适的。基于这个考虑，本章提出了基于可靠性的单元参数脆弱性权重。基础设施网络中各节点单元可能是由单一设备构成，也可能是由大量设备集合而成，因此基础设施单元可靠性评估的基础是设备的可靠性。

网络的无权拓扑模型中，最短距离为连接两个节点之间的边数之和，且各条边与节点完全相同，此时功能链接沿着最短路径传输。如图 9-3 所示，对于平行链接 2-3-5 与 2-4-5，由于两条路径具有相同的边数，在无权模型中，两条路径权重完全相同，进而影响了参数的统计。因此对于图 9-3 中的情形，只能分析出 2-3-5 与 2-4-5 对整个网络具有相似的影响力，即具有相近的结构脆弱性。而实际上网络中单元的运行状况各不相同。若我们对图 9-3 中各条边以可靠度赋权，令 $l_{23}+l_{35}=R_{235}$，$l_{24}+l_{45}=R_{245}$，且 $R_{235}<R_{245}$，则可知链接 2-3-5 的失效概率要大于链接 2-4-5，虽然两条链接在网络拓扑结构中脆弱程度相似，但是考虑单元的可靠性赋权后，链接 2-3-5 是更为脆弱的一条链接。同样，这种赋权方式适用于对于网络中节点脆弱状态的分析。

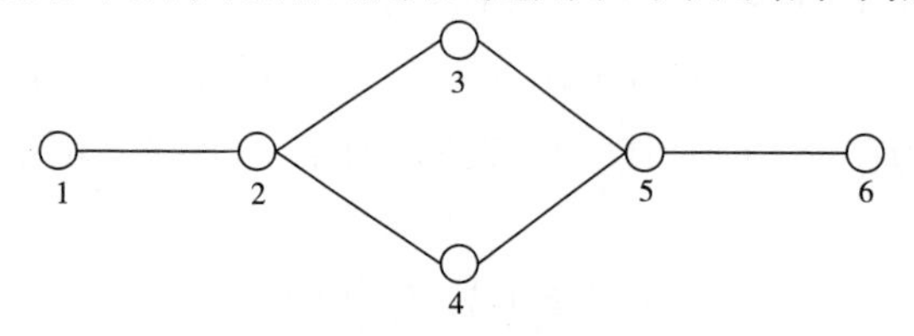

图 9-3　平行无权网络

基于以上分析可知：若采用无权模型，电网中很多节点或边具有相同的网络指标，进而无法区分相似单元的脆弱程度；若对网络中各节点或边依据可靠度进行赋权，便能识别出具有相似网络指标单元的脆弱度差别，从而提高辨识度。

于是，我们令网络中的单元脆弱度为 V_i，单元的可靠度为 R_i，则加权后的单元参数脆弱性可以表示为

$$V_i' = V_i \times R_i \tag{9-10}$$

加权网络中，单元参数脆弱性定义为单元脆弱度与权重的乘积。

9.2.3　关键基础设施功能脆弱单元辨识

基础设施网络的结构脆弱性评估包含两个方面：一是评估单元的失效导致的基础设施网络运转效率下降；二是评估单元失效导致的基础设施网络功能下降。如果一个节点或边从网络中移除，造成的整体传输效率下降很大，我们就说该单元是结构的（效率）脆弱单元；基础设施的功能是为社会提供基础保障，保障企事业单位发展、居民生活稳定，以及与人民生活相关其他事业的稳步开展，若一单元失效对社会整体影响较大，我们可以说该单元是电网结构的（功能）脆弱单元。

从网络视角评估基础设施网络结构脆弱性时，重要节点与脆弱节点此时所指的内容相同，重要性是从该节点单元对整体而言的角度进行评价，指的是个体的影响程度；脆弱性是从结构和功能缺失角度进行评价，是从整体角度判断一个节点的影响程度。二者描述内容相同，只是角度不同而已。二者关系也为脆弱性评估提供了切入点，通过重要性评估，可以确定节点在网络中的地位和角色。因此，网络结构视角下基础设施网络中的重要单元就是拓扑结构中的功能脆弱单元。

1. 复杂网络视角下单元重要性评估——网络结构影响

基础设施网络作为一种复杂网络，考虑其节点或边的重要性时，复杂网络评价方法可以做第一选择，而这些方法都是源于图论（West，2001）或图的数据挖掘（Washio and Motoda，2003）。复杂网络中节点单元的重要性通过节点在网络的位置和连接方式体现。主要研究方法有社会网络分析方法、系统科学分析方法和信息搜索领域分析方法等。社会网络分析方法将复杂网络视为一个整体，不破坏网络的连通性，单纯地评价节点之间的连接显著性。系统科学分析方法是利用网络的连通性来反映网络功能的完整性，通过删除节点后衡量网络连通性的破坏程度，以此来反映节点的重要性（安世虎等，2006）。信息搜索领域分析方法则将互联网看做一个巨大复杂网络，其中网页代表节点，网页之间的超链接代表边，比较具有代表性的算法是 PageRank 算法（Brin and Page，2012）和 HITS 算法（Kleinberg，1999），SALSA 算法（Lempel and Moran，2000）、Bayesian 算法等。

2. 社会福利视角下单元重要性评估——网络功能影响

对于基础设施重要性评估的目的在于确定基础设施网络中各个节点单元对于网络自身及社会的影响程度，通过评估网络中各个节点单元损坏后对社会的影响程度大小来对网络中各节点的重要程度进行排序。

以电力网络为例，电能对于目前社会运行的影响十分重大，直接影响包括所有与用电相关的行业和居民生活，间接影响包括所有因为断电而产生的一系列连锁效应。以往判断一个区域电力枢纽损坏造成的影响，只能在这个区域实际发生了事故后进行统计评估，没有断电前的预判损失。也就是说，目前对于电网重要性的判断多是基于发生断电事故后的统计，而不是断电事故前的预测判断。因此，对于电网单元重要的预测评估的首要前提就是，大致确定断电事故发生后，对社会造成影响的主要方面。鉴于关键基础设施网络关系国计民生，影响着生活和工作的各个方面，参考国际上对于国民幸福指数和城市竞争力比较指数评估方法，提出二者共有的关键指标，作为评估关键基础设施网络枢纽节点重要性的评估指标，其包括经济、宜居、行政、文化四个主要因素，这些评价指标在进行较大的区域比较时相对适合，而在评价较小区域之间的重要性时，应采用相应的二级指标，如以经济、教育、医疗、行政等因素衡量各节点单元的重要性，如图 9-4 所示。

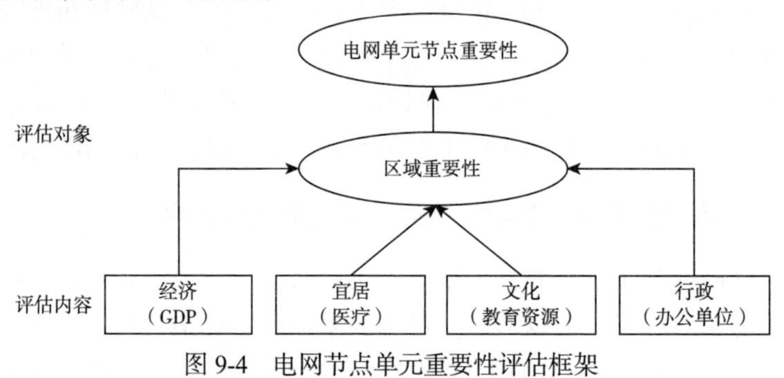

图 9-4　电网节点单元重要性评估框架

3. 网络结构与功能评估的融合

用复杂网络理论的重要性评估方法研究基础设施网络并非完全适合。首先，基于社会网络分析方法的重要性评估，主要适用于静态的、完整的复杂网络，要求网络没有任何外力的干扰，这与现实情形不符。度数、介数等衡量指标，只能单纯地解释静态安全条件的基础设施网络节点重要性。其次，基于信息搜索领域分析方法，只适用于计算机网络的分析，与基础设施网络分析的应用环境差别很大。最后，基于系统科学的分析方法，可以很好地避免以上两种方法的缺点，并且比较符合基础设施的实际运行条件，如电网在实际运行时，经常会出现网络中节点设备损坏，造成网络中节点的移除；路网在实际运行时，也经常会出现修路导致网络中边的移除，这与系统科学分析方法中通过删除网络节点、边来评估重要性的情形比较吻合。因此，本章对于重要性的分析采用系统科学的方法进行。

基础设施的功能是为社会的各个领域提供基本保障，对基础设施网络节点单元的功能重要性研究可以转移到研究该节点对社会福利的影响，即删除该节点后，社会福利的损失程度大小。通过前面的论述可以知道，衡量基础设施对社会福利的影响可以通过经济、医疗、教育和行政四个方面进行考察，则对节点重要评价可以通过衡量节点移除后的社会福利损失来进行。

9.3　基于多属性分析的电网关键基础设施脆弱性评估框架

本节以关键基础设施中的一类——电网为例，研究基础设施的脆弱性评估问题。首先，基于前文对于脆弱性构成的分析，将脆弱性分为三大类，即网络单元脆弱性、网络结构脆弱性和异动诱发脆弱性；其次，针对这三种脆弱性提出相应的评价方式。本章研究认为脆弱性评估包含两方面内容：一是评价对象易损程度；二是电网整体中一部分发生损坏对整体造成影响的大小，这种影响包括结构影响和功能影响两种。

网络单元脆弱性是电网设备自身物理性质引起的脆弱性，包含了内生脆弱性和环境诱发脆弱性；网络结构脆弱性是电网的网络结构引起的脆弱性，包含网络结构初始脆弱性和网络结构级联失效脆弱性；异动诱发脆弱性是外界的潜在异动引起的脆弱性。网络单元脆弱性是从对象自身角度进行评估，结构脆弱性是从整体关联角度进行评估，异动诱发脆弱性是从对象自身与外界作用角度进行评估。这三种脆弱性可以看做整体脆弱性矢量的分量，这样能够避免单一属性评价的缺点，使评价更为全面。这里将三种不同属性作为分量从新定义，网络单元脆弱性为节点内生分量，网络结构脆弱性为网络结构分量，异动诱发脆弱性为异动诱发分量（Li et al.，2015）。图9-5表示了本章对电网脆弱性构成的理解。三个维度分别代表需评估的三种不同属性的脆弱性，V_c为脆弱性节点内生分量，V_n为脆弱性网络结构分量，V_d为脆弱性异动诱发分量，三个分量共同构成 V_a 为综合物理脆弱性。

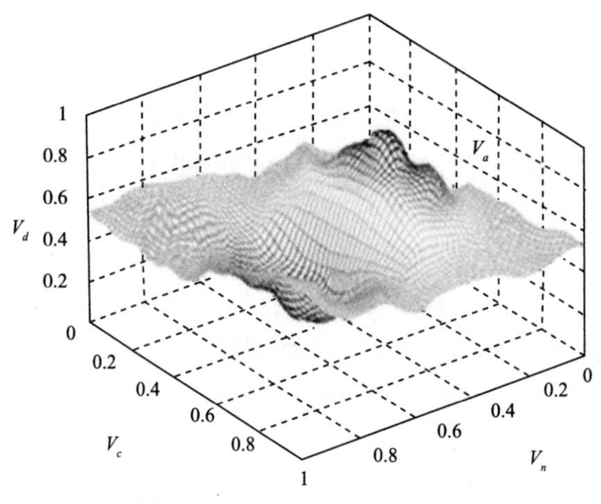

图 9-5　电网物理脆弱性构成

9.3.1　节点内生分量——网络单元脆弱性

网络单元脆弱性是指电网中的设备、线路的老化或物理、化学、机械力性能变化而导致的电网中的设备或线路的损坏。节点内生分量评价的对象是单元节点自身，其分为单元内生脆弱和环境诱发脆弱性。单元内生脆弱性指的是出于自身原因，如设计不合理、材料及结构选用不当等设备单元的自身因素而引起的电网劣化导致的脆弱性；环境诱发脆弱性指的是单元节点受到环境的缓慢作用而产生的脆弱性，这种缓慢的环境作用包括酸雨、粉尘污染等。

1. 单元内生脆弱性模型

1）单元内生脆弱性构成

对于内生脆弱性的评估可以从评估电网单元的健康状态入手：首先，可以基于设计指标对单元的健康状态进行预测分析，通过预测分析可以了解电网的健康状态趋势，但是由于该方法依赖于模型和一些主观数据，缺少对变化情况的感知；其次，可以通过对电网单元的历年监控数据得到设备的实际健康状态，但是此方法只着眼于目前单一状态，缺少对健康状态趋势的判断。将二者综合运用则可以很好地了解设备的运行状态。

2）基于 CBRM 评估的内生脆弱性分析

基于电网设备状态评估的风险防范管理体系（condition based risk management，CBRM）的设备健康度评估模型：采用 CBRM 对电网设备的健康状况及风险进行评价。健康指数可以体现电网设备的运行情况，并对设备未来的发展情况进行预判，其可以表示为

$$\mathrm{HI}_t = \mathrm{HI}_0 \times \mathrm{e}^{B\times(t-t_0)} \tag{9-11}$$

$$B = \left|\frac{\ln \mathrm{HI}_b / \ln \mathrm{HI}_0}{T}\right| \times k \tag{9-12}$$

HI 是设备健康分值，是一个 0~10 的数值，0 代表设备状态最好，10 代表状态最差，一般来说，$0<\mathrm{HI}<3.5$，表示设备处于老化早期；$3.5<\mathrm{HI}<5.5$ 表示设备老化明显，故障率较低，但开始上升；$5.5<\mathrm{HI}<7$ 表示设备严重老化，故障率明显增加；$7<\mathrm{HI}<10$ 表示设备处于极差状态，需要进行更换，可能随时出现故障。其中，HI_t 表示某年设备老化对设备健康状态的影响；HI_0 为初始健康指数，一般取 0.5；HI_b 为设备故障率迅速上升时健康指数，一般为 5.5，也可以增加裕度至 6 或 7；B 为老化常数，取正值；t 为评估日期；t_0 为投运营日期；k 为环境修正系数；T 为设备预期寿命或平均使用年限。在对于电网可靠性的分析文献中（李军等，2016），我们同样了解到，设备的实时老化常数为

$$B' = \frac{\ln\left(\mathrm{CI}_t / \mathrm{CI}_0\right)}{t - t_0} \tag{9-13}$$

采用实时老化常数 B' 来评估设备健康值，可以增加预测性评估的准确性。

3）基于“状态评价导则”的内生脆弱性分析

基于状态评价导则的设备健康度评估模型进行如下分析：针对电网的实际运行情况检测，可借鉴《电网状态评价导则》，健康状况用 SI 表示，是一个 0~100 的数值，其中设备处于完全健康状态下的状态分值为 $\mathrm{SI}_0=100$，实际状态分值为 SI_t，则状态劣化程度分值

$$\mathrm{SI}_t = \mathrm{SI}_0 - \mathrm{SI}_T \tag{9-14}$$

状态量分值可参考《架空输电线路状态评价导则》（Q/GDW173—2008）扣分标准取值，实际应用中采用历年平均值作为分析指标，即 SI_t。由于某些问题，此模型不能正确地体现设备的老化状况；同时，人为设计扣分指标的主观性导致不能全面体现设备健康状况，且缺少动态描述。

4）可靠度与健康度

由于健康度或失效率的评价是可靠性评价的核心内容，因此，基于健康度的脆弱性评价模型也是以设备可靠性为基础的。由于设备的可靠性模型同样是以健康度为基础的，则可靠度可以表示为

$$R(x) = 1 - \exp\left(-\int_t^T \frac{\ln\left(\frac{1}{2}\sqrt{\mathrm{HI}_0 \mathrm{e}^{\left|\frac{\ln \mathrm{HI}_b / \ln \mathrm{HI}_0}{T}\right| kx}} \times \mathrm{SI}_t / \mathrm{CI}_0 \right)}{x} \mathrm{d}x \right) \tag{9-15}$$

通过式（9-15）可以看到，以健康度作为脆弱性评价指标，与设备可靠性关系密切。

5）单元内生脆弱性评估

基于以上 2）和 3）部分的分析，我们可以确定，以健康度作为脆弱性评价指标，可以很好地反映设备的可靠性情况，这体现了脆弱性在衡量电网安全性时的优势，至少在评估一类脆弱性时，囊括了可靠性指标可以体现的内容。

实际使用中，线路和设备单元的健康情况在很大程度上符合初始预期，只是在之后的使用过程中会进行定期的维修和更换，因此可以将 SI_t 作为一个调整值与预期值 HI_t 综合进行设备健康情况评价。于是将以上两种方法合并，可以在一定程度上减少各自方法的缺陷，若权重不是 1/2，则

$$\mathrm{VI}_I=\beta\mathrm{HI}_t+\gamma\overline{D}=\beta\mathrm{HI}_0\times\mathrm{e}^{B\times(t-t_0)}+\gamma\overline{(\mathrm{SI}_0-\mathrm{SI}_T)} \quad (9\text{-}16)$$

式（9-16）中的权重 β 和 γ 值可采用变异系数法确定。

2. 环境诱发脆弱性模型

环境污染对于电网的影响由于地区的不同而呈现不同的类别，但是主要可以分为以下两种：一是空气污染，如 $\mathrm{PM}_{2.5}$ 等引起的设备污闪；二是酸雨等原因引起的设备腐蚀。则环境污染引起的脆弱性可以表示为

$$\mathrm{VI}_e=(\lambda_{\mathrm{aqi}}E_{\mathrm{aqi}}+\lambda_{\mathrm{ac}}E_{\mathrm{ac}})\times\mathrm{SI}_0 \quad (9\text{-}17)$$

其中，VI_e 为环境污染引起的劣化值，也为环境污染引起的脆弱性，是一个 0~100 的数值，其中空气污染引起的污闪的劣化转化率为 λ_{aqi}，酸雨引起的劣化转化率为 λ_{ac}，一般根据经验以及设备可靠程度对 λ_{aqi} 和 λ_{ac} 进行赋值。根据环境污染的统计指标，可以选择具有代表性的指标作为环境质量的衡量，如式（9-18）和式（9-19）所示：

$$E_{\mathrm{aqi}}=\mathrm{AQI} \quad (9\text{-}18)$$

$$E_{\mathrm{ac}}=p_c(7-\mathrm{PH}) \quad (9\text{-}19)$$

其中，AQI 为空气质量指数（air quality index）；PH 为酸碱度；7 为中性酸碱度值；p_c 为酸雨发生的概率，则

$$\mathrm{VI}_e=[\lambda_{\mathrm{aqi}}\mathrm{AQI}+\lambda_{\mathrm{ac}}p_c(7-\mathrm{PH})]\times\mathrm{SI}_0 \quad (9\text{-}20)$$

9.3.2 网络结构分量——网络结构脆弱性

关键基础设施网络是一个复杂网络，其结构脆弱性可以通过复杂网络理论进行评价，结构脆弱性可以很合理地表明网络中的节点、边在整体中的重要程度。分析主要从两个方面着手，首先是节点或边在整个网络中的结构重要程度，其次

是节点或边的负载（功能）重要程度，因此可以从网络效率损失、电能传输损失和社会福利损失三个方面考察网络脆弱性。网络效率损失体现了网络结构节点或边的重要度，电能传输损失体现了负载重要度，社会福利损失体现了单元功能的重要度。由于电能传输损失造成的结果是社会福利损失，二者具多重共线性，所以在综合评估模型中只取社会福利损失变量，评估模型中只考虑传输效率损失和社会福利损失两个变量即可。

1. 网络结构初始脆弱性

网络结构初始脆弱性单独针对电网的网络结构进行静态评估，不考虑其结构的变化，只是针对电网的初始结构进行分析，评估在无任何条件影响的情况下的网络结构本身的脆弱性。此时，脆弱性考察的是网络结构中的节点及边。一般认为，网络中的某个节点或边的脆弱性是这个节点或边移除后网络功效的下降程度（Holme et al.，2002），复杂网络的功效性可以用信息在网络中的传播速度进行衡量（Crucitti et al.，2002），假设 ε_{ij} 表示两点之间的通信效率，其与这两个节点之间的最短距离成反比，于是 $\varepsilon_{ij}=1/d_{ij}$。则整个网络的功效性指标可以表示为

$$E=\frac{1}{N(N-1)}\sum_{i\neq j}\varepsilon_{ij}=\frac{1}{N(N-1)}\sum_{i\neq j}\frac{1}{d_{ij}} \tag{9-21}$$

其中，E 表示网络效率，即网络连通程度，值域范围为 0~1；N 为节点数；d_{ij} 表示两个节点间最短路径长度，各边权重依据实际情况酌情选择（如电网权重选择电抗标幺值，公路交通网权重选择通行能力等），当节点 i 与 j 之间不存在连接时，$d_{ij}=\infty$，则网络效率可以记为 $\varepsilon_{ij}=0$。于是网络中节点 i 的脆弱性可以表示为

$$\mathrm{VI}_{bi}=E(G)-E(G\setminus\{i\}) \tag{9-22}$$

其中，$G\setminus\{i\}$ 表示原网络 G 中删除节点 i 的形成的新网络。

此时整个网络的脆弱性为

$$\mathrm{VI}_{b}=\frac{1}{n}\sum\left|E(G)-E(G\setminus\{i\})\right| \tag{9-23}$$

其含义是：网络中节点被随机删除后，新网络的整体脆弱性等于新网络中各节点脆弱性的均值，n 是新网络中的节点数。

2. 网络结构级联失效脆弱性

网络传输效率体现在网络本身的通畅性以及传输量上，网络本身的通畅性可以通过网络效率进行衡量，而网络传输量的衡量需要以电力网络级联失效前后的

对比进行衡量。

1）传输效率损失——基于可靠性赋权的网络结构（效率）脆弱性

考虑 9.2.1 小节中基础设施失效的级联反应迭代过程，由于存在级联效应，电力网络中单一节点或边损坏后，可能造成网络中的其他节点或边的连锁失效，脆弱性影响进一步加大。这种情况是对静态网络结构脆弱性的一个深入，相较于静态的网络结构脆弱性，考虑级联效应造成的连锁影响，网络的传输效率会进一步下降，单一节点或边的损坏经过 n 轮级联反应，传输效率变化率为

$$\mathrm{VI}'_{\mathrm{ne}}=\frac{E_L}{E_t}=\frac{E_t-E_{t+n}}{E_t}=\frac{1}{N(N-1)}\sum_{i\neq j}\left(\frac{1}{d_{ij}^{t}}-\frac{1}{d_{ij}^{t+n}}\right)/E_t \tag{9-24}$$

此外，基于 9.2.2 小节分析可知，若采用无权模型，电网中很多单元具有相同的网络指标，进而无法区分相似单元的脆弱强度；若对网络中各单元节点依据可靠度不同而进行赋权，便能识别出具有相似网络指标单元的脆弱度差别，从而提高辨识度。因此，为了更加准确地体现电网由网络结构单元失效给结构造成的影响，除了考虑本身拓扑结构外，依据式（9-10）得

$$\mathrm{VI}_{\mathrm{ne}}=\mathrm{VI}'_{\mathrm{ne}}\times R \tag{9-25}$$

在电网单元 i 失效状态下，$\mathrm{VI}_{\mathrm{ne}}$ 取值为 $\mathrm{VI}_{\mathrm{ne}i}$ 是这一状态给电网带来的传输效率损失及电网单元 i 自身可靠性不足的综合影响，本章称之为网络结构（效率）脆弱性。

2）电能传输损失

针对电网，网络结构的损坏不仅仅对网络传输功效有影响，同样也对电能的实际传输能力产生重大影响。F 表示电网的电能传输量，则

$$F_l=F_t-F_{t+n} \tag{9-26}$$

其中，F_t 为原始传输量；F_{t+n} 为网络在 n 次级联迭代稳定后的传输量。

对于级联迭代情况（2），定义在 t 时刻，边 e_{ij} 的实际传输量为 $F_{ij}(t)$，当网络中某条边去除后的 t+1 时刻，e_{ij} 的实际传输量为 $F_{ij}(t+1)$，则

$$F_{ij}(t+1)=\begin{cases}L_{ij}(0)\times\dfrac{C_{ij}}{L_{ij}(t+1)}, & 若L_{ij}(t+1)>C_{ij}\\ L_{ij}(t+1), & 若L_{ij}(t+1)\leqslant C_{ij}\end{cases} \tag{9-27}$$

其中，$L_{ij}(t+1)$ 为在 t+1 时刻数学负载值。则在 t+1 时刻网络的重新负载边的传输损失为

$$F_l=F_{ij}(t)-F_{ij}(t+1) \tag{9-28}$$

以上两种情况的损失比率均为

$$E_F = \frac{F_l}{F_t} \tag{9-29}$$

3）社会福利损失——基于可靠性赋权的网络结构（功能）脆弱性

基于 9.2.3 小节对于基础设施单元节点重要性的评估，进行如下分析：每个电网枢纽节点负责周围区域的供电，其重要程度可以通过电网节点重要性（网络功能脆弱性）模型进行衡量，9.2.3 小节对于电网重要性的分析中，将其重要性来源分为经济、医疗、教育和行政四个方面，I_i 表示节点 i 的重要度，整个网络的总体社会福利负载 $I = \sum I_i$，当网络结构受到损害，网络在总体的社会福利负载变化为

$$I_l = I_t - I_{t+n} \tag{9-30}$$

则社会福利损失比率为

$$\mathrm{VI}'_{\mathrm{nw}} = E_W = \frac{I_l}{I_t} \tag{9-31}$$

为了更加准确地体现网络结构单元失效给电网功能和社会福利造成的影响，除了考虑本身拓扑结构外，依据式（9-10）得

$$\mathrm{VI}_{\mathrm{nw}i} = \mathrm{VI}'_{\mathrm{nw}} \times R \tag{9-32}$$

这里，$\mathrm{VI}_{\mathrm{nw}i}$ 表示电网单元 i 失效后，给电网带来的功能、社会福利损失及自身可靠性的综合影响，本章称之为网络结构级联失效（功能）脆弱性。

3. 网络结构脆弱性综合模型

由于电网的级联效应，单一节点或边的损坏造成的影响可能是大范围的，一是电网网络结构的损坏，整体传输效率下降；二是电网网络结构的损坏，造成的电能传输量的下降；三是电网网络结构的损坏，造成电网部分单元功能失效，产生区域经济福利的损失。

则网络结构脆弱性可以表示为式（9-33），η、θ、γ 为相应自变量的权重，可以采用变异系数法进行确定。

$$\mathrm{VI}'_n = f(E_L, E_F, E_W) \tag{9-33}$$

由于电网电能传输量的下降也是电网单元功能失效的一个体现，则 E_F 与 E_W 具有共线性，二者在一定程度上衡量的内容一致，所以本章研究的综合模型中只考虑效率损失和功能福利损失引起的网络结构（效率）脆弱性和网络结构（功能）脆弱性两部分，即 $\mathrm{VI}_{\mathrm{ne}}$ 和 $\mathrm{VI}_{\mathrm{nw}}$，所以我们令

$$\mathrm{VI}_n = f(\mathrm{VI}_{\mathrm{ne}}, \mathrm{VI}_{\mathrm{nw}}) \tag{9-34}$$

其中，VI_n 为网络结构脆弱性，在级联失效模型中，当级联迭代为 0 时，与初始脆弱性衡量内容一致，故式（9-34）中不包括网络结构初始脆弱性部分。

9.3.3 异动诱发分量——自然异动诱发脆弱性

1. 自然异动诱发脆弱性影响因素

电网作为关键基础设施的重要组成部分，在日常生活中会面临来自各个方面的干扰，包括自然致灾因子、人为致灾因子、技术致灾因子等，并且自然致灾因子在电网的失效、损坏的事件中扮演了重要角色。自然致灾因子相较于其他两种致灾因子情况更为客观、更容易被观察和测量。因此，自然致灾因子诱发的脆弱性相对来说更容易被评估。

自然致灾因子作用于电网，电网设备的抗风险能力很大程度上决定了造成的脆弱性大小；同时，由于电网基本是裸露于自然界当中，其设备安置区域的自然环境对其影响也很显著。因此，异动诱发脆弱性主要取决于电网自身的设计情况、面临的异动情况和电网设备所处环境的地质情况三个因素。

2. 自然异动诱发脆弱性模型

电网中的不同部分，在面临同一等级的同一灾害时，脆弱程度区别很大；同一部分在面临不同等级的同一灾害时表现出的脆弱性也有很大不同。因此，可以将电网在自然异动条件下的脆弱性表示为

$$\mathrm{VI}_d = f\left(I_d, D_d, G_d\right) \tag{9-35}$$

灾害条件诱发的脆弱性 VI_d 为设备设计指标 I_d、灾害情况 D_d 和地质情况 G_d 函数，三者均为 1~10 的分值，则 VI_d 是一个 0~10 的数值。其中 I_d 值越大表示设备设计标准越高，G_d 值越大表示地质情况越好，D_d 值越大则表示灾害情况越严重，因此 VI_d 与 I_d 和 G_d 成正比，而与 D_d 成反比。从而可以得出一个简单的异动诱发函数式：

$$\mathrm{VI}_{di} = \frac{D_{di}}{I_{di} \times G_{di}} \times \mathrm{SI}_0 \tag{9-36}$$

其中，VI_{di} 表示单元 i 的异动诱发脆弱性；D_{di} 表示节点 i 的灾害异动情况；G_{di} 表示节点 i 的地质情况；I_{di} 表示节点 i 的设计抗扰指标情况。

9.3.4 脆弱性综合评估模型

总体脆弱性模型的构建中，由于其组成部分的各种单一脆弱性分析均是总体脆弱性构成的一部分，节点内生分量 VI_I 由内生脆弱性 VI_{Ii} 和环境诱发脆弱性 VI_{ei} 组成；结构脆弱性 VI_n 由网络结构初始脆弱性、网络结构（效率）脆弱性 $\mathrm{VI}_{\mathrm{nei}}$ 和网络结构（功能）脆弱性 $\mathrm{VI}_{\mathrm{nwi}}$ 组成；异动诱发分量由异动诱发脆弱性

VI_{di} 构成。

考虑到当评估电网结构级联失效脆弱性时，若单元节点失效为 0，即没有任何单元失效时，网络结构级联失效脆弱性可以表示网络结构初始脆弱性，则电网节点 i 的脆弱性关系模型可以表示为

$$V_{ai} = f(VI_{Ii}, VI_{ei}, VI_{nei}, VI_{nwi}, VI_{di}) \tag{9-37}$$

由于模型中各变量的量纲不同，需要归一化处理，处理后的量纲都为 0~1 的分值。可以看到式(9-37)是由多个属性共同组成的，也可以将式中 VI_I 和 VI_e 理解为 VI_c 属性的分解，VI_{ne} 和 VI_{nw} 是属性 VI_n 的分解，因此其相当于对多个备选方案的一个衡量，则此问题是一个多属性决策问题，多属性决策问题综合的方法有简单加权求和法、加权积法、TOPSIS 法、删除选择法等。由于简单加权求和法着重体现最大值，而加权积法着重体现最小值，都不能很好地体现总体性，而删除选择法需要剔除变量，而本模型中变量较少不适合剔除，同时 TOPSIS 法更能体现变量向最优值趋近程度，所以本章选择 TOPSIS 法进行评价。这里采用 TOPSIS 法将各属性脆弱性综合（姜启源，2012）。TOPSIS 法的一般流程为：构建模一化矩阵，乘以权重矩阵 $\boldsymbol{w}=(\boldsymbol{w}_i, \boldsymbol{w}_e, \boldsymbol{w}_n, \boldsymbol{w}_d)^{\mathrm{T}}$ 构建正理想解和负理想解，计算欧氏距离 S^+ 和 S^-，最后计算接近度 C，在本章中 C 越小则设备脆弱性越小。

多属性决策由备选方案组与属性集合、决策矩阵、属性权重、综合方法四个要素构成。通过式（9-11）~式（9-36）可以构建一个决策矩阵，通过信息熵法来计算式（9-37）中的脆弱性分量的各个权重 w_j。其过程可以表示如下：先构建由 $VI_I, VI_e, VI_{ne}, VI_{nw}, VI_d$ 组成的决策矩阵，对其进行归一化处理得到决策矩阵 $\boldsymbol{R}$，其各列向量 $\left(r_{1j}, r_{1j}, \cdots, r_{mj}\right)^{\mathrm{T}}, j=1,2,\cdots,n$ 看做信息量分布，各方案关于属性 V 的熵为

$$Z_j = -k\sum_{i=1}^{m} r_{ij}\ln r_{ij}, \quad k = 1/\ln m, j = 1,2,\cdots,n \tag{9-38}$$

则方案区分度为

$$L_j = 1 - Z_j, \quad j = 1,2,\cdots,n \tag{9-39}$$

则权重

$$w_j = \frac{L_j}{\sum_{j=1}^{n} L_j}, \quad j = 1,2,\cdots,n \tag{9-40}$$

之后根据 TOPSIS 法来确定最优排序。在数据来源方面，网络单元脆弱性 V_I 数据由设备出厂设计指标和历年统计数据获得，状态量的劣化程度分值可借鉴《架

空输电线路状态评价导则》（Q/GDW173—2008）扣分标准取值，和采用 CBRM 评测方法获得。V_e 用空气污染指数 AQI 来表示易造成污闪的状况，酸雨情况根据研究对象属地统计数据获得，转化率系数为经验值；V_n 由当地电网结构转化为拓扑结构计算所得；V_d 相关数据由当地统计资料获得。

9.4 样本城市电网脆弱性评估用例分析

9.4.1 样本城市电网相关情况简介

1. 样本城市电网分布

本节以样本城市（即华南某市为模拟范本）数据进行模拟。如图 9-6 所示，全市电网共有 52 个主要枢纽节点、70 条传输线路分布在 A、B、C、D、E、F 6 个行政区域。其中 P1、P2、P3、P4、P5、P6 为发电节点，其他 46 个节点为变电枢纽节点。这 6 个发电节点为全市提供电力供应，46 个变电枢纽节点各自负责相应辖区的电力输送。本章研究不考虑线路损耗，认为相邻两点间线路长度相同。本章以电网单元节点为分析对象，考察其脆弱性（边脆弱性分析与节点脆弱性分析类似，这里不做讨论）。

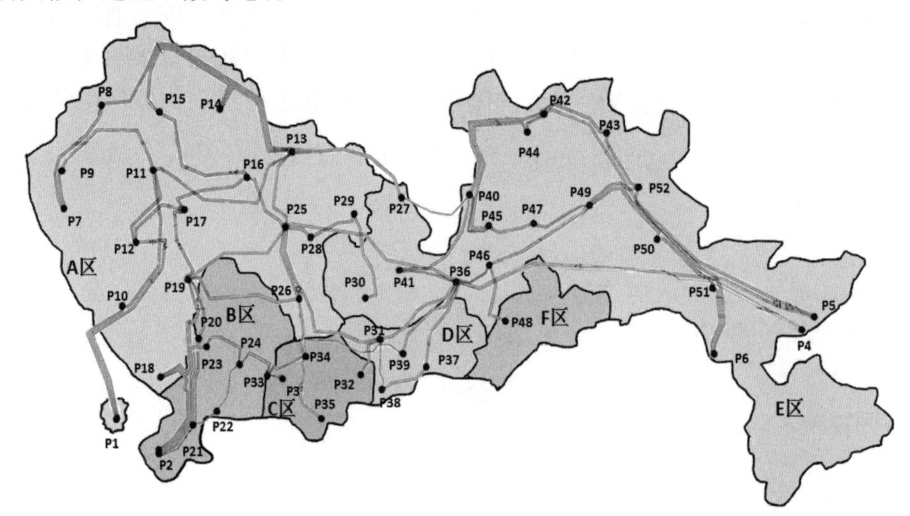

图 9-6　样本城市 220 千伏及以上电网结构图

样本城市电网 52 个节点，分布在全市的 6 个行政区域下属的 54 个街道辖区内，图 9-7 为样本城市的街道分布图，标号 1~54 为样本城市的 54 个居民街道，附表 9-1 展示了 52 个电网节点所处的街道分布，这 52 个电网节点分别为本辖区街道提供电力供应。

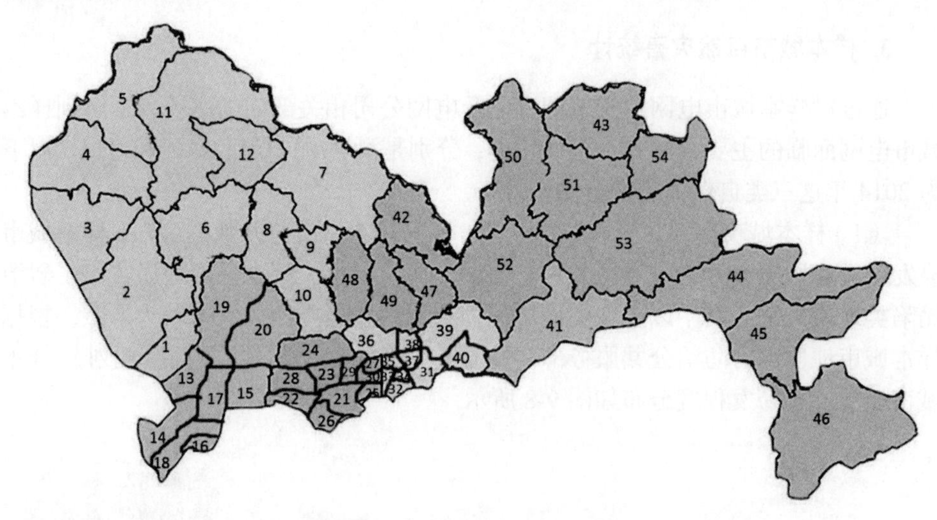

图 9-7　样本城市街道分布图

2. 样本城市气象及地质情况

根据样本城市规划和国土资源委员会公开的 2015 年数据，了解到 2014 年样本城市的基本气象和地质情况。

（1）降雨概况。2014 年样本城市年雨量 1 725.5 毫米，年平均气温 23.2℃，年日照总时数为 2 034.6 小时。主要天气气候特点表现为“入汛早，暴雨强，内涝重，台风少，高温多，灰霾轻”的特征。全年总雨量偏少一成多，但入汛早、降水集中、雨强大。强降水集中出现于 3~5 月，全年 9 场全市性暴雨有 7 场出现于 3~5 月；有 4 项强降水记录（3 小时雨量、6 小时雨量、12 小时雨量和 72 小时雨量）破历史最大纪录。台风影响数量少，影响程度偏轻。共有 4 个台风进入样本城市 500 千米范围内，其中有 2 个对样本城市造成风雨影响，影响程度偏轻。

（2）年发灾情况。2014 年全市共发生地质灾害和挡墙垮塌 19 起，直接经济损失约 78 万元。其中地质灾害 8 起，直接经济损失约 31 万元；挡墙垮塌 11 起，直接经济损失约 47 万元，造成 5 人受轻微伤。全年无重大险情。

（3）灾险情分析。大多数灾害与人类工程活动有关。统计显示，灾害主要发生在山区、山前斜坡和建厂、建房、修路等形成的人工边坡处，特别是无序开挖、不合理支护、施工质量差、缺乏维护管理形成的隐患点。调查显示，强降雨仍是发灾的主要诱发因素之一。灾害规模较小，分布广，不易提前发现。很多发灾点为平时巡查不太容易注意到的地方，加之地质灾害前兆不明显、突发性强，如遇降雨、地质条件等不利组合，易出现群发灾害。

3. 样本城市自然灾害统计

通过对样本城市电网的实地调查以及电网公司相关部门的座谈，了解到样本城市电网面临的主要自然灾害包括三类，分别是滑坡/泥石流、暴雨和台风。以下为 2014 年这三类自然灾害的分布统计。

（1）样本城市坍塌、滑坡区域统计。根据样本城市公开数据可知，样本城市易发生的地质灾害分为三类，分别是边坡类地质灾害、海水入侵地质灾害、岩溶塌陷类地质灾害，其中以边坡类地质灾害和岩溶塌陷类地质灾害较为严重。根据样本城市地质灾害防治公共服务部门发布的《样本城市地质灾害防治规划》，样本城市地质灾害易发程度分布如图 9-8 所示。

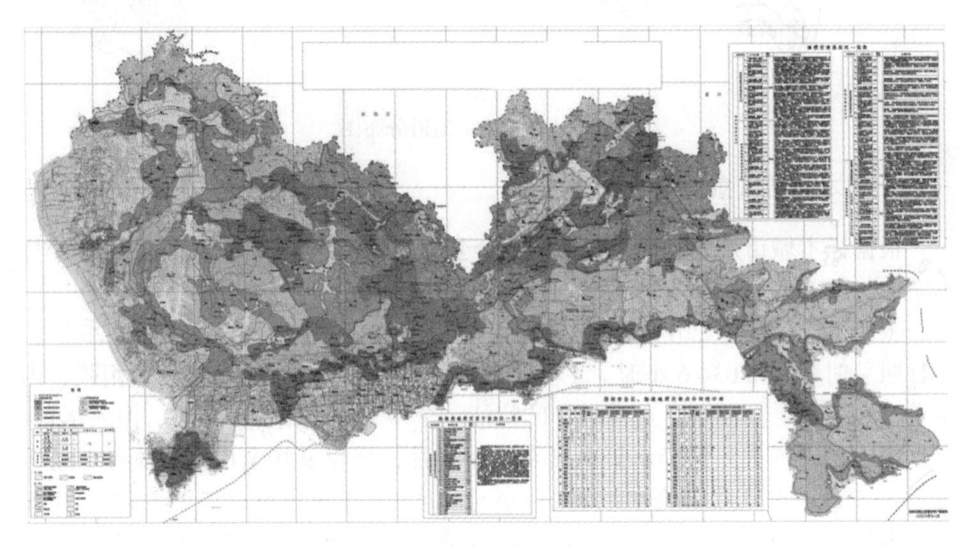

图 9-8　样本城市地质灾害易发生程度分布图

根据《样本城市地质灾害防治规划——说明书》中对于地质灾害易发程度的说明，地质灾害易发程度可以分为 4 个等级，分别是高易发区、中易发区、低易发区和不易发区。说明书中对于各易发区域的程度进行了评分，分为 0~225 分，其中 0~10 分为不易发区，10~30 分为低易发区，30~120 分为中易发区，120~225 分为高易发区。对比图 9-6，可对 52 个电网节点所处环境的地质情况进行界定，本章假定各地质灾害区域的分值为其均值，52 个节点所处区域地质灾害易发情况如附表 9-2 所示。

（2）样本城市降雨区域统计。根据样本城市《2014 年气候公报》公开数据，其年降水量分布如图 9-9 所示。对比图 9-6，统计 52 个电网节点所处区域的降水情况，结果如附表 9-3 所示。

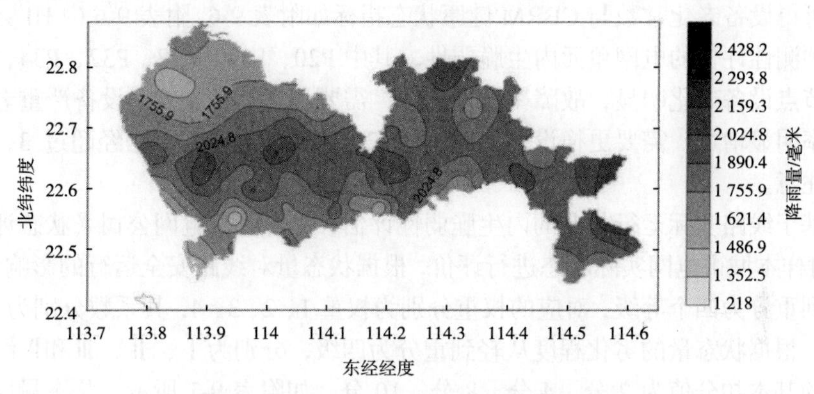

图 9-9　2014 年样本城市累计降雨量分布图

（3）样本城市台风影响区域统计。根据样本城市《2014 年气候公报》公开数据，其年台风分布如图 9-10 所示。对比图 9-6，可以对 52 个电网节点所处区域的台风分布情况进行统计，结果如附表 9-4 所示。

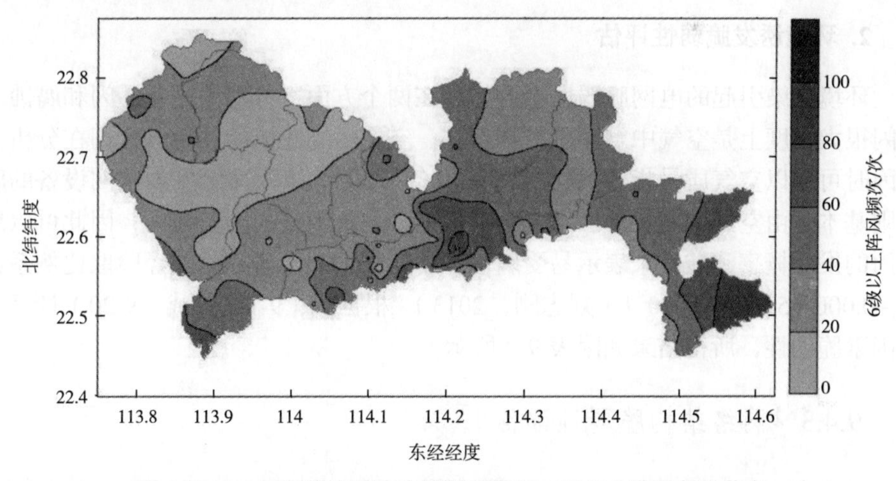

图 9-10　2014 年样本城市台风影响期间 6 级以上阵风频次分布

9.4.2　网络单元脆弱性评估

1. 单元内生脆弱性评估

样本城市五个区域电网分公司负责各自区域电网的维护与建设，所有变电站以最旧更换设备时间为准、架空线路以最旧更换线路时间为准，46 个节点（其他

6 个节点为发电节点）的设备相关信息如附表 9-5 所示。

由附表 9-5，基于 CBRM 预测性健康度评估方法，根据式（9-13）和式（9-14）计算可得设备老化常数与 CBRM 健康状态指标如附表 9-6。附表 9-6 中 HI 数据为基于预测性评估的电网单元内生脆弱性，其中 P20、P23、P28、P32、P34、P35、P46 节点设备老化明显，故障率开始上升，需要注意维护；P26 设备严重老化，故障率明显增加，需要更换设备；P10、P12、P44 的健康值也已经超过 3，需要引起注意。

基于线路实际运行状况的内生脆弱性评估，参考国家电网公司《状态评价导则》对样本城市电网实际状态进行评价，根据状态量对线路安全运行的影响程度，从轻到重分为四个等级，对应的权重分别为权重 1、2、3、4，其系数分别为 1、2、3、4。根据状态量的劣化程度从轻到重分为四级，分别为Ⅰ、Ⅱ、Ⅲ和Ⅳ级，其对应的基本扣分值为 2 分、4 分、8 分、10 分，如附表 9-7 所示。状态量应扣分值等于该状态量的基本扣分值乘以权重系数，状态量正常时不扣分。同时借鉴线路状态量评价标准（规范性附录），每个对象均由绝缘性能、接触接口、准确度、温升、外观 5 个状态量描述。由此根据式（9-11），可以对样本城市电网拓扑结构图中的 46 个节点状态脆弱性进行分析，结果如附表 9-8 所示。

2. 环境诱发脆弱性评估

环境污染引起的电网脆弱性主要体现在两个方面，分别是设备污闪和腐蚀。污闪很大程度上是空气中飘浮颗粒物过多、空气污染造成的，所以我们在分析其成因时可以以空气质量指数 AQI 来表示设备易发生污闪的程度；而电网设备的腐蚀则基本是由空气中的水分、雨水等造成的，而最大成因则是酸雨，因此可以用酸雨的发生概率和酸度来表示易受腐蚀程度，根据此类研究相关经验取比例系数 λ_{aqi}=0.000 15，λ_{ac}=0.000 1（刘志刚，2013）。根据式（9-17）~式（9-20）计算环境因素脆弱性，所得结果如附表 9-9 所示。

9.4.3 网络结构脆弱性评估

基于复杂系统理论的研究是目前结构脆弱性研究的主流方法，关于电网拓扑模型研究不断深入，已经从单一的基于纯拓扑网络结构的研究发展到具有网络结构参数权重的研究。本章分别根据传输效率指标、传输量指标、社会福利指标对样本城市电网的结构脆弱性进行分析，电网有向潮流拓扑结构图如图 9-11 所示。

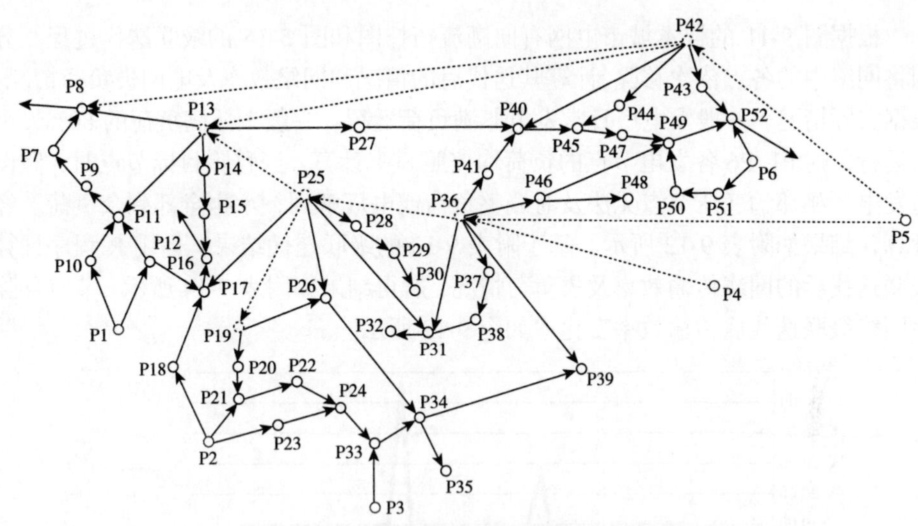

图 9-11　样本城市电网有向潮流拓扑结构图

在进行脆弱性分析之前，我们需要对单元节点的权重——可靠性进行计算，根据式（9-12）可得 46 个枢纽节点的可靠度如附表 9-10 所示。

1. 网络结构初始脆弱性——网络效率评价

首先考虑传输效率指标。基于复杂网络理论，对于网络节点或边损失后对总体联通程度影响的评价，可以采用网络效率进行分析，即式（9-21）。这里采用 Pajek 软件及 R 软件进行网络全局效率分析，当网络完整时，网络全局效率为 0.819 328 4，当分别移除网络中各点后，效率变化 VI_b 及加权后的脆弱性见附表 9-11，可以发现，当加入可靠性赋权后，电网的结构初始脆弱性变化率有一定改变，二者差别如图 9-12 所示，其反映了 46 个节点分别被剔除后，对总体传输效率的影响效果，这里暂不考虑功损因素。

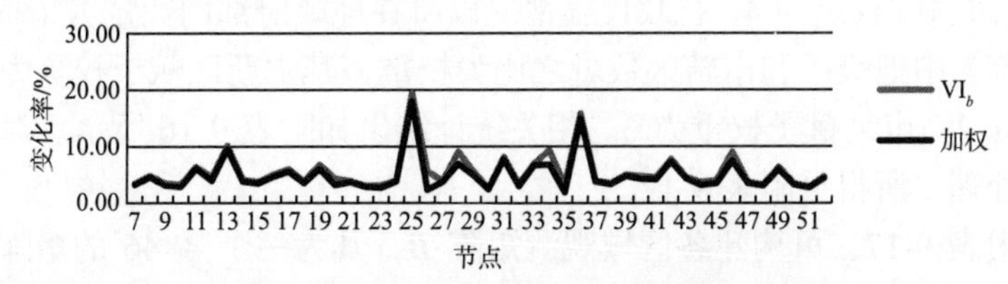

图 9-12　各节点分别移除后网络效率变化率

2. 网络结构（效率）脆弱性——级联失效后传输效率变化

根据样本城市电网地理接线图数据，可知样本城市电网的发电厂、变电站的最大负荷如附表 9-12 所示，其中节点 P1~P6 为发电厂节点，其负荷为最大负荷，其他节点为变压站节点。

根据图 9-11 的样本城市电网有向潮流拓扑图和图 5-15 的级联迭代过程，分别将网络中的各点依次移除，计算其迭代后的情况和网络效率及电网失负荷情况。根据实际情况，一般发电厂日常发电非满负荷运行，一般按照满负荷的 80%欠负荷运行，则 P1~P6 各发电节点的负荷均按照 80%计算。当移除目标节点时，假设与发电厂相邻的变压节点无法及时调整负荷或电厂解列，承担全部剩余负荷。经计算，结果如附表 9-12 所示。基于附表 9-13 的级联迭代结果，运用 R 程序计算级联迭代后的网络传输效率及失负荷情况，所得结果如附表 9-14 所示。节点移除后网络级联迭代后传输效率变化率如图 9-13 所示。

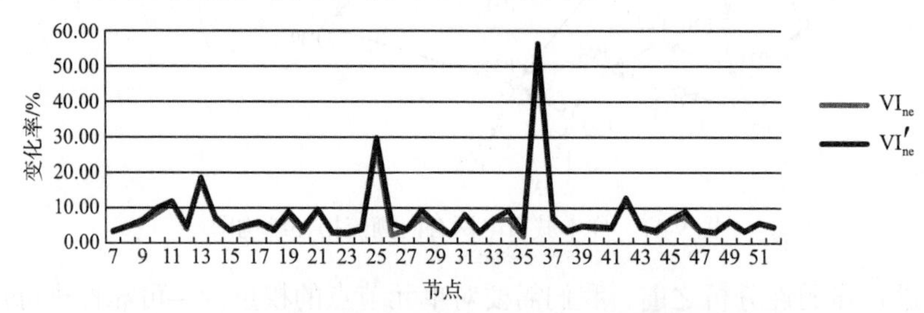

图 9-13　各节点移除后网络级联迭代后传输效率变化率

3. 网络结构（功能）脆弱——级联失效后社会福利变化

针对电网节点，本章假设各区域用电量 M 与本区域人口密度正相关，根据 46 个节点所处街道人口数进行计算，各节点所处区域如附表 9-15 所示。

各区域经济情况、教育情况、医疗情况、行政设施情况如附表 9-16 所示。其中，经济情况以 GDP 作为衡量指标。教育情况以初中、高中、高校数量为指标，以《中国教育统计年鉴》各类学校的学校数量的反比作为权重，则初中赋予权重 1，高中赋予权重 4，高校赋予权重为 15。医疗情况以医院数量为指标，根据我国《综合医院分级管理标准》，以基本等级医院床位数之比为权重，赋予二级医院权重为 1，三级医院权重为 4；行政设施情况以所在地政府部门数量为指标，以《中国统计年鉴》中地级市和市辖区数量之比为权重，其中新区赋予权重为 1，区级赋予权重为 2，市级赋予权重为 6。相关统计结果如附表 9-16 所示。对各指标进行标准化处理，所得见附表 9-17。

根据附表 9-17，可构建各区域观测矩阵 $\boldsymbol{B}$，其为一个 4×46 的矩阵，最优方案为 $U^*=(1,1,1,1)$，最劣方案为 $U_*=(0,0,0,0)$。则各向量权重：ω_G=0.365，ω_E=0.345，ω_H=0.179，ω_A=0.111。

根据样本城市统计局发布的 2014 年统计数据，全年用电 789.68 亿千瓦时，每千瓦时电支撑样本城市创造 GDP 达 21.95 元，居民生活用电占总用电的 15.3%。根据各节点覆盖人口数量（附表 9-15）及 GDP（附表 9-16），可以间接计算出各节点的用电量，见附表 9-18。则电网各节点重要性如附表 9-19 所示，其中 M 表示区域用电量占全市用电量百分比，R^2 为 S/π 表示用阈值法去量纲后的距离值。

样本城市电网节点除去 6 个发电站节点后，相对于区域经济、政治、教育、医疗来说，电网中各节点的社会福利影响如图 9-14 所示。

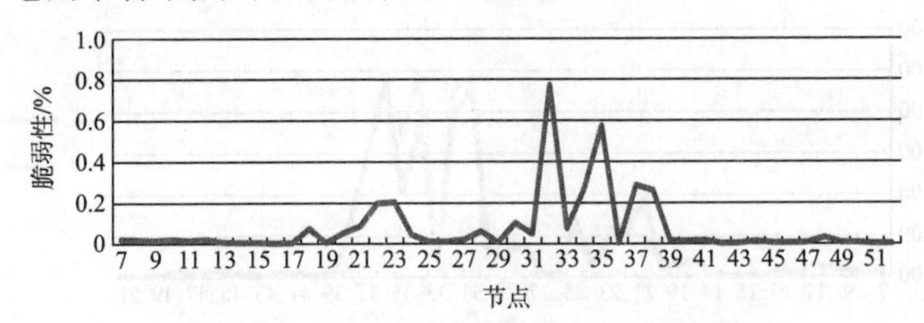

图 9-14　电网中各节点的社会福利影响对比

从图 9-14 中我们可以看到，点 P32、P35 波峰效果明显，从附表 9-16 中我们可以看到，电网节点 P32 所在区域教育和行政资源最多，节点 P35 所在区域经济体量大、医疗和行政资源也相对较多，这两个节点一旦损坏，大量的政府行政工作将受到影响，同时，教育、医疗和经济也都受到显著影响。点 P22、P23、P34、P37、P48 也形成了一个小波峰，通过分析附表 9-15 和附表 9-16 我们也可以发现，这些电网节点覆盖区域人口密度大，同时有部分政府行政单位，这些节点一旦受到破坏，则会对居民生活影响较大。这个结果过于注重行政因素，造成大部分数据波动不明显，个别极值数据较为突出，可能是数据赋权不合理导致，鉴于本章着重关注数据的大小对比，数值无绝对意义，单元重要性可以表示为

$$I=\ln\left\{\frac{P\times\pi\times\left(\omega_A\times A+\omega_H\times H+\omega_E\times E+\omega_G\times G\right)}{S}+\varepsilon\right\}-\min I_i \quad (9\text{-}41)$$

由于 ln 函数为单调函数，这种变换不影响数据大小顺序，所以这种变换是可行的，则重要性数据波动图变为图 9-15。

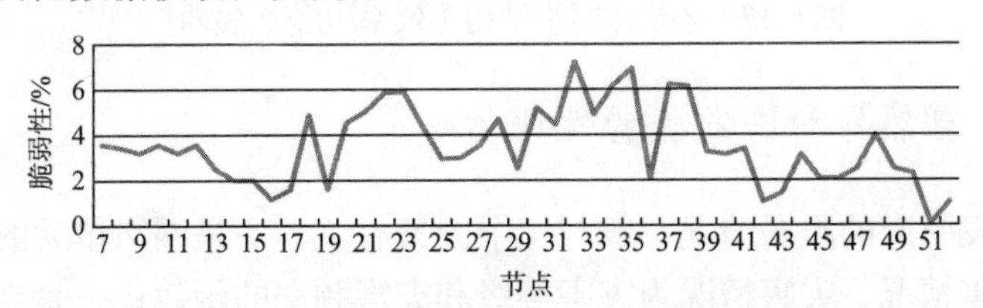

图 9-15　电网节点社会福利影响取对数后对比

从图 9-15 我们可以较为清晰地看到电网中各个节点的重要性的程度，这里所指的重要性程度（社会福利影响程度）对于所有电网节点来说是在所有电网节点失效时间一致下的判定。

以上是电网中各节点所覆盖区域的重要度对比，也是各节点的社会化福利影

响度对比。实际中，当相应节点失效后，会产生一系列级联迭代效应，造成的社会福利损失会更加庞大，基于附表 9-13，节点失效后由于级联迭代效应的影响，社会福利损失变化率 VI'_{nw} 经加权后，网络结构（功能）脆弱性 VI_{nw} 如附表 9-20 所示，结果如图 9-16 所示。

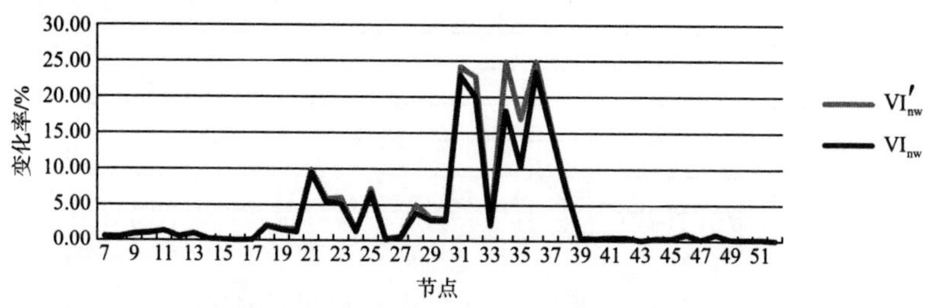

图 9-16　网络结构（功能）脆弱性——级联迭代后社会福利变化率

由附表 9-20 和图 9-16 可知，节点 P31、P32、P34、P36 失效后，对整个城市的社会福利影响最大，即这些单元节点的网络结构（功能）脆弱性最大；节点 P21、P25、P38 的网络结构（功能）脆弱性较大。对比图 9-13 与图 9-14，可以发现大部分关键节点对于网络效率［网络结构（效率）脆弱性］和社会福利［网络结构（功能）脆弱性］的影响较为同步，如图 9-17 所示。节点 P21、P25、P28、P31、P34、P37 由于级联效应的影响，对传输效率和社会福利的影响都很大。

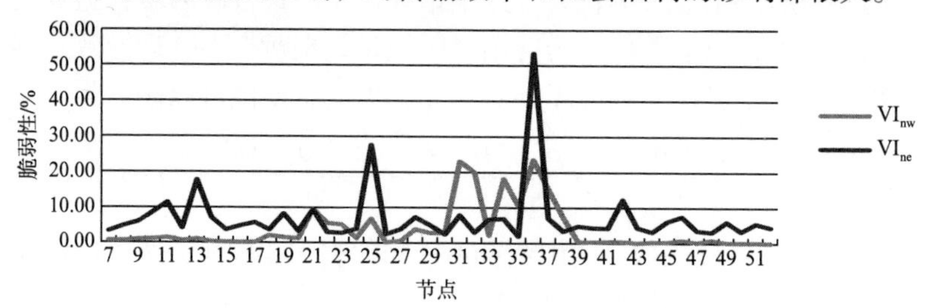

图 9-17　各节点网络结构（效率/功能）脆弱性

9.4.4　自然异动诱发脆弱性评估

异动诱发引起的脆弱情况一般与三个因素有关：一是网络单元的设计承灾指标；二是灾害情况，灾害情况为灾害等级和灾害频率的函数；三是当地的气象地质情况。可以从这三个方面对异动诱发脆弱性进行分析。样本城市地处我国华南沿海，面临的主要气象灾害为台风和暴雨，面临的主要地质灾害为边坡类灾害、海侵类灾害和岩溶崩塌类灾害。

以暴雨为例，根据式（9-33）对样本城市电网上述三种情况的简单归纳，设计指标以电网设备出厂指标为准；地质情况分值中，对于各易发区域，本章取中值作为分值，则不易发区域 5 分，低易发区域 20 分，中易发区域 75 分，高易发区域 172.5 分，将所有分值转换后限制在 10 以内；降雨情况分值中，将降雨量去量纲化，设定近五年同期均值降雨量 1 755.9 毫米转换为均值 5，则根据附表 9-3 对电网各节点设计指标、降雨情况和地质情况进行统计和计算，结果如附表 9-21 所示。

9.4.5　样本城市电网综合物理脆弱性总结

根据前文对于电网脆弱性不同方面的统计，五个脆弱性指标（VI_l、VI_e、VI_{ne}、VI_{nw}、VI_d）的值越大表示相应节点越脆弱。由于各指标量纲不同，首先对其进行归一化处理，得如附表 9-22 所示结果。由此得出一个 46×5 的归一化矩阵 $\boldsymbol{R}$：

$$
\boldsymbol{R}^{\mathrm{T}} = \left[\begin{matrix}
0.017 & 0.010 & 0.029 & 0.034 & 0.005 & 0.031 & 0.006 & 0.009 & 0.006 \\
0.033 & 0.033 & 0.033 & 0.033 & 0.033 & 0.033 & 0.033 & 0.033 & 0.033 \\
0.006 & 0.012 & 0.017 & 0.029 & 0.041 & 0.009 & 0.068 & 0.022 & 0.007 \\
0.003 & 0.003 & 0.005 & 0.006 & 0.008 & 0.003 & 0.005 & 0.001 & 0.000 \\
0.002 & 0.005 & 0.002 & 0.016 & 0.000 & 0.016 & 0.013 & 0.000 & 0.000
\end{matrix}\right.
$$

$$
\begin{matrix}
0.010 & 0.001 & 0.018 & 0.001 & 0.063 & 0.010 & 0.027 & 0.043 & 0.018 & 0.017 \\
0.033 & 0.033 & 0.033 & 0.033 & 0.024 & 0.024 & 0.024 & 0.024 & 0.024 & 0.033 \\
0.012 & 0.016 & 0.007 & 0.027 & 0.006 & 0.032 & 0.004 & 0.003 & 0.008 & 0.111 \\
0.000 & 0.000 & 0.011 & 0.008 & 0.008 & 0.060 & 0.055 & 0.030 & 0.007 & 0.039 \\
0.006 & 0.002 & 0.000 & 0.018 & 0.018 & 0.004 & 0.004 & 0.015 & 0.085 & 0.018
\end{matrix}
$$

$$
\begin{matrix}
0.087 & 0.010 & 0.046 & 0.027 & 0.010 & 0.017 & 0.040 & 0.004 & 0.067 & 0.080 \\
0.033 & 0.017 & 0.033 & 0.033 & 0.017 & 0.006 & 0.000 & 0.024 & 0.000 & 0.000 \\
0.002 & 0.008 & 0.023 & 0.013 & 0.002 & 0.025 & 0.005 & 0.021 & 0.021 & 0.000 \\
0.001 & 0.003 & 0.022 & 0.016 & 0.016 & 0.134 & 0.117 & 0.012 & 0.106 & 0.061 \\
0.018 & 0.018 & 0.021 & 0.016 & 0.101 & 0.098 & 0.005 & 0.093 & 0.005 & 0.003
\end{matrix}
$$

$$
\begin{matrix}
0.010 & 0.012 & 0.020 & 0.010 & 0.026 & 0.021 & 0.006 & 0.001 & 0.034 & 0.029 \\
0.017 & 0.006 & 0.006 & 0.006 & 0.017 & 0.017 & 0.017 & 0.017 & 0.017 & 0.017 \\
0.222 & 0.022 & 0.006 & 0.012 & 0.010 & 0.010 & 0.044 & 0.010 & 0.005 & 0.018 \\
0.137 & 0.090 & 0.042 & 0.002 & 0.002 & 0.002 & 0.002 & 0.000 & 0.002 & 0.001 \\
0.024 & 0.003 & 0.005 & 0.003 & 0.018 & 0.021 & 0.012 & 0.101 & 0.010 & 0.101
\end{matrix}
$$

$$
\left.\begin{matrix}
0.043 & 0.018 & 0.002 & 0.013 & 0.005 & 0.002 & 0.010 \\
0.017 & 0.017 & 0.017 & 0.017 & 0.017 & 0.017 & 0.017 \\
0.024 & 0.007 & 0.005 & 0.018 & 0.006 & 0.015 & 0.011 \\
0.005 & 0.001 & 0.005 & 0.001 & 0.001 & 0.001 & 0.000 \\
0.021 & 0.021 & 0.007 & 0.018 & 0.010 & 0.007 & 0.018
\end{matrix}\right]
$$

附表 9-22 其中 VI_I、VI_e 共同构成 VI_c（节点内生分量——网络单元脆弱性），VI_{ne} 和 VI_{nw} 共同构成 VI_n（网络结构分量——网络结构脆弱性），这里将二者分开计算能更为准确（VI_d 为异动诱发分量——自然异动诱发脆弱性）。

根据式（9-40）可得 E_i= 0.900 407 278，E_e= 0.960 141 920，E_{ne}= 0.828 591 084，E_{nw}= 0.736 088 744，E_d= 0.819 026 672，则权重为 w_i= 0.131 781，w_e= 0.052 740，w_{ne}= 0.226 808，w_{nw}= 0.349 207，w_d= 0.239 464，采用 TOPSIS 法计算 C，则多属性综合情景下综合脆弱性结果如附表 9-23 所示。

图 9-18 直观地体现了电网中各节点的综合物理脆弱性，通过附表 9-23 和图 9-18，可以看到样本城市电网中各节点脆弱性的大小，并根据具体数据对脆弱度进行排序。通过与 5 种单一脆弱度对比我们可得图 9-19，图中各类虚线为单一属性脆弱性评价结果，实线为综合脆弱性评价结果。对于同一属性脆弱性，其大小用 0~1 的数值表示，数值越大代表相应部分越脆弱。对于不同属性脆弱性，数字大小不具有可比性。可以看到，每种单一属性脆弱性评价方法得到的结果都存在很大的差异，而用综合评价可以综合各方面考虑，获得更全面的脆弱性评价结果。

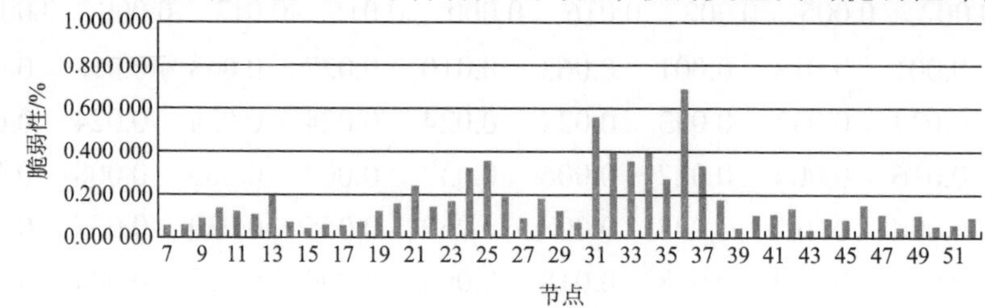

图 9-18 样本城市电网各节点综合脆弱度

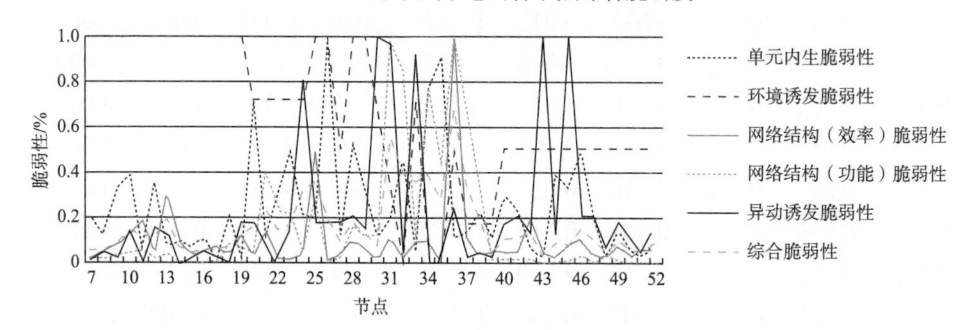

图 9-19 各属性脆弱性等级评估对比

通过对比各属性脆弱性评估方法，可以发现基于多属性分析的综合脆弱性评价方法能够更为合理地对各设备脆弱性进行评价，这体现在如下几点：第一，综合之后的脆弱性评价既能够体现设备本身的脆弱性，又能够在整体的联系中体现个体的脆弱强度，是从多个角度进行的分析；第二，综合之后的脆弱性评价，既是从一个动态变化的角度衡量电网脆弱性变化，同时关注于静态变化；第三，综合之后的脆弱性评价，能够较为合理地体现电网物理层面的脆弱性构成；第四，综合之后的脆弱性波动较其他方法更为平缓，更实际地体现了单元脆弱性的综合差距。

9.4.6　分级保护与容错目标确定

大规模灾害应对准备的容错规划并不强调在灾害发生后的实时应对，而是注重在应对准备阶段设计防御措施，从而保障应对响应的持续进行，是应对突发事件的事前管理。因此，需要在日常状态下对于容错目标和对象有明确的认识，通过脆弱性分析，可以在备灾、灾前充分了解基础设施中的脆弱部分，明晰基础设施中的关键部分，进而准备一定的容错部署，提升当前的抗灾能力。通过设定未来大规模自然灾害情景，权衡预期灾害损失与容错成本之间关系，判断所能达到的容错等级，从而在应对准备阶段提出一系列容错措施。

通过对基础设施脆弱性的分级保护分析，可以确定基础设施中各部分对于基础设施网络总体、社会经济、居民生活的影响程度，了解各部分面临的问题、失效后造成的影响大小，提早做好相应的容错规划，制定不同等级的容错制度，平衡灾害损失与成本。我们将基础设施的容错范围识别分为三个阶段，分别是前期准备阶段、现场调查阶段和指标分析阶段。这三个阶段贯穿于整个评估过程当中，为基础设施保护范围的确定提供框架性的指导。

前期准备阶段。首先，确定评估目标，以满足企业和组织的业务持续发展在安全方面的需求；其次，明确评估范围，即确定需要评估的业务领域和设备范围；再次，组建评估团队，由评估实施方和待评估单位相关人员共同构成；最后，收集相关资料，为评估过程提供翔实数据。

现场调查阶段。在本阶段需要确定待评估对象的业务目标、运作流程，并对收集的信息进行综合的整理和分析，形成系统性的调查报告。这个阶段一般可以但不限于以下内容：召开调查会议、问卷调查、现场调查、资料汇总整理、撰写报告。由于电网的特殊性，同时基于我们的评估目标，我们主要采取现场调查和资料汇总。

指标分析阶段。这个阶段的内容虽然是在最后进行，但在所有分析进行前，就应该针对电网的特殊性进行具体分析，即所选择的指标能够充分体现保护目的、反映基础设施自身的特点、兼备社会分析要素等。

样本城市电网脆弱性评估结果包括综合脆弱性和五个子类，分别是单元内生脆弱性、环境诱发脆弱性、网络结构（效率）脆弱性、网络结构（功能）脆弱性和异动诱发脆弱性。针对每组数据，分为五个等级（从 1~5），级别越高越脆弱。采用聚类分析法对各项数据进行等级划分，结果如附表 9-24~附表 9-29 所示。

1. 节点内生分量——网络单元脆弱性分级

（1）单元内生脆弱性分级如图 9-20 所示。

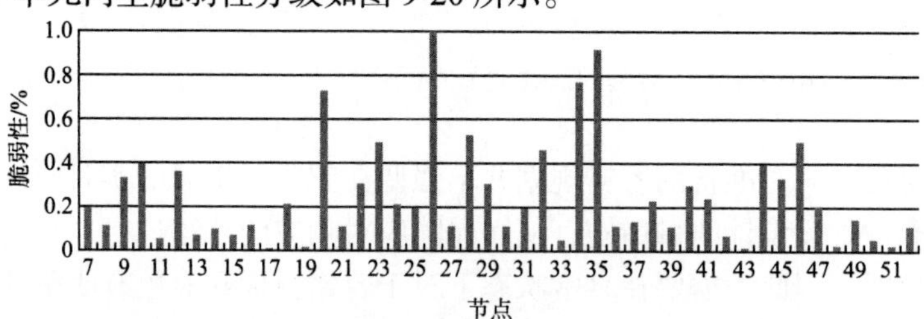

图 9-20　单元内生脆弱性分级

（2）环境诱发脆弱性分级如图 9-21 所示。

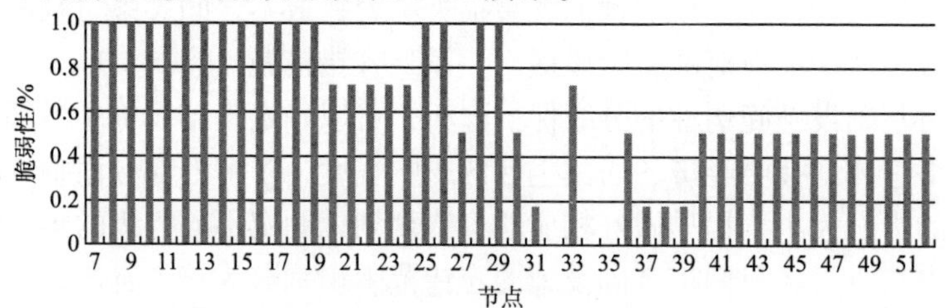

图 9-21　环境诱发脆弱性分级

2. 网络结构分量——网络结构脆弱性分级

（1）网络结构（效率）脆弱性分级如图 9-22 所示。

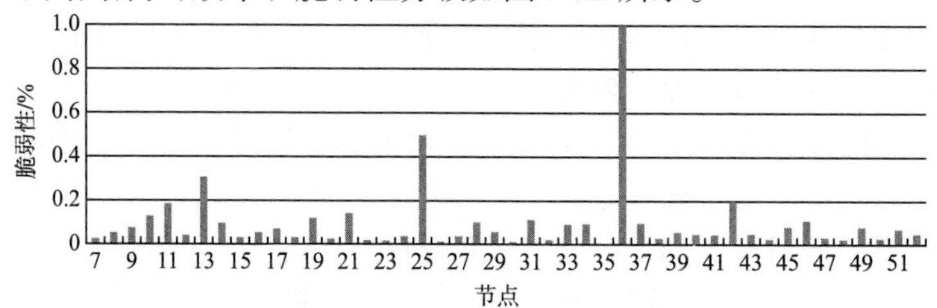

图 9-22　网络结构（效率）脆弱性

（2）网络结构（功能）脆弱性分级如图 9-23 所示。

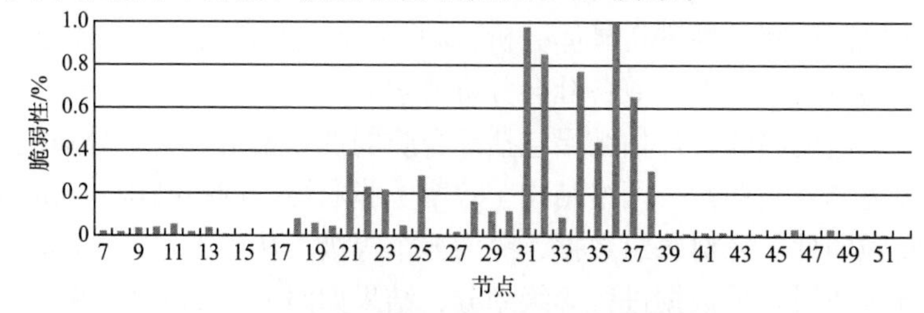

图 9-23　网络结构（功能）脆弱性

3. 异动诱发分量——异动诱发脆弱性分级

异动诱发脆弱性分级如图 9-24 所示。

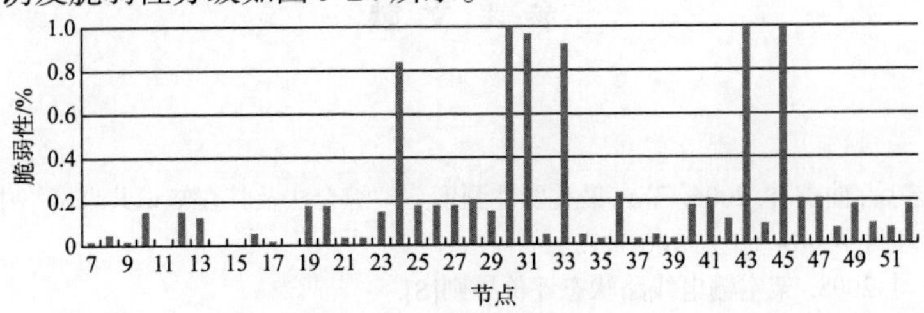

图 9-24　异动诱发脆弱性

4. 综合物理脆弱性分级

综合物理脆弱性分级如图 9-25 所示。

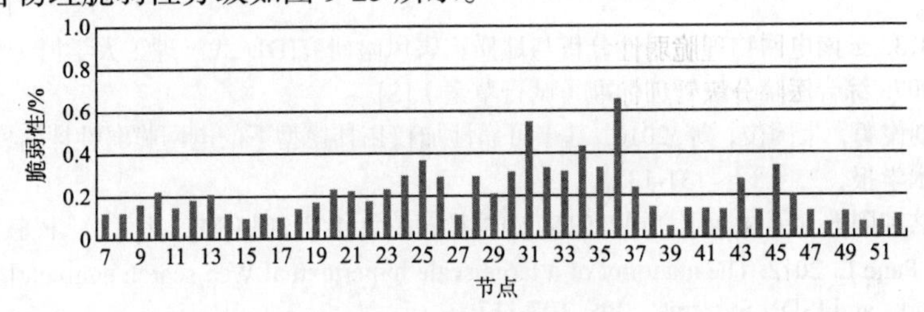

图 9-25　综合物理脆弱性

以上将各种脆弱性评估结果分级，共分为 5 个等级，脆弱程度从 1~5 依次递增，在实际保护过程中应该优先关注脆弱等级为 5 的单元节点，针对 5 个不同等级的脆弱点进行不同的容错规划设计。

9.5　本章小结

本章首先对关键基础设施的脆弱性内涵及构成进行了分析，通过与其他三个可以用于评价关键基础设施安全程度的指标进行对比，明确了脆弱性可以更好地表现关键基础设施网络中各单元的安全程度，并与容错规划问题发现和目标选择进行综合，本章认为关键基础设施容错规划和冗余设计的对象应该是基础设施网络中的脆弱点，并应该根据脆弱等级的不同提供不同的容错及冗余设计。基于此分析，本章提出了关键基础设施脆弱性评估框架，并以样本城市为对象进行了用例分析。

参 考 文 献

安世虎，都艺兵，曲吉林. 2006. 节点集重要性测度——综合法及其在知识共享网络中的应用[J]. 中国管理科学，14（1）：106-111.

国家电网公司. 2008. 架空输电线路状态评价导则[S].

姜启源. 2012. 多属性决策应用中几种主要方法的比较[J]. 数学建模及其应用，1（3）：16-29.

李军，李向阳，刘昭阁. 2016. 基于 CBRM 评价的电网设备可靠性评估研究[J].中国安全生产科学技术，12（6）：139-143.

林涛，范杏园，徐暇龄. 2010. 电力系统脆弱性评估方法研究综述[J]. 电力科学与技术学报，25(4)：20-24.

刘志刚. 2013. 云南电网物理脆弱性分析与地质灾害风险研究[D]. 武汉理工大学博士学位论文.

卫生部. 2007. 综合医院分级管理标准（试行草案）[S].

魏震波，刘俊勇，朱国俊，等. 2010. 基于可靠性加权拓扑模型下的电网脆弱性评估模型[J]. 电工技术学报，25（8）：131-137.

中华人民共和国教育部发展规划司. 2015. 中国教育统计年鉴 2014[M]. 北京：人民教育出版社.

Brin B S，Page L. 2012. The anatomy of a large scale hypertextual Web search engine[J]. Computer Networks and ISDN Systems，30：107-117.

Crucitti P，Latora V，Marchiori M，et al. 2002. Efficiency of scale-free networks：error and attack tolerance[J]. Physica A Statistical Mechanics & Its Applications，320：622-642.

Kleinberg J M. 1999. Authoritative sources in a hyperlinked environment[J]. Journal of the ACM，46（5）：604-632.

Lempel R，Moran S. 2000. The stochastic approach for link-structure analysis and the TKC effect[J]. Computer Networks，33（2）：387-401.

Li J，Li X Y，Yang R. 2015. Urban power network vulnerability assessment based on multi-attribute analysis[J].Computational Science and Its Applications，9155：126-140.

Holme P，Kim B J，Yoon C N，et al. 2002. Attack vulnerability of complex networks[J]. Physical Review E，65（5）：634.

Washio T，Motoda H. 2003. State of the art of graph-based data mining[J]. ACM Sigkdd Explorations Newsletter，5（1）：59-69.

West D B. 2001. Introduction to Graph Throry[M]. Upper Saddle River：Prentice Hall.

Zimmerman R. 2001. Social implications of infrastructure network interactions [J]. Journal of Urban Technology，8：97-119.

附录——案例数据

附表 9-1　样本城市电网节点辐射区域

节点	区域	节点	区域	节点	区域	节点	区域
1	1	14	11	27	42	40	50
2	14	15	11	28	9	41	47
3	28	16	12	29	7	42	43
4	45	17	6	30	48,49	43	54
5	45	18	1	31	36,38	44	50
6	45	19	6	32	25,27,29,30	45	52
7	3	20	19	33	15	46	52
8	5	21	16,18	34	23,24,28	47	51
9	4	22	14,17	35	21,22,26	48	41
10	2	23	13	36	52	49	51
11	4	24	20	37	31,32,37	50	53
12	2	25	8	38	33,34,35	51	44,45,46
13	7	26	10	39	39,40	52	53

附表 9-2　电网节点所处区域地质灾害易发程度

节点	类型	节点	类型	节点	类型	节点	类型
1	不易发区	14	不易发区	27	中易发区	40	中易发区
2	高易发区	15	不易发区	28	中易发区	41	中易发区
3	不易发区	16	低易发区	29	中易发区	42	低易发区
4	中易发区	17	不易发区	30	高易发区	43	高易发区
5	不易发区	18	不易发区	31	高易发区	44	低易发区
6	中易发区	19	中易发区	32	不易发区	45	高易发区
7	不易发区	20	中易发区	33	高易发区	46	中易发区
8	中易发区	21	不易发区	34	不易发区	47	中易发区
9	不易发区	22	不易发区	35	不易发区	48	不易发区
10	中易发区	23	中易发区	36	中易发区	49	中易发区
11	不易发区	24	高易发区	37	不易发区	50	低易发区
12	中易发区	25	中易发区	38	不易发区	51	低易发区
13	中易发区	26	中易发区	39	不易发区	52	中易发区

附表 9-3　电网各节点所属区域降水情况统计（单位：毫米）

节点	降水量	节点	降水量	节点	降水量	节点	降水量
1	1 352.5	14	1 621.4	27	1 890.4	40	1 890.4
2	1 352.5	15	1 621.4	28	2 159.3	41	2 024.8
3	1 890.4	16	1 890.4	29	1 890.4	42	2 159.3
4	2 159.3	17	1 755.9	30	2 024.8	43	2 024.8
5	2 293.8	18	1 621.4	31	2 024.8	44	2 024.8
6	2 024.8	19	2 024.8	32	1 890.4	45	2 024.8
7	1 755.9	20	1 890.4	33	1 890.4	46	2 024.8
8	1 352.5	21	1 755.9	34	1 890.4	47	2 024.8
9	1 755.9	22	1 755.9	35	1 755.9	48	2 024.8
10	1 890.4	23	1 755.9	36	2 159.3	49	1 890.4
11	1 621.4	24	1 755.9	37	1 755.9	50	2 024.8
12	1 890.4	25	2 024.8	38	1 890.4	51	1 890.4
13	1 755.9	26	2 024.8	39	1 755.9	52	1 890.4

附表 9-4　电网各节点所属区域台风影响期间 6 级以上阵风频次（单位：次）

节点	频次	节点	频次	节点	频次	节点	频次
1	70	14	30	27	50	40	50
2	70	15	30	28	10	41	30
3	70	16	10	29	30	42	30
4	70	17	10	30	30	43	30
5	70	18	30	31	30	44	30
6	50	19	10	32	50	45	50
7	30	20	10	33	30	46	50
8	30	21	50	34	30	47	50
9	30	22	50	35	50	48	70
10	30	23	30	36	70	49	50
11	30	24	30	37	50	50	30
12	10	25	10	38	50	51	50
13	10	26	30	39	50	52	50

附表 9-5　2014 年样本城市电网设备相关信息

节点	7	8	9	10	11	12	13	14	15	16	17	18
预期使用年限 n/年	20	20	20	20	20	20	20	20	20	20	20	20
健康值 HI_b	5.5	5.5	5.5	5.5	5.5	5.5	5.5	5.5	5.5	5.5	5.5	5.5
已使用年限 $T-T_0$/年	11	9	14	15	7	15	7	8	7	8	4	11
所属区域	A	A	A	A	A	A	A	A	A	A	A	A
节点	19	20	21	22	23	24	25	26	27	28	29	30
预期使用年限 n/年	20	25	25	25	25	25	20	20	20	20	20	20
健康值 HI_b	5.5	6	6	6	6	6	5.5	5.5	5.5	5.5	5.5	5.5
已使用年限 $T-T_0$/年	2	22	9	17	19	14	11	21	9	16	13	9
所属区域	A	B	B	B	B	B	A	A	E	A	A	E
节点	31	32	33	34	35	36	37	38	39	40	41	42
预期使用年限 n	25	25	25	25	25	20	25	25	25	20	20	20
健康值 HI_b	6	6	6	6	6	5.5	6	6	6	5.5	5.5	5.5
已使用年限 $T-T_0$/年	13	19	6	23	24	9	11	14	9	14	13	7
所属区域	D	C	B	C	C	E	D	D	D	E	E	E
节点	43	44	45	46	47	48	49	50	51	52		
预期使用年限 n	20	20	20	20	20	20	20	20	20	20		
健康值 HI_b	5.5	5.5	5.5	5.5	5.5	5.5	5.5	5.5	5.5	5.5		
已使用年限 $T-T_0$/年	5	15	14	17	13	6	10	7	6	9		
所属区域	E	E	E	E	E	F	E	E	E	E		

附表 9-6　2014 年各设备老化常数与 CBRM 健康状态（HI）

节点	B	HI（t）	节点	B	HI（t）	节点	B	HI（t）
7	0.123 0	1.933 9	23	0.103 4	3.565 9	39	0.103 4	1.268 0
8	0.123 0	1.512 2	24	0.103 4	2.126 4	40	0.123 0	2.796 7
9	0.123 0	2.796 7	25	0.123 0	1.933 9	41	0.123 0	2.473 1
10	0.123 0	3.162 7	26	0.123 0	6.614 4	42	0.123 0	1.182 5
11	0.123 0	1.182 5	27	0.123 0	1.512 2	43	0.123 0	0.924 7
12	0.123 0	3.162 7	28	0.123 0	3.576 5	44	0.123 0	3.162 7
13	0.123 0	1.182 5	29	0.123 0	2.473 1	45	0.123 0	2.796 7
14	0.123 0	1.337 3	30	0.123 0	1.512 2	46	0.123 0	4.044 5
15	0.123 0	1.182 5	31	0.103 4	1.917 5	47	0.123 0	2.473 1
16	0.123 0	1.337 3	32	0.103 4	3.565 9	48	0.123 0	1.045 7
17	0.123 0	0.817 7	33	0.103 4	0.929 8	49	0.123 0	1.710 1
18	0.123 0	1.933 9	34	0.103 4	5.392 5	50	0.123 0	1.182 5
19	0.123 0	0.723 1	35	0.103 4	5.980 0	51	0.123 0	1.045 7
20	0.103 4	4.862 8	36	0.123 0	1.512 2	52	0.123 0	1.512 2
21	0.103 4	1.268 0	37	0.103 4	1.559 3			
22	0.103 4	2.899 8	38	0.103 4	2.126 4			

附表 9-7　状态量评价附表

状态量劣化程度	基本扣分值	权重 1	权重 2	权重 3	权重 4
Ⅰ	2	2	4	6	8
Ⅱ	4	4	8	12	16
Ⅲ	8	8	16	24	32
Ⅳ	10	10	20	30	40

附表 9-8　2014 年 46 个节点劣化值及健康指数、脆弱性计算结果 SI

节点	绝缘性能	接触接口	准确度	温升	外观	状态脆弱性 SI_t	节点	绝缘性能	接触接口	准确度	温升	外观	状态脆弱性 SI_t
	权重 4	权重 4	权重 4	权重 3	权重 2			权重 4	权重 4	权重 4	权重 3	权重 2	
7		8		12		0.4	30		8		6		0.28
8		8		6		0.28	31			16		4	0.4
9	16			12		0.56	32		16		12	8	0.72
10	16		16			0.64	33				12		0.24
11				6	4	0.2	34	8		8	24	16	1.12
12			16	12		0.56	35		16	8	24	20	1.36
13		8			4	0.24	36				6	8	0.28
14		8		6		0.28	37			16			0.32
15			8		4	0.24	38			16	6		0.44
16		8	8			0.32	39			16			0.32
17			8			0.16	40			16		8	0.48
18			16	6		0.44	41				12	8	0.4
19				6	4	0.2	42				12		0.24
20	16	16	8	12	4	1.12	43					8	0.16
21		16				0.32	44			16	12	4	0.64
22		16	8			0.48	45			8	12	8	0.56
23		16		24		0.8	46		16	16		4	0.72
24				12	8	0.4	47			8		8	0.32
25				12	8	0.4	48			8			0.16
26	16	32	16		8	1.44	49		8	8			0.32
27		8		6		0.28	50				6	4	0.2
28			16	12	16	0.88	51			8			0.16
29				12	16	0.56	52				6	8	0.28

附表 9-9　2014 年全年空气质量指数、酸雨数据及环境污染脆弱性

区域	AQI	酸雨 PH	酸雨频率/%	污染因素 E_{aqi}	酸雨因素 E_{ac}	环境因素 VI_e
A	70	4.65	52.95	0.010 50	0.012 43	2.293 44
B	63	4.74	52.75	0.009 45	0.011 91	2.136 27
C	57	5.34	52.85	0.008 55	0.008 76	1.731 43
D	53	5.04	52.85	0.007 95	0.010 35	1.829 98
E	60	4.87	52.45	0.009 00	0.011 16	2.016 31
F	60	4.87	52.35	0.009 00	0.011 14	2.014 18

附表 9-10　可靠度权重

节点	权重（R）	节点	权重（R）	节点	权重（R）	节点	权重（R）
7	0.92	19	0.89	31	0.95	43	0.95
8	0.94	20	0.74	32	0.88	44	0.85
9	0.88	21	0.96	33	0.96	45	0.88
10	0.85	22	0.93	34	0.73	46	0.82
11	0.95	23	0.86	35	0.61	47	0.94
12	0.88	24	0.95	36	0.94	48	0.95
13	0.94	25	0.92	37	0.96	49	0.94
14	0.94	26	0.43	38	0.94	50	0.95
15	0.94	27	0.94	39	0.96	51	0.95
16	0.93	28	0.77	40	0.90	52	0.94
17	0.93	29	0.88	41	0.92		
18	0.91	30	0.94	42	0.94		

附表 9-11　各节点移除后网络全局效率变化率（单位：%）

节点	VI_b	加权	节点	VI_b	加权	节点	VI_b	加权	节点	VI_b	加权
7	3.49	3.20	19	6.75	6.04	31	9.16	7.74	43	4.58	4.33
8	4.91	4.62	20	4.37	3.23	32	3.38	2.96	44	3.71	3.16
9	3.52	3.09	21	3.91	3.74	33	6.95	6.65	45	4.01	3.51
10	3.36	2.86	22	3.12	2.91	34	9.32	6.78	46	9.07	7.43
11	6.45	6.13	23	3.17	2.72	35	3.13	1.92	47	3.71	3.49
12	4.58	4.02	24	4.05	3.85	36	15.78	14.85	48	3.22	3.08
13	10.17	9.58	25	19.53	17.93	37	3.95	3.79	49	6.37	5.96
14	4.15	3.89	26	5.60	2.39	38	3.54	3.34	50	3.45	3.28
15	3.74	3.53	27	4.02	3.78	39	4.99	4.77	51	2.85	2.72
16	5.04	4.68	28	9.12	6.99	40	4.77	4.29	52	4.69	4.42
17	5.99	5.58	29	5.62	4.93	41	4.55	4.19			
18	3.91	3.55	30	2.60	2.45	42	7.79	7.33			

附表 9-12　电网所有节点最大负荷（单位：万 kVA）

节点	负荷	节点	负荷	节点	负荷	节点	负荷
1	3×39	14	3×24	27	2×24	40	4×24
2	6×30	15	3×15+18	28	3×24	41	4×24
3	18	16	4×24	29	4×24	42	2×100
4	99.4	17	3×24	30	2×24	43	2×24
5	99	18	3×24	31	3×18	44	2×24
6	3×39	19	2×150	32	3×18	45	2×24
7	3×24	20	3×15+18	33	2×18	46	2×15+18
8	4×24	21	3×24	34	3×15	47	2×24
9	2×24	22	2×24	35	2×18+15	48	2×24
10	4×24	23	3×24	36	3×75	49	2×18+15
11	4×24	24	2×24	37	3×18	50	2×24
12	3×18	25	4×100	38	3×18	51	2×18
13	3×100	26	2×15+36	39	3×15	52	2×24

注：“+”表示该节点有备用设备

附表 9-13　级联迭代结果

移除节点	迭代损失节点	移除节点	迭代损失节点	移除节点	迭代损失节点	移除节点	迭代损失节点
7	7	19	19、20	31	31、32	43	43
8	8	20	20	32	32	44	44
9	7、9	21	20、21、22	33	3、33	45	45、47
10	1、10、12	22	22	34	34、35	46	46、48
11	7、9、11	23	23	35	35	47	47
12	12	24	24	36	19、20、25、26、28、29、30、37、38、41、46、48	48	48
13	13、14、15、27	25	19、20、25、26、28、29、30	37	37、38	49	49
14	14、15	26	26	38	38	50	50
15	15	27	27	39	39	51	50、51
16	16	28	28、29、30	40	40	52	52
17	17	29	29、30	41	41		
18	18	30	30	42	42、43、44		

附表 9-14　网络结构（效率）脆弱性（单位：%）

节点	VI_{ne}	VI'_{ne}	节点	VI_{ne}	VI'_{ne}	节点	VI_{ne}	VI'_{ne}	节点	VI_{ne}	VI'_{ne}
7	3.20	3.49	19	9.07	9.02	31	7.74	9.16	43	4.33	4.58
8	4.62	4.91	20	3.23	4.37	32	2.96	3.38	44	3.16	3.71
9	5.79	6.60	21	9.21	9.63	33	6.65	6.95	45	6.03	6.88
10	9.52	10.00	22	2.91	3.12	34	6.78	9.32	46	7.43	9.07
11	11.31	11.89	23	2.72	3.17	35	1.92	3.13	47	3.49	3.71
12	4.02	4.58	24	3.85	4.05	36	53.13	56.44	48	3.08	3.22
13	17.56	19.65	25	27.40	29.84	37	6.95	7.24	49	5.96	6.37
14	6.88	7.34	26	2.39	5.60	38	3.34	3.54	50	3.28	3.45
15	3.53	3.74	27	3.78	4.02	39	4.77	4.99	51	5.49	5.75
16	4.68	5.04	28	7.17	9.36	40	4.29	4.77	52	4.42	4.69
17	5.58	5.99	29	4.93	5.62	41	4.19	4.55			
18	3.55	3.91	30	2.45	2.60	42	12.13	12.88			

附表 9-15　样本城市电网节点辐射区域及人口

节点	区域	人口/人	节点	区域	人口/人	节点	区域	人口/人
7	3	471 674	23	13	163 237	39	39, 40	166 972
8	5	396 781	24	20	138 853	40	50	130 348
9	4	264 158	25	8	277 822	41	47	197 431
10	2	297 792	26	10	277 904	42	43	94 765
11	4	264 158	27	42	228 217	43	54	99 358
12	2	297 792	28	9	364 141	44	50	130 348
13	7	225 657	29	7	225 657	45	52	102 167
14	11	207 307	30	48, 49	581 537	46	52	102 167
15	11	207 307	31	36, 38	203 401	47	51	107 637
16	12	66 806	32	25, 27, 29, 30	344 218	48	41	208 861
17	6	123 654	33	15	121 350	49	51	107 637
18	1	406 964	34	23, 24, 28	395 519	50	53	104 927
19	6	123 654	35	2, 22, 26	578 318	51	44, 45, 46	126 560
20	19	187 832	36	52	102 167	52	53	104 927
21	16, 18	166 954	37	31, 32, 37	316 912			
22	14, 17	310 119	38	33, 34, 35	236 138			

资料来源：第六次全国人口普查数据

附表 9-16 各节点辐射区域情况总计

节点	区域	经济	教育			医疗		行政		
		GDP/亿元	初中	高中	高校	二级	三级	新区	区级	市级
7	3	471.65	2.0			1.0				
8	5	396.76	2.0	1.0		1.0				
9	4	264.14	0.5	1.0		0.5				
10	2	297.78	1.5	3.5		1.0				
11	4	264.14	0.5	1.0		0.5				
12	2	297.78	1.5	3.5		1.0				
13	7	225.64	1.0	0.5		0.5				
14	11	207.30						0.5		
15	11	207.30						0.5		
16	12	66.80		2.0		1.0		1.0		
17	6	123.65	0.5	0.5		0.5				
18	1	406.94	4.0	1.0		1.0	1.0		2.0	
19	6	123.65	0.5	0.5		0.5				
20	19	597.85	4.0	2.0		1.0				
21	16, 18	531.40	3.0	1.0		1.0				
22	14, 17	987.08	2.0	4.0	1.0					
23	13	519.57	4.0	2.0		2.0			2.0	
24	20	441.95	2.0		1.0					
25	8	277.81	2.0							
26	10	277.89								
27	42	295.53	7.0	1.0		1.0				
28	9	364.12	5.0	4.0		1.0				
29	7	225.64	1.0	0.5		0.5				
30	48, 49	753.05	16.0	3.0		1.0	1.0			
31	36, 38	359.01	3.0	1.0						
32	25, 27, 29, 30	772.72	3.0	1.0	4.0		2.0			1.0
33	15	386.24	2.0	1.0	2.0					
34	23, 24, 28	887.89	15.0	2.0		2.0	3.0			1.0
35	21, 22, 26	1 299.24	9.0	3.0		1.0	2.0		2.0	
36	52	132.30	3.0			0.3				
37	31, 32, 37	557.80	3.0	3.0		2.0	1.0		2.0	
38	33, 34, 35	415.63	4.0	1.0		3.0	2.0			
39	39, 40	293.89	2.0	1.0		1.0				
40	50	169.79	5.5	0.5	0.5	0.5			1.0	
41	47	255.66	5.0							

续表

节点	区域	经济	教育			医疗		行政		
		GDP	初中	高中	高校	二级	三级	新区	区级	市级
42	43	122.71	4.0							
43	54	129.66						1.0		
44	50	169.79	5.5	0.5	0.5	0.5			1.0	
45	52	132.30	3.0			0.3				
46	52	132.30	3.0			0.3				
47	51	139.38	5.0	1.0		1.0				
48	41	450.23	2.0	3.0		1.0			2.0	
49	51	139.38	5.0	1.0		1.0				
50	53	135.87		0.5	1.0	0.5		1.0		
51	44，45，46	163.89	5.0							
52	53	135.87		0.5		0.5				

附表 9-17　各项指标标准化

节点	经济	教育	医疗	行政	节点	经济	教育	医疗	行政
7	0.313	0.030	0.071	0.000	30	0.557	0.418	0.357	0.000
8	0.255	0.090	0.071	0.000	31	0.239	0.104	0.000	0.000
9	0.153	0.067	0.036	0.000	32	0.574	1.000	0.571	1.000
10	0.179	0.231	0.071	0.000	33	0.266	0.537	0.000	0.000
11	0.153	0.067	0.036	0.000	34	0.668	0.343	1.000	1.000
12	0.179	0.231	0.071	0.000	35	1.000	0.313	0.643	0.667
13	0.123	0.045	0.036	0.000	36	0.055	0.045	0.024	0.000
14	0.109	0.000	0.000	0.083	37	0.402	0.224	0.429	0.667
15	0.109	0.000	0.000	0.083	38	0.286	0.119	0.786	0.000
16	0.000	0.119	0.071	0.167	39	0.187	0.090	0.071	0.000
17	0.044	0.037	0.036	0.000	40	0.085	0.224	0.036	0.333
18	0.263	0.119	0.357	0.667	41	0.155	0.075	0.000	0.000
19	0.044	0.037	0.036	0.000	42	0.047	0.060	0.000	0.000
20	0.440	0.179	0.071	0.000	43	0.052	0.000	0.000	0.167
21	0.385	0.104	0.071	0.000	44	0.085	0.224	0.036	0.333
22	0.759	0.493	0.000	0.000	45	0.055	0.045	0.024	0.000
23	0.375	0.179	0.143	0.667	46	0.055	0.045	0.024	0.000
24	0.311	0.254	0.000	0.000	47	0.061	0.134	0.071	0.000
25	0.163	0.030	0.000	0.000	48	0.311	0.209	0.071	0.667
26	0.163	0.000	0.000	0.000	49	0.061	0.134	0.071	0.000
27	0.187	0.164	0.071	0.000	50	0.058	0.254	0.036	0.167
28	0.230	0.313	0.071	0.000	51	0.081	0.075	0.000	0.000
29	0.123	0.045	0.036	0.000	52	0.058	0.030	0.036	0.000

附表 9-18　电网各节点用电量（单位：亿千瓦时）

节点	用电量	节点	用电量	节点	用电量	节点	用电量
7	25.18	19	6.60	31	17.32	43	6.53
8	21.18	20	27.15	32	36.27	44	9.56
9	14.10	21	24.13	33	17.54	45	6.71
10	15.90	22	44.83	34	41.68	46	6.71
11	14.10	23	23.60	35	60.94	47	7.07
12	15.90	24	20.07	36	6.71	48	21.23
13	12.05	25	14.83	37	26.98	49	7.07
14	11.07	26	14.84	38	20.10	50	6.89
15	11.07	27	14.99	39	14.21	51	9.32
16	3.57	28	19.44	40	9.56	52	6.89
17	6.60	29	12.05	41	12.97		
18	21.72	30	39.21	42	6.23		

附表 9-19　各节点重要性

节点	M	m	R^2	I	节点	M	m	R^2	I
7	0.031 93	0.137 56	0.218 05	0.020 14	30	0.048 45	0.411 33	0.196 84	0.101 24
8	0.026 86	0.136 98	0.212 91	0.017 28	31	0.021 96	0.123 50	0.056 70	0.047 83
9	0.017 88	0.085 37	0.110 51	0.013 81	32	0.045 99	0.767 90	0.045 66	0.773 45
10	0.020 16	0.157 90	0.160 29	0.019 86	33	0.022 24	0.282 48	0.083 61	0.075 14
11	0.017 88	0.085 37	0.110 51	0.013 81	34	0.052 85	0.651 93	0.127 51	0.270 21
12	0.020 16	0.157 90	0.160 29	0.019 86	35	0.077 27	0.662 34	0.088 98	0.575 17
13	0.015 27	0.066 75	0.148 79	0.006 85	36	0.008 51	0.039 85	0.077 98	0.004 35
14	0.014 03	0.048 98	0.166 19	0.004 13	37	0.034 21	0.374 56	0.045 01	0.284 69
15	0.014 03	0.048 98	0.166 19	0.004 13	38	0.025 49	0.286 07	0.028 13	0.259 22
16	0.004 52	0.072 45	0.184 91	0.001 77	39	0.018 02	0.112 06	0.139 69	0.014 46
17	0.008 37	0.035 33	0.108 99	0.002 71	40	0.010 86	0.151 54	0.128 71	0.012 79
18	0.027 55	0.275 15	0.102 40	0.074 03	41	0.016 45	0.082 31	0.081 78	0.016 56
19	0.008 37	0.035 33	0.108 99	0.002 71	42	0.007 89	0.037 92	0.190 87	0.001 57
20	0.034 43	0.235 17	0.153 86	0.052 63	43	0.008 28	0.037 57	0.133 88	0.002 32
21	0.030 60	0.189 47	0.067 44	0.085 97	44	0.010 86	0.151 54	0.128 71	0.012 79
22	0.056 84	0.447 43	0.128 94	0.197 24	45	0.008 51	0.039 85	0.077 98	0.004 35
23	0.029 92	0.298 40	0.043 91	0.203 33	46	0.008 51	0.039 85	0.077 98	0.004 35
24	0.025 45	0.201 36	0.115 88	0.044 22	47	0.008 97	0.081 35	0.107 43	0.006 79
25	0.018 80	0.069 98	0.123 27	0.010 67	48	0.026 92	0.272 45	0.238 00	0.030 82
26	0.018 81	0.059 70	0.101 70	0.011 04	49	0.008 97	0.081 35	0.107 43	0.006 79
27	0.019 01	0.137 73	0.138 52	0.018 90	50	0.008 74	0.133 63	0.210 79	0.005 54
28	0.024 65	0.204 99	0.082 18	0.061 49	51	0.010 54	0.055 22	1.000 00	0.000 58
29	0.015 27	0.066 75	0.148 79	0.006 85	52	0.008 74	0.037 88	0.210 79	0.001 57

附表 9-20　网络结构（功能）脆弱性（单位：%）

节点	VI'_{ne}	VI_{nw}	节点	VI'_{ne}	VI_{nw}	节点	VI'_{ne}	VI_{nw}	节点	VI'_{ne}	VI_{nw}
7	0.59	0.54	19	1.62	1.45	31	24.11	22.88	43	0.07	0.07
8	0.51	0.48	20	1.55	1.14	32	22.71	19.93	44	0.38	0.32
9	1.00	0.88	21	9.86	9.43	33	2.21	2.12	45	0.33	0.29
10	1.17	1.00	22	5.79	5.41	34	24.82	19.06	46	1.03	0.84
11	1.40	1.33	23	5.97	5.12	35	16.89	10.37	47	0.20	0.19
12	0.58	0.51	24	1.30	1.23	36	24.86	23.40	48	0.90	0.86
13	1.00	0.94	25	7.24	6.65	37	15.97	15.32	49	0.20	0.19
14	0.24	0.23	26	0.32	0.14	38	7.61	7.17	50	0.16	0.15
15	0.12	0.11	27	0.55	0.52	39	0.42	0.40	51	0.18	0.17
16	0.05	0.05	28	4.98	3.82	40	0.38	0.34	52	0.05	0.05
17	0.08	0.07	29	3.17	2.78	41	0.49	0.45			
18	2.17	1.97	30	2.97	2.80	42	0.49	0.46			

附表 9-21　异动诱发脆弱性

节点	所属区域	设计指标 I_d	暴雨情况 D_d	地质情况 G_d	异动诱发 VI_d
7	A	7.5	5	9.78	0.068 2
8	A	7.5	3.85	6.67	0.077
9	A	7.5	5	9.78	0.068 2
10	A	7.5	5.38	6.67	0.107 7
11	A	7.5	4.62	9.78	0.063
12	A	7.5	5.38	6.67	0.107 7
13	A	7.5	5	6.67	0.1
14	A	7.5	4.62	9.78	0.063
15	A	7.5	4.62	9.78	0.063
16	A	7.5	5.38	9.11	0.078 8
17	A	7.5	5	9.78	0.068 2
18	A	7.5	4.62	9.78	0.063
19	A	7.5	5.77	6.67	0.115 3
20	B	7	5.38	6.67	0.115 3
21	B	7	5	9.78	0.073 1
22	B	7	5	9.78	0.073 1

续表

节点	所属区域	设计指标 I_d	暴雨情况 D_d	地质情况 G_d	异动诱发 VI_d
23	B	7	5	6.67	0.107 1
24	B	7	5	2.33	0.306 1
25	A	7.5	5.77	6.67	0.115 3
26	A	7.5	5.77	6.67	0.115 3
27	E	7	5.38	6.67	0.115 3
28	A	7.5	6.15	6.67	0.123
29	A	7.5	5.38	6.67	0.107 7
30	E	7	5.77	2.33	0.353
31	D	7.2	5.77	2.33	0.343 2
32	C	7.2	5.38	9.78	0.076 5
33	B	7	5.38	2.33	0.329 6
34	C	7.2	5.38	9.78	0.076 5
35	C	7.2	5	9.78	0.071
36	E	7	6.15	6.67	0.131 8
37	D	7.2	5	9.78	0.071
38	D	7.2	5.38	9.78	0.076 5
39	D	7.2	5	9.78	0.071
40	E	7	5.38	6.67	0.115 3
41	E	7	5.77	6.67	0.123 6
42	E	7	6.15	9.11	0.096 4
43	E	7	5.77	2.33	0.353
44	E	7	5.77	9.11	0.090 4
45	E	7	5.77	2.33	0.353
46	E	7	5.77	6.67	0.123 6
47	E	7	5.77	6.67	0.123 6
48	F	7	5.77	9.78	0.084 2
49	E	7	5.38	6.67	0.115 3
50	E	7	5.77	9.11	0.090 4
51	E	7	5.38	9.11	0.084 4
52	E	7	5.38	6.67	0.115 3

附表 9-22　样本城市电网多属性脆弱性结果

节点	VI_i	VI_e	VI_{ne}	VI_{nw}	VI_d	节点	VI_i	VI_e	VI_{ne}	VI_{nw}	VI_d
7	0.196	1.000	0.025	0.021	0.018	30	0.112	0.507	0.010	0.118	1.000
8	0.112	1.000	0.053	0.018	0.048	31	0.195	0.175	0.114	0.978	0.966
9	0.331	1.000	0.076	0.036	0.018	32	0.458	0.000	0.020	0.851	0.047
10	0.393	1.000	0.129	0.041	0.154	33	0.050	0.720	0.092	0.089	0.919
11	0.053	1.000	0.183	0.055	0.000	34	0.770	0.000	0.095	0.771	0.047
12	0.360	1.000	0.041	0.020	0.154	35	0.916	0.000	0.000	0.442	0.028
13	0.070	1.000	0.305	0.038	0.128	36	0.112	0.507	1.000	1.000	0.237
14	0.099	1.000	0.097	0.008	0.000	37	0.133	0.175	0.098	0.654	0.028
15	0.070	1.000	0.031	0.003	0.000	38	0.228	0.175	0.028	0.305	0.047
16	0.115	1.000	0.054	0.000	0.054	39	0.110	0.175	0.056	0.015	0.028
17	0.007	1.000	0.071	0.001	0.018	40	0.297	0.507	0.046	0.012	0.180
18	0.213	1.000	0.032	0.082	0.000	41	0.239	0.507	0.044	0.017	0.209
19	0.017	1.000	0.120	0.060	0.180	42	0.070	0.507	0.199	0.018	0.115
20	0.728	0.720	0.026	0.047	0.180	43	0.016	0.507	0.047	0.001	1.000
21	0.110	0.720	0.142	0.402	0.035	44	0.393	0.507	0.024	0.012	0.094
22	0.306	0.720	0.019	0.230	0.035	45	0.331	0.507	0.080	0.010	1.000
23	0.492	0.720	0.016	0.217	0.152	46	0.496	0.507	0.108	0.034	0.209
24	0.211	0.720	0.038	0.051	0.838	47	0.205	0.507	0.031	0.006	0.209
25	0.196	1.000	0.498	0.283	0.180	48	0.026	0.503	0.023	0.035	0.073
26	1.000	1.000	0.009	0.004	0.180	49	0.145	0.507	0.079	0.006	0.180
27	0.112	0.507	0.036	0.020	0.180	50	0.053	0.507	0.027	0.004	0.094
28	0.526	1.000	0.103	0.161	0.207	51	0.026	0.507	0.070	0.005	0.074
29	0.305	1.000	0.059	0.117	0.154	52	0.112	0.507	0.049	0.000	0.180

附表 9-23　样本城市电网综合脆弱性

节点	V_a	节点	V_a	节点	V_a	节点	V_a
7	0.056 082	19	0.123 818	31	0.558 494	43	0.034 945
8	0.059 256	20	0.159 115	32	0.396 405	44	0.088 995
9	0.088 849	21	0.240 682	33	0.355 858	45	0.081 711
10	0.137 686	22	0.144 046	34	0.395 336	46	0.151 528
11	0.122 458	23	0.169 566	35	0.273 287	47	0.105 955
12	0.107 714	24	0.324 407	36	0.690 182	48	0.046 630
13	0.198 268	25	0.356 966	37	0.334 815	49	0.102 261
14	0.072 358	26	0.190 310	38	0.175 928	50	0.051 743
15	0.043 308	27	0.091 504	39	0.043 984	51	0.059 083
16	0.059 771	28	0.182 481	40	0.105 802	52	0.092 640
17	0.058 071	29	0.125 979	41	0.111 150		
18	0.074 452	30	0.073 051	42	0.136 139		

附表 9-24　单元内生脆弱性分级

等级	节点
1	8、11、13、14、15、16、17、19、21、27、30、33、36、37、39、42、43、48、49、50、51、52
2	7、9、18、22、24、25、29、31、38、40、41、45、47
3	10、12、23、28、32、44、46
4	20、34
5	26、35

附表 9-25　环境诱发脆弱性分级

等级	节点
1	32、34、35
2	31、37、38、39
3	27、30、36、40、41、42、43、44、45、46、47、48、49、50、51、52
4	20、21、22、23、24、33
5	7、8、9、10、11、12、13、14、15、16、17、18、19、25、26、28、29

附表 9-26　网络结构（效率）脆弱性

等级	节点
1	7、8、9、12、15、16、17、18、20、22、23、24、26、27、29、30、32、33、35、38、39、40、41、43、44、45、47、48、49、50、51、52
2	10、11、14、19、21、28、31、34、37、42、46
3	13
4	25
5	36

附表 9-27　网络结构（功能）脆弱性

等级	节点
1	7、8、9、10、11、12、13、14、15、16、17、19、20、24、26、27、39、40、41、42、43、44、45、46、47、48、49、50、51、52
2	18、28、29、30、33
3	21、22、23、25、38
4	35、37
5	31、32、34、36

附表 9-28　异动诱发脆弱性

等级	节点
1	7、8、9、11、14、15、16、17、18、21、22、32、34、35、37、38、39
2	10、12、13、23、29、42、44、48、50、51
3	19、20、25、26、27、28、36、40、41、46、47、49、52
4	24
5	30、31、33、43、45

附表 9-29　综合物理脆弱性

等级	节点
1	7、8、11、14、15、16、17、18、27、38、39、40、41、42、44、47、48、49、50、51、52
2	9、10、12、13、19、20、21、22、23、29、37、46
3	24、25、26、28、30、32、33、34、35、43、45
4	31
5	36

第10章

基于应对准备失效分析的应急容错问题发现

10.1 两类视角下的应对准备容错问题发现

应对准备主要包括情景规划、组织保障、装备保障、培训与演练、风险评估、能力评估与提升等方面，如何保证充足与完备的应对准备仍是一个问题（DHS，2009；Nelson et al.，2007；江田汉等，2011）。其中，应对准备容错规划有助于提升相关应急预案的可用性与应急响应任务的适应性（李向阳等，2012）。如果存在应对准备容错问题则会给应对准备带来潜移默化的影响，并可能在应对灾害时暴露出应对准备不足或不当的问题。因此，应急决策者需要有效、准确地发现应对准备容错问题，才能做到较为充足与完备的应对准备。

在研究如何发现应对准备容错问题时，本章主要从两个视角为改进提升应对准备提供支持：其一，基于概率评估视角，主要以电网为例通过构建与分析电网应对失效的故障树模型识别电网应对响应最可能发生的应对失效集，从而为电网应对准备提供改进提升的建议，有助于应急决策者有针对性地发现应对准备容错问题；其二，基于案例分析视角，主要采用本体模型构建容错案例（fault-tolerant case，FC），并通过检索、重用与修正最相似案例发现目标案例可能发生的应对失效及其对应的应对准备容错问题，有助于提高应对准备容错问题发现的合理性与有效性（于峰等，2016）。

10.2　大规模灾害应对准备的失效概念

10.2.1　应对失效问题阐述

大规模灾害应对准备容错认知需建立在情景分析框架下，从灾害情景中发现问题、总结问题。面对各类灾害能否有效应对，确实具有很高的不确定性。即使在大多数情况下，应对准备能够适应灾情，但有时也会出现意外，使应对响应难以达到预期的效果。特别在我国，对灾害应对失效仍缺乏足够的关注，目前相关研究主要处在对应急预案完备性的探讨阶段（刘吉夫等，2008；于瑛英和池宏，2007；张盼娟等，2008）。在实际案例中，应对失效往往以不同程度与不同形式出现。应对案例是对灾害事件的完整刻画与描述，包含应对过程中存在的应对失效。这为应对决策者尽可能还原灾中失效，与提升应对准备能力提供了很好的途径。因此，基于案例的应对失效提取是一个循序渐进的增量式过程，在信息数据更新的条件下，应对决策者需保证在每次事件过后都对现有的应对准备体系做一次整体性评估。

由相关灾害事件的应对响应效果可知，应对失效会使灾害情景变得更为复杂与不确定，从而影响应对响应，为评估应对响应的可靠性与避免应对失效问题，需要应急决策者合理有效地识别与分析应对失效模式（Jackson，2008）。

10.2.2　应对失效分析的模式流程

虽然现有应对管理体系具有相对完备的应对预案，但面对大规模灾害时，仍存在诸多隐患与错误，尤其是在 2001 年“9·11”恐怖袭击事件与 2003 年 SARS 事件之后，人类对应对管理的认知正在产生革命性的变化。特别在中国，自 2008 年汶川地震之后，应急管理相关部门逐渐意识到人类在大规模灾害面前的脆弱性与应对准备体系的非完备性。在关注大规模灾害应对准备时，首先必须要关注事件本身，大规模灾害发生概率低，但是其风险极高，凸显出应对准备的重要性，如“卡特里娜”飓风与印度洋海啸这类灾害，如果事先做好准备，其结果会是完全不同的。

评估应对准备能力最直接的方式就是通过观察与分析实际大规模灾害应对响应所出现的应对失效来反映应对准备的效果。从历史案例来看，应对响应中发生的应对失效往往由应对准备阶段潜藏的问题所致。因此，应对决策者需要建立合理的分析框架来阐述应对失效的影响机制。应对失效分析主要包含四个主要内容，即定义应对失效概念、识别与表示应对失效模式、评估应对失效概率与提出应急容错规划建议（图 10-1）。

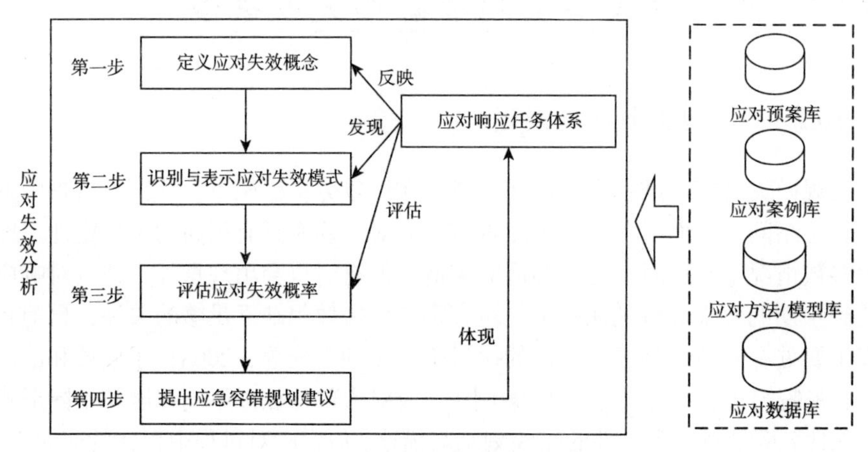

图 10-1 应对失效分析的模式流程

10.2.3 应对失效的概念定义

应对失效是灾害损失的主体原由，在灾害情景中应起应对的驱动作用，会使灾情朝向恶劣的态势转变，导致意外情景的发生。应对失效是指在灾中应对时应对响应体系低能的现象，表现为应对能力难以满足灾情需求。在应对能力衰退或丧失的条件下，信息的非完备、应急管理系统的故障与人为的决策失误都有可能诱发新的异动，这一过程的驱动因素就是应对失效。综上所述，在应对大规模灾害时，需厘清情景要素及要素关联共同形成的灾情，而且在特定情景下，应对失效是存在差异的，表现为失效类型的不同与发生概率的高低。

10.2.4 应对失效的影响作用及演化机理

设定某一场景，某地发生 7.0 级地震造成该区域电网变配电站出现不同程度的损坏，在修复电网前急需临时供电以保证其他救援任务的执行。在灾害应对准备阶段，储备有 10 辆应急供电车，在无其他储备的条件下此次地震需要 8 辆应急供电车全部出动方可满足供电需求，表面上可靠性为 100%。但如果 4 辆应急供电车在地震时遭受损毁或出现其他故障，则代表该响应任务出现部分失效（表现为响应延迟，但有时延迟等同于失败，如电网损坏不能在有效时间内完成将会造成该部分电网永久性故障），该情景下的能力折损度为 40%，呈现出部分失效，其程度为 25%，即只能保证 75%的需电区临时供电。如果领域层的应对决策者对

灾害情景推演出现错误,则可能会导致相应的响应任务因无法启动与执行而终止,这相当于完全失效，即能力折损度为 100%。

由以上简单的例子可以看出，应对失效发生的表征为现有的应对能力不能满足当前的应对能力需求。令 ERC^{i}_{max} 表示第 i 个任务当前应对能力的最大值，ERC^{i}_{cut} 表示第 i 个任务应对能力的折损值，ERC^{i}_{failed} 表示折损后的第 i 个任务现有的应对能力值，$ERC^{i}_{requirement}$ 表示当前灾害情景对第 i 个任务应对能力的需求值。因此，$ERC^{i}_{max}-ERC^{i}_{cut}$ 可表示为第 i 个任务应对失效发生的阈值。

基于以上阐述，应对失效可分为应对能力丧失失效（response-termination fault，RT 型失效）与应对能力衰退失效（capability-reduction fault，CR 型失效）两类（Jackson et al.，2010）。

1）RT 型失效

RT 型失效是指某原因引发的完全失去应对能力的失效,表现为当前灾害情景下在预期时间 t 内完成的任务 i 无法启动与执行，即任务 i 无应对能力或应对能力无效（作用曲线见图 10-2），表示为 $(ERC^{i}_{max}-ERC^{i}_{cut})/ERC^{i}_{max}\leqslant\eta, ERC^{i}_{failed}<ERC^{i}_{requirement}$，其中，$\eta>0$ 为无限小的正数。RT 型失效会对应对响应体系产生较大影响，其发生在应对响应的初始阶段与中间阶段，分别会致使应对任务无法启动与突然中止。

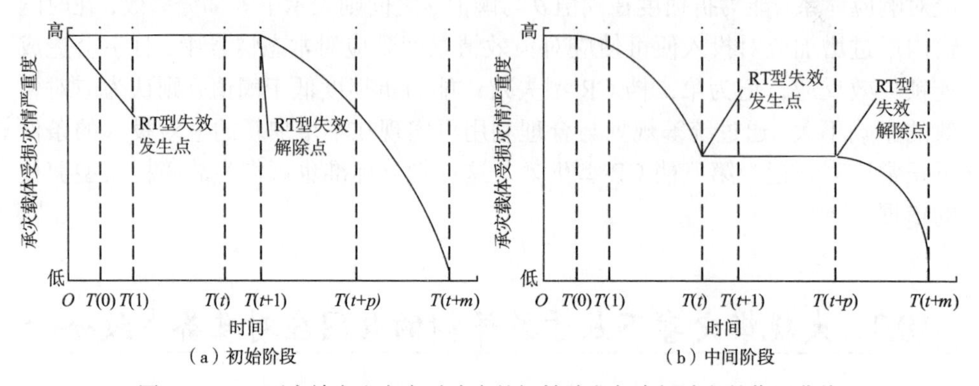

图 10-2　RT 型失效发生在应对响应的初始阶段与中间阶段的作用曲线

2）CR 型失效

CR 型失效是指某原因引发的部分失去应对能力的失效，表现为当前灾害情景下在预期时间 t 内完成的任务 i 不能完全启动与执行，即任务 i 应对能力出现折损而不能满足当前的应对能力需求（作用曲线见图 10-3，这里假设应对能力折损后现有的应对能力不能满足当前的应对能力需求），表示为 $(ERC^{i}_{max}-ERC^{i}_{cut})/ERC^{i}_{max}>\eta$，$ERC^{i}_{failed}<ERC^{i}_{requirement}$。CR 型失效会因能力折损度的不同对应对响应体系产生

不同程度的影响，其发生在应对响应的初始阶段与中间阶段，分别会致使应对任务只能部分启动与部分执行，需要在应对能力补充后完成未启动与未执行的部分。

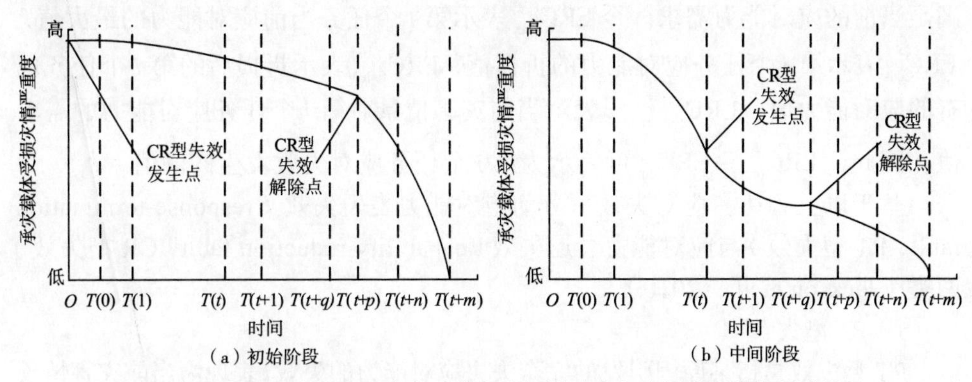

图 10-3　CR 型失效发生在应对响应的初始阶段与中间阶段的作用曲线

3）CR 型失效的划分标准

为便于展开分析，在此提出 CR 型失效的划分标准：能力折损度（能力折损度表示应对能力的相对折损值）超过阈值 φ 则代表不可容忍的失效，即效果等同于 RT 型失效，记为第一档 CR 型失效，这类失效会引发上层失效而波及整个应对响应体系；能力折损度在阈值 θ 与阈值 φ 之间则表示中等部分失效，在时间窗内通过增加应对投入便可使应对失效情景回到应对常态情景中，且不会造成连锁失效反应，记为第二档 CR 型失效；能力折损度低于阈值 θ 则认为应对失效的影响不大，通过统筹规划与合理利用可实现在不增加新的应对投入的条件下正常应对，记为第三档 CR 型失效。这一划分标准也可作为故障树模型剪枝的依据。

10.3　大规模灾害下基于故障树的电网应对准备失效分析

10.3.1　故障树基本知识

1. 故障树的构建符号

故障树是将导致系统失效的因素按照因果关系构建而成的一种树型结构模型，构建应对失效故障树模型的基本符号包括事件与逻辑门，事件主要包括顶事件、中间事件、底事件与未展开事件等（可用来表示应对失效事件），逻辑门主要

包括与门和或门等（可用来表示应对失效事件之间的因果关系）（表 10-1）（Vesely et al.，1980；Palshikar，2002；Lindhe et al.，2009；Jackson et al.，2010）。

表 10-1　故障树构建的基本符号与描述

符号类型	符号标识	意义作用描述
顶事件/中间事件		矩形框表示故障树的非底层事件，包括顶事件（即系统最不期望发生的失效事件）、中间事件（即故障树中间层上的失效事件），其可以再分为其他中间事件或底事件
底事件/基本事件		圆形框表示故障树的底事件，也可称为基本事件（即不可再分事件），是故障树的最底层事件，其发生将导致中间事件或顶事件的发生
未展开事件		菱形框表示故障树的未展开事件，其难以再继续分解为具体的失效事件，可能是存在未探明事件
与门		该符号表示故障树的与门，只有当其输出的失效事件同时发生时才会导致其输入的失效事件发生
或门		该符号表示故障树的或门，当其输出的失效事件至少发生一个时就会导致其输入的失效事件发生

2. 故障树的构建流程

故障树构建的一般含义是指基于对系统整体设计或运行方式的全面了解，从意外角度发现系统失效，其是一个迭代的过程，是基于系统内部的因果关系，确立各层事件与模型边界，进而逐步分析分解失效问题。而失效发生的可能性低，不能以高成本的实验完成对失效概率的评估，可通过专家评估法来估计失效概率。同样，本章的研究分析对象是应对响应体系，利用故障树表示应对失效，可分析应对响应体系的风险。故障树建模是从顶事件开始游历整个系统，以演绎或迭代的方式自上而下地发现可能的应对失效，通过逐步考虑导致上层事件发生的关键失效而建立的树状层次结构模型（Vesely et al.，1980；Lindhe et al.，2009）。基于任务分解到任务单元的失效时，则可认为抵达了故障树的最底层。

10.3.2　大规模灾害下电网应对响应任务

电网应对响应体系是一类应对任务集成的复杂系统，因此，本章将以基于任务规划的应对响应体系作为应对失效的研究分析对象。电网应对任务的主要目标就是统筹全局实现电网抢修所需物资、方法、技术、装备与人力等资源的协同调配，从而快速、有效、准确地恢复受损电网设施。根据电网应急应对需求，其任务分为应对情景认知、应对资源管理、应对供电抢修三阶段与相应的应对辅助任务。任务主要内容如下：

（1）应对情景认知。应对情景认知是对灾情态势的把握，确认致灾因子的发展规律，建立承灾载体受损模型以规划抗灾体应对能力，具体分为：①灾情信息获取。电网灾情信息的获取一方面依赖现场信息的反馈，即现场人员汇报的信息；另一方面来源于自动化系统所记录的信息。②现场情景评估。电网设施受损后，需组织人员与专家在第一时间完成对当前情景的评估，包括致灾因子类别、级别、方位、时间与可能造成的二次灾害，周边环境气象信息与电网受损后的运行状态等相关信息。③事件情景推演。建立情景模型结合历史相似案例进行情景推演，包括电网风险评估、损失情况与停电用户数及用户需求等。情景推演是拟订应对响应方案与确定后续应对资源管理的依据。

（2）应对资源管理。按照情景推演所建立的情景模型生成相应的应对响应方案，在执行抢修任务之前需要完成资源从存储处到灾区合理有效的派送。目标是将正确且足够的资源在恰当的时间内配送至急需资源的地点。应对资源管理任务包含以下子任务：①领域资源管理。领域资源包含应对时所需的物资、方法、技术、装备与人力等，需要从物资仓库与人员驻扎地进行征求与确认，保证资源量充足且可用。②资源指定分配。在确定资源充足的情况下，应将各存储处的资源正确分配至灾区，在合理的路径、时间与规划下完成资源由领域层到达现场的目标。③现场资源管理。当资源安全送达至现场时，现场要建立起临时资源管理机制。④任务资源派发。根据灾区需求，将现场资源派发到工作区，使资源得到有效利用。

（3）应对供电抢修。应对供电抢修阶段分为临时供电保护与抢修任务执行两个子阶段，这两个阶段相互独立、互不影响，临时供电只是抢修任务完成的保障之一，在完成抢修后终止临时供电任务，具体为：①临时供电保护。这一任务是区域稳定的重要一步，满足抢修时停电区域的用电需求。②抢修任务执行。针对受损电网设备，安排不同电压等级的作业人员，佩戴抢修装备与需替换的电气元件等物资，按照电网抢修操作原理与工艺流程完成修复任务，直至恢复至常态。

（4）应对辅助任务。应对辅助任务是指在对三阶段中任一阶段应对任务或在响应全过程中起到支撑作用的任务，具体分为：①领域决策指挥。响应启动后成立应急指挥中心面向领域层协同调配与指挥决策，起到统筹全局与控制救援进展的作用。②事发现场指挥。现场的指挥需服从应急指挥中心决策者的直接领导，按照指挥中心所制订的计划、方案执行现场任务与进行临机决断。③人员安全关注。该任务对应对供电抢修的开展十分关键，如果专业抢修人员出现生理或心理上的问题则不能将其安排到工作区开展工作，需将其撤离现场且寻求替代。④周边安保控制。应对供电抢修任务前，有关人员应对灾区排除危险因素，防止执行任务时出现二次伤害，并且，在执行任务中围起警戒区，安排安保人员看守，避免趁乱偷盗或蓄意破坏。⑤应急通信。应急通信是贯穿三阶段的通用任务，综合利用各种通信资源实现信息的交流与共享。联系有关通信部门快速开启事前布置的通信系统，必要时派出应急通信车到达现场，利用卫星通信、无线电波、对讲机与网络视频等方式实现灾情信息的交互。⑥应急运输。应急运输属于应急物流的一部分，由物流部门与第三方物流公司负责将应急资源运输到灾区与工作区，需进行路径规划，以及车辆与人员的调配。

10.3.3　应对失效的故障树模型构建

1. 定义顶事件

定义顶事件是故障树构建的初始，也是应对失效分析分解的基础。针对应对情景认知、应对资源管理、应对供电抢修及其应对辅助任务，参考应对系统设计需求、已知失效与历史灾情所反映的实际，以电网应对响应失效为顶事件，形成由应对情景认知失效、应对资源管理失效、临时供电保护失效与抢修任务执行失效四部分构成的故障树模型。

2. 模型边界划定

故障树模型边界划定是十分必要的，目的是使故障树分析的结论在研究范围内具有实际意义。故障树模型边界包含系统分析范围与相关假设，具体如下：

（1）故障树模型中所有底事件都是相互独立且互不影响的。

（2）故障树模型的建立基于电网灾害应对任务，从应对任务中挖掘出可能存在的应对失效，所列底事件均是来源于历史案例的已知关键失效事件，故所构建的故障树模型不是严格意义上的完备，不排除出现新的应对失效事件的可能性。

（3）由于硬件故障率极低，在保持硬件维护的条件下，不考虑仪器设备常态失效对灾害应对的影响。

（4）故障树模型的建立与分析必须要基于特定的灾害情景，不同情景下的失效模式不同，由此，对于未展开事件需根据具体情景给予相应的判断。

3. 故障树建立

为便于说明本章的方法内容，以某一类（本章选取电网）关键基础设施应对失效作为研究分析对象来论述故障树的构建与分析过程。并且，在实际分析中应对决策者需结合情景对故障树模型进行合理剪枝以展开分析。

1）电网灾害应对总故障树

首先，建立电网灾害应对总故障树模型（图10-4），其包含4个主要子故障树。

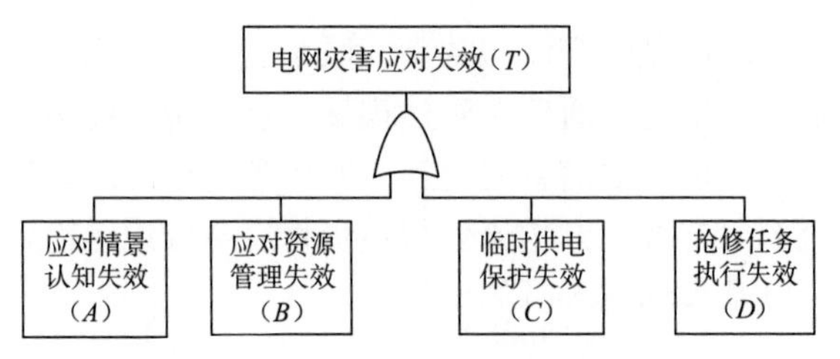

图 10-4　电网灾害应对总故障树

电网灾害应对总故障树可表示为

$$T=\{A,B,C,D\}$$

2）应对情景认知故障树

应对情景认知故障树（图 10-5）包含 8 个或门，1 个与门，14 个底事件（含 3 个未展开事件，见表 10-2）。

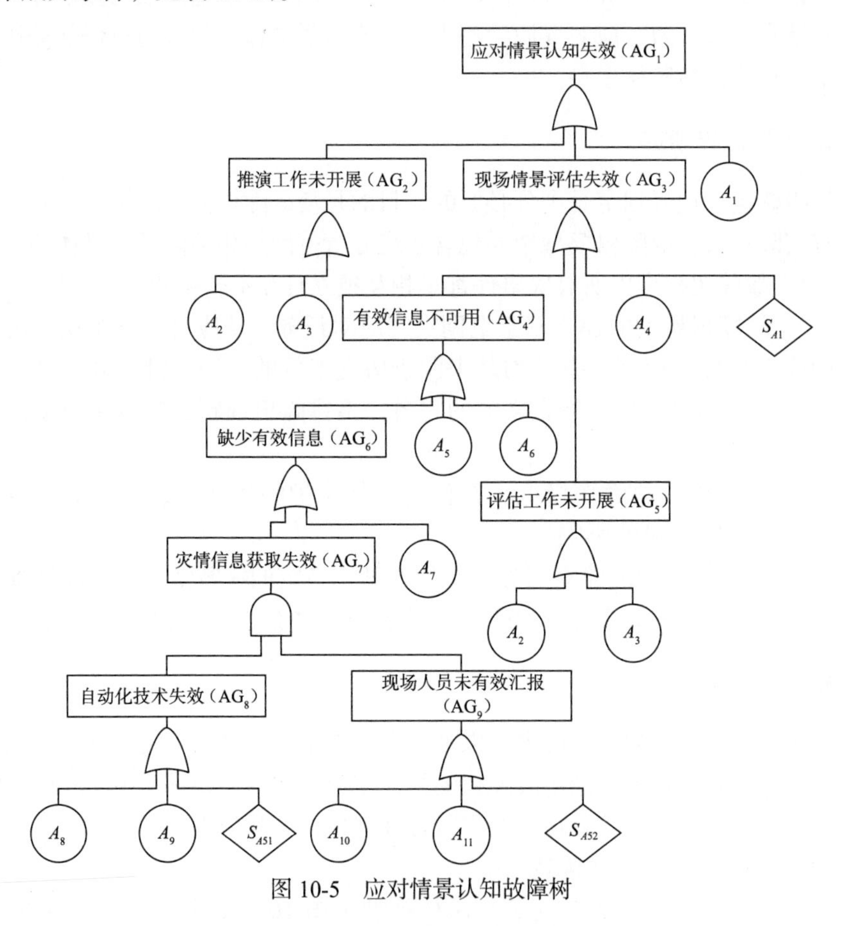

图 10-5　应对情景认知故障树

表 10-2　应对情景认知故障树底事件

底事件代码	详细内容	底事件代码	详细内容
A_1	情景推演时出现错误	A_8	侦测未覆盖灾区全局
A_2	关键技术或设备缺失	A_9	传感器因灾或自身损坏
A_3	关键人员或能力缺失	A_{10}	监测技术设备失效
A_4	信息部门做出错误的估计	A_{11}	现场人员难以进入灾区
A_5	灾情信息未经预处理或优化	S_{A1}	领域决策对情景确认失误
A_6	有效信息之间存在相互矛盾	S_{A51}，S_{A52}	应急通信失效
A_7	未删除不相关或无用信息	—	—

应对情景认知故障树可表示为

$$A=\{A_i \mid i=1,2,\cdots,11; S_{A1},S_{A51},S_{A52}; \mathrm{AG}_j \mid j=1,2,\cdots,9\}$$

3）应对资源管理故障树

应对资源管理故障树（图 10-6）包含 14 个或门，2 个与门，29 个底事件（含 10 个未展开事件，见表 10-3）。

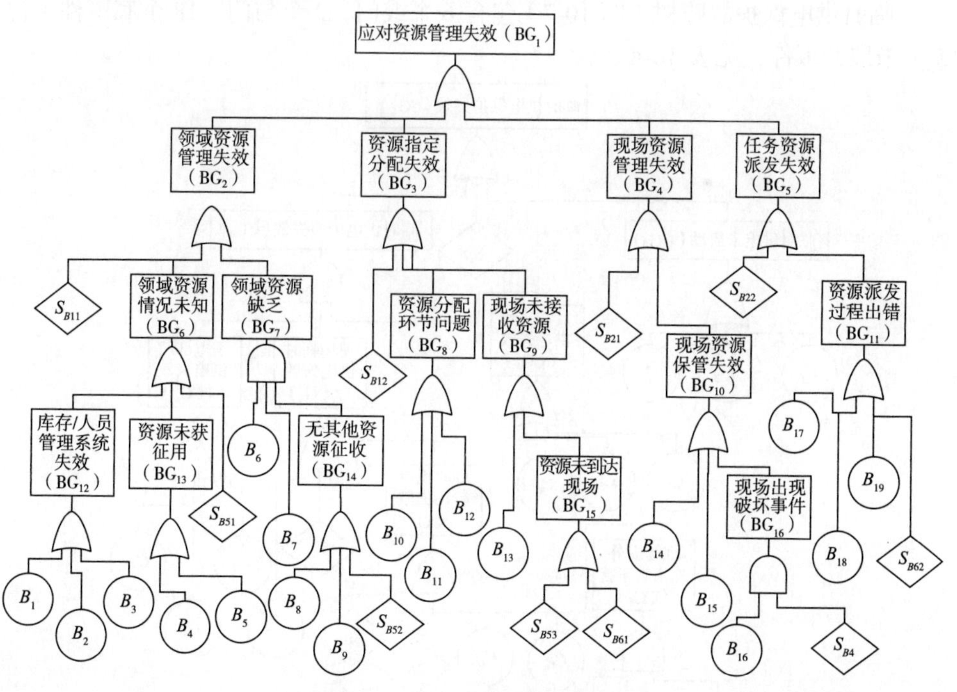

图 10-6　应对资源管理故障树

表 10-3　应对资源管理故障树底事件

底事件代码	详细内容	底事件代码	详细内容
B_1	库存/人员管理系统故障	B_{13}	运输途中物资受损
B_2	库存/人员管理系统记录不准确	B_{14}	现场所存资源记录错误
B_3	库存/人员管理系统操作不当	B_{15}	物资因保管不善而损坏
B_4	未获得资源的调度权	B_{16}	有外来不法分子进入
B_5	关键资源被占用	B_{17}	灾区条件不可进入
B_6	关键物资量储备不足	B_{18}	资源派发时出错
B_7	专业队伍人员配备不足	B_{19}	派发途中物资受损
B_8	征求错误资源	S_{B11}, S_{B12}	领域决策对资源管理失误
B_9	征求对方无应答或拒绝	S_{B21}, S_{B22}	现场决策对资源管理失误
B_{10}	订单未交付给正确的分配者	S_{B4}	周边安保控制失效
B_{11}	分配者因过忙而延迟或忽略	$S_{B51}, S_{B52}, S_{B53}$	应急通信失效
B_{12}	分配者操作失误导致错误分配	S_{B61}, S_{B62}	应急运输失效

应对资源管理故障树可表示为

$$B=\{B_i \mid i=1,2,\cdots,19; S_{B11}, S_{B12}, S_{B21}, S_{B22}, S_{B4}, S_{B51}, S_{B52}, S_{B53}, S_{B61}, S_{B62}; \mathrm{BG}_j \mid j=1,2,\cdots,16\}$$

4）临时供电保护故障树

临时供电保护故障树（图 10-7）包含 6 个或门，2 个与门，18 个底事件（含 5 个未展开事件，见表 10-4）。

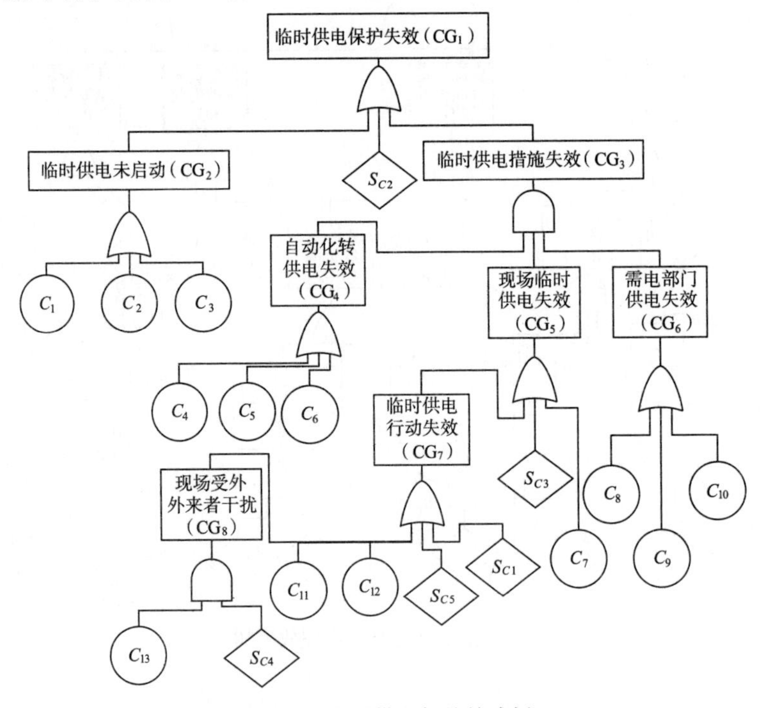

图 10-7　临时供电保护故障树

表 10-4　临时供电保护故障树底事件

底事件代码	详细内容	底事件代码	详细内容
C_1	关键技术或设备缺失	C_{10}	用电设备的人员不会操作使用备用电源
C_2	关键人员或能力缺失	C_{11}	人员未按流程操作
C_3	临时供电条件不允许	C_{12}	供电设备损坏不可用
C_4	备用线路老化损坏	C_{13}	外来者进入危险区
C_5	转供电系统错误失效	S_{C1}	领域决策指挥不当
C_6	人员操作失误	S_{C2}	供电现场指挥失误
C_7	现场条件无法开展供电	S_{C3}	应急人员出现健康问题
C_8	需电部门无备用电源	S_{C4}	周边安保控制失效
C_9	备用电源损坏不可用	S_{C5}	应急通信失效

临时供电保护故障树可表示为

$$C=\{C_i\mid i=1,2,\cdots,13;S_{C1},S_{C2},S_{C3},S_{C4},S_{C5};\mathrm{CG}_j\mid j=1,2,\cdots,8\}$$

5）抢修任务执行故障树

抢修任务执行故障树（图 10-8）包含 6 个或门，1 个与门，14 个底事件（含 5 个未展开事件，见表 10-5）。

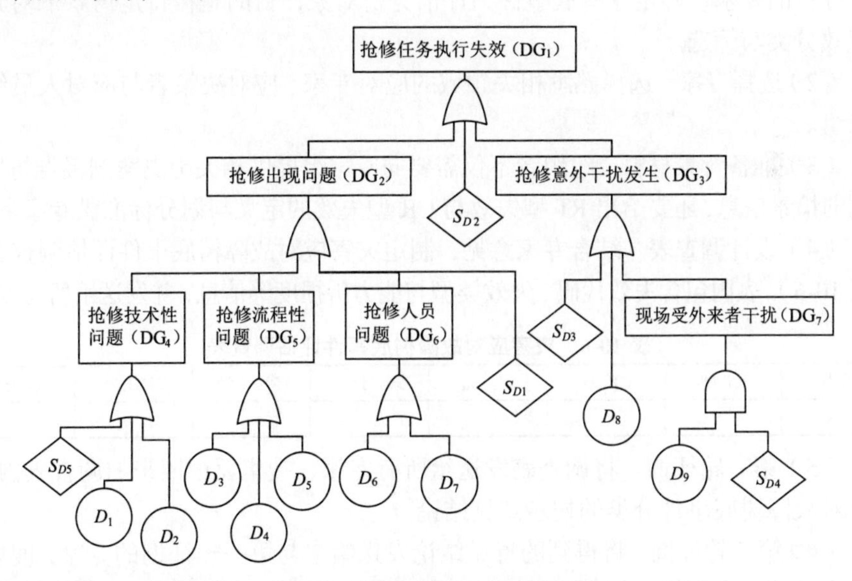

图 10-8　抢修任务执行故障树

表 10-5　抢修任务执行故障树底事件

底事件代码	详细内容	底事件代码	详细内容
D_1	抢修时对故障元件缺乏了解	D_8	灾害持续影响抢修
D_2	抢修时技术要求超出规范	D_9	外来者进入危险区
D_3	人员未按工序操作	S_{D1}	领域决策指挥失误
D_4	抢修未有预先工序标准	S_{D2}	现场指挥存在问题
D_5	传统抢修工序不适	S_{D3}	人员安全出现问题
D_6	人员操作失误	S_{D4}	周边安保控制失效
D_7	人员技能不足	S_{D5}	应急通信失效

抢修任务执行故障树可表示为

$$D=\{D_i \mid i=1,2,\cdots,9; S_{D1}, S_{D2}, S_{D3}, S_{D4}, S_{D5}; DG_j \mid j=1,2,\cdots,7\}$$

4. 故障树剪枝

灾害应对体系包含特定情景下的各类硬件、软件与人，具有动态性与不确定性，在进行失效风险分析前需要专家依据情景对所得到的故障树中所有的底事件进行合理划分。据此，本章将采用 Delphi 法（Okoli and Pawlowski，2004）的专家多轮征询、讨论与反馈的方法原理完成故障树在特定情景下的剪枝，具体流程步骤如下。

（1）确认分析主题。根据表 10-2~表 10-5 中的底事件，按照失效分类标准与风险分析的要求，确定这些底事件为评估分析对象，目的是在特定情景下对其进行有效分类与筛选。

（2）选择专家。选择熟悉相关领域的应对专家、应对决策者与应对人员组成专家组。

（3）准备背景材料。组织者不仅需要向专家组提供相关历史案例报告与目标案例的情景信息，还要给出 RT 型失效与 CR 型失效的定义与划分标准供专家参考。

（4）设计调查表。结合专家意见，制定灾害应对故障树底事件评估调查表（表 10-6），表内包含失效代码、失效类型与能力折损度等信息，并发送给所有专家。

表 10-6　灾害应对故障树底事件评估调查表

代码	RT 型	CR 型	≤5%	5%~15%	15%~25%	25~35%	≥35%
××							

（5）第一轮征询。将调查表发送给所有专家，搜集反馈回来的调查表内容，形成对故障树底事件分类的初步意见结论。

（6）第二轮征询。将得到的意见结论发送给参与第一轮征询的专家，搜集反馈回来的第二次意见，得到新的结果，如果意见与第一轮结果趋于一致则转至（8）；否则，继续（7）。（特别地，针对本章设计的专家意见征询过程，如果每轮结果无较大差异则可只执行两轮征询，否则需进行第三轮征询，并以第三轮征询的结果作为最终结果。）

（7）第三轮征询。同样将第二次征询的意见结论发送给参与第二轮征询的专家，搜集反馈回来的最终意见，得到新的结果。

（8）结果生成。以该轮征询的意见结论作为最终结果，本章只作简单的统计分析即得到各 CR 型失效的平均能力折损度（RT 型失效的能力折损度视为 100%），确定两档阈值 θ 与 φ，进行判别后对故障树进行剪枝。其中，处理最终评估结果时，对于 CR 型失效的平均能力折损度计算公式如下：

$$\text{Avg.ERC}_{\text{cut}}^{i}=\frac{\sum \text{Mid.value}\times \text{Exp.count}}{\text{Total(Exp.count)}} \tag{10-1}$$

其中，$\text{Avg.ERC}_{\text{cut}}^{i}$ 表示第 i 个底事件的平均能力折损度；Mid.value 表示表 10-6 中能力折损度区间的组中值（特别地，≤ 5% 组的组中值取 0%，≥ 35% 组的组中值取 40%）；Exp.count 表示选择该区间的专家数；Total(Exp.count) 表示总专家数。

10.3.4　应对失效的定性分析方法

1. 二元决策图概念

二元决策图（binary decision diagram，BDD）具有树型结构的特征，可用来表示 Boolean 表达式（Reay and Andrews，2002）。BDD 主要由终点节点、非终点节点与分支构成（图 10-9），图 10-9 中的节点 A、B 与 C 是 BDD 的非终点节点，可表示底事件，节点 1 与 0 是 BDD 的终点节点，可表明顶事件的状态，其状态值为 1 时表明顶事件失效，状态值为 0 时表明顶事件正常，节点之间则通过状态值为 1 的左分支连接线（输入节点失效）或状态值为 0 的右分支连接线（输入节点正常）连接（孙艳和杜素果，2008）。

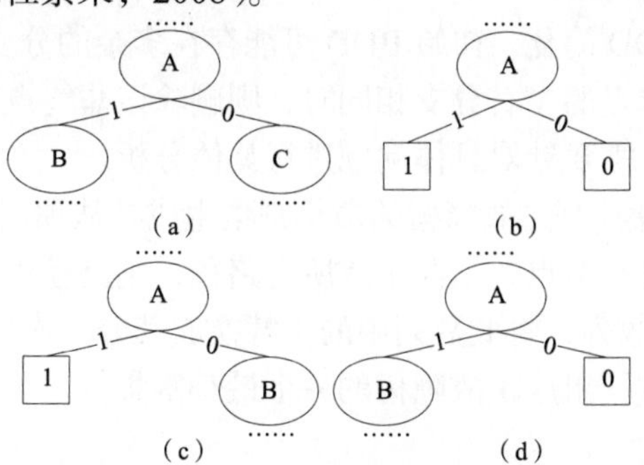

图 10-9　BDD 的基本构建单元

2. 最小失效集生成方法

故障树最小失效集即最小割集（minimal cut set，MCS）有助于应对决策者识别应对响应体系的问题，本章将基于 BDD 生成故障树的最小割集，主要步骤如下（孙艳和杜素果，2008）：

（1）故障树简化。剪枝后的故障树可能存在多余的分支，需要对其进行简化，从而减少故障树转换成 BDD 的工作量。

（2）故障树底事件排序：①依次按照最顶层、出现次数最多、所在分支最小与所处位置最靠左等优先条件选择一个底事件，再按照优先条件对该底事件所处逻辑门下该底事件所在层的所有底事件进行排序。②搜索该底事件所处逻辑门下是否存在与该底事件同层且包含已排序底事件的分支，当搜索成功时，在该分支下选择最先排序且排序最靠前的底事件（如果该底事件在该分支下不止一次出现，则按照优先条件进行选择），并先按照已有排序结果再按照优先条件对该底事件所处逻辑门下该底事件所在层的所有底事件进行排序，重复②，直至所有相关逻辑门下的底事件都完成排序。③搜索上一阶段最后选择的底事件的上层中是否存在包含已排序底事件的分支，如果不存在则继续向上搜索，当搜索成功时，在该分支下选择最先排序且排序最靠前的底事件（如果该底事件在该分支下不止一次出现，再按照优先条件进行选择），并先按照已有排序结果再按照优先条件对该底事件所处逻辑门下该底事件所在层的所有底事件进行排序，重复②与③，直至所有相关逻辑门下的底事件都完成排序。④如果仍存在未进行排序的逻辑门，则重复①~③，直至所有逻辑门下的底事件都完成排序，从而得到故障树底事件的所有排序结果。

（3）初始 BDD 生成。根据故障树底事件的所有排序结果，将最先排序且排序最靠前的底事件作为顶层非终点节点，并按照排序结果自上而下构建初始 BDD，如果相连接的两个底事件在故障树模型中通过与门连接，则这两个底事件之间的分支连接线的状态值为 1，如果通过或门连接，则这两个底事件之间的分支连接线的状态值为 0。

（4）初始 BDD 简化。初始 BDD 可能存在多余的分支，需要对其进行简化，如当某个非终点节点的左右分支相同时，则删除该非终点节点。当然还存在其他需要简化的情况，需要针对具体问题进行具体分析。

（5）最小割集生成。故障树的最小割集生成是从顶层非终点节点出发，终点是状态值为 1 的终点节点，据此生成所有路径，则路径由分支连接线状态值可表示为包含 1、0 的数列，将此数列中的 1 替换成其分支连接线的输入非终点节点，这些非终点节点共同组成了故障树的一个最小割集。

10.3.5 应对失效的定量评估方法

1. 模糊集理论与证据理论概念

基于失效概率的故障树分析法是应对响应体系应对失效评估的定量分析工具，在评估应对失效概率时存在以下三点问题：①硬件故障率极低，但在灾害环境下仪器设备的不稳定性风险将升高，因而带来失效概率估计的不准确性与模糊性；②缺乏历史数据的应对失效具有不确定性、模糊性与随机性；③人因失效会因灾中应对时存在紧张情绪与压力而给评估带来不确定性。因此，针对问题①~③，在定量评估应对失效前，需要简要介绍如下两个相关理论的基本概念及其主要定义。

（1）模糊集理论（梯形模糊数）。模糊集理论是由 Zadeh 提出的，可用于处理不精确、不清晰与不确定性问题，在给定论域 U 内，模糊集 $\tilde{P}$ 的隶属函数为 $\mu_{\tilde{P}}(x)$，其处于区间[0，1]内，表示 x 对模糊集 $\tilde{P}$ 的隶属度，具体有如下主要定义（Zadeh，1965；胡宝清，2010）。

定义一：设 A 与 B 是论域 U 上的两个模糊集，对于 U 中每个元素 x 都有 $\mu_A(x)\leqslant\mu_B(x)$，则 $A\subseteq B$；若 $A\subseteq B$，且 $B\subseteq A$，则 $A=B$。

定义二：对于 U 中的每个元素都有如下关系：$U_{A\cup B}=\mu_A(x)\vee\mu_B(x)$，$U_{A\cap B}=\mu_A(x)\wedge\mu_B(x)$，$U_{A^c}=1-\mu_A(x)$，分别称其为 A 与 B 的并集、交集、补集。

定义三：梯形模糊数可表示为 $\tilde{P}=(a,b,c,d)$，其隶属函数如下：

$$\mu_{\tilde{P}}(x)=\begin{cases}\dfrac{x-a}{b-a}, & x\in[a,b]\\ 1, & x\in[b,c]\\ \dfrac{x-d}{c-d}, & x\in[c,d]\\ 0, & \text{其他}\end{cases}\tag{10-2}$$

梯形模糊数的隶属函数图见图 10-10。

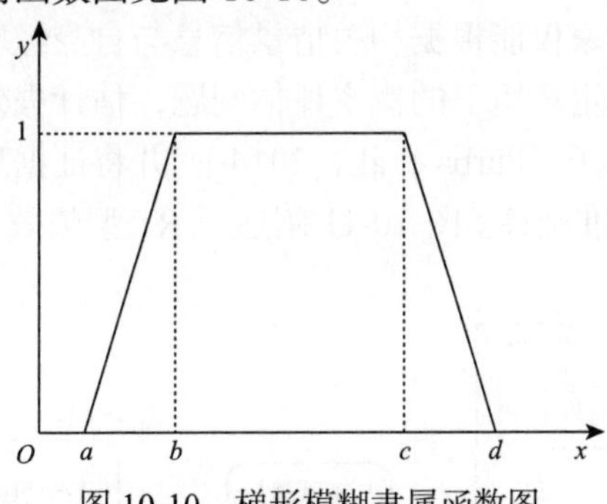

图 10-10　梯形模糊隶属函数图

定义四：假设有两个梯形模糊数分别为 $\tilde{P}_1=(a_1,b_1,c_1,d_1)$ 与 $\tilde{P}_2=(a_2,b_2,c_2,d_2)$，其主要代数运算如下：

加法：$\tilde{P}_1+\tilde{P}_2=(a_1+a_2,b_1+b_2,c_1+c_2,d_1+d_2)$

减法：$\tilde{P}_1-\tilde{P}_2=(a_1-d_2,b_1-c_2,c_1-b_2,d_1-a_2)$

乘法：$\tilde{P}_1\odot\tilde{P}_2=(a_1a_2,b_1b_2,c_1c_2,d_1d_2)\approx\tilde{P}_1\cdot\tilde{P}_2$

定义五：假设有梯形模糊数 $\tilde{P}_i=(a_i,b_i,c_i,d_i)$，在[0，1]区间内给定截集水平 λ（本章称为置信度），则可基于给定的置信度 λ 生成区间数 $[L_{i\lambda},R_{i\lambda}]$。

（2）证据理论。证据理论是由 Dempster 与 Shafer 提出的，其阐述了合成规则等相关内容，可用来处理不确定性问题，且证据理论中的识别框架是指所有可能结果的集合，具体有如下主要定义（Dempster，1967；Shafer，1976；段新生，1993）。

定义一：识别框架 $\varPsi$ 中的基本可信度赋值为函数 m：$2^{\varPsi}\to[0,1]$，其满足所有事件的基本可信度赋值之和为 1，且不可能事件的基本可信度赋值为 0，若 S 的基本可信度赋值不为 0，则称 S 为焦元（focal element，FE）。

定义二：识别框架 $\varPsi$ 中的信度函数表示为 $\mathrm{Bel}(S)=\sum\limits_{T\subseteq S}m(T)$，似然函数表示为 $\mathrm{Pl}(S)=\sum\limits_{T\cap S\neq\varnothing}m(T)$。

定义三：识别框架 $\varPsi$ 中的若干个信度函数的合成公式如下（$\forall S\subseteq\varPsi$ 且 $S\neq\varnothing$）：

$$m(S)=K\sum_{S_1\cap S_2\cap\cdots\cap S_n=S}m_1(S_1)\cdot m_2(S_2)\cdot\cdots\cdot m_n(S_n)\qquad(10\text{-}3)$$

其中，K 的计算公式如下：

$$K=\frac{1}{1-\sum\limits_{S_1\cap S_2\cap\cdots\cap S_n=\varnothing}m_1(S_1)\cdot m_2(S_2)\cdot\cdots\cdot m_n(S_n)}\qquad(10\text{-}4)$$

2. 不确定条件下的应对失效概率评估方法

DRF（disaster response fault，即灾害应对失效）概率的评估具有不确定性，而且缺乏历史数据，专家仅能根据相关情景信息与自身经验知识给出基于语义的模糊表达。为解决不确定环境下的概率评估问题，估计失效概率时采用基于模糊语义的失效概率评估方法（Purba et al.，2014），并将证据理论的合成规则引入该方法中，以提升结果的准确性。图 10-11 阐述了 RT 型失效与第一档 CR 型失效的概率评估方法流程。

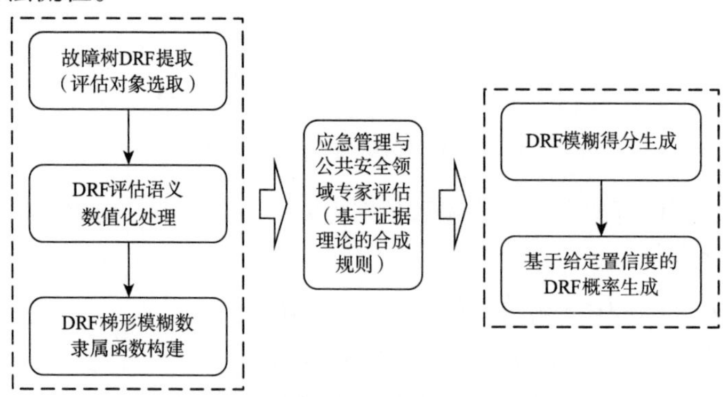

图 10-11　DRF 概率评估方法流程

第一步：故障树 DRF 提取。故障树 DRF 提取的主要目的是整理分析故障树模型，提取故障树的底事件作为专家评估的分析对象。

第二步：DRF 评估语义数值化处理。专家基于目标事件情景提供专业角度的 DRF 定性语义评估，各类语义对应的概率区间则作为可能性程度的给定参考。基于应对失效，表 10-7 给出了专家评估时低风险（失效概率 0% ~ 0.1%）、中等风险（失效概率 0.1% ~ 1%）、高风险（失效概率 1% ~ 100%）3 个等级的 5 类可能性程度语义。

表 10-7　DRF 的可能性测度

DRF 风险等级	DRF 可能性程度语义类别	DRF 概率/%	DRF 得分（0~1）
低风险	很低（Very Low，VL）	0~0.01	0~0.16
	低（Low，L）	0.01~0.1	0.16~0.31
中等风险	中等（Moderate，M）	0.1~1	0.31~0.60
高风险	高（High，H）	1~10	0.60~0.92
	很高（Very High，VH）	10~100	0.92~1

尽管规定了各类语义对应的概率区间，但专家对小概率的估计并不会特别准确且大多数底事件的概率都聚集在 0% ~1%区间内。为在同一坐标轴上更好地表示其隶属函数，可根据 Onisawa（1988）提出的公式将失效概率转换为失效得分，其优点在于放大了小概率区间长度、缩小了大概率区间长度，便于专家给出较为合理的评估结果：

$$\text{Score}_{\text{DRF}_i}=\frac{1}{1+[K'\cdot\lg(1/P_{\text{DRF}_i})]^3} \tag{10-5}$$

其中，按照相关研究可定义 $K'=0.435$（Pan and Wang，2007；Purba et al.，2014）；$\text{Score}_{\text{DRF}_i}$ 表示第 i 个 DRF 的失效得分；P_{DRF_i} 表示第 i 个 DRF 的失效概率，$i=1,2,\cdots,n$。

第三步：DRF 梯形模糊数隶属函数构建。对于边界概率，如 1%是中等还是高无明确界定，可用梯形模糊数处理，对边界放宽限制条件使其模糊化。因此，5 类 DRF 可能性测度的梯形模糊数如表 10-8 所示，隶属函数图见图 10-12，且可由式（10-2）得到相应的隶属函数。

表 10-8　DRF 可能性测度的梯形模糊数

DRF 可能性等级	DRF 可能性程度语义类别	DRF 得分梯形模糊数
低可能性	很低（Very Low，VL）	（0，0，0.08，0.16）
	低（Low，L）	（0.08，0.16，0.24，0.31）
中等可能性	中等（Moderate，M）	（0.24，0.31，0.46，0.60）
高可能性	高 （High，H）	（0.46，0.60，0.76，0.92）
	很高 （Very High，VH）	（0.76，0.92，1，1）

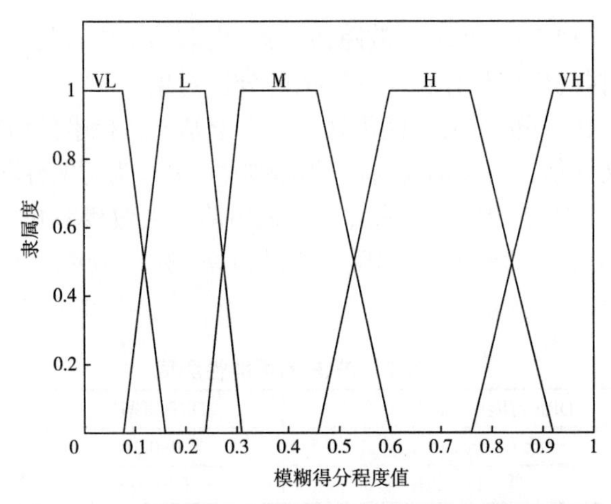

图 10-12　5 类 DRF 可能性测度的梯形模糊隶属函数图

$$\mu_{\mathrm{VL}}(x)=\begin{cases}1, & x\in[0.00,0.08]\\ \dfrac{0.16-x}{0.08}, & x\in[0.08,0.16]\\ 0, & \text{其他}\end{cases}$$

$$\mu_{\mathrm{L}}(x)=\begin{cases}\dfrac{x-0.08}{0.08}, & x\in[0.08,0.16]\\ 1, & x\in[0.16,0.24]\\ \dfrac{0.31-x}{0.07}, & x\in[0.24,0.31]\\ 0, & \text{其他}\end{cases}$$

$$\mu_{\mathrm{M}}(x)=\begin{cases}\dfrac{x-0.24}{0.07}, & x\in[0.24,0.31]\\ 1, & x\in[0.31,0.46]\\ \dfrac{0.60-x}{0.14}, & x\in[0.46,0.60]\\ 0, & \text{其他}\end{cases}$$

$$\mu_{\mathrm{H}}(x)=\begin{cases}\dfrac{x-0.46}{0.14}, & x\in[0.46,0.60]\\ 1, & x\in[0.60,0.76]\\ \dfrac{0.92-x}{0.16}, & x\in[0.76,0.92]\\ 0, & \text{其他}\end{cases}$$

$$\mu_{\text{VH}}(x)=\begin{cases}\dfrac{x-0.76}{0.16}, & x\in[0.76,0.92]\\ 1, & x\in[0.92,1.00]\\ 0, & \text{其他}\end{cases}$$

第四步：应急管理与公共安全领域专家评估。DRF 输送后发送给相关专家进行讨论：一方面，专家需明确语义评估标准；另一方面，应输入与应对失效相关的情景信息作为专家评估的参考。依据 Cooke 等（2008）提出的专家选择标准，可通过实地调研选择应急管理与公共安全领域的专家组成专家组 $E=\{e_1,e_2,\cdots,e_j,\cdots\}$，$j=1,2,\cdots,m$。由于信息的不确定性与非完备性，专家仅依据历史案例与已掌握的目标情景信息进行判别估计。由于不能确定其所给结果的可信度为 1，由此带来的不确定性可通过证据理论的合成规则来处理。其中，语义评估中 VL、L、M、H、VH 这 5 类测度可视为焦元，且相邻测度的组合，如{VL,L}同样可视为焦元，该情况被视为专家对相邻测度可能性持不确定态度。以各梯形模糊数的隶属函数的交点对应的分值作为相邻测度组合焦元的值（实际计算中需转换为梯形模糊数表示）。由式（10-3）和式（10-4）可以得到针对第 g 类焦元的 m 个专家的评估结果的合成公式，具体如下：

$$\text{fus}(\text{FE}_g)=e(\text{FE}_g)=K\sum_{\text{FE}_g^1\cap\text{FE}_g^2\cap\cdots\cap\text{FE}_g^j\cap\cdots=\text{FE}_g}e_1(\text{FE}_g^1)\cdot e_2(\text{FE}_g^2)\cdot\cdots\cdot e_j(\text{FE}_g^j)\cdots \quad (10\text{-}6)$$

其中，K 的计算公式如下：

$$K=\frac{1}{1-\displaystyle\sum_{\text{FE}_g^1\cap\text{FE}_g^2\cap\cdots\cap\text{FE}_g^j\cap\cdots=\varnothing}e_1(\text{FE}_g^1)\cdot e_2(\text{FE}_g^2)\cdot\cdots\cdot e_j(\text{FE}_g^j)\cdots} \quad (10\text{-}7)$$

$\text{fus}(\text{FE}_g)$ 表示第 g 类焦元的合成结果，$g\in\{1,2,\cdots,9\}$；FE_g^j 表示第 j 个专家对第 g 类焦元的评估，专家经讨论得到 DRF 的定性判别结果。因此，m 个专家对 n 个 DRF 的评估结果矩阵为

$$(\boldsymbol{Q})_{n\times m}=\begin{bmatrix} g^{e_1\text{DRF}_1} & g^{e_2\text{DRF}_1} & \cdots & g^{e_j\text{DRF}_1} & \cdots \\ g^{e_1\text{DRF}_2} & g^{e_2\text{DRF}_2} & \cdots & g^{e_j\text{DRF}_2} & \cdots \\ \vdots & \vdots & \cdots & \vdots & \cdots \\ g^{e_1\text{DRF}_i} & g^{e_2\text{DRF}_i} & \cdots & g^{e_j\text{DRF}_i} & \cdots \\ \vdots & \vdots & \cdots & \vdots & \cdots \end{bmatrix}$$

其中，$g^{e_j\text{DRF}_i}$ 表示第 j 个专家对第 i 个 DRF 的基于信度的可能性程度评价结果，其范围如下：

$$g^{e_j\text{DRF}_i}\in\{(\text{VL},\text{Bel}(\text{VL})),(\text{L},\text{Bel}(\text{L})),(\text{M},\text{Bel}(\text{M})),(\text{H},\text{Bel}(\text{H})),(\text{VH},\text{Bel}(\text{VH})),(\text{VL}/\text{L},\text{Bel}(\text{VL}/\text{L})),(\text{L}/\text{M},\text{Bel}(\text{L}/\text{M})),(\text{M}/\text{H},\text{Bel}(\text{M}/\text{H})),(\text{H}/\text{VH},\text{Bel}(\text{H}/\text{VH}))\}$$

第五步：DRF 模糊得分生成。根据表 10-8 所给出的梯形模糊数与图 10-12 隶属函数图交点的分值，可得到第 i 个 DRF 的最终模糊得分为

$$F\text{Score}_{\text{DRF}_i}=\sum \text{fus}(\text{FE}_g^{\text{DRF}_i})\cdot \mu_{\text{FE}_g^{\text{DRF}_i}} \tag{10-8}$$

其中，$\mu_{\text{FE}_g^{\text{DRF}_i}}$ 表示第 i 个应对失效的第 g 类焦元的梯形模糊数，其最终的结果矩阵为

$$(\boldsymbol{Q}_{\text{fuzzy}})_{n\times 1}=\begin{bmatrix} F\text{Score}_{\text{DRF}_1} \\ F\text{Score}_{\text{DRF}_2} \\ \vdots \\ F\text{Score}_{\text{DRF}_i} \\ \vdots \end{bmatrix}=\begin{bmatrix} \sum \text{fus}(\text{FE}_g^{\text{DRF}_1})\cdot \mu_{\text{FE}_g^{\text{DRF}_i}} \\ \sum \text{fus}(\text{FE}_g^{\text{DRF}_2})\cdot \mu_{\text{FE}_g^{\text{DRF}_i}} \\ \vdots \\ \sum \text{fus}(\text{FE}_g^{\text{DRF}_i})\cdot \mu_{\text{FE}_g^{\text{DRF}_i}} \\ \vdots \end{bmatrix}$$

其中，$F\text{Score}_{\text{DRF}_i}$ 表示第 i 个 DRF 的最终模糊得分。

底事件模糊得分从一定程度上说明了底事件发生的可能性，但故障树运算需要将模糊得分转换为具体的失效概率才可展开分析。

第六步：基于给定置信度的 DRF 概率生成。这一步需要应急决策者设定置信度 λ，并基于综合梯形模糊得分 $F\text{Score}_{\text{DRF}_i}=(a_{\text{DRF}_i},b_{\text{DRF}_i},c_{\text{DRF}_i},d_{\text{DRF}_i})$ 与给定的置信 λ 生成区间数 $[L_{\text{DRF}_i\lambda},R_{\text{DRF}_i\lambda}]$，再进行如下计算生成精确得分：

$$T\text{Score}_{\text{DRF}_i\lambda}=\frac{L_{\text{DRF}_i\lambda}+b_{\text{DRF}_i}+c_{\text{DRF}_i}+R_{\text{DRF}_i\lambda}}{4} \tag{10-9}$$

其中，$T\text{Score}_{\text{DRF}_i\lambda}$ 表示第 i 个 DRF 的精确得分；$L_{\text{DRF}_i\lambda}$ 与 $R_{\text{DRF}_i\lambda}$ 分别表示第 i 个 DRF 基于给定置信度 λ 生成的区间数的左右边界值，并可将精确得分通过式（10-5）还原为失效概率。

获得底事件失效概率后，可基于故障树概率计算自下而上推导出其他中间事件与顶事件的失效概率，包括“与门”概率计算与“或门”概率计算（Lindhe et al., 2009）。假设有 n 个输入事件，其失效概率为 $(P_{\text{DRF}_1},P_{\text{DRF}_2},\cdots,P_{\text{DRF}_i},\cdots,P_{\text{DRF}_i})$，则“与门”输出事件概率 P_{and} 为

$$P_{\text{and}}=P_{\text{DRF}_1}\cdot P_{\text{DRF}_2}\cdot\cdots\cdot P_{\text{DRF}_i}\cdot\cdots\cdot P_{\text{DRF}_n}=\prod_{i=1}^{n}P_{\text{DRF}_i} \tag{10-10}$$

“或门”输出事件概率 P_{or} 为

$$\begin{aligned} P_{\text{or}}&=1-(1-P_{\text{DRF}_1})(1-P_{\text{DRF}_2})\cdots(1-P_{\text{DRF}_i})\cdots(1-P_{\text{DRF}_n}) \\ &=1-\prod_{i=1}^{n}(1-P_{\text{DRF}_i}) \end{aligned} \tag{10-11}$$

因此，获得最小失效集与顶事件的发生概率后，综合最小失效集中的失效类型与失效概率可识别评判关键最小失效集，从而为应对决策者明确应对能力的提

升目标与方向提供了支持。其中，原则是规避 RT 型失效风险与减缓 CR 型失效风险，降低顶事件发生的可能性。

10.4　应对准备容错问题的案例本体模型构建

10.4.1　大规模灾害应对准备容错案例结构

参照 Gilboa 和 Schmeidler（1995）提出的案例三元组，即<问题描述，解描述，效果描述>，容错案例可建立相应的<灾害情景（Q），应对任务（R），应对失效（F），致错因子（C）>四元组，再参考应急案例的复杂性，分解为若干内容（Amailef and Lu，2013）。因此，容错案例可表示为 $\mathrm{FC}=Q\times R\times F\times C$。

10.4.2　应对准备容错问题的案例本体分类

针对普遍存在的同一领域内的信息孤岛问题，可利用本体来创建领域知识模型，使同一领域的知识实现共享与集成。同时，本体的使用还可在推理过程中实现知识的有效重用，并能改进传统案例推理的不足。依知识类型与应用目的，本章将容错案例本体分为顶层本体、领域本体、致错本体、失效本体与应用本体 5 类（图 10-13）（Fernández-López et al.，2013；Mizoguchi et al.，1995）。其中，应用本体属于实例，将在案例分析中展开论述。因此，本部分首先阐述顶层本体、领域本体、致错本体与失效本体的构建内容。

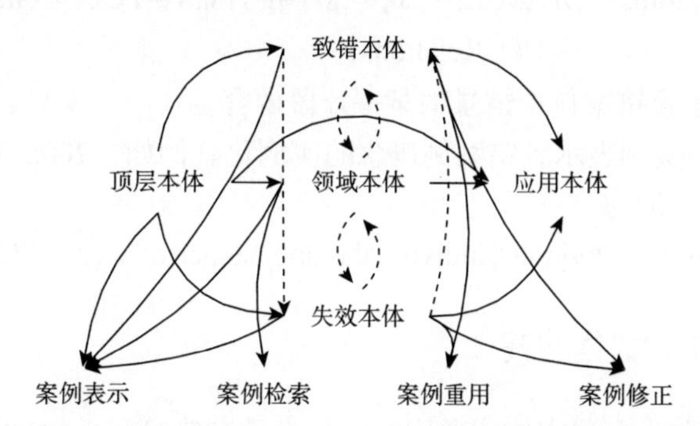

图 10-13　大规模灾害应对准备容错问题的案例本体类型及联系

10.4.3　本体建模元语

本体建模是复杂知识重构的过程，其核心是确定所构建的问题与范围，明确领域概念、约束条件以及概念间的关系。本章参考 Gómez-Pérez 和 Benjamins 归纳的 5 种本体建模元语，即概念（Concept）、关系（Relation）、函数（Function）、公理（Axiom）与实例（Instance），可将 FCOntology 表示为以下五元组（Gómez-Pérez and Benjamins，1999；王文俊等，2009；张贤坤等，2011；曾庆田等，2014）：

$$\text{FCOntology} = <\text{FCO\_Concepts}, \text{FCO\_Relations}, \text{FCO\_Functions}, \text{FCO\_Axioms}, \text{FCO\_Instances}>$$

（1）概念。容错案例本体的核心概念可分为三方面，即灾害情景描述、应对失效描述与致错因子（导致应对失效发生的原因）描述，主要包括通用概念与应急容错领域概念等。记为

$$\text{FCO\_Concepts} = \{c_1, c_2, \cdots, c_i, \cdots, c_n\}$$

（2）关系。关系表示概念间的联系或相互作用，容错案例本体概念间的关系主要包括整体与部分（is-part-of）、属性（is-attribute-of）、父子继承（is-a）、实例（is-instance-of）、时间（atTime）、空间（inPlace）、有任务（hasTask）、有失效（hasFault）、导致（causes）与伴随（follows）等。记为

$$\text{FCO\_Relations} = \{R(c_1, c_2, \cdots, c_i, \cdots, c_n) \mid c_i \in \text{FCO\_Concepts}\}$$

其中，关系多为二元关系，即 $\text{FCO\_Relations} = \{R(c_1, c_2) \mid c_1, c_2 \in \text{FCO\_Concepts}\}$。

（3）函数。函数是特殊类型的关系表达，表示若干概念共同对某一概念起到决定作用，具有唯一性。记为

$$\text{FCO\_Functions} = \{F : (c_1, c_2, \cdots, c_i, \cdots, c_{n-1}) \to c_n \mid c_i \in \text{FCO\_Concepts}\}$$

（4）公理。公理表示应急容错领域内永真的声明。例如，震级大于等于 6 级且小于 7 级的地震称为强震。记为

$$\text{FCO\_Axioms} = \{A : (s_1, s_2, \cdots, s_i, \cdots, s_n) \to s \mid s_i, s \in \text{FCO\_Concepts} \cup \text{FCO\_Relations}\}$$

其中，s_i 与 s 表示容错案例中情景的某一片段内容。

（5）实例。实例表示容错案例概念的实例化。例如，2008 年汶川大地震是地震灾害的实例。记为

$$\text{FCO\_Instances} = \{\text{individual} \mid \text{individual is an instance of } c_i, c_i \in \text{FCO\_Concepts}\}$$

10.4.4　顶层本体构建

顶层本体也称为上层本体或通用本体，是具有普遍意义的概念，不依赖于特定问题。顶层本体的构建实现了容错案例本体模型之间的共享与集成。参考基于 Harmony 项目开发的 ABC 本体模型（Lagoze and Hunter，2001）与应急案例 eABC 本体模型（王文俊等，2009；张贤坤等，2011），本章建立了如图 10-14 所示的容错案例顶层本体模型的层次结构。

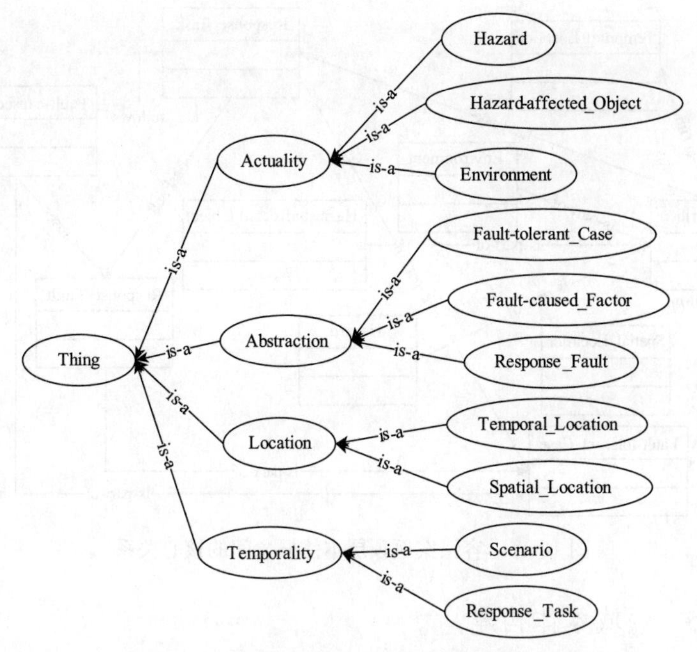

图 10-14　容错案例顶层本体模型的层次结构

其中，主要包含以下 4 类概念。

（1）具象类（Actuality）。描述客观世界的具象存在，如致灾因子（Hazard）、承灾载体（Hazard-affected_Object）与环境（Environment）等。

（2）抽象类（Abstraction）。描述客观世界的抽象存在，如容错案例（Fault-tolerant_Case）、致错因子（Fault-caused_Factor）与应对失效（Response_Fault）等。

（3）标记类（Location）。表明容错案例情景的时空位置，包括时间标记（Temporal_Location）与空间标记（Spatial_Location）。

（4）时象类（Temporality）。描述具有时间存在性的实体，如情景（Scenario）与应对任务（Response_Task）等。

此外，容错案例顶层本体概念间的核心关系如图 10-15 所示。

因此，容错案例顶层本体概念和概念间关系的构建不仅为完整准确表示容错案例知识提供了良好的基础，而且在约定的知识框架下更便于容错案例之间的比较与参照。顶层本体可依具体灾害情景拓展为相应的领域本体、致错本体、失效本体与应用本体，有效地解决了案例推理时案例间本体概念与关系不一致的问题，又便于依据要求统一修改、增加与删除本体概念和关系。

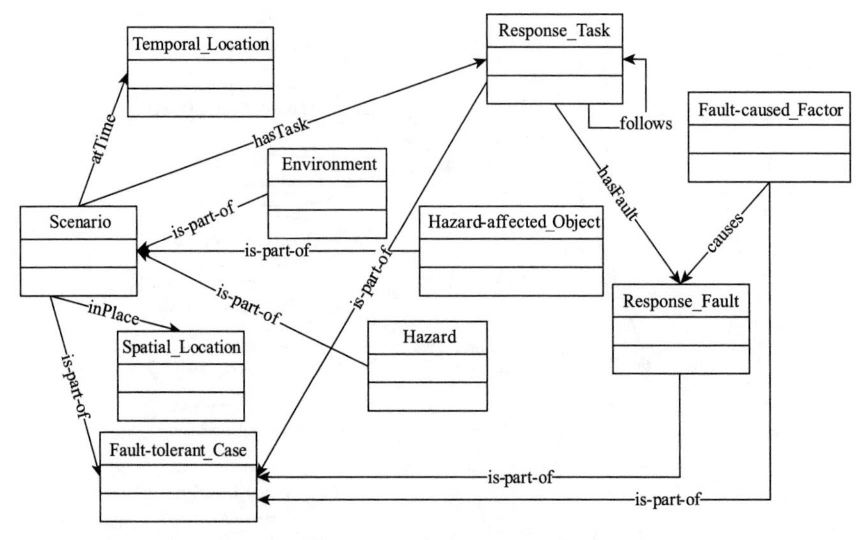

图 10-15　容错案例顶层本体概念间的核心关系

10.4.5　领域本体构建

在顶层本体的基础上，可构建灾害情景下容错案例的领域本体，其是顶层本体基于灾害情景的具体细化。根据公共安全领域的“三角形”框架（范维澄等，2009），在构建容错案例领域本体时需考虑致灾因子、承灾载体与环境等要素。参考美国国土安全部所制定的 *National Planning Scenarios*（《国家应急规划情景》）中提及的 8 个重要情景组所包含的 15 种情景，与我国国务院颁布的《国家突发公共事件总体应急预案》中对灾害的论述以及突发事件分类分级研究（杨静等，2005），可提炼出 2 类主要致灾因子，即自然灾害与人为灾害，以及 4 类主要承灾载体，即生命线、城市居民、城市建筑与职能部门（刘晓等，2009；范维澄等，2009）。因此，容错案例领域本体的主要概念如表 10-9 所示，在此仅列出三个层次的概念。

表 10-9　容错案例领域本体的主要概念

一级概念	二级概念	三级概念
时间标记（Temporal_Location）	初始时间（Start_Time）	—
	结束时间（End_Time）	—
空间标记（Spatial_Location）	城市（City）	—

续表

一级概念	二级概念	三级概念
致灾因子（Hazard）	自然灾害（Natural_Disaster）	地震（Earthquake）、台风（Typhoon）、洪涝（Flood）…
	人为灾害（Man-made_Disaster）	人为火灾（Man-madeFire_Disaster）、核灾害（Nuclear_Disaster）、交通灾害（Transportation_Disaster）…
承灾载体（Hazard-affected_Object）	生命线（Lifeline）	电网（Power_Grid）、水网（Water_Network）…
	城市居民（Urban_Resident）	—
	城市建筑（Urban_Building）	大型购物中心（Shopping_Mall）、住宅（Residence）…
	职能部门（Functional_Department）	公安局（PublicSecurity_Bureau）、环境保护局（EnvironmentalProtection_Bureau）…
环境（Environment）	—	—

在构建容错案例领域本体时，需抽取与案例情景相关的概念和概念间关系形成领域本体网，图 10-16 表示的是台风灾害情景下城市电网容错案例的领域本体模型。其中，三级概念包含若干情景属性，且属性值表现为多种数据类型，如精确数值型、区间数值型、符号型与模糊语义型等。

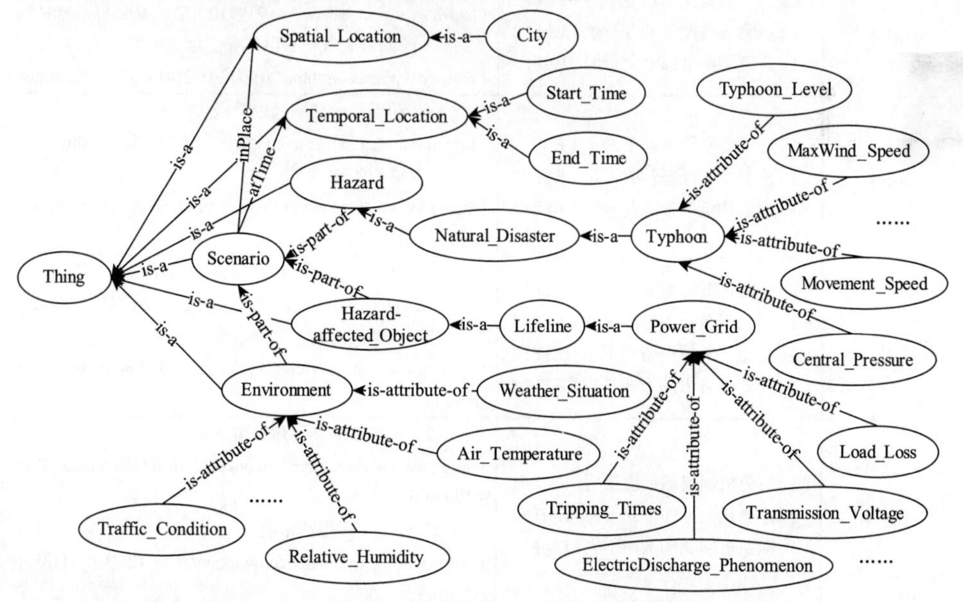

图 10-16　台风灾害情景下城市电网容错案例的领域本体模型

容错案例领域本体的构建目的与优势在于：一是规范统一了灾害情景中的概念、关系与知识层级结构，有利于抽取灾害情景要素形成实例，即应用本体；二是提升了案例检索的能力，在同一领域内可通过综合比较本体网结构相似度与情景属性值相似度来匹配与选择最相似案例。

10.4.6 致错本体构建

从已有的大规模灾害事件案例的灾后总结报告中可以提炼出如表 10-10 所示的致错因子，其本体模型的构建如图 10-17 所示。

表 10-10 基于案例总结的应对准备致错因子分类及其表现

致错因子类别	致错因子表现	相关历史案例
CIFF	（1）关键基础设施运维备份不足（CIFF1） （2）关键基础设施恢复弹性不足（CIFF2）	“3 · 11”日本地震核泄漏事件 （http：//baike.baidu.com/link?url=3aZlhd7SPgXLck3tw2rVz-wHWnG2nVkuOFV3T8eUSxlEEAaKbxm5mE0UJ680Kj1Afp65aXsiHzwyO2W8BUnrbPK） “7 · 16”大连输油管爆炸事件 （http：//baike.baidu.com/link?url=jMrdTijkkxr21IcSNxF6wodzjbVQSa_8xeI6gtpCBlZhiCNXYX3R0lbVxPpwZjFIEriU8zRf9YC_qjtVR3Ja3K#3_3）
EEFF	（1）应急装备使用功能不全（EEFF1） （2）应急装备配备储存不足（EEFF2） （3）应急装备破损老化折旧（EEFF3）	“4 · 16”重庆天原爆炸事故 （http：//www.chinabaike.com/t/31993/2015/0914/3258340.html） “3 · 5”陕西西安液化石油气储罐爆炸事故 （http：//www.aqxx.org/html/2012/10/16/21414353454_2.shtml）
ESFF	（1）应急物资使用时效约束（ESFF1） （2）应急物资配备储存不足（ESFF2） （3）应急物资破损老化折旧（ESFF3）	“7 · 18”超强台风“威马逊”侵袭海南 （http：//www.rmzxb.com.cn/c/2014-07-22/353976.shtml） “4 · 25”尼泊尔地震 （http：//www.hsgd.net.cn/Article/xwgtx/gtxgj/201504/20150428091501_207933.html）
ETFF	（1）应急任务分配效率不高（ETFF1） （2）应急任务流程结构不佳（ETFF2） （3）应急任务执行备份不足（ETFF3） （4）应急任务方法方式不当（ETFF4）	“3 · 5”陕西西安液化石油气储罐爆炸事故 （http：//www.aqxx.org/html/2012/10/16/21414353454_2.shtml） “8 · 12”天津滨海新区爆炸事故 （http：//www.china.com.cn/cppcc/2016-02/06/content_377550194.htm）
EMFF	（1）应急机制启动迟缓滞后（EMFF1） （2）应急机制工作计划不适（EMFF2） （3）应急机制联动沟通不当（EMFF3）	“8 · 12”天津滨海新区爆炸事故 （http：//www.china.com.cn/cppcc/2016-02/06/content_377550194.htm） “8 · 2”昆山工厂爆炸事故 （http：//news.xinhuanet.com/talking/2014-12/31/c_1113836952.htm）

注：相关案例内容信息皆来源于互联网搜索数据与报告文本，相关历史案例皆存在其对应的某一或若干致错因子表现

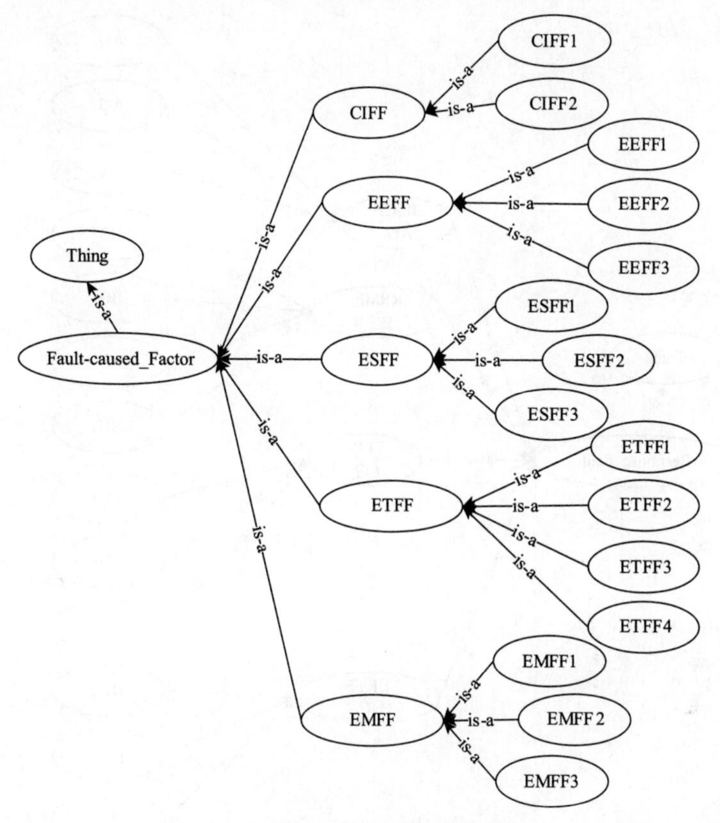

图 10-17　灾害情景下致错因子本体模型

致错因子主要分为关键基础设施致错因子（critical infrastructure fault-caused factor, CIFF）、应急装备致错因子（emergency equipment fault-caused factor, EEFF）、应急物资致错因子（emergency supply fault-caused factor，ESFF）、应急任务致错因子（emergency task fault-caused factor，ETFF）与应急机制致错因子（emergency mechanism fault-caused factor，EMFF）5 类（李向阳等，2012）。

10.4.7　失效本体构建

根据上文应对失效的定义与所构建的故障树模型，仍以电网为例构建失效本体模型，其主要分为应对情景认知失效（response scenario cognition fault, RSCF）、应对资源管理失效（response resource management fault，RRMF）、临时供电保护失效（temporary power-supply protection fault，TPPF）、抢修任务执行失效（emergency repair task fault，ERTF）4 类，具体如图 10-18 所示。

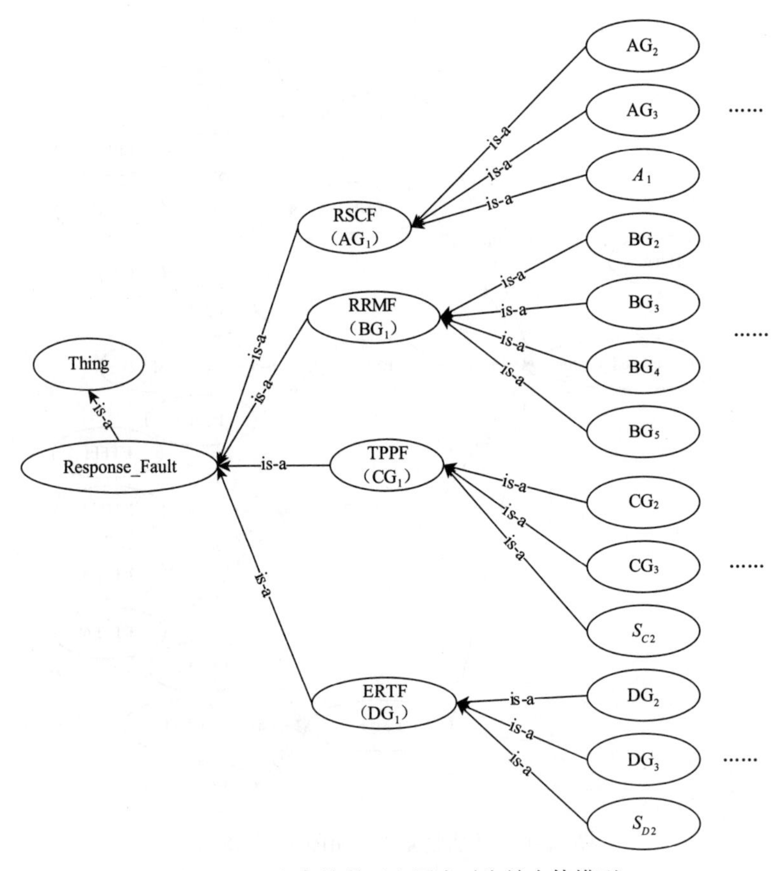

图 10-18　灾害情景下电网应对失效本体模型

10.4.8　“致错因子–应对失效”映射关系

大规模灾害应对准备的容错问题潜藏于应对准备阶段，只有当灾害实际发生后应对响应时才会暴露出来。针对这一类隐性问题，直接对应对准备能力进行评估是难以量化与做出有效决策的，需要通过建立映射关系将其显性化以进行识别。基于此，本章以应对任务作为载体、应对失效作为应对准备阶段容错问题的显性表达，阐述“致错因子–应对失效”的映射关系（图 10-19），为后续通过案例驱动的方法发现应对准备的容错问题提供依据。

灾害情景超越应对决策者经验，而应对决策者又需要依赖经验。灾害应对失效来源于应对准备的容错问题，这就提出了一个艰巨的现实问题：为提升应对决策者的应对经验，应如何构建良性循环的灾害应对准备容错问题认知机制以及如何从相应的应对失效中发现相关的应对准备容错问题。

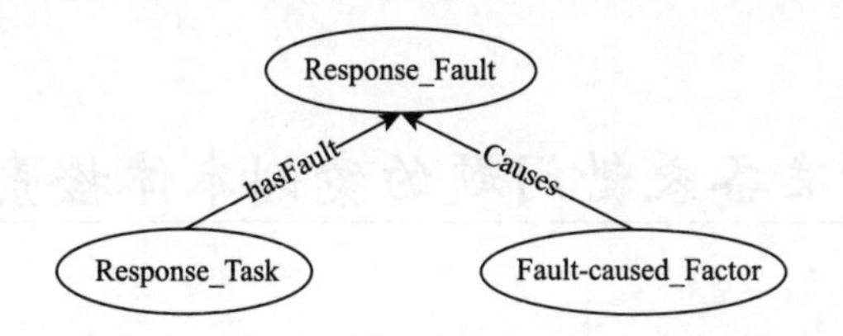

图 10-19　面向应对任务的“致错因子-应对失效”映射关系概念图

由于在应对准备中隐藏的问题会在应对响应中暴露出来，应对失效不仅仅是现象，其反映了应对准备与应对响应的关联关系，即“致错因子-应对失效”的映射关系。这些应对准备的容错问题是从大量地震、电网事故、洪水、爆炸事故等灾后报告中总结归纳得到的。图 10-20 表示了“致错因子-应对失效”的映射关系图，图中标明的致错因子与应对失效的映射关系皆来源于历史案例与专家经验，但仍是非完备的，仍需要更多的实际案例加以完善与补充。

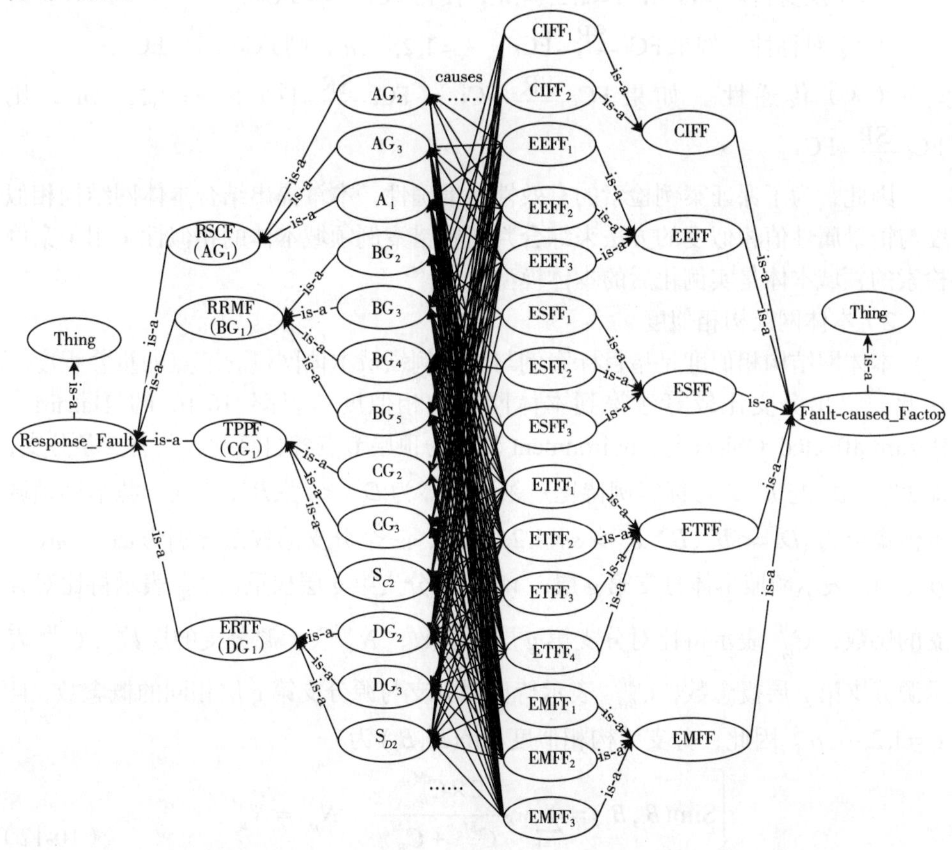

图 10-20　“致错因子-应对失效”的映射关系图

10.5 应对准备容错问题的案例本体检索与重用修正

10.5.1 容错案例的领域本体检索

1）案例相似性原理

上文已阐述灾害情景下容错案例本体模型的构建，在实际应用中需要比较容错案例领域本体之间的相似性与差异以实现案例的重用。应对案例推理系统是否有效取决于该系统能否从案例库（case base，CB）中检索出最相似的可用案例（钱静等，2015）。对于容错案例集 $X=\{FC_1, FC_2, \cdots, FC_i, \cdots, FC_n\} \subseteq CB$，案例间的相似关系为SR，有如下性质：

（1）反身性。$\forall FC_i$，$i=1,2,\cdots,n$，使得 $FC_i \xrightarrow{SR} FC_i$。

（2）对称性。如果 $FC_i \xrightarrow{SR} FC_k$，$k=1,2,\cdots,n$，则 $FC_k \xrightarrow{SR} FC_i$。

（3）传递性。如果 $FC_i \xrightarrow{SR} FC_k$，$FC_k \xrightarrow{SR} FC_h$，$h=1,2,\cdots,n$，则 $FC_i \xrightarrow{SR} FC_h$。

因此，为了保证案例检索的有效性与准确性，本章提出结合本体网结构相似度与情景属性值相似度的方法来综合判断容错案例领域本体的相似性（用于案例检索的领域本体是实例化后的本体模型）。

2）本体网结构相似度

本体网结构相似度是指目标案例与源案例领域本体网概念节点的重叠程度。在此，提出分支比较算法得到本体网结构相似度。以图 10-16 的 Hazard、Hazard-affected_Object 与 Environment 节点为顶层节点各自算起，共有 3 条分支，即 B^{H}、B^{A} 与 B^{E}，目标案例待比对领域本体为 $D_t=<B_t^{\mathrm{H}}, B_t^{\mathrm{A}}, B_t^{\mathrm{E}}>$，源案例领域本体集合为 $\{D_s=<B_t^{\mathrm{H}}, B_t^{\mathrm{A}}, B_t^{\mathrm{E}}>| s=1,2,\cdots,n\}$，三个分支的权重分别为 φ_{H}、φ_{A}、φ_{E}，M_g 表示领域本体分支第 g 层，w_g 表示分支第 g 层权重，$N_{B_t}^M$ 表示待比对分支的层数，$C_{B_t}^{M_g}$ 表示待比对分支第 g 层概念数，$N_{B_s}^M$ 表示源分支的层数，$C_{B_s}^{M_g}$ 表示源分支第 g 层概念数，$C_{B(t,s)}^{M_g}$ 表示待比对分支与源分支第 g 层相同的概念数，且 $g=1,2,\cdots,p$。因此，分支结构相似度 $\mathrm{Sim}(B_t, B_s)$ 为

$$\begin{cases}\mathrm{Sim}(B_t, B_s)=\sum_{g=1}^{p} w_g \dfrac{2\times C_{B_{(t,s)}}^{M_g}}{C_{B_t}^{M_g}+C_{B_s}^{M_g}}, & N_{B_t}^M=N_{B_s}^M \\ \mathrm{Sim}(B_t, B_s)=0, & N_{B_t}^M \neq N_{B_s}^M\end{cases} \tag{10-12}$$

目标案例与源案例的领域本体分别表示为 D_t 与 D_s，则本体网结构相似度 $\mathrm{ONSim}(D_t, D_s)$ 为

$$\mathrm{ONSim}(D_t, D_s) = \varphi_{\mathrm{H}}\mathrm{Sim}(B_t^{\mathrm{H}}, B_s^{\mathrm{H}}) + \varphi_{\mathrm{A}}\mathrm{Sim}(B_t^{\mathrm{A}}, B_s^{\mathrm{A}}) + \varphi_{\mathrm{E}}\mathrm{Sim}(B_t^{\mathrm{E}}, B_s^{\mathrm{E}}) \quad (10\text{-}13)$$

3）情景属性值相似度

根据案例情景属性值（feature value）的数据类型，本章将采用逆指数函数所构造的相似度算法来计算情景各属性值之间的相似度（Fan et al.，2014），记属性值为 FV，具体如下。

（1）精确数值型数据：

$$\mathrm{Sim}(\mathrm{FV}_t, \mathrm{FV}_s) = \exp\left(-\frac{|\mathrm{FV}_t - \mathrm{FV}_s|}{\max|\mathrm{FV}_t - \mathrm{FV}_s|}\right) \quad (10\text{-}14)$$

其中，$\max|\mathrm{FV}_t - \mathrm{FV}_s|$ 为所有源案例情景与目标案例情景属性值差的最大值。

（2）区间数值型数据：

$$\mathrm{Sim}(\mathrm{FV}_t, \mathrm{FV}_s) = \exp\left(-\frac{\sqrt{(a_t^l - b_s^l)^2 + (a_t^r - b_s^r)^2}}{\max\sqrt{(a_t^l - b_s^l)^2 + (a_t^r - b_s^r)^2}}\right) \quad (10\text{-}15)$$

其中，$\max\sqrt{(a_t^l - b_s^l)^2 + (a_t^r - b_s^r)^2}$ 为所有源案例情景与目标案例情景属性值差的最大值。$[a_t^l, a_t^r]$ 表示目标案例情景属性值的区间数，$[b_s^l, b_s^r]$ 表示源案例情景属性值的区间数。

（3）符号型数据：

$$\mathrm{Sim}(\mathrm{FV}_t, \mathrm{FV}_s) = \begin{cases} 1, & \mathrm{FV}_t = \mathrm{FV}_s \\ 0, & \mathrm{FV}_t \neq \mathrm{FV}_s \end{cases} \quad (10\text{-}16)$$

（4）模糊语义型数据：

$$\mathrm{Sim}(\mathrm{FV}_t, \mathrm{FV}_s) = \exp\left(-\frac{\sqrt{(m_t - m_s)^2 + (n_t - n_s)^2 + (l_t - l_s)^2}}{\max\sqrt{(m_t - m_s)^2 + (n_t - n_s)^2 + (l_t - l_s)^2}}\right) \quad (10\text{-}17)$$

其中，$\max\sqrt{(m_t - m_s)^2 + (n_t - n_s)^2 + (l_t - l_s)^2}$ 为所有源案例情景与目标案例情景属性值差的最大值，(m_t, n_t, l_t) 表示目标案例情景属性值的三角模糊数，(m_s, n_s, l_s) 表示源案例情景属性值的三角模糊数。在本章中，模糊语义包含“很差（VB）、差（B）、中等（M）、好（G）、很好（VG）”，将其转换为三角模糊数并规范至[0，1]区间分别为（0，0，0.2）、（0.1，0.3，0.4）、（0.3，0.5，0.7）、（0.6，0.7，0.9）、（0.8，1.0，1.0）。

因此，记第 j 个属性的权重为 μ_j，情景属性值相似度 $\mathrm{FVSim}(D_t, D_s)$ 为

$$\mathrm{FVSim}(D_t, D_s) = \frac{\sum_{j=1}^{m} \mu_j \mathrm{Sim}(\mathrm{FV}_t^j, \mathrm{FV}_s^j)}{\sum_{j=1}^{m} \mu_j} \tag{10-18}$$

其中，FV_t^j 与 FV_s^j 分别表示目标案例情景与源案例情景的第 j 个属性值，$j = 1,2,\cdots,m$，且在比较目标案例情景与源案例情景时，仅计算两者所共有属性值的相似度，忽略缺失属性。

4）全局相似度

在计算完本体网结构相似度与情景属性值相似度后，需对两类相似度进行权重设定，以计算全局相似度。相似度权重的设定则由各自相似度结果之间的差异程度来决定，差异程度越大则权重越大。

综上所述，设两者权重分别为 θ_1 与 θ_2，可得全局相似度 $\mathrm{UODSim}(D_t, D_s)$ 为

$$\mathrm{UODSim}(D_t, D_s) = \theta_1 \mathrm{ONSim}(D_t, D_s) + \theta_2 \mathrm{FVSim}(D_t, D_s) \tag{10-19}$$

10.5.2　容错案例的失效本体与致错本体重用修正

失效本体与致错本体重用修正是指因目标案例与其最相似案例在灾害应对管理过程中存在相同或相近的应对失效与致错因子，可基于案例间差异适当修正生成面向目标案例情景的应对失效及其对应的致错因子（用于案例重用修正的失效本体与致错本体是实例化后的本体模型）。图 10-17 与图 10-18 所示的致错本体与失效本体仅是概念模型，在实际应用中需要对具体本体进行拓展与实例化。从容错案例库中检索获得的最相似案例失效本体与致错本体往往是参考建议解，与实际目标存在一定差异，需通过修正来完成重用。案例失效本体与致错本体的修正可通过派生重演法推演实现，其主要包括以下三步。

第一步：通过检索得到最相似案例的失效本体与致错本体，如果其不适用，则排除该源案例并重新检索最相似案例。

第二步：以最相似案例的失效本体与致错本体为模版，评估现有应对能力，通过与最相似案例的致错因子进行对比来发现目标案例可能存在的致错因子。这需要对最相似案例的应对失效与致错因子进行重新梳理，通过替换与删除最相似案例的失效本体与致错本体来生成目标案例的失效本体与致错本体。

第三步：通过分析最相似案例的灾后总结报告，需依目标案例情景进行回溯分析，来判断是否应添加新的失效本体与致错本体以完善对目标案例应对准备容错问题的分析。

10.6　用例分析

10.6.1　基于故障树的应对失效分析——以台风“天兔”为例

1. 目标事件应对失效表示

本部分以 2013 年台风“天兔”为灾害情景，对该目标情景的应对失效做出分析。为具体阐述本章所提出的方法，用例分析将聚焦于样本城市 S 区电网的应对情景认知失效评估。在应对准备阶段，评估电网应对失效首先要厘清台风灾害下的 S 区电网情景，以便依情景展开对应急资源投入与电网抢修的评估。因此，应急指挥中心需确保应对情景认知的有效性，以便获得更直接有用的数据信息。为了简化说明，将以应对情景认知故障树作为研究分析对象，展开用例分析阐述。

根据所阐述的故障树剪枝方法，选择样本城市供电局安全监察处 7 人、样本城市供电局输变电抢修小组管理者 8 人、电网应急管理研究方向副教授及以上职称 10 人，以及样本城市上级电网安全管理者 20 人，组成了一共 45 人的专家组，最终共有 30 位专家给予了反馈意见。经过第一轮征询之后，根据专家对各底事件的失效类型以及能力折损度的评估得到了综合的结果，将所得的结果再次发给专家组进行第二轮征询，发现结果变化不大。因此，以第二轮征询的结果作为最终结果（表 10-11）。

表 10-11　应对情景认知故障树底事件评估调查表

代码	RT 型	CR 型	≤5%	5%~15%	15%~25%	25%~35%	≥35%
A_1	30/100%	0/0	0/0	0/0	0/0	0/0	0/0
A_2	30/100%	0/0	0/0	0/0	0/0	0/0	0/0
A_3	30/100%	0/0	0/0	0/0	0/0	0/0	0/0
A_4	30/100%	0/0	0/0	0/0	0/0	0/0	0/0
A_5	9/30%	21/70%	0/0	0/0	3/14.3%	6/28.6%	12/57.1%
A_6	6/20%	24/80%	0/0	0/0	0/0	10/41.7%	14/58.3%
A_7	2/6.7%	28/93.3%	4/14.3%	12/42.9%	5/17.9%	5/17.9%	2/7.1%
A_8	10/33.3%	20/66.7%	5/25%	7/35%	8/40%	0/0	0/0
A_9	22/73.3%	8/26.7%	0/0	0/0	0/0	0/0	8/100%
A_{10}	30/100%	0/0	0/0	0/0	0/0	0/0	0/0
A_{11}	30/100%	0/0	0/0	0/0	0/0	0/0	0/0

续表

代码	RT 型	CR 型	≤5%	5%~15%	15%~25%	25%~35%	≥35%
S_{A1}	30/100%	0/0	0/0	0/0	0/0	0/0	0/0
S_{A51}	30/100%	0/0	0/0	0/0	0/0	0/0	0/0
S_{A52}	30/100%	0/0	0/0	0/0	0/0	0/0	0/0

注：表中的数据中“/”左侧项表示选择该选项的专家数，“/”右侧项表示选择选项专家数占全部专家的比例

根据表 10-11 的结果，并结合当地应急管理体系的建设情况，分别设定阈值 $\theta = 5\%$ 与 $\varphi = 20\%$，由式（10-1）可以得到 CR 型失效 A_5、A_6、A_7、A_8 的平均能力折损度分别为 34.3%、35.8%、16.1%、11.5%，同样可以得到应对情景认知故障树底事件的评估决议表（表 10-12）。

表 10-12 应对情景认知故障树底事件评估决议表

代码	RT 型	CR 型	第一档	第二档	第三档	备注
A_1	√					
A_2	√					
A_3	√					
A_4	√					
A_5 1)		√	√			
A_6 1)		√	√			
A_7 1)		√		√		剪枝
A_8 1)		√		√		剪枝
A_9 2)	√					
A_{10}	√					
A_{11}	√					
S_{A1}	√					
S_{A51}	√					
S_{A52}	√					

1）针对底事件 A_5、A_6、A_7、A_8，都有超过 65%甚至更高比例的专家认定其为 CR 型失效。因此，可直接认定底事件 A_5、A_6、A_7、A_8 皆为 CR 型失效

2）针对底事件 A_9，有超过 70%的专家认定其为 RT 型失效，且认定其为 CR 型失效的专家都认定其能力折损度不会低于 35%。因此，可直接认定底事件 A_9 为 RT 型失效

根据表 10-12 的结果对图 10-5 进行剪枝并实例化后生成如图 10-21 所示的台风“天兔”情景下的应对情景认知故障树模型，共包含 12 个底事件（具体失效详细内容与失效类型见表 10-13）。

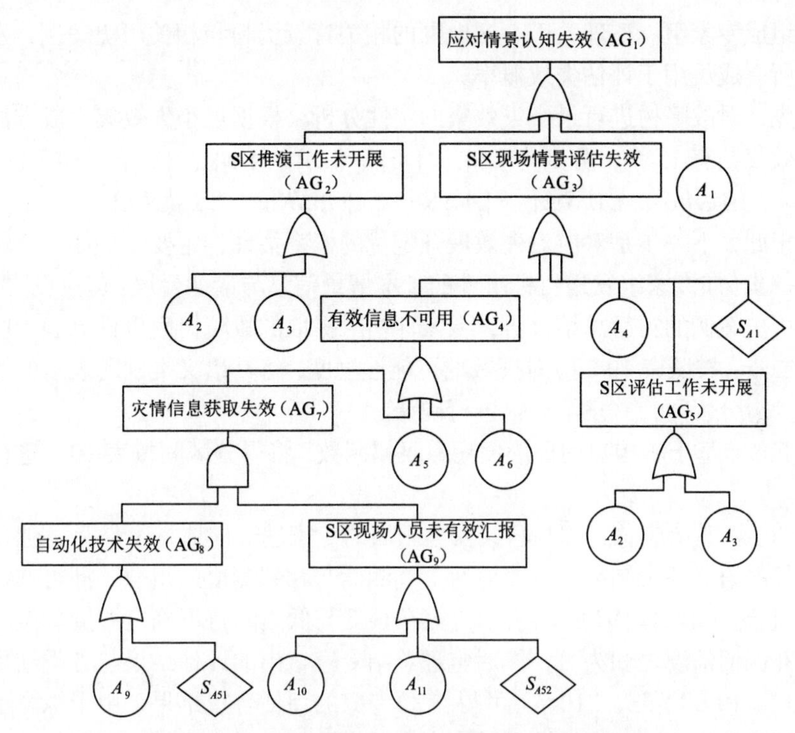

图 10-21　样本城市 S 区应对情景认知故障树

表 10-13　台风"天兔"情景下应对情景认知故障树的底事件

底事件代码	详细内容	类型
A_1	台风灾害情景推演时出现错误	RT
A_2	情景推演技术缺失	RT
A_3	情景分析专业人员缺失	RT
A_4	信息部门做出错误的估计	RT
A_5	台风信息未经预处理或优化	CR
A_6	灾情信息之间存在相互矛盾	CR
A_9	S 区电网传感器因灾损坏	RT
A_{10}	技术部监测设备因灾失效	RT
A_{11}	S 区现场人员难以进入灾区	RT
S_{A1}	应急指挥中心迟迟不能确认情景	RT
S_{A51}	通信网因灾受到干扰	RT
S_{A52}	部门间沟通出现障碍	RT

2. 目标事件应对失效评估

在对应对失效实例化后，便可开展针对这 12 个底事件的评估工作。经实地调研，为了保证评估结果的有效性与合理性，同时为了排除差异，专家的选择来源于样本城市应急管理办公室、样本城市供电局与科研院校三个单位部门，选择 5

位专家组成专家组。整理关于 S 区电网的相关背景资料与相关历史案例，发送给专家组所有成员用于评估失效概率。

首先，对故障树进行最小失效集的定性分析。根据最小失效集生成方法得到最小失效集共有 13 个，分别为 $\{A_1\}$、$\{A_2\}$、$\{A_3\}$、$\{A_4\}$、$\{S_{A1}\}$、$\{A_5\}$、$\{A_6\}$、$\{A_9, A_{10}\}$、$\{A_9, A_{11}\}$、$\{A_9, S_{A52}\}$、$\{A_{10}, S_{A51}\}$、$\{A_{11}, S_{A51}\}$、$\{S_{A51}, S_{A52}\}$。

基于此，下一步是对应对失效展开定量的概率估计，主要步骤如下。

第一步：向专家组发送目标事件的基本情景信息与诸如台风“莫拉克”“尤特”等相关历史案例的灾后总结报告，专家评估时提取的故障树底事件见表 10-13。

第二步：按照表 10-7 应对失效的可能性测度，将其语义类别所表示的概率区间转换为得分区间，并发给专家进行确认。

第三步：基于所构建的梯形模糊数隶属函数，将得分区间按表 10-8 进行模糊化处理。

第四步：邀请应急管理与公共安全领域的专家进行评估，让专家分别给出 12 个底事件的语义评价结果，专家对每一类测度与相邻测度的组合（即可选择相邻语义的组合，如选择{VL，L}表示专家在很低与低之间持不确定态度）做出信度评判，并保证信度之和为 1，然后整理总结专家给出的评估结果与各类结果的信度。由式（10-6）和式（10-7）可得 5 位专家的评估合成结果，由于综合了多位专家的评估结果而弱化或消除了单个专家对失效等级与可能性程度评判的不确定性，从而使结果更加趋于确定化。

第五步：基于此，由式（10-8）便可根据专家给出的意见结果计算所有底事件的模糊得分。

第六步：根据式（10-9），应对决策者设定置信度为 $\lambda=0.8$，12 个底事件去模糊化后的精确得分如表 10-14 所示，并可通过式（10-5）还原为失效概率。

表 10-14　应对情景认知故障树底事件的评估结果

底事件代码	失效得分	失效概率	底事件代码	失效得分	失效概率
A_1	0.535 2	6.41×10^{-3}	A_9	0.701 4	1.86×10^{-2}
A_2	0.283 5	7.39×10^{-4}	A_{10}	0.514 5	5.56×10^{-3}
A_3	0.494 0	4.82×10^{-3}	A_{11}	0.885 8	6.90×10^{-2}
A_4	0.528 6	6.13×10^{-3}	S_{A1}	0.685 8	1.69×10^{-2}
A_5	0.634 7	1.22×10^{-2}	S_{A51}	0.673 0	1.56×10^{-2}
A_6	0.569 6	8.06×10^{-3}	S_{A52}	0.954 8[1)]	1.47×10^{-1}

1）在评估应对失效 S_{A52} 时，因每位专家所给出的评估结果基本一致，故仅将其置信度 λ 调高至 0.9

最终，通过故障树逻辑门概率运算。依表 10-14 与式（10-10）和式（10-11），可得本次事件应对情景认知故障树顶事件的失效概率为 0.061 2。同时，故障树 13 个最小割集，即最小失效集的失效概率如表 10-15 所示。从表 10-15 的最小失效集概率结果与失效类型的优先级可以得到最小失效集的排序为 $\{S_{A1}\}$、$\{A_1\}$、$\{A_4\}$、

$\{A_3\}$、$\{A_9,S_{A52}\}$、$\{S_{A51},S_{A52}\}$、$\{A_9,A_{11}\}$、$\{A_{11},S_{A51}\}$、$\{A_2\}$、$\{A_9,A_{10}\}$、$\{A_{10},S_{A51}\}$、$\{A_5\}$、$\{A_6\}$。顶事件，即应对情景认知不准确或错误发生的可能性为 6.12%，属于高失效风险等级，需应对决策者重点关注。

表 10-15　应对情景认知故障树最小失效集的评估结果

最小失效集代码	失效类型	失效概率	最小失效集代码	失效类型	失效概率
$\{A_1\}$	RT 型	6.41×10^{-3}	$\{A_9,\ A_{10}\}$	RT 型	1.03×10^{-4}
$\{A_2\}$	RT 型	7.39×10^{-4}	$\{A_9,\ A_{11}\}$	RT 型	1.28×10^{-3}
$\{A_3\}$	RT 型	4.82×10^{-3}	$\{A_9,\ S_{A52}\}$	RT 型	2.73×10^{-3}
$\{A_4\}$	RT 型	6.13×10^{-3}	$\{A_{10},\ S_{A51}\}$	RT 型	8.67×10^{-5}
$\{A_5\}$	CR 型	1.22×10^{-2}	$\{A_{11},\ S_{A51}\}$	RT 型	1.08×10^{-3}
$\{A_6\}$	CR 型	8.06×10^{-3}	$\{S_{A51},\ S_{A52}\}$	RT 型	2.29×10^{-3}
$\{S_{A1}\}$	RT 型	1.69×10^{-2}	—	—	—

3. 结果与讨论

由以上计算结果可知，应对情景认知中最薄弱的环节为 RT 型最小失效集 $\{S_{A1}\}$，即“应急指挥中心迟迟不能确认情景”，而考虑 CR 型最小失效集则是 $\{A_5\}$，即“台风信息未经预处理或优化”，考虑失效类型可让应对决策者更有针对性地规避 RT 型应对失效风险与减缓 CR 型应对失效风险。因此，样本城市 S 区在应对台风“天兔”时面向应对情景认知的关键失效为“领域层对于情景确认的延迟”与“灾情信息未经预处理或优化”。在该灾害情景下，短时间内避免应对失效风险的建议有两点：①借鉴与利用相似历史案例的经验知识，提高应对决策者对相关应对失效的认知能力；②对灾情信息采用大数据分析方法以实现数据的有效处理。长期的建议也有两点：①加强应对决策的培训工作，特别是针对于情景确认；②引进与研究相关数据分析方法和技术，提高海量灾情数据的处理能力。

10.6.2　案例驱动的应对准备容错问题发现——以台风“韦森特”为例

本部分以样本城市电网应对台风灾害为例展开论述，通过案例分析阐述所提方法的可行性与有效性。样本城市地处我国南方沿海，常年受台风侵袭，台风对城市关键基础设施的破坏以及其自身的不确定性使得有必要对其进行案例构建与分析。其中，城市电网在台风影响下易出现跳闸、风偏交叉放电，甚至输电线路扯断等故障，一旦因故障停电会产生严重的连锁效应。为了保证案例的时效性，本章选取 2009~2014 年影响样本城市的台风所造成输电线路故障的 6 个案例构成源案例库，并以 2012 年台风“韦森特”中 110 千伏 X 线故障为目标案例。据此，基于顶层本体、领域本体、致错本体与失效本体所构建的目标案例应用本体概念模型如图 10-22 所示（为便于说明，图 10-22 仅列出主要内容）。目标案例情景与源案例情景的属性值如表 10-16 所示（为便于计算，表 10-16 中所有数值型数据均已作相应的归一化处理）。

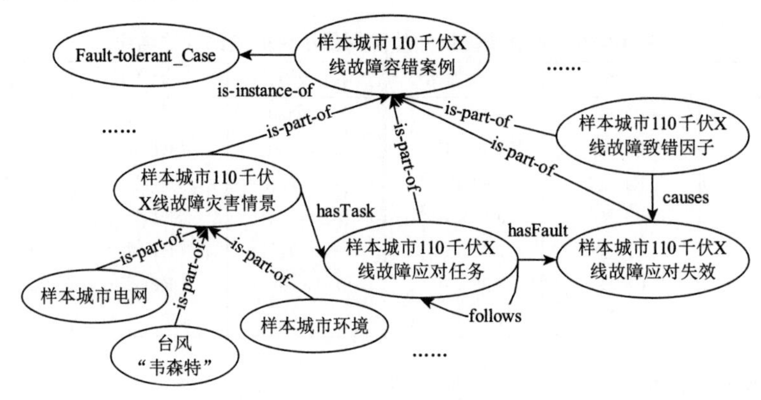

图 10-22 目标案例应用本体概念模型

表 10-16 目标案例情景与源案例情景的属性值

案例情景属性	案例						
	目标案例	案例 1	案例 2	案例 3	案例 4	案例 5	案例 6
台风等级	0.172 4	0.172 4	0.137 9	0.103 4	0.137 9	0.172 4	0.103 4
中心气压	0.141 0	0.142 4	0.143 2	0.143 9	0.143 2	0.142 4	0.143 9
最大风速	0.156 3	0.150 4	0.138 7	0.132 8	0.140 6	0.148 4	0.132 8
台风移速	0.155 0	0.186 0	0.170 5	—	0.178 3	0.155 0	0.155 0
放电现象	有	有	无	无	有	有	无
输电电压	0.125 0	0.125 0	0.125 0	0.125 0	0.125 0	0.125 0	0.250 0
损失负荷	0.192 8	—	0.180 7	0.165 7	0.225 9	—	0.234 9
跳闸次数	0.111 1	0.222 2	0.111 1	0.111 1	0.222 2	0.111 1	0.111 1
导线孤垂	[0.154 9, 0.168 4]	[0.161 6, 0.175 1]	—	[0.168 4, 0.175 1]	[0.154 9, 0.168 4]	[0.151 5, 0.161 6]	[0.175 1, 0.185 2]
线间距离	[0.193 9, 0.204 1]	—	[0.188 8, 0.204 1]	[0.193 9, 0.209 2]	[0.199 0, 0.209 2]	[0.193 9, 0.204 1]	—
气温	0.133 0	0.138 3	0.143 6	0.148 9	0.143 6	0.143 6	0.148 9
相对湿度	0.146 5	0.144 9	0.141 7	0.138 5	0.143 3	0.144 9	0.140 1
交通状况	B	B	—	G	B	—	M
天气情况	暴雨	暴雨	暴雨	非暴雨	暴雨	暴雨	非暴雨

注：表中所有数值型数据均已作相应的归一化处理

首先，利用式（10-12）和式（10-13）计算 6 个源案例与目标案例的本体网结构相似度，案例领域本体网三个分支层数分别为 $N_{B_s^{\mathrm{H}}}^{M}=4$、$N_{B_s^{\mathrm{A}}}^{M}=4$、$N_{B_s^{\mathrm{E}}}^{M}=2$，其权重分别为 $w_1^{\mathrm{H}}=w_1^{\mathrm{A}}=0.05$、$w_2^{\mathrm{H}}=w_2^{\mathrm{A}}=0.15$、$w_3^{\mathrm{H}}=w_3^{\mathrm{A}}=0.25$、$w_4^{\mathrm{H}}=w_4^{\mathrm{A}}=0.55$、$w_1^{\mathrm{E}}=0.05$、$w_2^{\mathrm{E}}=0.95$，且致灾因子、承灾载体与环境分支权重分别为 $\varphi_{\mathrm{H}}=0.35$、

$\varphi_A = 0.35$、$\varphi_E = 0.30$。因此，可得本体网结构相似度结果分别为

$\text{ONSim}(D_t, D_1) = 0.962$，$\text{ONSim}(D_t, D_2) = 0.942$，$\text{ONSim}(D_t, D_3) = 0.972$，$\text{ONSim}(D_t, D_4) = 1$，$\text{ONSim}(D_t, D_5) = 0.942$，$\text{ONSim}(D_t, D_6) = 0.983$

其次，计算情景属性值相似度。表 10-16 中 14 个属性的权重分别为 $\mu_1 = 0.1$，$\mu_2 = 0.1$，$\mu_3 = 0.1$，$\mu_4 = 0.1$，$\mu_5 = 0.05$，$\mu_6 = 0.05$，$\mu_7 = 0.05$，$\mu_8 = 0.05$，$\mu_9 = 0.05$，$\mu_{10} = 0.05$，$\mu_{11} = 0.05$，$\mu_{12} = 0.05$，$\mu_{13} = 0.1$，$\mu_{14} = 0.1$。因此，根据式（10-14）~式（10-18），可得情景属性值相似度结果分别为

$\text{FVSim}(D_t, D_1) = 0.785$，$\text{FVSim}(D_t, D_2) = 0.624$，$\text{FVSim}(D_t, D_3) = 0.403$，$\text{FVSim}(D_t, D_4) = 0.675$，$\text{FVSim}(D_t, D_5) = 0.867$，$\text{FVSim}(D_t, D_6) = 0.439$

由于各案例领域本体网结构相似度结果之间的差异程度较小，则在设定相似度权重时调低本体网结构相似度权重，即 $\theta_1 = 0.25$ 与 $\theta_2 = 0.75$。由式（10-19）可得，全局相似度结果分别为

$$\text{UODSim}(D_t, D_1) = 0.829，\text{UODSim}(D_t, D_2) = 0.704，$$
$$\text{UODSim}(D_t, D_3) = 0.545，\text{UODSim}(D_t, D_4) = 0.756，$$
$$\text{UODSim}(D_t, D_5) = 0.886，\text{UODSim}(D_t, D_6) = 0.575$$

因此，可以得出案例 5 是目标案例的最相似案例，查找相关历史资料可知案例 5 是 2009 年台风“莫拉菲”造成的样本城市 110 千伏 Y 线故障的案例。下一步则需要提取案例 5 的失效本体与致错本体作为目标案例的失效本体与致错本体生成的参考模板（为便于说明，本章将以图 10-20 所示的映射关系来说明）。

第一步：通过检索得到案例 5 失效本体与致错本体的知识片段，见图 10-23，该图中概念实例间的具体关系见图 10-17~图 10-20。由于案例 5 与目标案例相似度高且满足目标情景要求。因此，案例 5 失效本体与致错本体的知识片段不存在不适用问题，其具有一定的借鉴与辅助决策的价值。

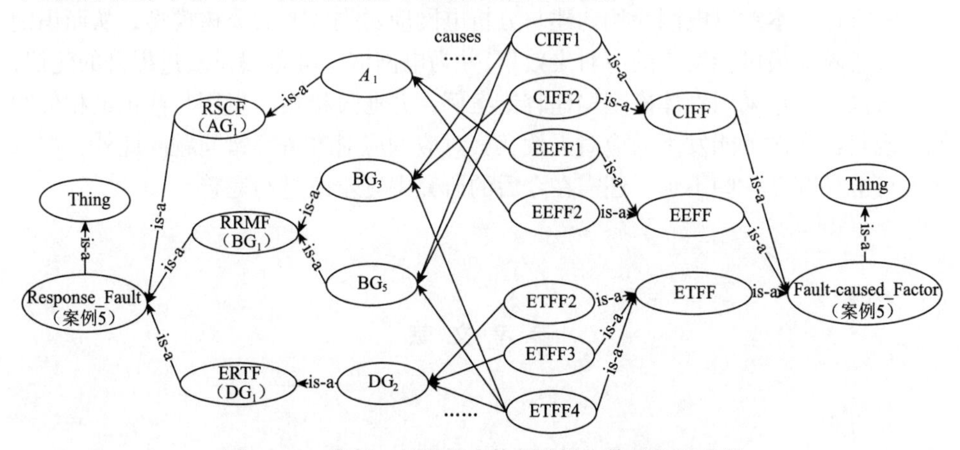

图 10-23　案例 5 的失效本体与致错本体的知识片段

第二步：以图 10-23 所示的知识片段为模板，应对决策者需评估在台风“韦森特”下现有应对准备是否存在与案例 5 一致的致错因子。从调研资料来看，样本城市供电局仍基本存在与案例 5 一致的致错因子，但情景推演能力有所提高，故本次灾害应对准备将不存在此类致错因子与其导致的应对失效 A_1。因此，除应对失效 A_1 及其对应的致错因子外，保留其他案例 5 失效本体与致错本体的知识片段，可得重用修正生成的目标案例失效本体与致错本体的知识片段，如图 10-24 所示（该图中概念实例间的具体关系见图 10-17~图 10-20）。

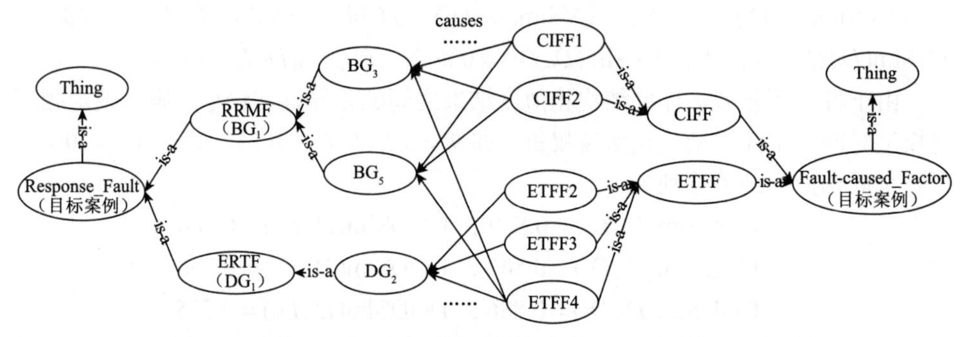

图 10-24　重用修正生成的目标案例失效本体与致错本体的知识片段

第三步：通过分析案例 5 的灾后总结报告，可知无新的应对失效与致错因子发生与存在的可能，故应用本体无新的添加内容。

10.7　本章小结

一方面，本章以电网为例构建与分析电网应对失效的故障树模型，从而识别电网应急响应最可能发生的应对失效集，并为电网应急准备提供改进提升的建议；另一方面，本章采用本体模型构建容错案例，并通过检索、重用与修正最相似案例发现目标案例可能发生的应对失效及其对应的应对准备容错问题。此外，本章研究可能还存在一些不足，还需在今后的研究中逐步改进与完善。

参 考 文 献

段新生. 1993. 证据理论与决策、人工智能[M]. 北京：中国人民大学出版社.

范维澄，刘奕，翁文国. 2009. 公共安全科技的“三角形”框架与“4+1”方法学[J]. 科技导报，27（6）：3.

国务院. 2005-08-07. 国家突发公共事件总体应急预案[EB/OL]. http://www.gov.cn/yjgl/2005-08/07/content_21048.htm.

胡宝清. 2010. 模糊理论基础[M]. 第二版. 武汉：武汉大学出版社.

江田汉，邓云峰，李湖生，等. 2011. 基于风险的突发事件应急准备能力评估方法[J]. 中国安全生产科学技术，7（7）：35-41.

李向阳，孙钦莹，张浩. 2012. 巨灾应对任务框架下的情景——容错规划研究[C]. 第七届中国管理学年会管理与决策科学分会场.

刘吉夫，张盼娟，陈志芬，等. 2008. 我国自然灾害类应急预案评价方法研究（Ⅰ）：完备性评价[J]. 中国安全科学学报，18（2）：5-11.

刘晓，张隆飙，Zhang W J，等. 2009. 关键基础设施及其安全管理[J]. 管理科学学报，12（6）：107-115.

钱静，刘奕，刘呈，等. 2015. 案例分析的多维情景空间方法及其在情景推演中的应用[J]. 系统工程理论与实践，35（10）：2588-2595.

孙艳，杜素果. 2008. 一种二元决策图底事件排序的新方法[J]. 系统管理学报，17(2)：210-216，220.

王文俊，杨鹏，董存祥. 2009. 应急案例本体模型的研究及应用[J]. 计算机应用，29（5）：1437-1440，1445.

杨静，陈建明，赵红. 2005. 应急管理中的突发事件分类分级研究[J]. 管理评论，17（4）：37-41，8.

于峰，李向阳，刘昭阁. 2016. 城市灾害情景下应急案例本体建模与重用[J]. 管理评论，28(8)：25-36.

于瑛英，池宏. 2007. 基于网络计划的应急预案的可操作性研究[J]. 公共管理学报，4(2)：100-107.

曾庆田，鲁法明，段华，等. 2014. OMERR：面向应急领域的本体管理与资源推荐工具[J]. 系统工程理论与实践，34（8）：2113-2120.

张盼娟，陈晋，刘吉夫. 2008. 我国自然灾害类应急预案评价方法研究（Ⅲ）：可操作性评价[J]. 中国安全科学学报，18（10）：16-25.

张贤坤，刘栋，高珊，等. 2011. 基于 CBR 的应急案例本体模型[J]. 计算机应用，31（10）：2800-2803，2820.

Amailef K，Lu J. 2013. Ontology-supported case-based reasoning approach for intelligent m-government emergency response services[J]. Decision Support Systems，55（1）：79-97.

Benini J K. 2006. National planning scenarios[R]. U.S. Department of Homeland Security.

Cooke R M，Elsaadany S，Huang X. 2008. On the performance of social network and likelihood-based expert weighting schemes[J]. Reliability Engineering and System Safety，93（5）：745-756.

Dempster A P. 1967. Upper and lower probabilities induced by a multivalued mapping[J]. Annals of Mathematical Statistics，38（2）：325-339.

Fan Z P，Li Y H，Wang X H，et al. 2014. Hybrid similarity measure for case retrieval in CBR and its application to emergency response towards gas explosion[J]. Expert Systems with Applications，41（5）：2526-2534.

Fernández-López M，Gómez-Pérez A，Suárez-Figueroa M C. 2013. Methodological guidelines for reusing general ontologies[J]. Data and Knowledge Engineering，86（4）：242-275.

Gilboa I，Schmeidler D. 1995. Case-based decision theory[J]. The Quarterly Journal of Economics，110（3）：605-639.

Gómez-Pérez A，Benjamins V R. 1999. Overview of knowledge sharing and reuse components：ontologies and problem-solving methods[C]. In Proceedings of the IJCAI-99 Workshop on Ontologies and Problem-Solving Methods，Stockholm，Sweden.

Jackson B A. 2008. The problem of measuring emergency preparedness：the need for assessing "response reliability" as part of homeland security planning[R]. RAND Corporation.

Jackson B A，Sullivan F K，Willis H H. 2010. Evaluating the reliability of emergency response systems for large-scale incident operations[R]. RAND Corporation.

Lagoze C，Hunter J. 2001. The ABC ontology and model[J]. Journal of Digital Information，2（2）：1-18.

Lindhe A，Rosén L，Norberg T，et al. 2009. Fault tree analysis for integrated and probabilistic risk analysis of drinking water systems[J]. Water Research，43（6）：1641-1653.

Mizoguchi R，Tijerino Y，Ikeda M. 1995. Task analysis interview based on task ontology[J]. Expert Systems with Applications，9（1）：15-25.

Nelson C，Lurie N，Wasserman J. 2007. Assessing public health emergency preparedness：concepts，tools，and challenges[J]. Annual Review of Public Health，28：1-18.

Okoli C，Pawlowski S D. 2004. The Delphi method as a research tool：an example，design considerations and applications[J]. Information and Management，42（1）：15-29.

Onisawa T. 1988. An approach to human reliability in man-machine systems using error possibility[J]. Fuzzy Sets and Systems，27（2）：87-103.

Palshikar G K. 2002. Temporal fault trees[J]. Information and Software Technology，44（3）：137-150.

Pan N F，Wang H. 2007. Assessing failure of bridge construction using fuzzy fault tree analysis[C]. In Proceedings of the 4th International Conference on Fuzzy Systems and Knowledge Discovery.

Paulison R D. 2009. The federal preparedness report[R]. U.S. Department of Homeland Security.

Purba J H，Lu J，Zhang G Q，et al. 2014. A fuzzy reliability assessment of basic events of fault trees through qualitative data processing[J]. Fuzzy Sets and Systems，243：50-69.

Reay K A，Andrews J D. 2002. A fault tree analysis strategy using binary decision diagrams[J]. Reliability Engineering and System Safety，78（1）：45-56.

Shafer G. 1976. A Mathematical Theory of Evidence[M]. Princeton：Princeton University Press.

U. S. Department of Homeland Security（DHS）.2009-01-13. The federal preparedness report[EB/OL]. http://fas.org/irp/agency/dhs/fema/prep.pdf.

Vesely W E，Goldberg F F，Roberts N H，et al. 1980. Fault Tree Handbook[M]. Washington D C：U. S. Nuclear Regulatory Commission.

Zadeh L A. 1965. Fuzzy sets[J]. Information and Control，8（3）：338-353.